面向工程教育认证的普通高等教育机械类系列教材
湖南省精品在线开放课程配套教材

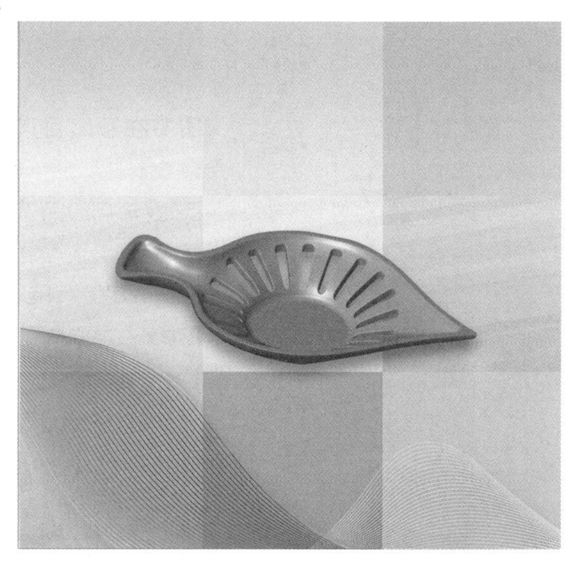

CREO 9.0 CHANPIN ZAOXING YU MUJU SHEJI

Creo 9.0 产品造型与模具设计

编　著　彭广威

图书在版编目(CIP)数据

Creo 9.0 产品造型与模具设计 / 彭广威编著. -- 大连 : 大连理工大学出版社, 2023.8

面向工程教育认证的普通高等教育机械类系列教材

ISBN 978-7-5685-4445-0

Ⅰ. ①C… Ⅱ. ①彭… Ⅲ. ①产品设计－造型设计－计算机辅助设计－应用软件－高等学校－教材 Ⅳ. ①TB472-39

中国国家版本馆 CIP 数据核字(2023)第 105002 号

大连理工大学出版社出版

地址:大连市软件园路 80 号　邮政编码:116023

电话:0411-84708842　邮购:0411-84708943　传真:0411-84701466

E-mail:dutp@dutp.cn　URL:https://www.dutp.cn

辽宁虎驰科技传媒有限公司印刷　　大连理工大学出版社发行

幅面尺寸:185mm×260mm　印张:20.5　字数:523 千字

2023 年 8 月第 1 版　　2023 年 8 月第 1 次印刷

责任编辑:王晓历　　责任校对:白　露

封面设计:对岸书影

ISBN 978-7-5685-4445-0　　定　价:58.00 元

本书如有印装质量问题,请与我社发行部联系更换。

三维数字化技术已经成为提升企业新产品开发能力和推动制造业进步的动力源泉，三维数字化设计与应用能力已经成为本科机械类专业学生的关键能力与核心能力。基于 OBE(Outcome-based Education)核心理念的工程教育认证要求明确提出要注重对学生“设计/开发解决方案能力”和“使用现代工具能力”的培养，并通过实践教学环节加强对学生“解决复杂工程问题能力”和“多学科知识交叉融合的工程创新能力”的锻炼。

党的二十大报告中指出“教育、科技、人才是全面建设社会主义现代化国家的基础性、战略性支撑。必须坚持科技是第一生产力、人才是第一资源、创新是第一动力，深入实施科教兴国战略、人才强国战略、创新驱动发展战略，开辟发展新领域新赛道，不断塑造发展新动能新优势”。

本教材编写团队深入推进党的二十大精神融入教材，充分认识党的二十大报告提出的“实施科教兴国战略，强化现代人才建设支撑”精神，落实“加强教材建设和管理”新要求，在教材中加入思政元素，紧扣二十大精神，围绕专业育人目标，结合课程特点，注重知识传授、能力培养与价值塑造的统一。

本教材以产品造型与模具设计的专业实践应用能力培养为主线，力求将 Creo 软件与设计实践紧密结合，注重对建模思路和设计理念的培养，不追求对软件功能进行大而全的介绍，避免编写成为软件工具书。因此，本教材对软件功能的介绍以常用的操作方法为主，并添加了一些相关的专业知识和设计经验。

全教材分为 9 章，内容包括 Creo 9.0 软件应用基础、Creo 9.0 二维截面草绘、Creo 9.0 三维实体建模、Creo 9.0 三维曲面造型、Creo 9.0 钣金零件设计、Creo 9.0 冲压模装配设计、Creo 9.0 注塑模分模设计、EMX 15.0 注塑模整体设计、Creo 9.0 工程图设计。每章不仅介绍了软件的主要功能和操作概念，同时设置了训练案例、本章小结和课后练习，并且尽量使各个环节的训练与练习保持前后连续，更加方便读者自学与实战训练。

本教材适合应用型本科、职业本科及高职高专等层次的机械制造类及材料加工类等工科专业学生使用，同时也适合立志从事现代数字化产品开发和设计的社会学习者，还可以作为相关企业员工数字化机械设计、产品结构设计、模具设计等相关的岗前培训学习参考书。

与本教材配套的学银在线网络课程《模具三维造型设计》为湖南省精品在线开放课程(https://www.xueyinonline.com/detail/235711726)，该课程在“项目任务驱动式”的课程结构设计基础上，基于学生软件操作技能与工程综合实践能力递进的一般规律，按照"由简单到复杂、由单一到综合"的理念对各项目训练内容进行了优化，配套有全部的授课视频、操作演示视频及课件资料，可以供不同学科背景和专业基础的学员选择性学习。

本教材由湖南人文科技学院彭广威编著，在编写过程中得到了学校领导、同事及兄弟院校同行们的大力支持和帮助，在此一并表示衷心的感谢。

在编写本教材的过程中，编者参考、引用和改编了国内外出版物中的相关资料以及网络资源，在此表示深深的谢意！相关著作权人看到本教材后，请与出版社联系，出版社将按照相关法律的规定支付稿酬。

限于水平，书中仍有疏漏和不妥之处，敬请各位专家和读者批评指正，以使教材日臻完善。

编著者

2023 年 8 月

所有意见和建议请发往：dutpbk@163.com

欢迎访问高教数字化服务平台：https://www.dutp.cn/hep/

联系电话：0411-84708445　84708462

目录

第 1 章　Creo 9.0 软件应用基础

1.1　PTC Creo 9.0 简介

Creo 是美国 PTC 公司开发的设计软件产品套件，它是在旗下 Pro/ENGINEER、CoCreate 和 Product View 三大设计软件基础上建立的，有效整合了 Pro/ENGINEER 的参数化技术、CoCreate 的直接建模技术和 Product View 的三维可视化技术，是一款专业实用的 3D 建模设计辅助类的软件工具，软件整合了包括三维 CAD、CAM、CAE 等一系列开发工具和套件，能够为用户提供包括先进的 CAD 技术、实时仿真、多实体建模、多体设计、模制造绘图、框架和焊缝设计等各种专业强大的功能，可以很好帮助用户解决各种 CAD 系统难题，能够很好地辅助用户完成 3D 建模的设计，Creo 主要的应用程序见表 1-1。

表 1-1　**Creo 主要的应用程序**

名称	应用程序	简介
Creo	Creo Parametric	使用强大、自适应的 3D 参数化建模技术创建 3D 设计
	Creo Simulate	分析结构和热特性
	Creo Direct	使用快速灵活的直接建模技术创建和编辑 3D 几何
Creo Sketch		轻松创建 2D 手绘草图
Creo Layout		轻松创建 2D 概念性工程设计方案
Creo View	Creo View Mcad	可视化机械 CAD 信息以便加快设计审阅速度
	Creo View Ecad	快速查看和分析 Ecad 信息
Creo Schematics		创建管道和电缆系统设计的 2D 布线图
Creo Illustrate		重复使用 3D CAD 数据生成丰富、交互式的 3D 技术插图

PTC Creo 9.0 是 PTC 公司在 2022 年 5 月正式发布的最新版本，软件从以下方面进行了升级改进，可以帮助工程师在更短时间内交付最佳产品设计，并通过创成式设计、实时模拟与增材制造等新兴技术鼓励创新。主要体现在以下几点：

(1)在核心建模环境等方面的更新，如孔特性、路由系统、金属板和渲染工作室都可提高生产率；改进了控制面板和模型树接口可使组织和管理复杂设计变得更加容易。

(2)对 MBD 工作流程的改进可缩短上市时间、减少错误和降低成本，同时不影响质量。用户可利用引导应用的组件验证几何尺寸和公差，简化设计验证过程。

(3)Creo 实时仿真和 Creo Ansys 仿真增强了稳定状态流体功能并改进了网格控制，从而可推动设计创新。

(4)Creo 中的创新创成式设计功能可以自动确定其自身的解决方案包络，同时可更广泛地满足基于草图的紧凑半径制造要求。

(5)在增量与减量制造方面，现在可以使用仿真结果优化格栅结构，从而最大限度地缩短制造时间和零件质量。Creo 9.0 的增强功能还包括将高速铣削刀具轨迹扩展到五个轴上，从而缩短设置和加工时间。

(6)可通过扩展 Creo 基于模型的定义(MBD)、创成式设计和 Ansys 支持的仿真功能来提高用户的效率。

除此之外，Creo 9.0 是 Creo 真正意义上 SaaS 化的开端。从 Creo 9.0 开始，PTC 将在发布本地化 Creo 版本外，同步发布 SaaS 化产品。

本书中进行产品造型和模具设计主要应用 Creo Parametric 9.0，它是 PTC Creo 9.0 中最为常用的应用程序，程序启动画面如图 1-1 所示，图中软件版本为 Creo Parametric 9.0.1.0，其中后面的 1.0 为 Creo Parametric 9.0 的具体版本号。

图 1-1　Creo Parametric 9.0 启动画面

1.1.1　设计基本概念

在学习使用 Creo Parametric 9.0 设计多种类型的模型之前，首先需要了解几个基本设计概念，包括设计意图、基于特征建模、参数化设计、相关性和无参模型设计。

1. 设计意图

设计意图是指根据产品规范或需求来定义成品的用途和功能。在设计模型的整个过程中始终有效地捕捉设计意图，有助于为产品带来实实在在的价值和持久性。设计意图这一关键概念被称为“Creo Parametric 基于特征建模过程的一个重要核心”。通常，在设计模型之前，需要明确设计意图。

2. 基于特征建模

在Creo Parametric中，零件建模遵循着一定的规律，即零件建模从逐个创建单独的几何特征开始，在设计过程中参照其他特征时，这些特征将和所参照的特征相互关联。通过按照一定顺序创建特征便可构造成一个较为复杂的零件。

3. 参数化设计

参数化设计是Creo Parametric的一大特色，该功能可以保持零件的完整性和设计意图。Creo Parametric创建的特征之间具有相关性，这使得模型成为参数化模型。如果修改模型中的某个特征，那么此修改将会直接影响其他相关（从属）特征，即Creo Parametric会动态修改那些相关特征。

4. 相关性

Creo Parametric具有众多的设计模块，如零件模块、组件模块、绘图（工程图）模块和草绘器等，各模块之间具有相关性。通过相关性，Creo Parametric能在零件模型外保持设计意图。如果在任意一级模块中修改设计，那么项目在所有的级中都将动态反映该修改，从而有效保持了设计意图。相关性使得模型修改工作变得轻松和不容易出错。

(5)无参模型设计

无参模型设计是指建模过程中没有赋以参数值，不能通过修改参数来改变模型。Creo Parametric提供了柔性建模工具，主要用于在无参数化的模型状态下修改模型。

1.1.2 Creo基本术语

为了更好地学习和应用Creo Parametric，需要了解并掌握以下常用术语。

1. 图元

图元是指草绘图形的任何元素，如直线、矩形、圆弧、圆、样条、圆锥、点或坐标系。

2. 特征

特征是指每次创建的一个单独几何，主要分为基础特征和工程特征。基础特征是指创建模型基体的特征，主要包括拉伸、旋转、扫描、混合等。工程特征是指在已有模型上创建典型结构的特征，主要包括倒圆角、倒角、孔、壳、拔模、筋等。

3. 零件(元件)

零件由单个特征或多个特征组成，即零件是一系列几何图元的几何特征的集合。在装配组件中，零件又可被称为元件。

4. 组件

组件是指装配在一起以创建模型的元件集合，即一个组中可以包含若干个零件。根据组件和子组件与其他组件和主组件之间的关系，在一个层次结构中可以包含多个组件和子组件。

5. 父子关系

在设计某模型的过程中，可能某些特征需要从属于先前设计的特征，即其尺寸和几何参照需要依赖于之前的相关特征，这便形成了特征之间的父子关系。父子关系是Creo Parametric参数化建模的最强大的功能之一。如果在零件中修改了某父项特征，那么其所有的子项也会被自动修改。如果在设计中对父项特征进行隐含或删除操作，则将提示对其相关子项进行操作。需要注意的是，父项特征可以没有子项特征而存在。但如果没有父项，则子项特征将不能存在。例如：在拉伸特征形成的实体上进行倒角，则拉伸特征为父项、倒角特征为子项。如果删除了拉伸特征，倒角特征也被同时删除。

6. 对象

指图形窗口中的可以选取并编辑的图元、特征、零件、视图、文本等。

7. 参考(参照)

指用来确定绘图、建模或装配等操作过程中选择外部的基准、几何作为定位的参考依据。如:定义拉伸特征截面草绘时,不仅需要选择草绘平面,还需要选择定位参照。

1.1.3 鼠标与键盘的使用

在 Creo 软件应用过程中,鼠标和键盘是主要的操作、控制和输入工具。

1. 鼠标与键盘的功能

鼠标与键盘的主要功能见表 1-2。

表 1-2 键盘与鼠标与键盘功能

鼠标	功能说明
左键	选取菜单、按钮、命令、像素等,若同时按住 Ctrl 键,可以选取多个像素
	在草绘模式下,用来画点、线、圆等图形,并可拖动或拉伸像素
右键	单击鼠标右键,出现"属性"等快捷菜单
	在草绘模式下启动或关闭限制,若按住键盘 Shift 键,可锁住限制
中键	在草绘图形时用来结束或取消绘制截面的命令
	完成很多命令操作后按中键相当于单击"确定"按钮
	在草绘模式下标注尺寸,可用来指定尺寸的位置
	按住鼠标中键拖动,旋转图形的显示方向
	按住键盘 Ctrl 键,并按住鼠标中键往上或往下拖动,缩放视图的大小
	按住键盘 Shift 键,并按住鼠标中键拖动,移动视图的位置
键盘	除了与鼠标配合使用,主要是 Ctrl 键和 Shift 键
	DELETE 键可以用于删除选取的草绘图元、特征或装配元件
	ALT+TAB 可以快速切换 Windows 的显示窗口
	其他操作的快捷键命令,如"Ctrl+N"新建文件,"Ctrl+O"打开文件等

2. 鼠标操作的名称约定

本书为了方便读者理解操作步骤,对鼠标操作的名称进行了基本约定:

(1)单击:指单独点击一次鼠标左键。

(2)双击:指连续点击两次鼠标左键。

(3)右击:指点击鼠标右键,一般用于打开快捷菜单,所以需要稍为延长按键时间。

(4)单击中键:指单独点击一次鼠标中键(滚轮)。

(5)选取:指利用鼠标左键选择对象并单击,对象选中后颜色会发生变化。

(6)选择(选项、命令等):指利用鼠标左键选中并单击。

(7)拖动:指利用鼠标左键拖动图元、尺寸、视图等对象。

(8)框选:指按住鼠标左键并且拖动选取框,将框内的对象全部选中。

1.2 Creo Parametric 9.0 的启动与退出

1.2.1 启动程序

用户通常可以采用以下两种方式之一启动 Creo Parametric 9.0 程序。

方式 1:双击桌面快捷方式。按照安装说明安装好 Creo Parametric 9.0 软件后,若设置在

Windows 桌面上创建 Creo Parametric 9.0 快捷方式图标，则双击该快捷方式图标可启动软件，如图 1-2 所示。

方式 2：使用“开始”菜单方式。在计算机左下角单击“开始”按钮→在程序级联菜单中选择“PTC”程序组，然后从中选择“PTC Creo Parametric 9.0.1.0”单击，即可打开 Creo Parametric 9.0 软件程序，如图 1-3 所示。

图 1-2　快捷方式图标

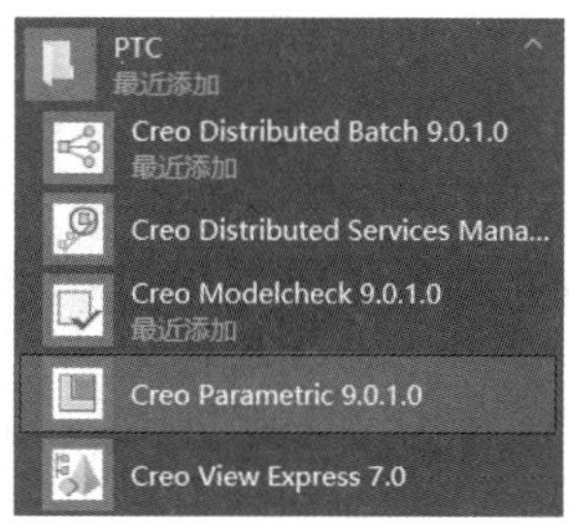

图 1-3　使用“开始”菜单

此外，还可以通过打开 Creo Parametric 有效格式的文件（如.PRT 格式的模型文件）来启动 Creo Parametric，但一般不建议采用这种启动方式。

1.2.2　退出程序

退出 Creo Parametric 9.0 可以采用以下两种方式之一。

方式 1：单击 Creo Parametric 9.0 窗口界面右上角的“关闭”按钮图标×。

方式 2：单击功能区的“文件”→选择并单击“退出”命令。

1.3　Creo Parametric 9.0 用户界面

1.3.1　初始工作界面

启动 Creo Parametric 9.0 软件后进入 Creo Parametric 9.0 的初始工作界面，如图 1-4 所示。在初始工作界面下，一般先选择好工作目录，再进行“新建”设计文件或“打开”已有文件。

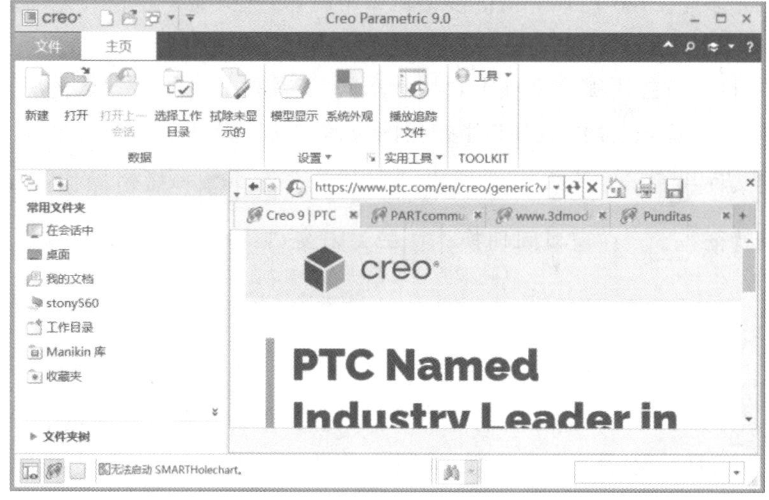

图 1-4　初始工作界面

1.3.2 文件工作界面

当新建或打开一个 Creo Parametric 文件后，将进入文件工作界面，浏览器窗口由显示模型的图形窗口替代，同时初始默认时图形窗口中还显示有一个图形工具栏，各类不同文件的工作界面窗口大致相同，主要区别在于功能区。如图 1-5 所示为 Creo Parametric 9.0 的零件文件工作界面。

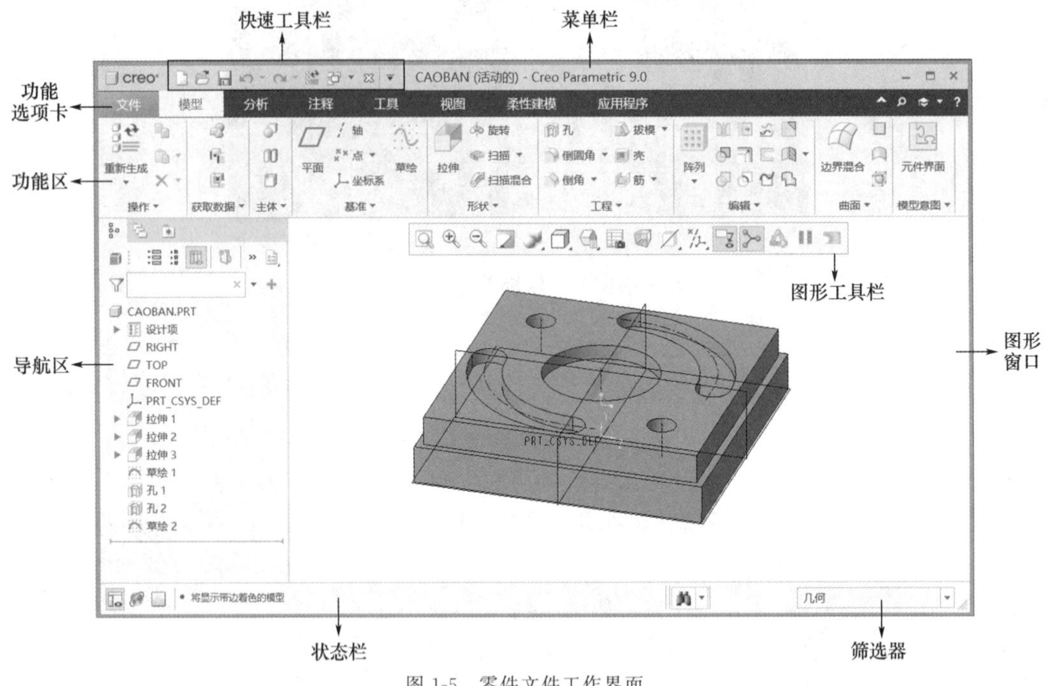

图 1-5　零件文件工作界面

1. 标题栏

标题栏位于 Creo Parametric 界面的顶部，显示了当前软件名称和相应的图标。在标题栏的右端，还提供了于最小化、最大化及关闭软件的快捷按钮。当新建或打开模型文件时，在标题栏中还显示该文件的名称。如果该文件处于当前活动状态，则在该文件名后面显示有“活动的”字样。当打开多个 Creo Parametric 模型窗口中时，每次只有一个窗口是活动的。

2. 快速访问工具栏

不管在功能区中选择了哪个选项卡，“快速访问”工具栏都可用。默认情况下它位于 Creo Parametric 窗口的顶部，它提供了对常用按钮的快速访问。包括：

—新建文件；—打开现有文件；—保存文件；—撤销操作；—重作操作；—重新生成特征；—在窗口间切换；—关闭窗口；—自定义工具栏并更改工具栏位置。

3. 功能选项卡

功能选项卡提供了各类功能和操作命令的分区管理。其中，“文件”是以下拉菜单方式提供文件“新建”、“打开”、“保存”等文件管理操作命令。其他的选项卡则通过下方的功能区提供相关操作的快捷工具或选项。如“模型”选项卡的功能区提供三维建模相关操作的工具和命令。

4. 功能区

功能区提供对应各功能选项卡所需操作的工具或命令按钮，不同的功能选项卡下显示的功能区是完全不同的，对于初学者来说需要记住常用操作的命令按钮是归属于哪个功能选项卡，才能在功能区中找到相应的工具或命令按钮。工具栏中的相关按钮按分组设置，可以最小化功能区以获得更大的屏幕空间。

5. 导航区

导航区又称导航器，主要包括"模型树/层树"、"文件夹浏览器"和"收藏夹" 3 个选项。"模型树"以树的结构形式显示模型的层次关系，图形窗口的零件和特征都在"模型树"中显示，选取特征或零件时，可直接在"模型树"中选取。

6. 图形工具栏

图形工具栏提供了用于控制图形显示的工具按钮，该工具栏通常被嵌入到图形窗口的指定位置处。通过对该工具栏进行右键单击，并利用弹出来的快捷菜单可以对该工具栏上的按钮设置隐藏或显示，以及可以更改工具栏的位置。

7. 图形窗口

图形窗口用于显示和处理二维图形和三维模型，通过该窗口可以绘制二维草图、调整显示方式、选取操作对象等操作，是设计操作的焦点区域。二维草绘、零件建模、装配设计、工程图设计等工作都离不开图形窗口。

8. 状态栏

默认设置的状态栏在工作界面底部。状态栏除了提供"显示导航器"、"显示浏览器"和"全屏"控制按钮外，还提供操作提示信息，即执行某个命令时，该栏会一步步提示需要进行什么操作，是初学者需要经常关注的地方。如单击"拉伸"工具时，该栏将提示"选择一个平面或平面曲面作为草绘平面，或者选择草绘"，如图 1-6 所示。

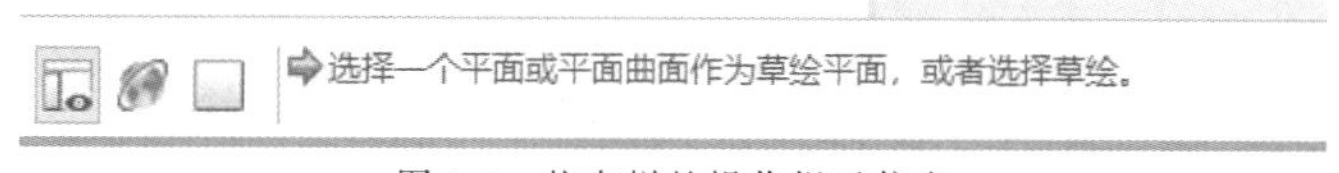

图 1-6 状态栏的操作提示信息

9. 筛选器

筛选器默认设置在工作界面右下角。通过筛选器选项可以缩小图形窗口可选项目类型的范围，从而方便地选取图元对象。如图 1-7 所示，在零件模式下，默认的筛选器为"几何"，可以在图形窗口中选取其所属的"边"、"曲面"、"基准"等最常用的对象，但如果要选取"特征"，则需要将选项改成"特征"。

图 1-7 筛选器选项

重要提示 操作环境不同，提供的可用筛选器选项也可能有所不同，只有那些符合环境或满足特征工具需求的筛选器才可用。

10. 操控板

Creo Parametric 9.0 中，很多工具命令都是通过操控板设置相关参数来完成，即单击工具命令后，功能选项卡上会添加一个工具或命令分区，同时在下方出现该工具或命令的操控板，如图 1-8 为“拉伸”工具的操控板。

不同功能工具命令的操控板也不相同，但总体显示方式和结构大体相似。只有当完成该命令所必须的操作后，单击“√”按钮才可用。

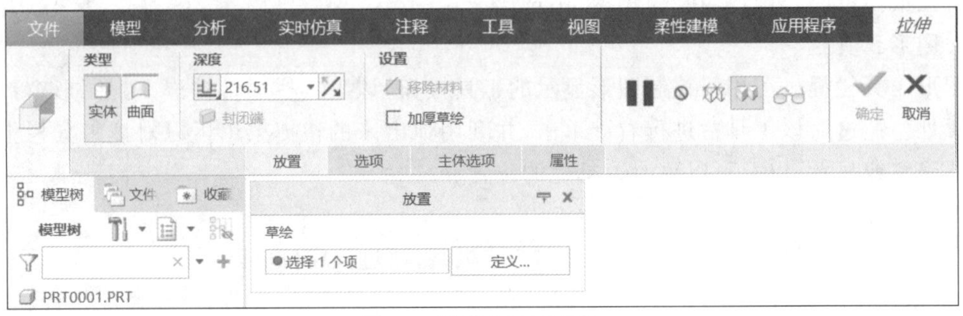

图 1-8 “拉伸”工具操控板

1.4 文件管理基本操作

在 Creo Parametric 中，文件管理的基本操作包括工作目录设置、文件新建与保存、文件打开与关闭、文件拭除与删除、窗口激活等。

1.4.1 工作目录设置

在进行设计工作之前，应该首先设定好工作目录，将同属于某设计项目的零件文件、装配文件及工程图文件等集中放置在同一个工作目录下。为了方便管理设计文档，简化文档的保存、搜索等细节工作，用户一般可以设置 Creo Parametric 的起始工作目录，然后在该起始工作目录下再设置各项设计的分级目录（子文件夹）。

例如：在 E 盘新建一个文件夹，命名为“PREO-file”，并将该文件夹设置为起始工作目录。具体操作方法：①鼠标右键单击桌面上的 Creo Parametric 9.0 快捷图标→②在弹出的菜单中最下方选择“属性”→③在弹出的“Creo Parametric 9.0 属性”窗口的“起始位置”栏中输入或粘贴起始工作目录的路径，如图 1-9 所示。“属性”窗口的“目标”栏中的路径则为程序所在位置路径，不能修改，否则会导致快捷图标失效。完成设置后单击“确定”按钮。完成该初始工作目录设置后，每次打开 Creo Parametric 9.0 后，在其初始工作界面的功能区中单击“选择工作目录”，则弹出的“选择工作目录”窗口直接连接到了初始工作目录，然后可以在初始工作目录下再选择子文件夹作为本次设计的工作目录。

重要提示 每次打开 Creo Parametric 9.0 进行设计前，都要首先设置好工作目录，否则会给文件管理带来许多麻烦，譬如出现文件找不到或者文件出错打不开的情况。

图1-9 “Creo Parametric 9.0属性”窗口

1.4.2 文件新建与保存

1. 文件新建

单击“文件”→选择“新建”，或在快速访问工具栏中单击“新建”按钮(快捷键为Ctrl+N)，将弹出“新建”对话框，在“类型”中可以选择“布局”、“草绘”、“零件”、“装配”、“制造”、“绘图”、“格式”、“记事本”，并选择相应的“子类型”，从而创建指定格式的新文件。“新建”对话框的默认的类型为“零件”，子类型为“实体”，即创建的是三维实体零件模型文件。在创建新对象文件时，一般不建议使用默认名，为了方便寻找文件，最好输入用户设定的文件名，然去掉“使用默认模板”前的勾选(因为默认模板是英制单位)，并单击“确定”按钮，如图1-10所示。在弹出的“新文件选项”对话框中选择需要的公制模板，如零件模型的公制模板选择“mmns_part_solid_rel”(对应意思是:毫米牛顿秒_零件_实体_相对精度)，然后单击“确定”按钮，如图1-11所示。

在本书后面的学习中，还将会新建“装配—设计”(装配设计)、“制造—模具型腔”(分模设计)、“绘图”(工程图设计)等文件。

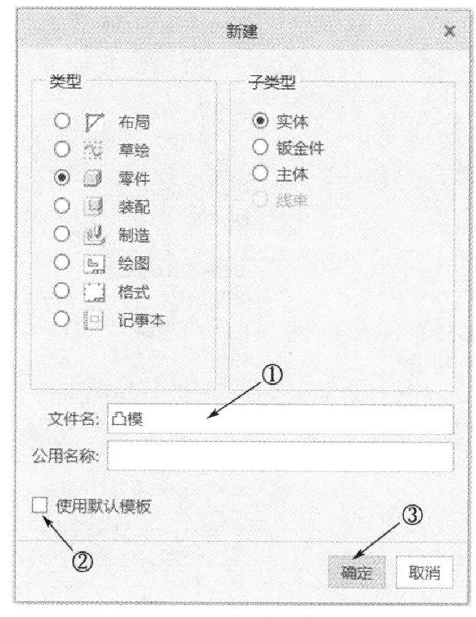

图1-10 “新建”对话框

图1-11 文件模板选择对话框

2. 文件保存

该命令用于保存活动对象（当前打开的模型），以进程中的指定文件名进行保存。单击“文件”→选择“保存”，或在“快速访问”工具栏中单击“保存”按钮（快捷键为 Ctrl+S）。对于新创建的模型文件在第一次保存时，系统会弹出如图 1-12 所示的“保存对象”对话框，保存路径为之前设置的工作目录，此时也可以使用该对话框修改文件存放的位置，然后单击“确定”按钮。在后面对该文件再执行“保存”命令时，则不会再弹出该对话框，但会在保存目录生成一个新的文件，而旧版本的文件也存在。所以，文件在多次保存后，会生成多个版本的文件。

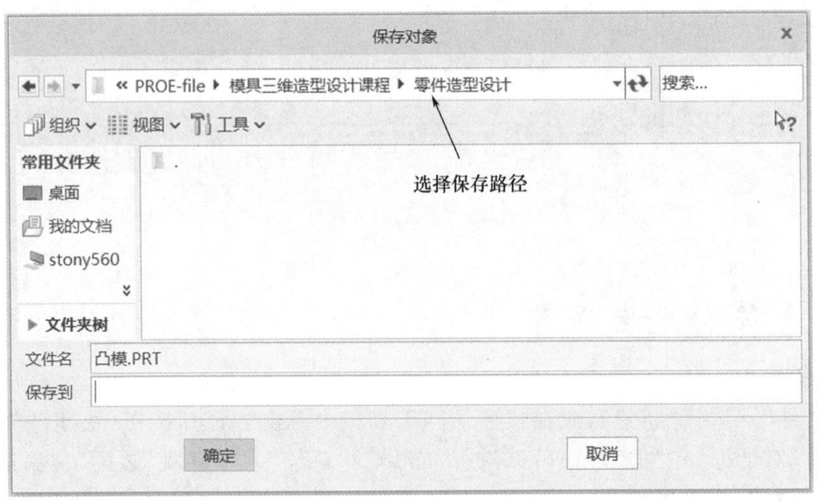

图 1-12 “保存对象”对话框

3. 文件“另存为”

文件可以通过“另存为”把活动对象保存另一个副本、备份或者镜像一个新的模型文件。单击“文件”→选择“另存为”→“保存副本”，则弹出“保存副本”对话框，通过该对话框既可以设置副本新的名称和保存路径，还可以在“类型”的下拉选项中选择其他文件类型，从而将模型以其他格式文件导出并保存，如图 1-13 所示。

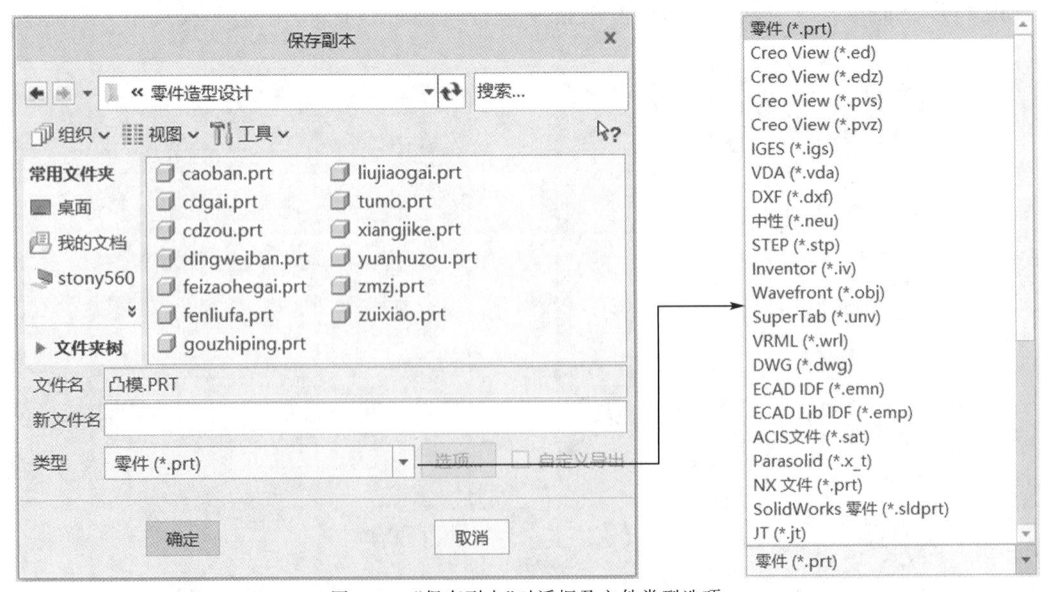

图 1-13 “保存副本”对话框及文件类型选项

重要提示 同一文件夹目录下不能保存同名并同类型的文件，而在不同目录下可以保存同名并同类型的文件，但不能同时打开，因为软件无法识别和读取用户的意图。

1.4.3 文件打开与关闭

1. 文件打开

单击"文件"→选择"打开"，或在"快速访问"工具栏中单击"打开"按钮(快捷键为Ctrl+O)，将弹出"文件打开"对话框，首先通过目录路径设置到所需要打开文件的所在文件夹，然后选择该文件，并单击"打开"。如果需要预览所选文件，可以点击对话框下方的"预览"，则出现预览窗口显示所选文件的图形，如图1-14所示。

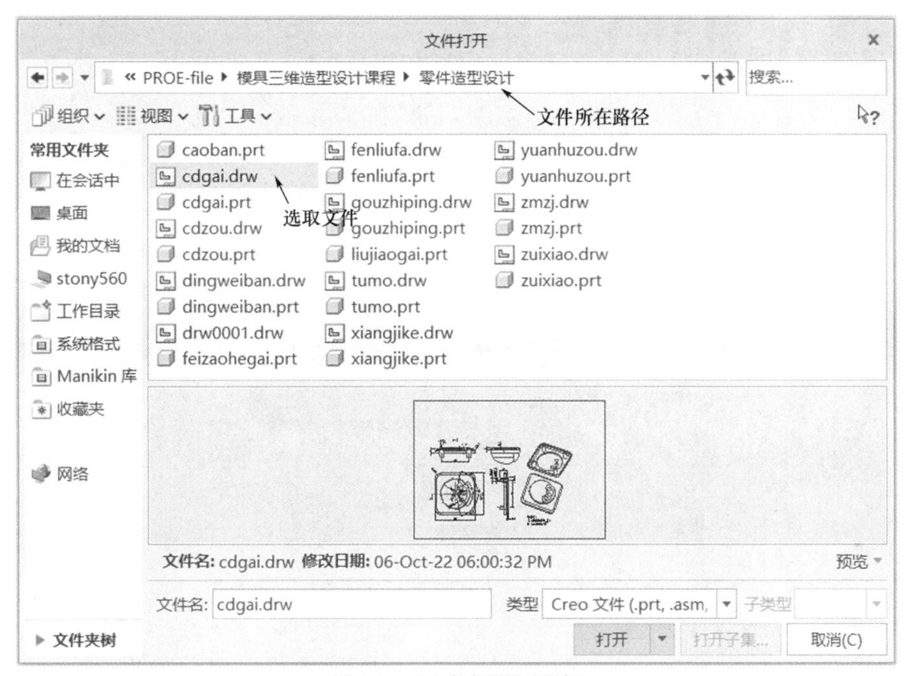

图1-14 "文件打开"对话框

在没有打开Creo应用程序之前，也可以直接找到Creo文件所在位置，双击该文件打开，但一般不建议这种打开方式。

2. 文件关闭

在菜单栏中右上角点击"×"按钮，或者在功能区中单击"文件"→选择"关闭"(快捷键为Ctrl+W)，则不管文件有没有保存，都会关闭该文件窗口。此外，还可以在功能选项卡中选择"视图"→在功能区单击"关闭"按钮。

重要提示 如果没有退出Creo应用程序，则该文件窗口虽然关闭，但文件依然在运行内存(对话)中，这时候如果再新建同名和同类型的文件，则会弹出"错误"框，提示"创建对象失败，＊＊在使用中"，如图1-15所示。需要先通过"拭除"命令将该文件从运行内存中拭除，才可以再新建同名文件。

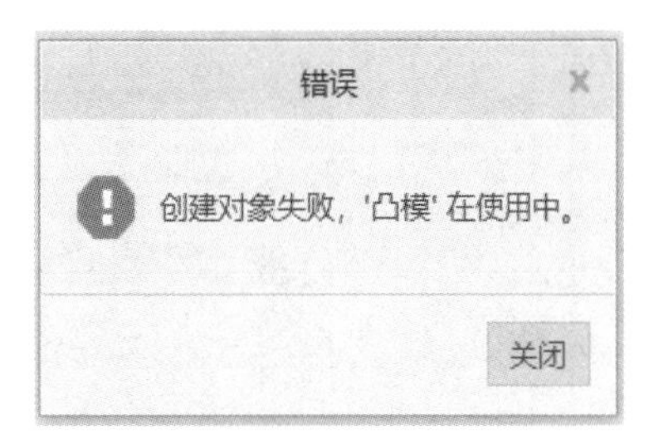

图1-15 "创建对象失败"错误框

1.4.4 文件拭除与删除

文件拭除是将文件从程序运行内存中移除，而并不会从计算机硬盘中删除已经保存的文件。文件删除则是从计算机硬盘中将文件删除。

1. 文件拭除

单击“文件”→选择“管理会话”，如图 1-16 所示。可以拭除当前活动窗口文件或者未显示的文件。选择“拭除当前”是将当前活动窗口的文件对象关闭并从会话中移除；选择“拭除未显示的”则是将窗口已经关闭，没有显示的文件对象从会话中移除。

图 1-16 “管理会话”命令选项

2. 文件删除

单击“文件”→选择“管理文件”，则可以将文件进行重命名和删除操作，如图 1-17 所示。选择“删除旧版本”是从磁盘中将除最新保存的文件版本之外的所有旧版本文件删除。而选择“删除所有版本”则是从磁盘中将文件的全部版本都删除，软件为了避免用户误操作，这时将弹出如图 1-18 所示的“删除所有确认”对话框，如果确认删除则点击“是”。

图 1-17 “管理文件”命令选项

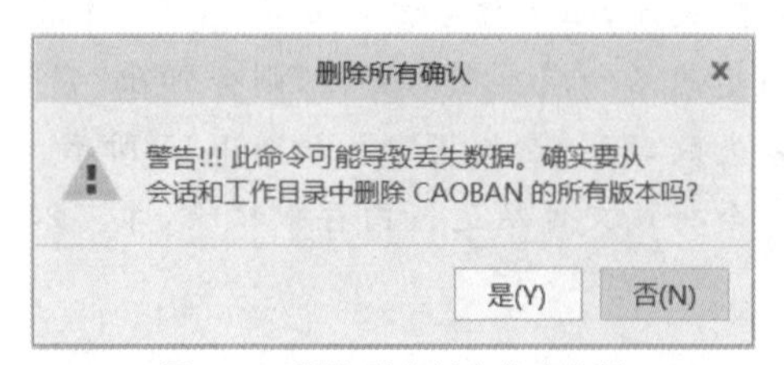

图 1-18 删除所有版本的确认框

1.4.5 窗口激活

Creo Parametric 9.0 同时打开多个文件窗口时，只有一个文件窗口是活动的，只有活动窗口才能进行相关设计操作，这时候可以通过窗口激活来切换所需要操作的文件窗口。窗口激活可以通过以下两种方式。

第 1 种方式：在“快速访问”工具栏中单击“窗口”按钮，在出现的下拉选项中点击选择需要激活窗口的文件，如图 1-19 所示。

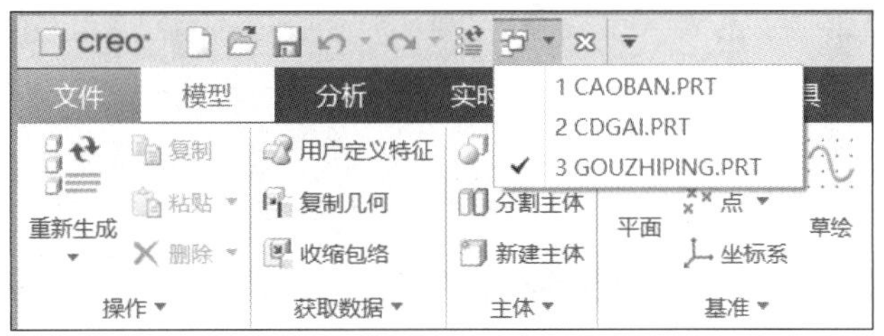

图 1-19 “快速访问”工具栏的“窗口”命令

第 2 种方式：选择“视图”选项卡，在下面功能区中单击“激活”按钮，则可以将当前的窗口激活；在功能区中单击“窗口”按钮，在下拉选项中点击选择需要激活窗口的文件，如图 1-20 所示。

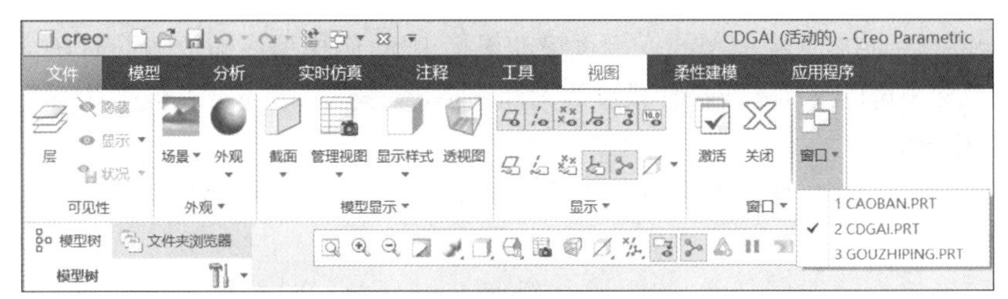

图 1-20 “视图”功能区的“激活”和“窗口”命令

1.4.6 模型属性设置

Creo 可以随时对模型进行属性设置。单击“文件”→“准备”→“模型属性”，弹出如图 1-21 所示的“模型属性”设置窗口，可以对模型的材料、单位、精度等进行更改设置。

图 1-21 “模型属性”设置

1.5 模型显示基本操作

Creo Parametric 功能选项卡的“视图”选项卡提供了用于设置模型可见性、视图方向、模型显示和基准显示等工具命令，如图 1-22 所示。

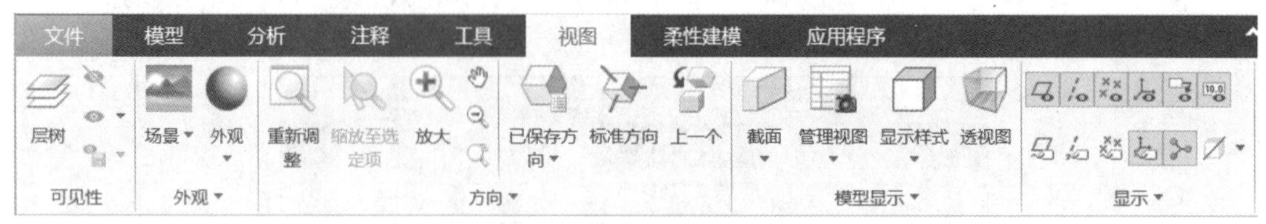

图 1-22 “视图”选项卡功能区

1.5.1 模型的缩放、旋转和平移

模型的放大、缩小、旋转和平移是最常用的基本显示操作，可以使用“视图”功能区中的相关命令，但实际工作过程中很少这样操作，而是直接用鼠标和键盘进行快速调整视图显示。

1. 模型的放大和缩小

将鼠标指针放在模型的合适位置，向前滚动鼠标中键（滚轮）是缩小，向后滚动鼠标中键（滚轮）是放大。如果将鼠标指针放在模型的一侧再滚动鼠标中键，则模型在缩放的同时还会往另一侧移动，所以利用鼠标中键的滚动不仅能使模型放大和缩小，操作熟练后还可以快速移动模型位置。

2. 模型的旋转

将鼠标指针放在绘图区任意位置，按住中键不松并同时移动鼠标，则可以实现模型的自由旋转。

3. 模型的平移

将鼠标指针放在绘图区任意位置，按住键盘 Shift 键，同时按住中键拖动鼠标，则可以实现模型在绘图区的平移。平移对于初学者用得较多，如果能熟练进行模型的缩放，则一般不需要进行专门的平移操作。

4. 模型的重新调整

使用“视图”功能区或“图形工具栏”中的“重新调整”命令，则可以将模型视图调整到默认的合适大小和合适位置。特别是当模型移出了窗口界面之后，可以使用该工具快速重新调整视图。

1.5.2 模型显示样式设置

为了方便用户在设计过程中更好地观察模型，Creo 设置了多种模型显示样式，包括：带反射着色、带边着色、着色、消隐、隐藏线和线框，如图 1-23 所示。各类显示样式下的模型显示如图 1-24 所示，用户可以根据需要进行适时调整。

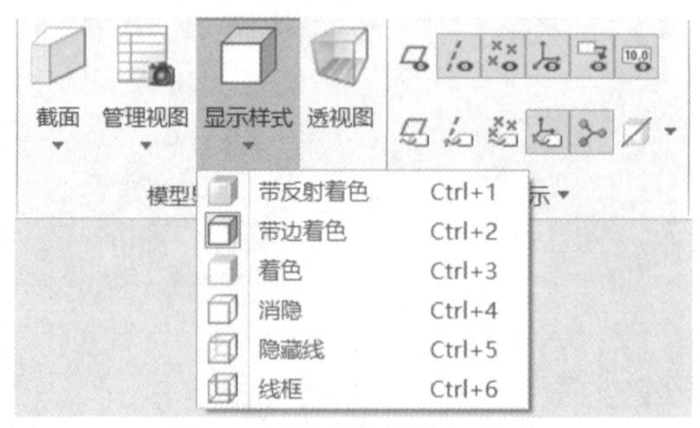

图 1-23 模型“显示样式”选项

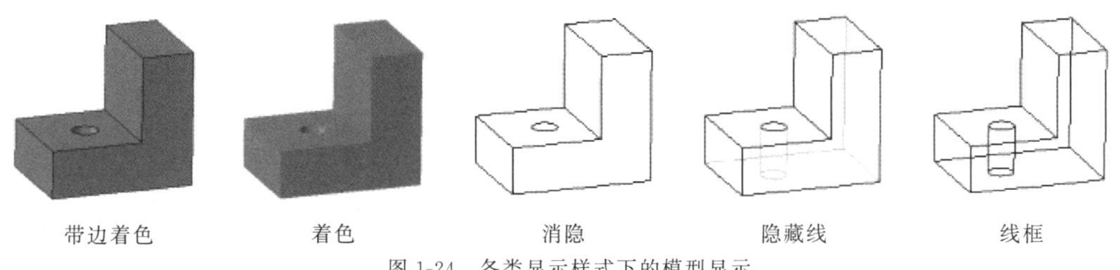

图 1-24　各类显示样式下的模型显示

1.5.3　模型显示方向设置

通过旋转虽然可以改变模型的显示方向，但如果需要精准定位模型的显示方向，则需要通过“已保存方向”命令工具设置从某个方向显示模型，如图 1-25 所示。通过“重定向”命令选项还可以创建和保存用户设定的显示方向。

1.5.4　基准显示控制

模型的各类设计基准及其名称，包括基准坐标、基准面、基准轴、基准点、注释等，可以根据操作显示需要设置显示或隐藏，如图 1-26 所示工具栏中，将某个基准显示按钮按下（呈深色）则在绘图区显示该基准，再单击按下该显示按钮，则按钮会弹上（呈浅色）从而在绘图区中不显示该基准。各基准显示按钮功能见表 1-3。

图 1-25　模型“已保存方向”选项

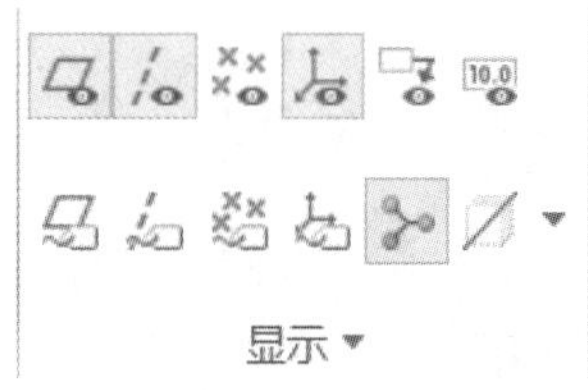

图 1-26　模型基准显示控制工具

表 1-3　基准显示按钮功能

按钮	功能说明	按钮	功能说明
	显示或隐藏基准平面		显示或隐藏基准平面的标记名称
	显示或隐藏基准轴		显示或隐藏基准轴的标记名称
	显示或隐藏基准点		显示或隐藏基准点的标记名称
	显示或隐藏坐标系		显示或隐藏坐标系的标记名称
	显示或隐藏 3D 注释		显示或隐藏模型旋转中心
	在 3D 中显示或隐藏尺寸下的背景		设置模型中主体、面组等的透明度

重要提示 在实际设计操作过程中，一般直接使用绘图区的“图形工具栏”中的快捷命令对模型及基准的显示方式进行操作和设置，而不需要切换至“视图”功能选项卡。“图形工具栏”包括了模型显示基本设置的常用命令，命令按钮及功能，如图 1-27 所示。

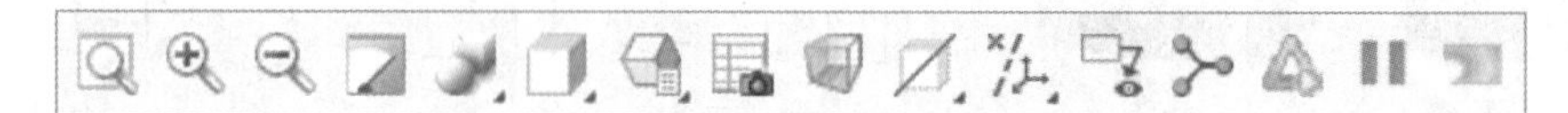

图 1-27　图形工具栏

1.5.5　模型外观设置

通过“外观”设置，可以设置模型的颜色、透明度、反射率和光泽度等外观。

1. 模型颜色基本设置

单击“外观”下拉选项，弹出如图 1-28 所示的模型外观设置面板。

基本操作步骤为：①在外观设置面板中单击要设置的颜色→②弹出“选择”提示框，在下方“筛选器”调整要设置颜色的几何（如零件、曲面等）→③在图形窗口选择要设置颜色的模型零件或模型的表面（可按住 Ctrl 多选）→④单击“选择”提示框的“确定”，即完成模型颜色设置。

单击“清除外观”后选择要清除的零件或曲面则回到系统默认颜色；或单击“清除外观”下拉选项中的“清除所有外观”，则所有外观设置都被清除。

2. 编辑模型外观

单击模型外观设置面板中的“编辑模型外观”选项，弹出如图 1-29 所示的“模型外观编辑器”。可以通过选择不同的“属性”，调节反射率和光泽度等丰富的模型的外观。

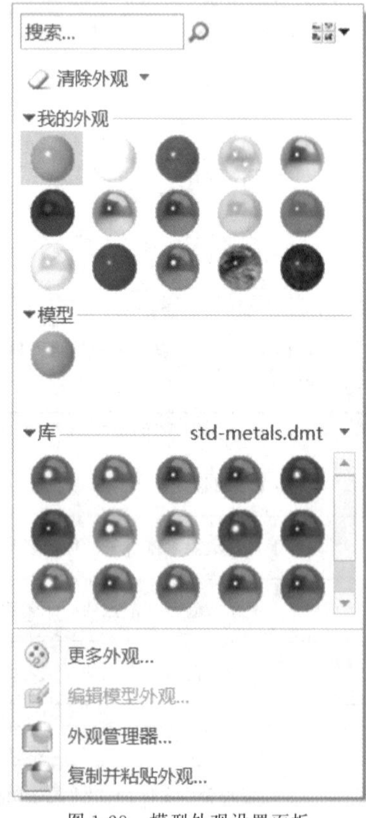

图 1-28　模型外观设置面板

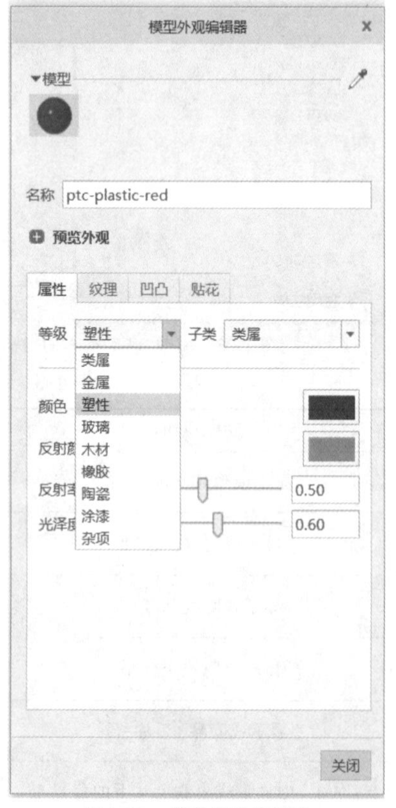

图 1-29　模型外观编辑器

1.6 配置选项的设置

在 Creo Parametric 中，Config. pro 是最主要的系统配置文件，它具有大量的配置选项，主要用来设置软件系统默认的运行环境，如系统颜色、单位、尺寸显示方式、界面语言、库的设置、工程图配置、零部件搜索路径等。如果用户要修改系统默认设置，可以通过 Creo Parametric 选项来设置。

单击“文件”→“选项”→选择“Creo Parametric 选项”命令，可以查看并设置 Creo Parametric 选项和配置，弹出的“Creo Parametric 选项”对话框如图 1-30 所示。

Creo Parametric 选项

收藏夹
环境
系统外观
模型显示
图元显示
选择
草绘器
装配
细节化
通知中心
ECAD 装配
板
数据交换
钣金件
更新控制
增材制造
仿真
自定义
功能区
快速访问工具栏
快捷菜单
键盘快捷方式
窗口设置
许可
配置编辑器

更改模型的显示方式。
模型方向
默认模型方向: 斜轴测
重定向模型时的模型显示设置
显示方向中心
显示基准
快速隐藏线移除
显示曲面网格
显示轮廓边
使用时间绘制帧
设置帧频 (每秒帧数) 为: 3
显示动画
将动画演示的最大秒数设置为: 1.0
将为动画显示的最小帧数设置为: 6
着色模型显示设置
将着色品质设置为: 3
显示曲面特征
显示基准曲线特征
着色极小的曲面
对制造参考模型进行着色
操作视图时使用着色模型的详细信息级别
应用
导出配置(X)...
确定
取消

图 1-30 “Creo Parametric 选项”对话框

因为系统默认设置基本上符合大多数用户，所以原则上不需要做大的修改和变动。因此本书只介绍几种主要的选项设置。

1.6.1 公制模板默认设置

Creo Parametric 的零件及装配组件等模型文件默认的模板都是英制模板，所以每次新建文件都需要重新选定公制模板，有些麻烦，可以通过“配置编辑器”修改对应选项的默认值进行设置，统一设置后单击“Creo Parametric 选项”对话框下方的“确定”，然后保存至软件安装路径下的“Config. pro”文件。

1. 修改零件文件默认模板

具体操作：①在“Creo Parametric 选项”对话框中选择“配置编辑器”→②在上方的显示中选择安装目录下的系统配置文件“Config. pro”的路径→③找到“template_solidpart”选项，它的默认值为“inlbs_part_solid_abs.part”，单击其后面的下拉选项按钮(黑三角形)→④单击“浏览”→⑤找到 Creo 9.0 安装目录下的“templates”文件夹，如“D:\PTC\Creo 9.0.1.0\Common Files\templates”→⑥选取该文件夹中的“mmns_part_solid_rel.part”→⑦单击“打开”，如图 1-31 和图 1-32 所示。

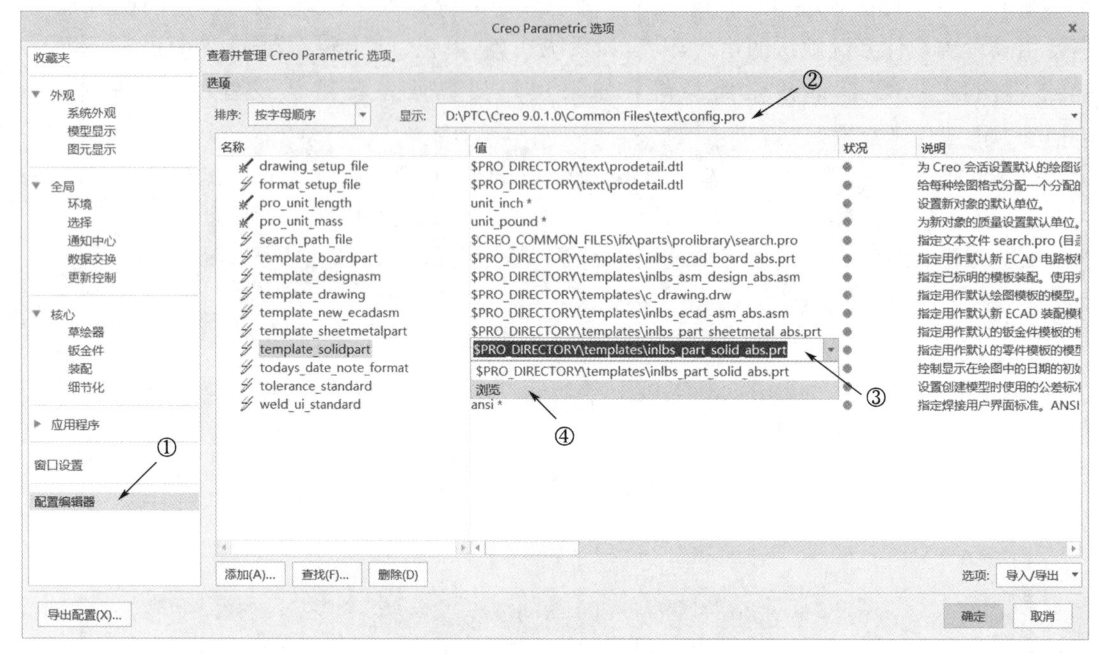

图 1-31 “Creo Parametric 选项”配置编辑器

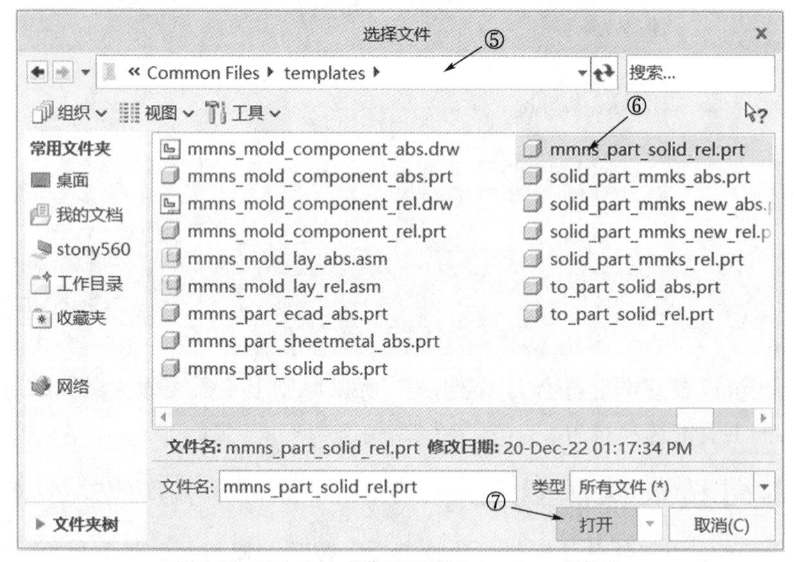

图 1-32 Creo 9.0 安装目录下的 templates 文件夹

2. 修改组件文件默认模板

“template_designasm”选项为组件文件模板，它的默认值为“inlbs_asm_design_abs.asm”，同样点击浏览，选择 Creo 9.0 安装目录下的 templates 文件夹中的“mmns_asm_design_rel.asm”文件并单击“打开”。

3. 修改钣金零件文件默认模板

“template_sheetmetal part”为钣金件模板，其值默认为“inlbs_part_sheetmetal_abs.

part”，单击浏览，选择 Creo 9.0 安装目录下的 templates 文件夹中的“mmns_part_sheetmeatal_abs. part”文件并单击“打开”。

1.6.2 工程图配置文件设置

Creo 工程图配置需要修改才能符合我们国家的工程图标准。Creo 软件本身提供了中国格式的绘图配置文件“cns_cn. dt”，该文件的内容是根据中国标准的配置，可以在此配置文件的基础上进行修改。将“Creo Parametric 选项”对话框中的选项“显示”设置为“所有选项”，找到“drawing _ setup _ file”，该选项为工程图配置文件路径，它的默认值为“$PRO_DIRECTORY\text\prodetail. dtl”，单击“浏览”，找到 PTC\Creo 9.0.1.0\Common Files\text\”中的“cns_cn. dtl”文件并单击“打开”，如图 1-33 所示。

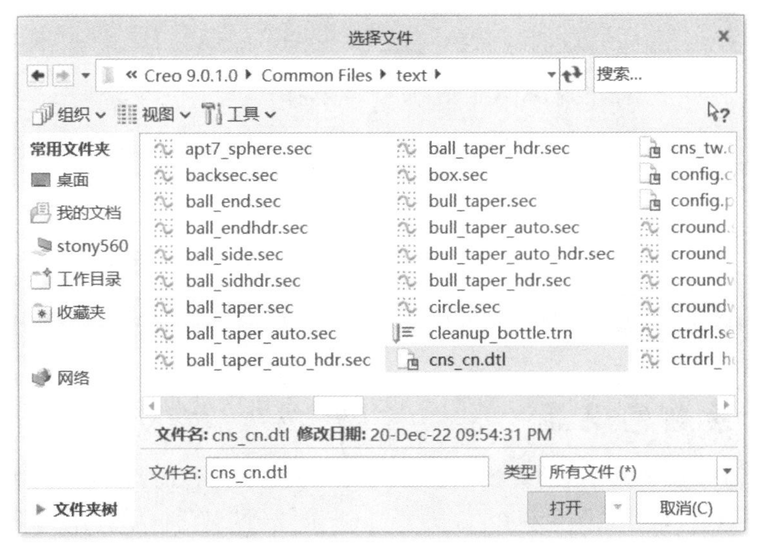

图 1-33 打开“cns_cn. dt”配置文件

在“配置编辑器”中完成了所有配置后，单击“Creo Parametric 选项”对话框下方的“确定”按钮，将弹出如图 1-34 所示的选项配置保存对话框“是否将这些设置保存到配置文件”，单击“是”。然后弹出另存为窗口，找到 Creo 9.0 软件的系统配置文件“Config. pro”所在的文件夹，如“PTC\Creo 9.0.1.0\Common Files\text\”（与图 1-31 中显示栏的 Config. pro 路径一致），选择“Config. pro”文件，单击“确定”按钮，如图 1-35 所示。则完成了系统配置文件的相关修改和保存。

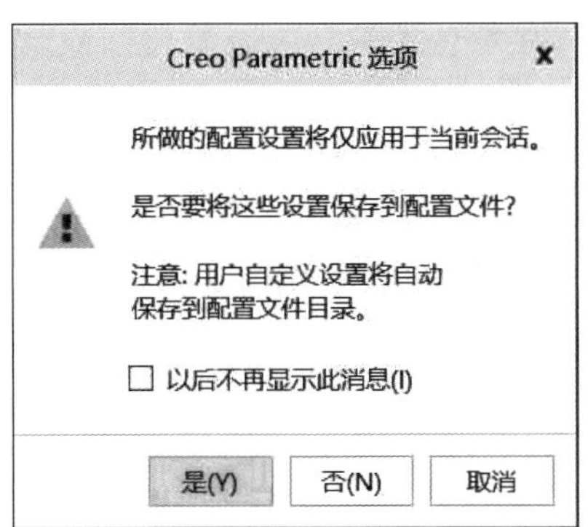

图 1-34 选项配置保存对话框

图 1-35　配置文件 Config. pro 的保存

重要提示　要永久性修改软件系统的默认设置，必须将配置文件保存至 Creo 9.0 软件安装目录“PTC\Creo 9.0.1.0\Common Files\text\”下的“Config. pro”文件，而不是软件工作目录下的“Config. pro”文件。

1.6.3　背景颜色设置

Creo Parametric 9.0 绘图区的背景颜色的默认设置是浅灰色的，有时候为了显示或截图需要，可以将其设置成其他背景颜色。在“Creo Parametric 选项”对话框中选择“系统外观”→，在右侧的“系统颜色”下拉选项中选择其他颜色如“白底黑色”，如图 1-36 所示。完成后单击“确定”按钮，绘图区的背景颜色则发生了改变。

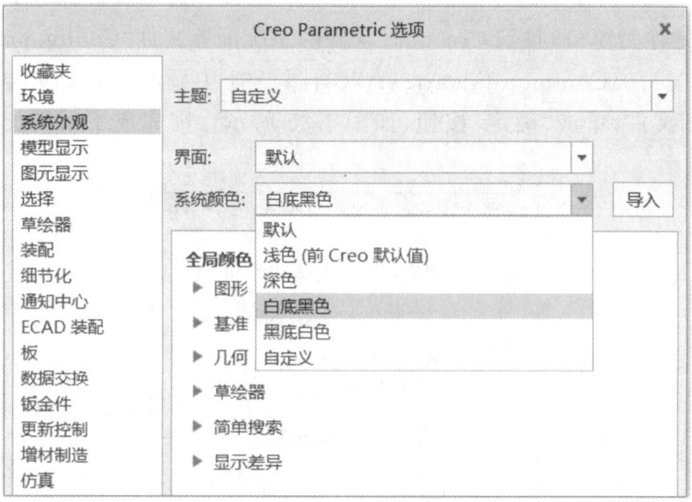

图 1-36　背景颜色设置

1.6.4 草绘器的设置

1. 草绘器的启动设置

在三维模型文件中创建草绘特征或者在定义特征内部草绘时，将启动草绘器进入草绘模式。一般来说，使草绘平面与屏幕平行更方便图形的绘制与观察，而 Creo Parametric 默认设置并没有设置“使草绘平面与屏幕平行”，所以用户可以对草绘器的默认设置进行修改。

在“Creo Parametric 选项”对话框中选择“草绘器”选项，并向下移动“草绘器”选项右侧的窗口滚动条，找到“草绘器启动”栏，将其下方的“使草绘平面与屏幕平行”选项勾选上，如图 1-37 所示。

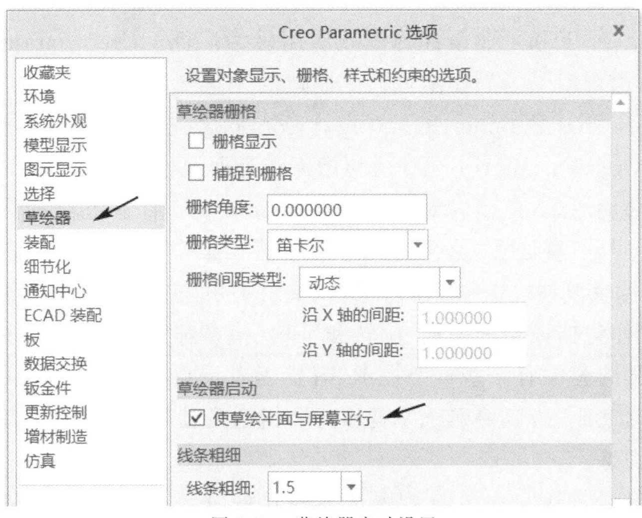

图 1-37　草绘器启动设置

2. 约束假设设置

初学者在二维草绘过程中，经常难以把握草绘器的“约束假设”(自动约束)，给草绘设计操作带来一定的困扰，可以根据需要对“约束假设”进行调整设置。在“草绘器”选项下，拉动“草绘器”选项右侧的窗口滚动条，找到“草绘器约束假设”栏，将其下方不需要的“约束假设”的勾选去掉，如图 1-38 所示。一般来说，“等长”约束用得不多，而且经常给初学者在绘制“线链”时带来干扰，可以去掉其勾选。

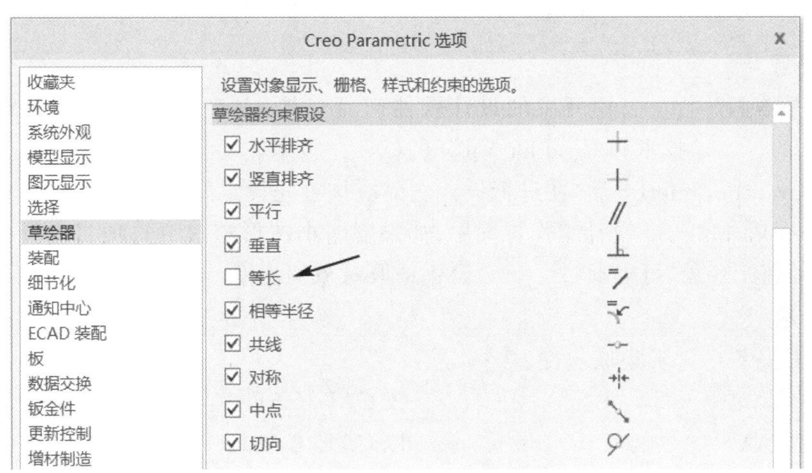

图 1-38　草绘器自动约束设置

此外，还可以对其他设置进行调整和修改。

完成选项设置修改后，单击“Creo Parametric 选项”对话框中下方的“确定”按钮，同样会弹出如图 1-34 所示的选项配置保存对话框“是否将这些设置保存到配置文件”，如果是临时设置，则单击“否”，如果是永久设置，同样将其保存至 Creo 9.0 的配置文件“Config.pro”。

1.7 本章小结

Creo Parametric 是一款主流的高端 CAD/CAM/CAE 集成设计套件，在通用机械、汽车、模具、家电、航天航空、军工和工业设计等领域应用极为广泛。Creo Parametric 9.0 是目前最新的应用版本，它为用户提供了一套从设计到制造的完整的解决方案。

本章首先介绍了 Creo Parametric 9.0 设计基本概念、模型的基本属性、Creo Parametric 9.0 的启动与退出、Creo Parametric 9.0 的初始工作界面及模型工作界面，侧重介绍了界面的主要组成及其相应功能用途，使读者对 Creo Parametric 9.0 有了初步的了解。

软件的基本操作是本章的重点，包括文件管理基本操作和模型显示基本操作。文件管理基本操作包括工作目录设置、文件新建与保存、文件打开与关闭、文件拭除与删除、窗口激活等；模型显示基本操作包括模型的缩放、旋转和平移、模型显示样式设置、模型显示方向设置、基准显示控制等。其内容中有一些重要提示，需要读者重点理解并掌握。由于软件的操作主要是通过鼠标和键盘完成，所以要熟练掌握鼠标和键盘的使用，这需要读者在后续学习中在计算机上多进行操作训练。

最后介绍了 Creo Parametric 9.0 配置选项的几种主要设置，如文件默认模板设置、背景颜色设置、草绘自动约束设置及草绘器启动设置，主要通过修改系统配置文件“Config.pro”并保存来实现系统相关默认设置的永久修改。读者在以后的学习过程中，进一步了解了自己设计习惯和设计需要之后，可以对其他的配置选项进行自定义修改。

1.8 课后练习

一、填空题

1. Creo 是美国(　　)公司开发的设计软件产品套件，它有效整合了(　　)的参数化技术、CoCreate 的(　　)技术和 Product View 的(　　)技术。

2. 打开 Creo Parametric 后，在进行设计之前应该首先设定好(　　)。

3. 在 Creo Parametric 设计工作界面中，如果要缩小图形窗口可选项目类型的范围，方便地选取确定的图元对象，可以通过(　　)设置选取对象的类型。

二、选择题

1. Creo 是一款(　　)集成软件。

A. CAD　　　　B. CAD/CAE

C. CAD/CAM　　　　D. CAE/CAM/CAE

2. Creo套件中用于三维参数化建模的主要应用程序是(　　)。

A. Creo Parametric　　B. Creo Simulate

C. Creo Sketch　　D. Creo Schematics

3. Creo Parametric保存文件的快捷键方式为(　　)。

A. Ctrl+N　　B. Ctrl+O

C. Ctrl+S　　D. Ctrl+Z

三、思考题

1. 什么是Creo Parametric特征之间的父子关系?

2. 拭除文件与删除文件有什么区别?

3. 模型显示样式类型有哪几种?

第2章 Creo 9.0 二维截面草绘

零件的三维参数化建模需要通过二维几何截面草绘来控制尺寸和参数，所以二维草绘设计是零件三维造型设计、装配设计和工程图设计的基础。

2.1 草绘模式与界面

Creo Parametric 9.0 中提供了一个专门用来绘制截面几何的草绘器（草绘模式），二维草绘设计在草绘模式下进行。

2.1.1 进入草绘模式

进入草绘模式有以下 3 种方式：

1. 新建草绘文件，进入草绘模式

操作步骤：①在功能区中单击“文件”→②选择“新建”，或在“快速访问”工具栏中单击“新建”按钮（快捷键为 Ctrl+N），将弹出“新建”对话框→③在“类型”选项中选择“草绘”→④输入草绘文件名→⑤单击“确定”按钮，如图 2-1 所示。这样将创建一个二维空间的草绘文件，不需要选取草绘平面而直接进入草绘模式，完成二维草绘设计后保存为独立的草绘文件，文件后缀名为“.s2d”。

2. 在三维模型文件中创建独立的草绘特征，进入草绘模式

在零件三维造型或组件三维装配过程中，可以根据需要创建草绘特征，即在“模型”功能区中单击“基准”命令组中的“草绘”命令，如图 2-2 所示。因为是在三维空间绘制二维草绘，所以需要选择好草绘平面，单击“确定”按钮后即进入草绘模式绘制二维图形，完成绘制后该草绘将在“模型树”中显示为一个草绘特征，可以创建实体或曲面特征时选取作为特征的截面、轨迹、边界或参照等。

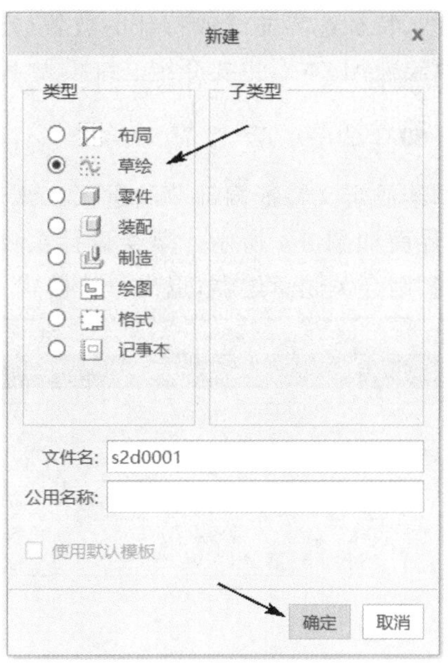

图 2-1 新建“草绘”文件

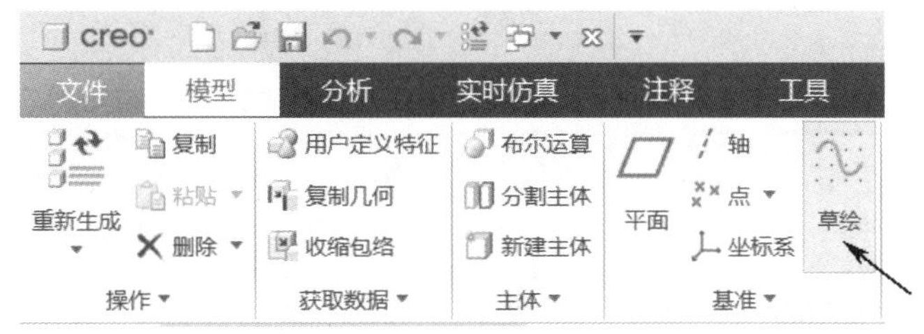

图 2-2 “模型”功能区的“草绘”命令

3. 三维特征创建过程，定义特征内部草绘而进入草绘模式

在创建拉伸、旋转等三维特征操作过程中，需要“定义内部草绘”，在“拉伸”特征操控板中单击草绘“定义”按钮，如图 2-3 所示。然后选择草绘平面进入草绘模式绘制特征的二维截面。

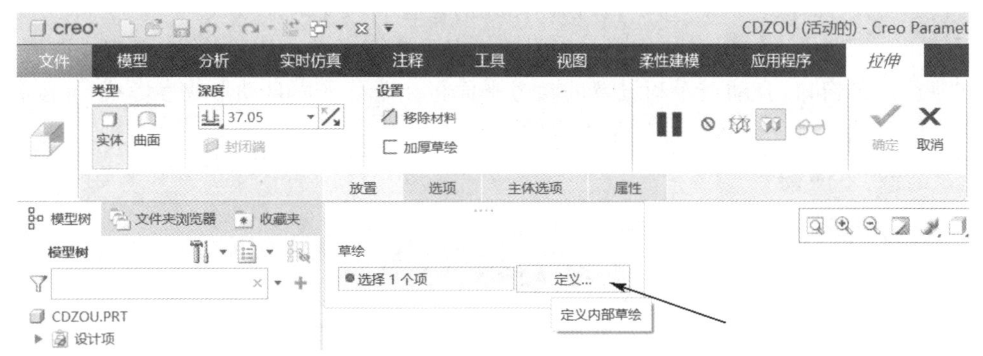

图 2-3 特征创建中“定义”内部草绘

但这些不同方式创建二维图形的要求有区别：如果草绘文件的二维图形或在零件建模过程中创建独立的二维草绘不是用来创建三维特征的截面或参照，称为“外部草绘”，外部草绘没有什么要求，与其他二维软件绘图一样。而作为特征的截面二维草绘称为“内部草绘”，内部草绘则必须满足该特征截面的相关要求。所以，在“模型”功能选项下进入草绘模式时有“检查”命令，主要用于检查草绘图形是否满足特征截面要求。

一般来说，Creo Parametric 中创建独立的二维草绘并没有什么意义，二维草绘主要是用来创建特征截面、特征样条曲线、特征边界曲线或特征的放置(定位)参照等。所以,初学者重点熟悉和掌握三维模型下的草绘使用,本章主要介绍三维模型下的草绘应用。

2.1.2 草绘工作界面

在三维模型下通过创建草绘或定义特征内部草绘进入二维草绘模式后,在功能选项卡出现了“草绘”命令,弹出的工作界面如图 2-4 所示。草绘设计主要通过功能区的各类草绘工具完成,单击“√”按钮或“×取消”则会关闭草绘器,退出草绘模式。

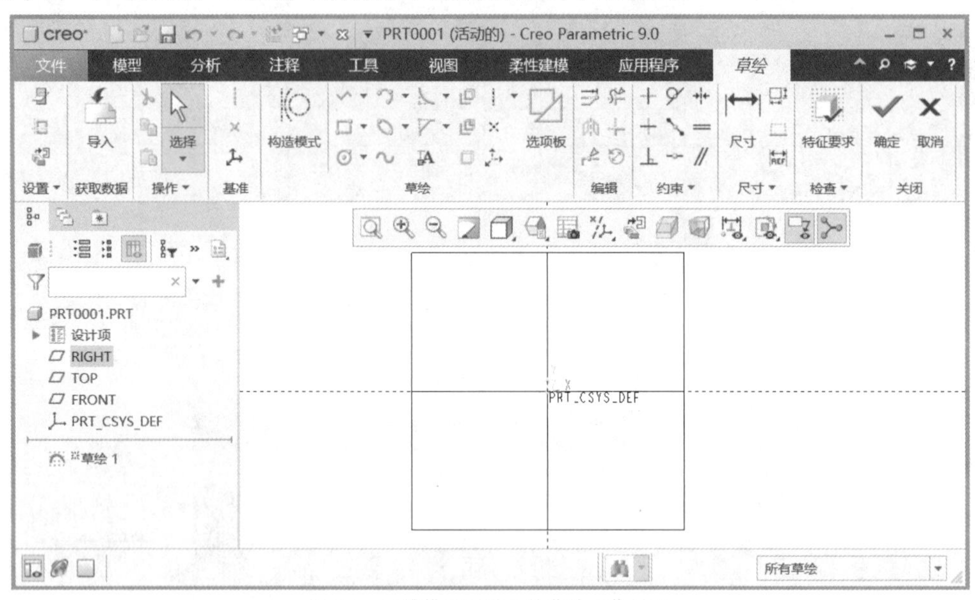

图 2-4 三维模型下进入的草绘工作界面

“草绘”选项功能区主要包括:“设置”命令组(草绘平面、参考及显示方向的设置)、“导入”命令组(从外部导入图形数据)、“操作”命令组(图元的剪切、复制和粘贴)、“基准”命令组(创建几何中心线、基准点和坐标系)、“草绘”命令组(创建图元的草绘工具)、“编辑”命令组(图元的修剪、倒角、延伸、镜像等)、“约束”命令组(创建图元的位置和尺寸约束)、“尺寸”命令组(创建和修改图元尺寸)、“检查”命令组(检查图形是否封闭或有重叠等)及“关闭”命令组(确定或取消)。

在草绘图形窗口,自动或手动设置的参考平面将在草绘平面自动形成参考线(无限长的虚线),参考线是确定图元位置尺寸的基本参照。

2.2 图形绘制与编辑工具

图形绘制与编辑工具是完成基础图元绘制的主要工具,包括“基准”命令组中的基准绘制工具、“草绘”命令组中的图元草绘工具和“编辑”命令组中的图元编辑工具,如图 2-5 所示。

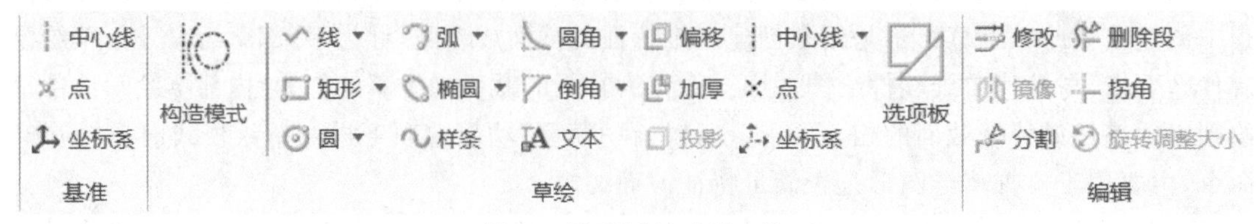

图 2-5 图元绘制与编辑工具

2.2.1 基准绘制工具

基准绘制工具是用来绘制各类基准的工具，可用来作为三维特征或三维装配的定位参考，包括“中心线”工具、“点”工具和“坐标系”工具。基准还可以在“模型”选项下用各基准特征工具进行创建，在“3.2 基准特征”将进行专门介绍。

1.“中心线”工具

“中心线”工具用来创建一条两点几何中心线，该几何中心线将成为基准轴，一般用来作为旋转特征的旋转中心轴或装配元件的定位轴。

操作步骤：①单击“中心线”工具→②在绘图区选择第 1 个点的位置并单击→③移动鼠标选择第 2 个点的位置并单击，如图 2-6 所示→④完成绘制后单击中键退出命令。

重要提示 图中的“㊀”是“水平”约束符号，将在“2.3.2 几何约束”中详细介绍各类约束的功能、创建与删除方式及其符号标记。

2.“点”工具

“点”工具用来创建一个几何点，该几何点将成为基准点，一般作为孔特征或装配元件的定位点。

操作步骤：①单击“点”工具→②在绘图区选择点的位置并单击，完成绘制→③单击中键退出命令。“点”工具创建的几何点如图 2-7 所示。

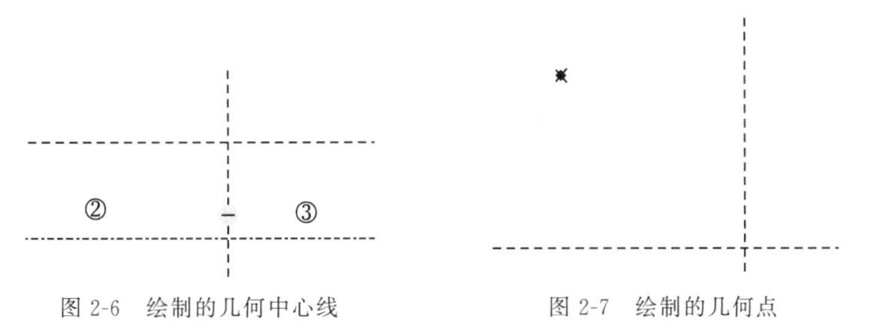

图 2-6　绘制的几何中心线　　图 2-7　绘制的几何点

3.“坐标系”工具

“坐标系”工具是用来创建几何坐标系的工具，该几何坐标系将成为基准坐标系，一般可以作为零件造型和装配的参考特征。

操作步骤：①单击“坐标系”工具→②在绘图区选择坐标系原点的位置并单击，完成绘制→③单击中键退出命令。“坐标系”工具绘制的几何坐标系如图 2-8 所示。

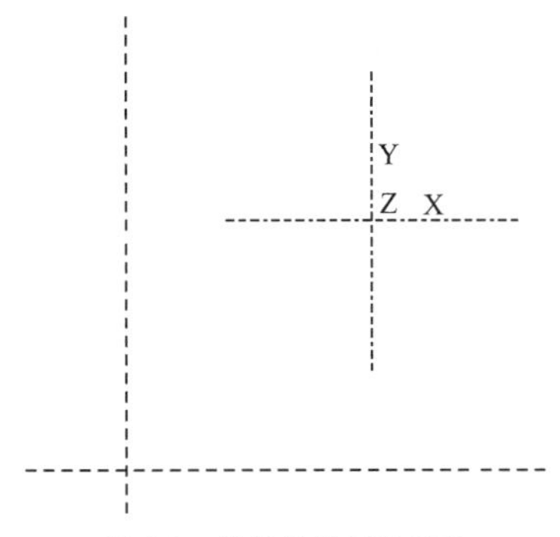

图 2-8　绘制的几何坐标系

完成草绘后，通过基准绘制工具绘制的几何中心线、几何点和几何坐标系在三维模型中分别成为基准轴、基准点和基准坐标系（相关的基准显示开关打开后可见），如图 2-9 所示。

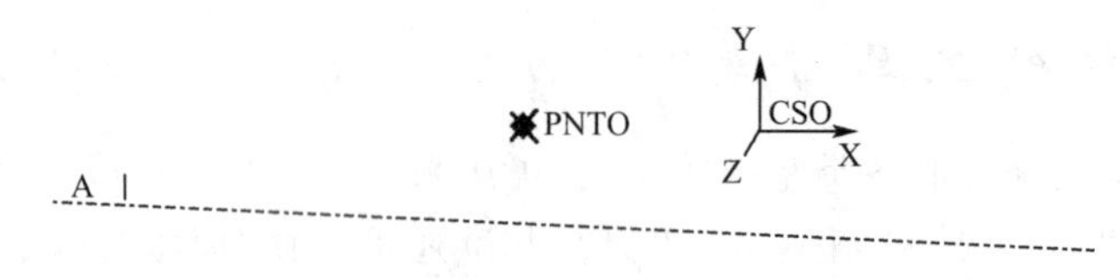

图 2-9　模型中显示的基准轴、基准点和基准坐标系

2.2.2　图元草绘工具

图元草绘工具是创建基本图元的工具，包括“线”、“矩形”、“圆”、“弧”、“椭圆”、“样条”、“圆角”、“倒角”、“文本”、“偏移”、“加厚”、“投影”等工具，以及用于草绘内部构造的“点”、“中心线”和“坐标系”工具。此外，还有一个“构建模式”切换开关。

1.“线”工具

“线”工具包括默认的“线链”和下拉选项的“直线相切”等两种工具。

(1)“线链”

“线链”是用来创建一条或多条连续的两点线段，是绘制直线段最常用的工具。

操作步骤：①单击“线链”工具→②在绘图区选择第 1 条线的起始点并单击→③移动鼠标选择第 1 条线的终点(同时是第 2 条线的起点)并单击→④移动鼠标选择第 2 线的终点并单击→⑤…→⑥单击中键完成绘制→⑦再单击中键退出命令。利用“线链”工具绘制的三条连续线链如图 2-10 所示。

重要提示　与其他草绘工具不同，“线链”工具是用于连续绘制相连的线条，完成后必须两次单击中键，第 1 次单击中键是完成线链的绘制，第 2 次单击中键是退出“线链”工具命令。

(2)“直线相切”

“直线相切”用来创建一条与两个图元相切的直线段，常用于绘制法兰等圆弧与边相切的零件截面草绘。

操作步骤：①单击“直线相切”工具→②在绘图区选择要相切的第 1 个图元并单击→③移动鼠标选择要相切的第 2 个图元并单击，完成绘制→④单击中键退出命令。绘制一条同时与圆和圆弧相切的直线段如图 2-11 所示。

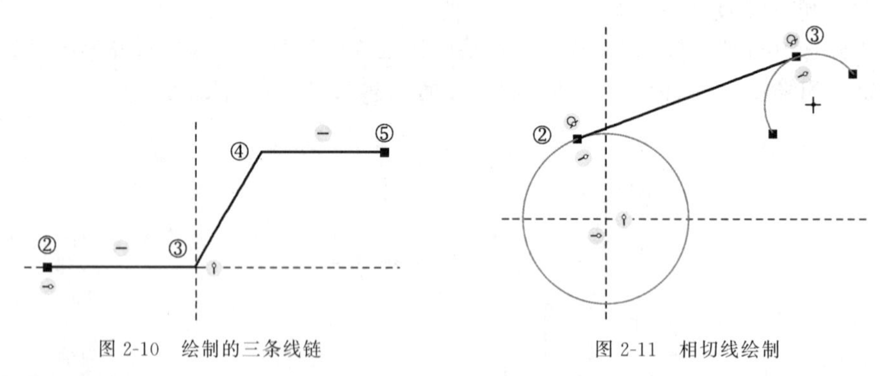

图 2-10　绘制的三条线链

图 2-11　相切线绘制

2.“矩形”工具

“矩形”工具包括默认的“拐角矩形”以及下拉选项中的“斜矩形”、“中心矩形”和“平行四边形”等四种工具。

(1)“拐角矩形”

“拐角矩形”是通过选择矩形的对角 2 个点来创建水平矩形，一般用于绘制已知某一顶点位置的水平矩形。

操作步骤:①单击“拐角矩形”工具→②在绘图区选择矩形的第 1 个顶点并单击→③拖动矩形对角选择矩形对角的第 2 个顶点并单击,完成绘制→④单击中键退出命令。操作步骤如图 2-12 所示(默认设置中的封闭图元填充了灰色背景)。

(2)“斜矩形”

“斜矩形”是通过选择矩形一侧的两个顶点(一条边的两个端点),然后通过拖动创建另一侧矩形边来创建斜矩形,一般用于绘制自由方向矩形。

操作步骤:①单击“拐角矩形”工具→②在绘图区选择矩形一条边的第 1 个端点并单击→③移动鼠标选择这一条边的第 2 个端点并单击→④拖动矩形另一侧平行边选择所在位置并单击,完成绘制→⑤单击中键退出命令。斜矩形绘制如图 2-13 所示。

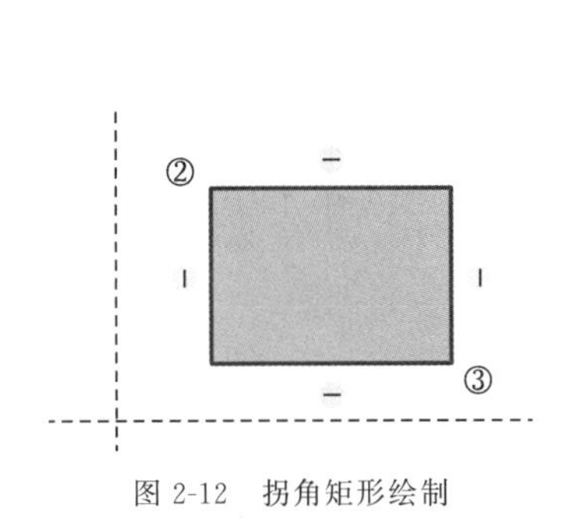

图 2-12 拐角矩形绘制

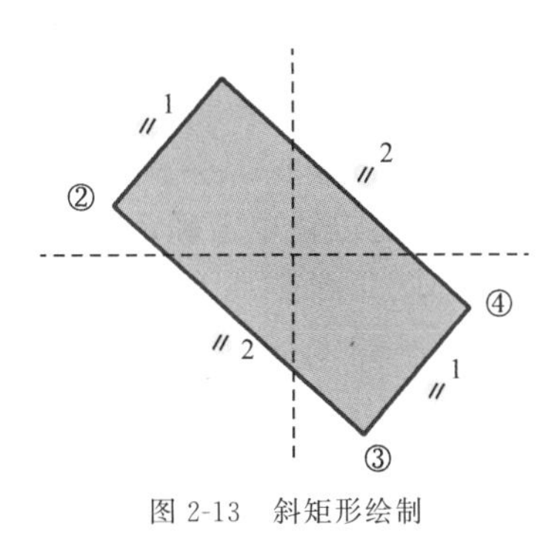

图 2-13 斜矩形绘制

(3)“中心矩形”

“中心矩形”是通过选择矩形中心并向外拖动来创建水平矩形,常用于绘制已知中心位置,或关于坐标原点对称的水平矩形,较为常用。

操作步骤:①单击“中心矩形”工具→②在绘图区选择矩形的中心点位置并单击→③往外拖动鼠标选择矩形其中一个顶点并单击,完成绘制→④单击中键退出命令。中心矩形绘制如图 2-14 所示(中心矩形会自动出现两条构造对角线)。

(4)“平行四边形”

“平行四边形”是通过选择平行四边形一侧边的两个端点,然后通过拖动创建另一侧平行边来创建平行四边形,其操作与斜矩形绘制相似。

操作步骤:①单击“平行四边形”工具→②在绘图区选择一条边的第 1 个端点→③移动鼠标选择这一条边的第 2 个端点→④拖动鼠标并单击左键选取矩形另一侧平行边的一个端点,完成绘制→⑤单击中键退出命令。绘制的斜矩形如图 2-15 所示。

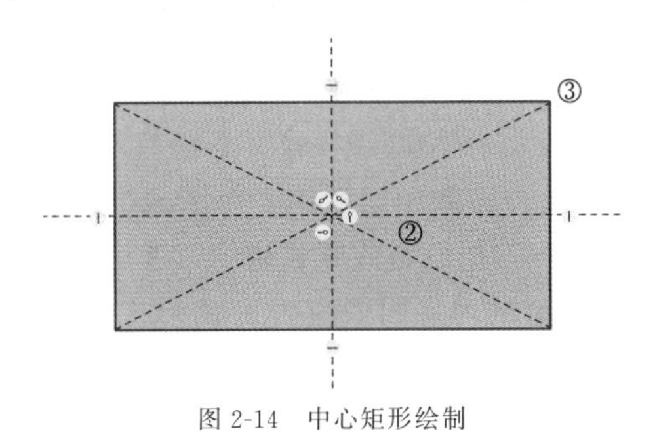

图 2-14 中心矩形绘制

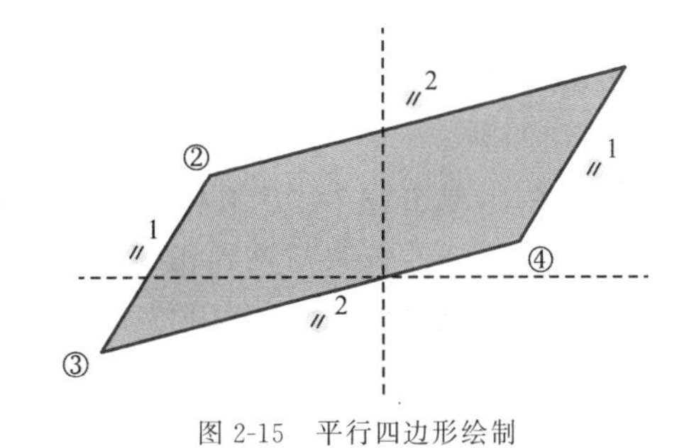

图 2-15 平行四边形绘制

3.“圆”工具

“圆”工具包括默认的“圆心和点”以及下拉选项中的“同心”、“3 点”和“3 相切”等四种工具。

(1)“圆心和点”

“圆心和点”是通过选择圆心和圆上一点来创建圆，一般用于绘制已知圆心位置的圆，是最常用的绘圆方式。

操作步骤:①单击“圆心和点”工具→②在绘图区选择圆心位置并单击→③往外拖动鼠标后选择圆上任意一点位置并单击，完成绘制→④单击中键退出命令。例如，“圆心和点”工具绘制的圆如图 2-16 所示。

(2)“同心”

“同心”是通过选择参考圆(或圆弧)并选择新圆上的一点来创建同心圆，一般用于快速绘制与某参考圆同圆心位置的圆。

操作步骤:①单击“同心”工具→②在绘图区选择参考圆(或圆弧)的圆弧边线并单击→③拖动圆弧边线至合适位置单击确定圆上一点，完成绘制→④单击中键退出命令。利用“同心”工具绘制的同心圆如图 2-16 所示。

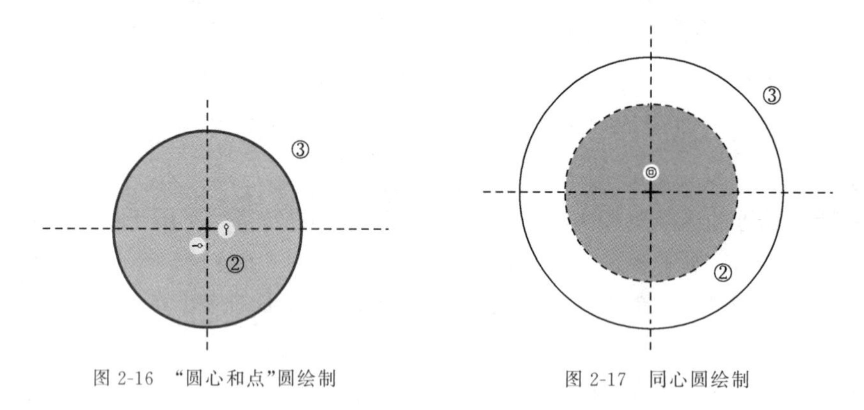

图 2-16 “圆心和点”圆绘制　　图 2-17 同心圆绘制

(3)“3 点”

“3 点”是通过确定圆上的 3 个点(不能在一条直线上)来创建圆，一般用于创建圆心位置未知，而圆上 2 点或 3 点位置已知的圆。

操作步骤:①单击“3 点”工具→②在绘图区选取第 1 个点(可以是已有点或参照点，也可以是任意位置点)→③在绘图区选取第 2 个点→④拖动图形选取第 3 个点，完成绘制→⑤单击中键退出命令。利用“3 点”工具绘制三角形的外接圆如图 2-18 所示。

(4)“3 相切”

“3 相切”是创建与 3 个图元相切的圆，一般用于创建圆心和圆上点位置未知，而与已知 3 个图元相切的圆。

操作步骤:①单击“3 相切”工具→②在绘图区选取与该圆相切的第 1 个图元(必须是已有图元或参照图元)→③选取与该圆相切的第 2 个图元→④选取与该圆相切的第 3 个图元，完成绘制→⑤单击中键退出命令。利用“3 相切”绘制三角形的内切圆如图 2-19 所示。

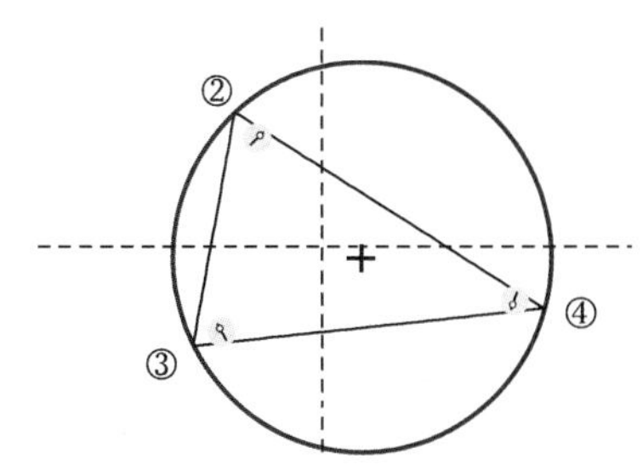

图 2-18 “3 点”工具绘制三角形外接圆

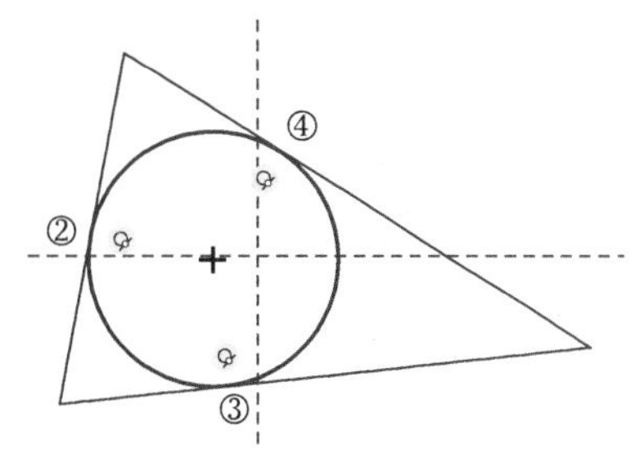

图 2-19 “3 相切”工具绘制三角形内切圆

4.“弧”工具

“弧”工具包括默认的“3 点/相切端”以及下拉选项中的“圆心和端点”、“3 相切”、“同心”和“圆锥”等五种工具。

(1)“3 点/相切端”

“3 点/相切端”是通过选择圆弧两端点及弧上一点(或与某图元相切)来创建圆弧,一般用于绘制圆弧中心未知,而弧上点已知的圆弧,是常用的绘制圆弧方式。

操作步骤:①单击“3 点/相切端”工具→②在绘图区选取圆弧的第 1 个端点位置并单击→③移动鼠标单击选取圆弧的第 2 个端点位置并单击→④鼠标拖动圆弧单击选取圆弧上任意一点位置(或选取一个相切图元)并单击,完成绘制→⑤单击中键退出命令。操作步骤如图 2-20 所示。

(2)“圆心和端点”

“圆心和端点”是通过选择弧的圆心及两端点来创建圆弧,一般用于绘制圆弧中心已知的圆弧,也是常用的绘制圆弧方式。

操作步骤:①单击“圆心和端点”工具→②在绘图区选择弧的圆心位置并单击→③往外拖动图形在圆弧虚线上选择第 1 个端点并单击→④拖动弧边选择第 2 个端点并单击,完成绘制→⑤单击中键退出命令。操作步骤如图 2-21 所示。

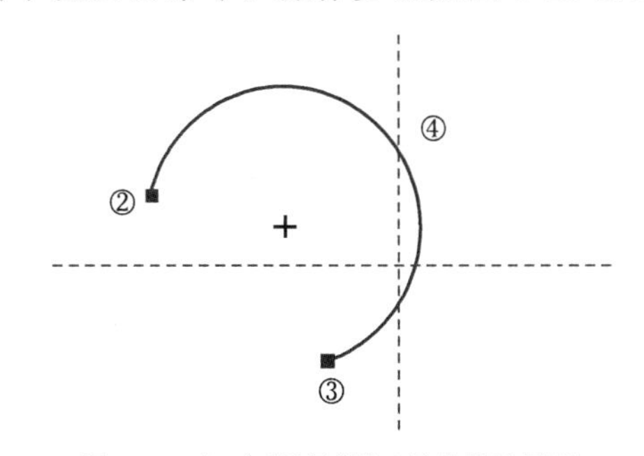

图 2-20 “3 点/相切端”工具绘制的圆弧

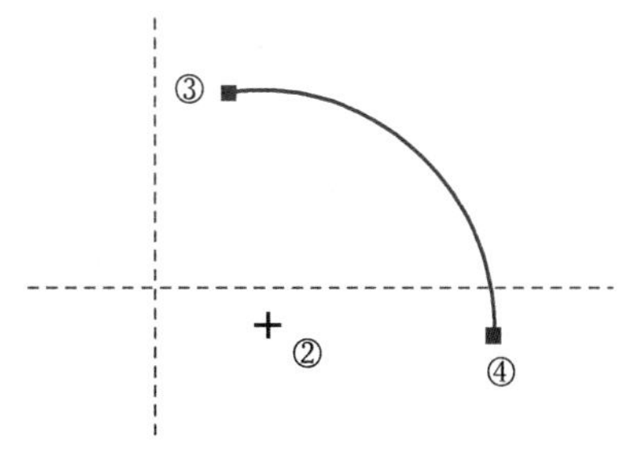

图 2-21 “圆心和端点”工具绘制的圆弧

(3)“3 相切”

“3 相切”是创建与三个图元相切的弧,弧的端点位于前 2 次选取图元的相切位置。

操作步骤:①单击“3 相切”工具→②在绘图区选择第 1 个相切图元并单击→③在绘图区选择第 2 个相切图元并单击→④拖动弧边选择第 3 个相切图元并单击,完成绘制→⑤单击中键退出命令。操作步骤如图 2-22 所示。

(4)“同心”

“同心”是通过选择参考圆(或圆弧)并选择弧的两端点来创建同心弧。

操作步骤:①单击“同心”工具→②在绘图区选择参考圆(或圆弧)的圆弧边线并单击→

③拖动虚线圆弧边线至合适位置单击确定弧的第 1 个端点→④拖动弧边选择第 2 个端点，完成绘制→⑤单击中键退出命令。操作步骤如图 2-23 所示。

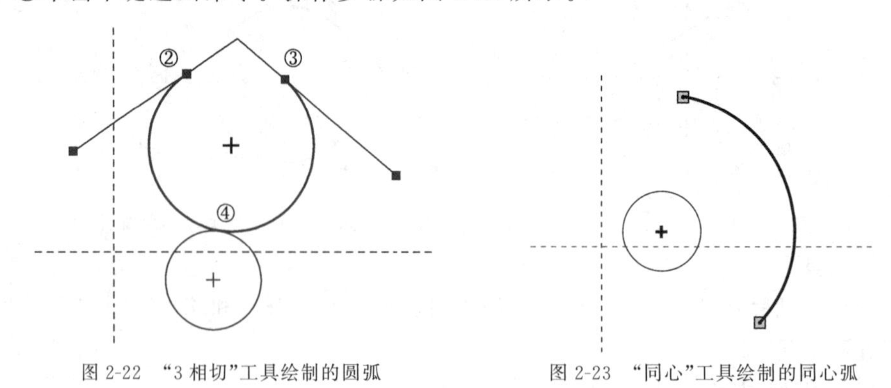

图 2-22 “3 相切”工具绘制的圆弧　　图 2-23 “同心”工具绘制的同心弧

(5)“圆锥”

“圆锥”是通过选择两个端点并拖动圆弧来创建锥形弧。

操作步骤：①单击“圆锥”工具→②在绘图区选择锥形弧的第 1 个端点并单击→③选择锥形弧的第 2 个端点并单击→④拖动锥形弧边至合适位置单击确定弧的顶点，完成绘制→⑤单击中键退出命令。操作步骤如图 2-24 所示。

5.“椭圆”工具

“椭圆”工具包括默认的“轴端点椭圆”以及下拉选项中的“中心和轴椭圆”工具。

(1)“轴端点椭圆”

“轴端点椭圆”是通过定义椭圆一个方向轴的两端点并拖动来创建椭圆。

操作步骤：①单击“轴端点椭圆”工具→②在绘图区单击确定椭圆一个方向轴的第 1 个点→③移动鼠标在绘图区单击确定该方向轴的第 2 个点→④拖动椭圆至合适位置单击确定，完成绘制→⑤单击中键退出命令。“轴端点椭圆”工具绘制的椭圆如图 2-25 所示。

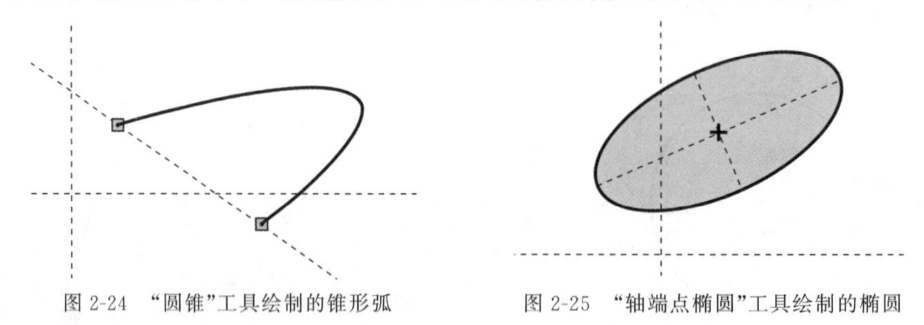

图 2-24 “圆锥”工具绘制的锥形弧　　图 2-25 “轴端点椭圆”工具绘制的椭圆

(2)“中心和轴椭圆”

“中心和轴椭圆”是通过定义椭圆中心点和轴的一个端点来创建椭圆。

操作步骤：①单击“中心和轴椭圆”工具→②在绘图区单击确定椭圆的中心点→③移动鼠标在绘图区单击确定一个方向轴的 1 个端点→④拖动椭圆至合适位置单击确定，完成绘制→⑤单击中键退出命令。“中心和轴椭圆”工具绘制的椭圆如图 2-26 所示。

6.“样条”

“样条”工具是通过选择样条控制点来创建样条曲线。

操作步骤：①单击“样条”工具→②在绘图区单击确定样条的第 1 个控制点(起点)→③移动鼠标选择样条的第 2 个控制点→④…→⑤选择样条的最后一个控制点(终点)→⑥单击中键完成绘制→⑦单击中键退出命令。“样条”工具绘制的五点样条曲线如图 2-27 所示。

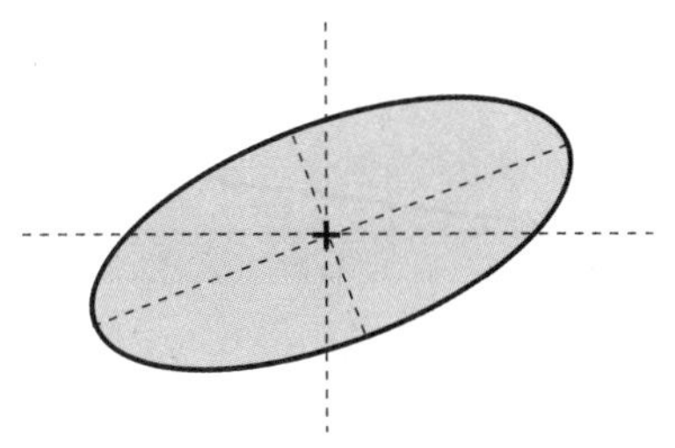

图 2-26 “中心和轴椭圆”工具绘制的椭圆

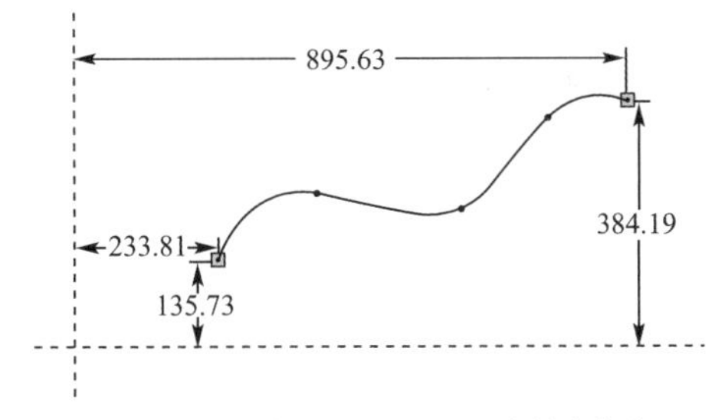

图 2-27 “样条”工具绘制的五点样条曲线

重要提示 “样条”工具与“线链”工具相似，完成后必须两次单击中键。此外，绘制的样条曲线的自动尺寸只标注起点位置和终点位置，中间控制点的位置尺寸需要用户自行创建。在工程图中也无法标注出样条曲线中间控制点的位置尺寸。解决办法：先草绘基准点，然后再选取这些基准点作为样条曲线的控制点，所有基准点的位置尺寸可以在工程图中标注。

7.“圆角”和“倒角”工具

(1)“圆角”工具

“圆角”工具包括默认的“圆形”工具以及下拉选项中的“圆形修剪”、“椭圆形”和“椭圆形修剪”工具。

这四种“圆角”工具都是用圆弧或椭圆弧连接两个图元的。区别在于：“圆形”和“椭圆形”工具添加了延伸至交点的构造线。而“圆形修剪”和“椭圆形修剪”则没有构造线。它们的操作方法相同：①选择相应的“圆角”工具→②在绘图区单击选择第 1 条线段→③单击选择第 2 条线段，则完成圆角创建。

四种“圆角”工具创建的圆角如图 2-28 所示。

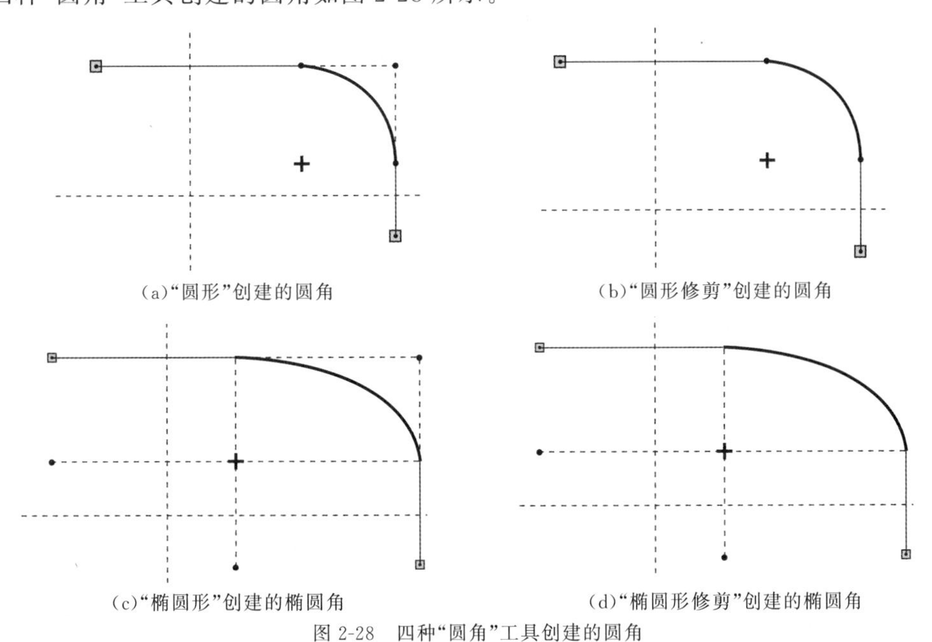

(a)“圆形”创建的圆角　(b)“圆形修剪”创建的圆角

(c)“椭圆形”创建的椭圆角　(d)“椭圆形修剪”创建的椭圆角

图 2-28 四种“圆角”工具创建的圆角

(2)“倒角”工具

“倒角”工具包括默认的“倒角”工具以及下拉选项中的“倒角修剪”工具。

“倒角”工具创建一个倒角连接两个图元，并添加延伸至交点的构造线。而“倒角修剪”工具则没有构造线。

操作步骤：①选择相应的“倒角”工具→②在绘图区单击选择第 1 条线段→③单击选择第 2 条线段，则完成倒角创建。

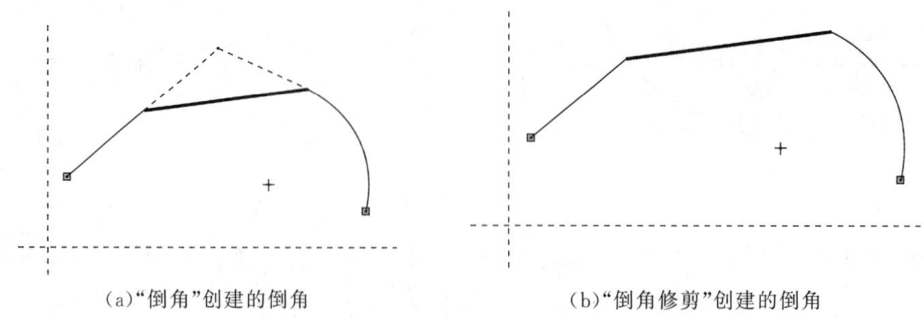
(a)“倒角”创建的倒角　(b)“倒角修剪”创建的倒角

图 2-29　两种“倒角”工具创建的倒角

重要提示　在创建三维模型的特征截面草绘中，“倒圆”和“倒角”工具很少使用，因为实体的倒圆和倒角一般使用“模型”功能下的实体“倒圆角”工具和实体“倒角”工具来创建，这样创建的圆角和倒角是作为单独的工程特征而存在，不仅能简化截面二维草绘图形，而且方便后续的编辑与修改。

8.“文本”工具

“文本”工具是用来在草绘中创建文字、数字等文本。在产品造型中，一般用来设计各类三维立体铭文、字母符号等标志。

操作步骤：①单击“文本”工具→②在绘图区由下而上绘制一条竖直的文本定位线段(这样创建的文本是水平放置的)→③在弹出的“文本”对话框的“输入文本”栏使用键盘输入文本(可以是字母、汉字、数字、其他符号等)→④单击“确定”按钮完成文本创建，如图 2-30 所示。其默认的字体是“font3d”空心字，可以作为拉伸等特征的草绘截面。

此外还可以勾选“沿曲线放置”，然后选取一条绘制好的曲线，使文本沿该曲线放置。

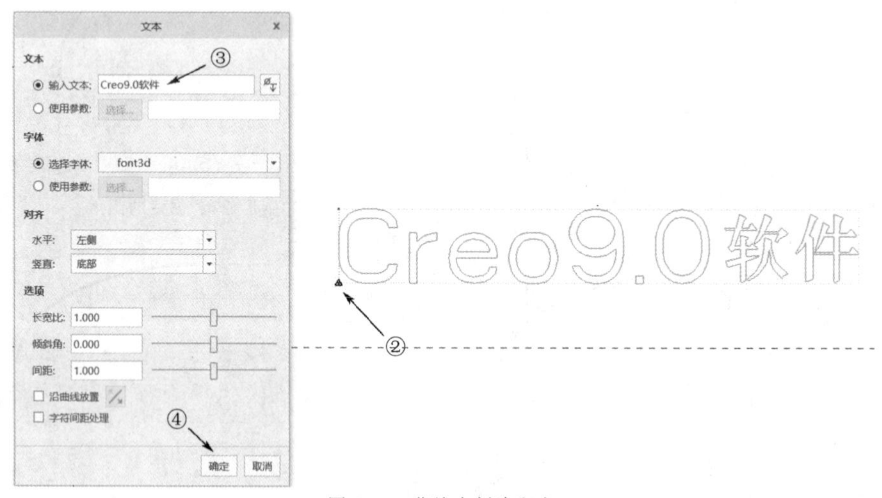

图 2-30　草绘中创建文本

9.“偏移”工具

“偏移”工具是通过选择外部几何边线或已有的草绘图元向一侧偏移一段距离来创建新的图元。

操作步骤：①单击“偏移”工具→②弹出“偏移”收集器，选择要偏移的边(或者按住 Shift 键选取要偏移的环)→③在绘图区输入偏移距离→④完成后单击收集器的“√”按钮或单击中键,如图 2-31 所示。

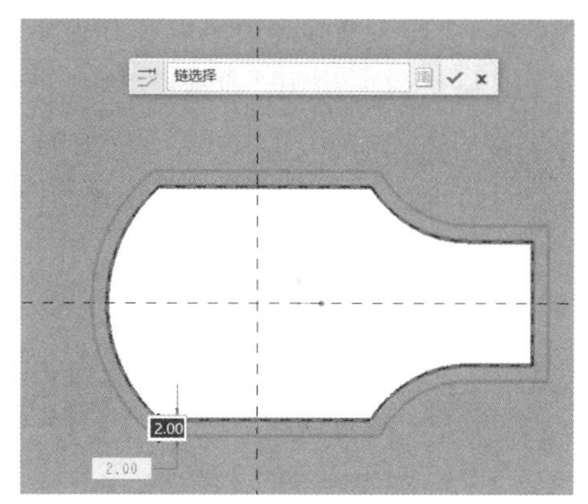

图 2-31 几何边线的"偏移"

10."加厚"工具

"加厚"是"偏移"的升级。"加厚"是通过选择外部几何边线或已有的草绘图元向两侧偏移一段距离来创建新的图元。加厚工具用来创建模型的各类止口很方便。

操作步骤:①单击"加厚"工具→②弹出"类型"对话框,选择要"加厚边"的类型("单一"、"链"或"环")和"端封闭"的类型(指加厚形成的两条边线两端的封闭方式,包括"开放"、"平整"和"圆形",因为"环"本身是封闭的,所以"端封闭"类型设置对"环"无效)→③在绘图区选取要加厚的边线→在弹出的"输入厚度"数值框中输入厚度值,单击"√"按钮→④在弹出的"于箭头方向输入偏移"数值框中输入偏移距离,单击"√"按钮→⑤单击"类型"对话框的"关闭"。各种类型的"加厚"如图 2-32 所示(厚度为 10,往外偏移距离为 8)。

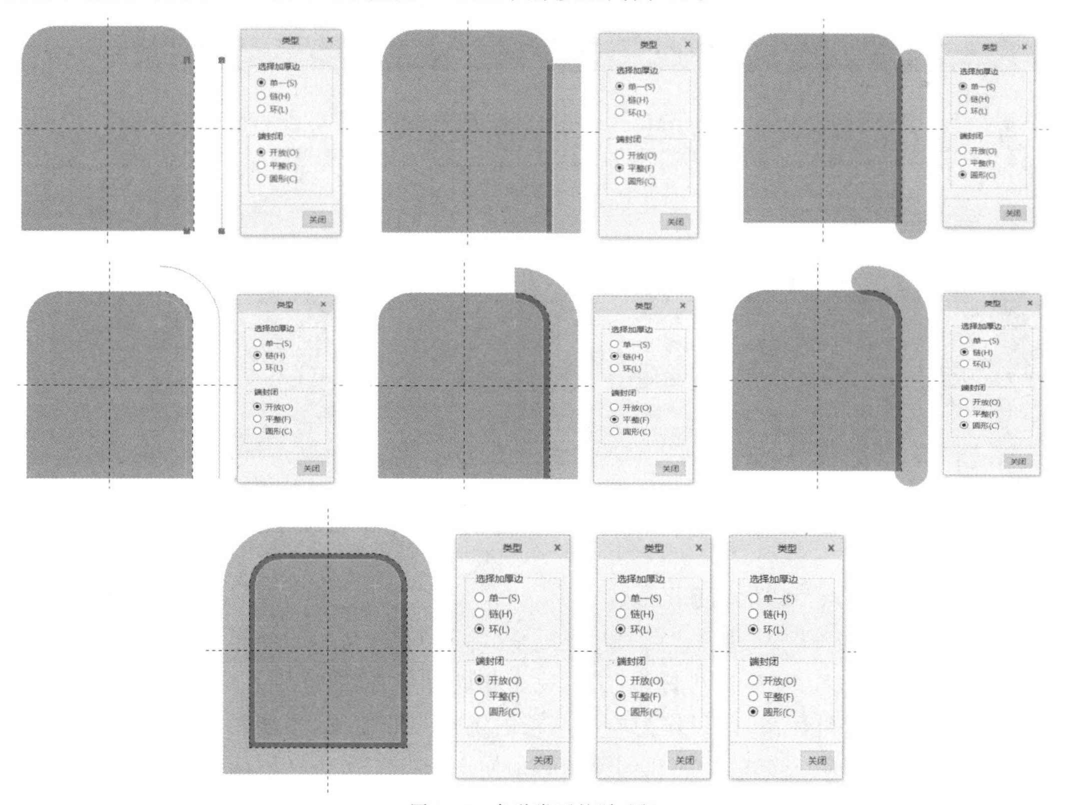

图 2-32 各种类型的"加厚"

11.“投影”工具

“投影”工具将选择外部的几何边线或曲线投影到草绘平面来创建图元。

操作步骤:①单击“投影”工具→②弹出“类型”对话框,选择投影对象的类型(“单一”、“链”或“环”)→③在绘图区选取要投影的边或曲线,完成投影图元创建→④关闭“类型”对话框。如图 2-33 是利用“投影工具”将空间曲线投影在草绘平面上创建的图形。

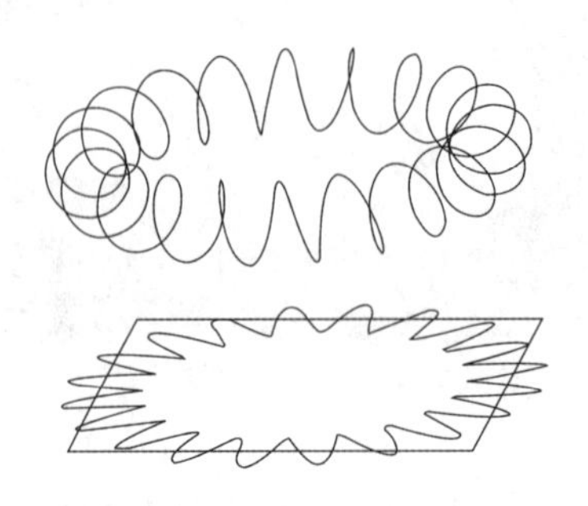

图 2-33　将空间曲线“投影”至草绘平面

12.“选项板”工具

“选项板”是一个图形库,可以通过该图形库导入图元。

操作步骤:①单击“选项板”工具→②弹出“草绘器选项板”对话框,如图 2-34 所示。选项板图形包括“多边形”、“轮廓”、“形状”和“星形”四类,在对应类型的下方的图形库选择要导入的图形并双击→③在绘图区单击选择要放置的位置→④在绘图区出现图形框,而且上方出现“导入截面”操控板,在操控板中输入旋转角和缩放因子等→⑤完成设置后单击操控板的“√”按钮,即完成图元导入,如图 2-34 所示。

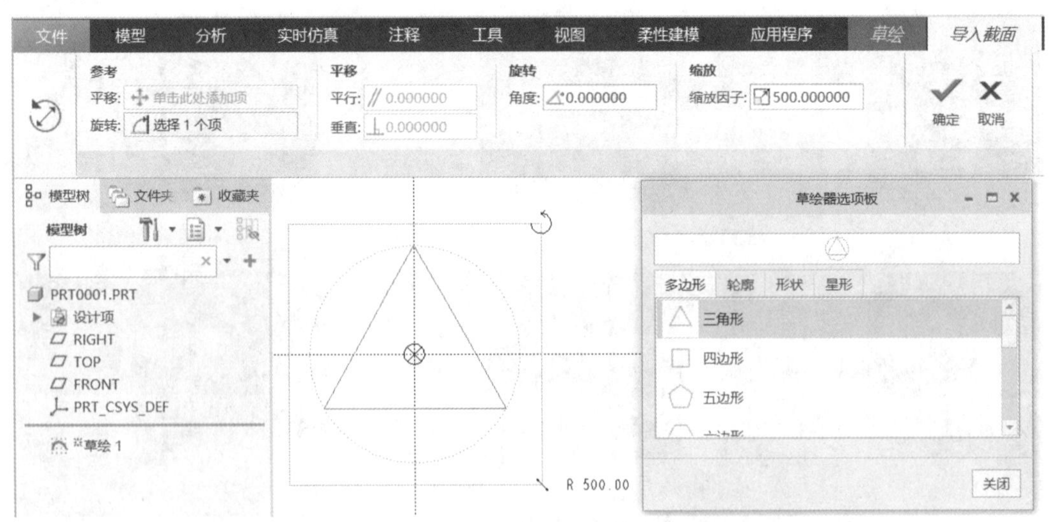

图 2-34　“选项板”中图形的导入

13.“中心线”、“点”和“坐标系”工具

“草绘”命令组也有“中心线”、“点”和“坐标系”绘制工具,它们的操作与前面所介绍的“基准”命令组中“中心线”、“点”和“坐标系”工具完全相同,但功能有区别。这里创建的是构造中心线、构造点和构造坐标系,即只作为本次草绘的定位参照使用,不能作为外部的参照基准。例如:创建旋转特征时,旋转轴中心线的绘制必须使用“基准”命令栏中的“中心线”工具,而不能使用这里的构造“中心线”工具。

14.“构造模式”切换开关

“构造模式”下创建的图元全部是构造线(点虚线),在草绘过程中只起到尺寸约束或几何定位的辅助作用,而不参与造型。

例如:在矩形的对角线上要创建四个小圆,且这四个小圆的圆心位于某个圆周,则可以按下“构造模式”开关,绘制小圆心的定位圆,然后该定位圆与对角线的交点即为小圆的圆心位置,如图2-35所示,图中的对角线和大圆都是构造线。

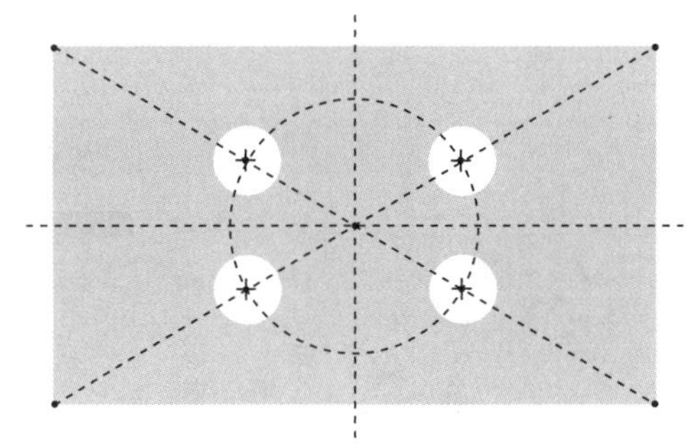

图2-35 构造线的绘制与应用

15.“实体”线与“构造”线的转换

如果要将已经绘制好的实体线变成构造线,或者将构造线变成实体线,则通过“操作”下拉选项中的“构造/实体”命令完成。

如图2-36所示,首先选取要转换成构造的图元,单击功能区“操作”下拉选项的“构造”命令,则图元转换成了构造线。反之,如果选取构造图元,则“操作”下拉选项中原来的“构造”命令变成了“实体”命令,单击该程序,构造图元转换为实体图元。

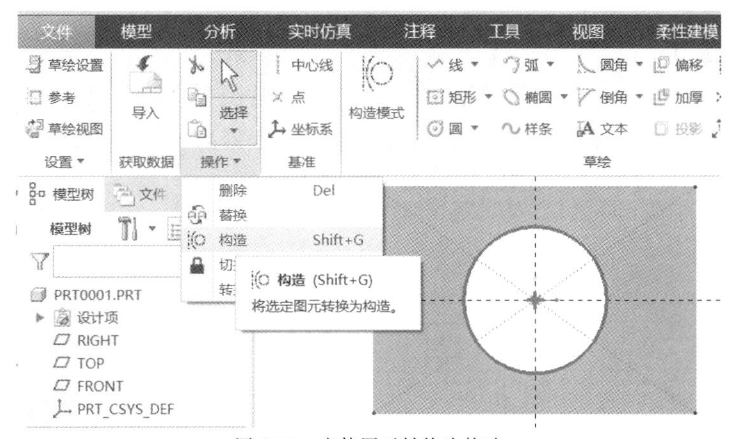

图2-36 实体图元转换为构造

2.2.3 图元编辑工具

图元编辑工具是修改和编辑图元的工具,包括“修改”、“删除段”、“镜像”、“拐角”、“分割”和“旋转调整大小”等工具,如图2-37所示。此外,还应该包括图元的复制和粘贴。

修改 删除段
镜像 拐角
分割 旋转调整大小
编辑

图2-37 图元编辑工具

1.“修改”工具

“修改”工具可以用来修改尺寸、样条几何或文本图元。因为单个尺寸、样条几何或文本图元一般直接用鼠标双击修改，所以该工具不常使用，一般用来一次性修改图形的多个尺寸。

(1)修改尺寸

操作步骤：①在绘图区选取要修改的尺寸(可按住 Ctrl 键多选或框选)→②单击“修改”工具，弹出“修改尺寸”对话框→③在“修改尺寸”对话框依次修改各尺寸→④完成后单击“确定”按钮，如图 2-38 所示。

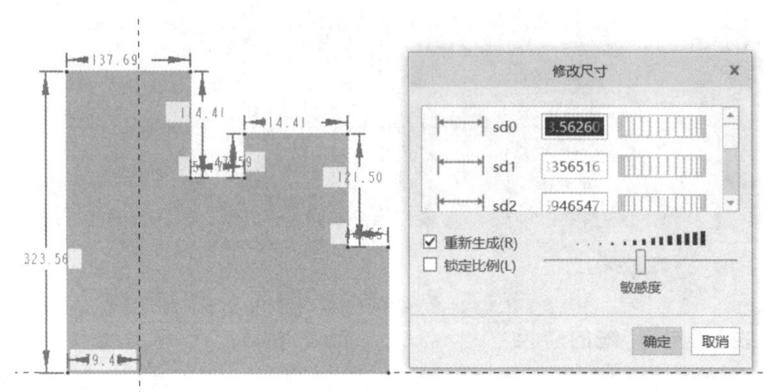

图 2-38　修改尺寸

(2)修改样条或文本

操作步骤：①在绘图区选取需要的样条或文本→②单击“修改”工具，将弹出“样条”操控板或“文本”对话框→③在“样条”操控板或“文本”对话框修改样条或文本→④完成修改后单击操控板的“√”或对话框的“关闭”。

2.“删除段”工具

“删除段”工具可以用来动态修剪草绘图元，是常用的图形修改工具。

操作步骤：①单击“删除段”工具→②在绘图区选取要修剪的线段(要删除的线段必须有断点或交点)，如图 2-39 所示，完成操作后单击中键退出命令。

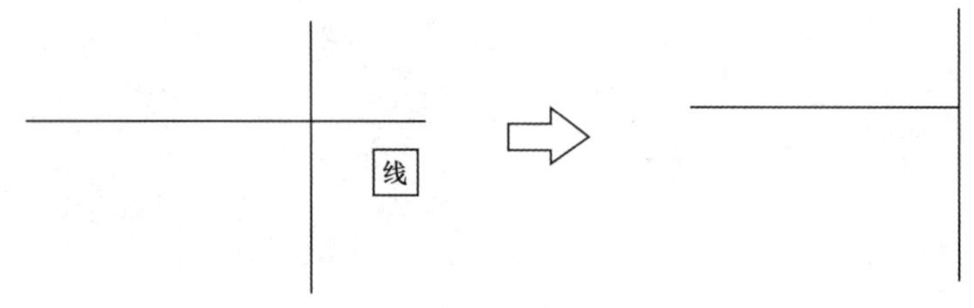

图 2-39　删除段

3.“镜像”工具

“镜像”工具是镜像选定的图元，在绘制对称图元时经常使用。该工具在没有选中图元前呈灰色不可用，只有在选取图元后才变亮可用。

操作步骤：①在绘图区选取要镜像的图元(可按住 Ctrl 键多选或框选)→②单击“镜像”工具→③在绘图区选取镜像的对称线(必须是几何直线，包括实线段、参照线、构造线段或中心线)，即完成镜像操作，如图 2-40 所示。

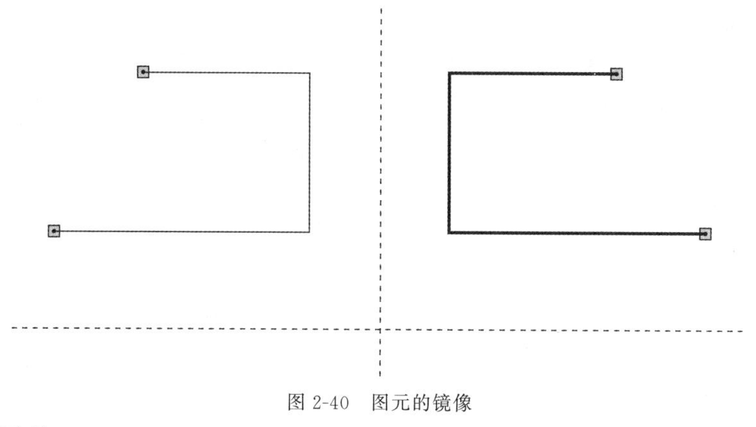

图 2-40　图元的镜像

4."拐角"工具

"拐角"工具将图元修剪(剪切或延伸)到其他图元或几何,形成拐角。

操作步骤:①单击"拐角"工具→②分别选取要形成拐角的两个图元,两个图元通过剪切或延伸形成拐角。图元的选取部位是形成拐角后留下的部分,如图 2-41 所示,选取右侧线段的时候,如果在上方 a 部位选取,则右侧图元的下段被剪切;反之,如果在下方 b 部位选取,则右侧的上段被剪切。而对于左侧线段来说,只有延伸,没有剪切,所以选取部位不影响拐角创建结果。

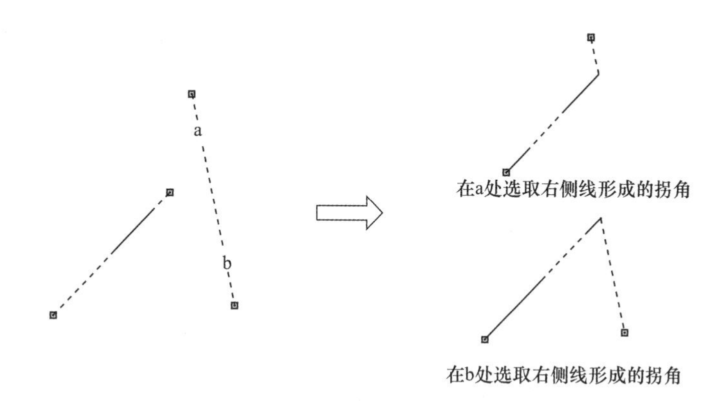

图 2-41　创建"拐角"

5."分割"工具

"分割"工具是用于在指定点的位置分割图元,即在图元中插入断点(节点)。

操作步骤:①单击"分割"工具→②在绘图区选取图元要分割的点位置,则完成分割。如图 2-42 所示,在一条线段上插入一个断点后就变成了两条相连的线段,一个整圆上插入三个断点后就变成了三条相连的圆弧。图元被分割后,就可以用"删除段"工具删除分割出来的部分。

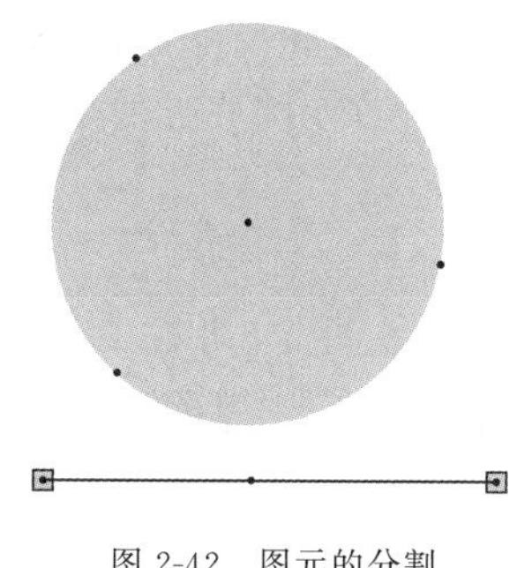

图 2-42　图元的分割

6.“旋转调整大小”工具

“旋转调整大小”工具能将选定的图元在草绘平面上进行平移、旋转和缩放。

操作步骤：①在绘图区选取要进行“旋转调整大小”操作的图元（可按住 Ctrl 键多选或框选）→②单击“旋转调整大小”工具，弹出“旋转调整大小”操控板→③在操控板中选取平移和旋转的参照（默认平移方向是水平方向，默认旋转中心为图元的几何中心）→④分别在平移参照的平行和垂直方向输入平移距离、输入旋转角度、设置缩放因子（比例）→⑤完成设置后，单击操控板的“√”按钮，完成图元的“旋转调整大小”操作，如图 2-43 所示。

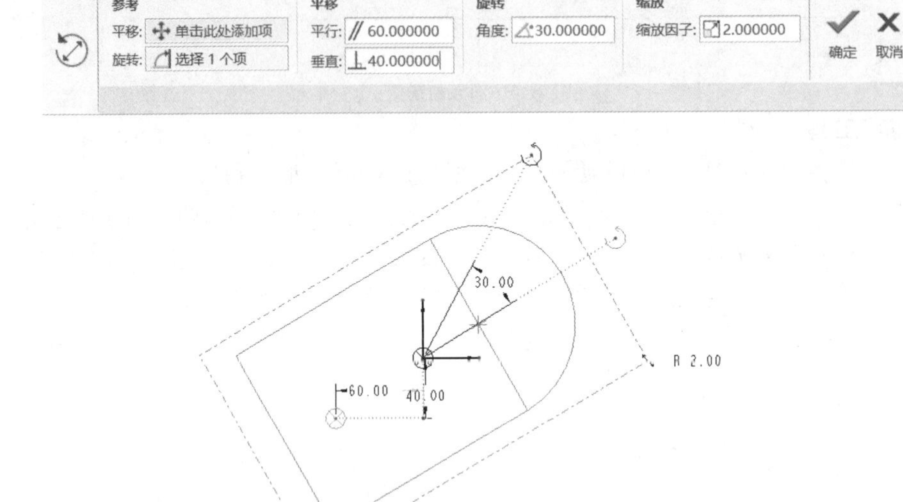

图 2-43　图元的“旋转调整大小”

7.图元的复制与粘贴

操作步骤：①在绘图区选取要复制的图元，并在键盘上按“Ctrl＋C”（或者右击弹出快捷菜单，单击“复制”）→②在键盘上按“Ctrl＋V”（或者右击弹出快捷菜单，单击“粘贴”）→③单击选择图元要粘贴的位置→④弹出“粘贴”操控板，与图 2-43 所示的“旋转调整大小”操控板一样，可以在原图元的基础上进行平移、旋转和缩放→⑤完成设置后，单击操控板的“√”按钮，完成图元的复制与粘贴。

8.图元的拖动

对于没有锁定尺寸并且没有约束在固定参照上的图元，可以在绘图区直接对图元进行拖动操作，以动态改变它的位置和大小。

操作步骤：①利用鼠标左键选取图元（可按“Ctrl”多选或框选）→②按住左键不放并移动鼠标，图元会跟随光标移动，相应尺寸随之变化。例如：拖动线段的端点可以延长或缩短线段；拖动线条可改变线条位置；拖动圆或弧可改变圆或弧的半径；拖动圆或弧的圆心可改变圆或弧的位置。

9.图元的删除

图元的删除很简单，先选取要删除的图元（可按 Ctrl 键多选或框选），然后按下键盘的“Delete”删除键；或者右击弹出快捷菜单，单击“删除”；或者在“操作”下拉选项中选择“删除”命令。

2.3 尺寸标注与几何约束

草绘设计中的图元尺寸与几何约束都可以用来确定图形的大小及位置，在草绘模式下，功能区中有专门的“尺寸”工具和“约束”工具，如图2-44所示。尺寸和约束创建主要通过“尺寸”工具和“约束”工具来完成。

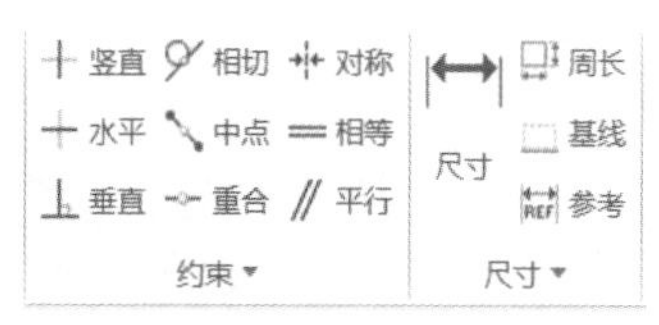

图2-44 “尺寸”和“约束”工具

2.3.1 尺寸标注

在绘制二维草图的几何图元时，草绘器会及时自动产生图元尺寸，以完全定义草图，这些尺寸被称为“弱尺寸”，Creo Parametric 9.0系统默认设置为暗蓝色。弱尺寸经用户修改并确认后会变成“强尺寸”，系统默认设置为黑色。弱尺寸不具备约束性质，但也无法手动删除，它只会随着其他尺寸条件和约束条件的完善而自动消失。

草绘图形要满足设计者要求，尺寸都要经过用户设定和标注。尺寸标注一般有两种方式：修改已经自动生成的弱尺寸；创建没有自动生成的尺寸。

1. 修改弱尺寸

在草绘时，如果草绘器自动创建的弱尺寸是所需尺寸，则选择该弱尺寸并双击，在尺寸输入框中输入需要的尺寸，即完成了尺寸的修改，该弱尺寸变成了强尺寸。

2. 创建尺寸

创建尺寸通过“尺寸”命令组中的工具来完成。Creo Parametric 9.0草绘器提供了“尺寸”、“周长”、“基线”和“参考”四种尺寸创建工具。

“尺寸”工具用来创建常规尺寸，是最常用的尺寸标注工具。

“周长”工具用来创建图元链或图元环的总长度尺寸。

“基线”工具指定一个基准图元为零坐标，标注其他图元相对于基准图元的尺寸。

“参考”是基本尺寸标注外的附加标注，主要作为参照用途，这类尺寸值后都注有“参考”字样，参考尺寸不能修改，只能随着基本尺寸变化而改变。

“尺寸”工具创建的常规尺寸包括：长度尺寸、距离尺寸、直径和半径尺寸、弧长尺寸、角度尺寸、对称尺寸、周长尺寸等，是最常用的尺寸标注形式，也是本节主要介绍内容。

(1)长度尺寸的创建

长度尺寸是标注线段的长度。例如：草绘器不会自动创建斜线段的长度弱尺寸，该长度尺寸一般需要用户自己创建。

操作步骤：①单击“尺寸”工具→②在绘图区选取要创建长度尺寸的线段并单击→③在要创建尺寸的位置单击中键→④在弹出尺寸修改框中输入长度值，并单击中键(或按键盘“Enter”键)→⑤继续创建其他尺寸，或单击中键退出“尺寸”工具命令。如图2-45所示。

重要提示 线段的长度尺寸依附于整条线段，如果先行标注了线段的长度尺寸，后面对该线段进行了“删除段”操作，则该长度尺寸会被删除。

(2)距离尺寸创建

距离尺寸是标注点到点、点到线、线到线的距离。

操作步骤:①单击“尺寸”工具→②在绘图区选取要创建距离尺寸的第 1 个点或线→③选取第 2 个点或线→④在要创建尺寸的位置单击中键→⑤在弹出尺寸修改框中输入距离值,并单击中键或回车→⑤继续创建其他尺寸,或单击中键退出“尺寸”工具命令。如图 2-46 所示。

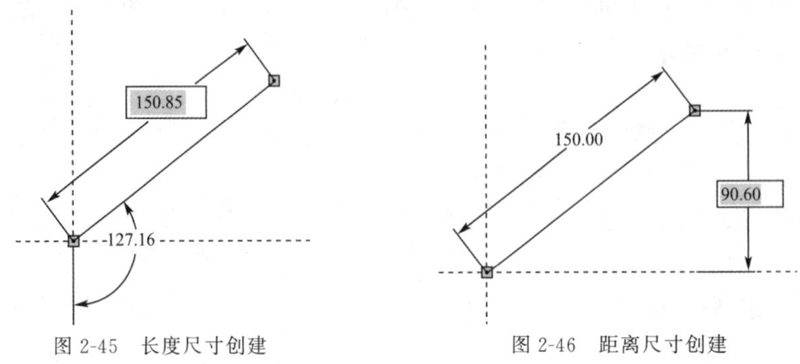

图 2-45　长度尺寸创建　　图 2-46　距离尺寸创建

(3)直径和半径尺寸创建

对于草绘的圆弧,草绘器自动创建半径弱尺寸;对于草绘的圆,草绘器自动创建直径。一般情况下直接修改弱尺寸即可。但有时候要标注弧的半径或圆的直径,则需要设计者自己创建尺寸。

操作步骤:①单击“尺寸”工具→②在绘图区选取要创建尺寸的圆或弧并单击(创建半径尺寸)或者双击(创建直径尺寸)→③在要创建尺寸的位置单击中键→④在弹出尺寸修改框中输入半径或直径值,并单击中键或回车→⑤继续创建其他尺寸,或单击中键退出“尺寸”工具命令。如图 2-47 所示。

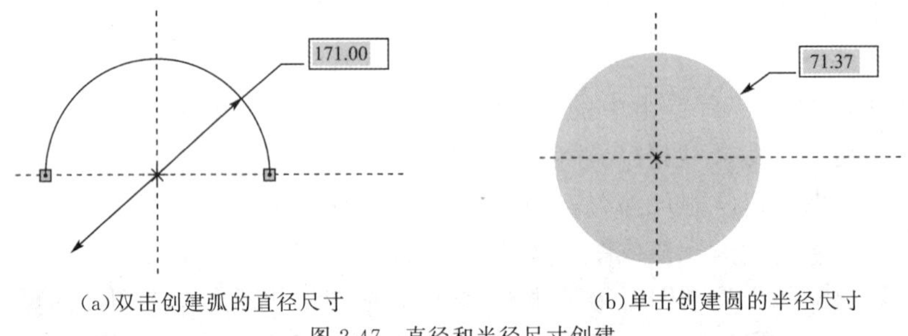

(a)双击创建弧的直径尺寸　　(b)单击创建圆的半径尺寸

图 2-47　直径和半径尺寸创建

(4)弧长尺寸创建

有时候需要标注弧的长度,一般需要手动创建。

操作步骤:①单击“尺寸”工具→②在绘图区分别单击选取弧的两个端点→③选择弧线上某点位置单击→④在弹出尺寸修改框中输入弧的长度值,并单击中键或回车,完成弧的长度尺寸创建→⑤继续创建其他尺寸,或单击中键退出“尺寸”工具命令。如图 2-48 所示。

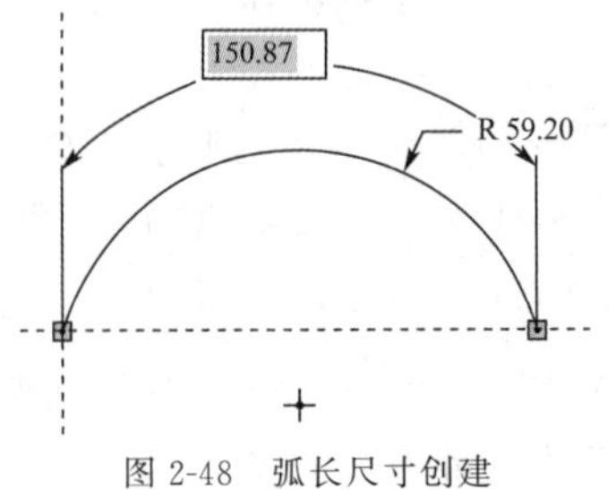

图 2-48　弧长尺寸创建

(5)角度尺寸创建

角度尺寸是标注线与线之间的夹角,草绘器一般自动创建角度弱尺寸,但角度的标注位置不一定是设计者所想要的,设计者可以根据尺寸选择位置的不同创建锐角、钝角或优角。

操作步骤:①单击"尺寸"工具→②在绘图区分别选取要创建角度的两条线→③根据需要的角度类型在相应的位置单击中键→④在尺寸修改框中输入角度值,并单击中键或回车→⑤继续创建其他尺寸,或单击中键退出"尺寸"工具命令。如图2-49所示。

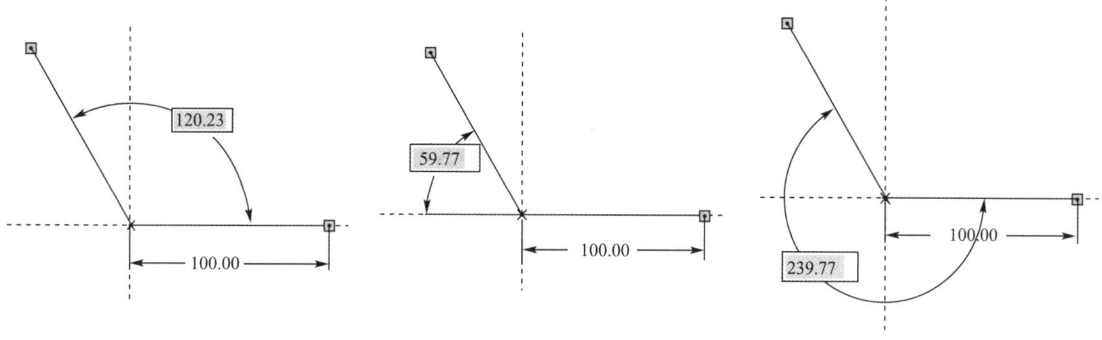

图2-49 角度尺寸创建

(6)对称尺寸创建

对称尺寸是指以对称中心线为尺寸基准,对对称元素之间距离进行标注的尺寸。一般用于旋转特征截面草绘中对旋转体直径进行草绘尺寸标注。创建该类尺寸的前提是必须先绘制好中心线(基准中心线或构造中心线都可以)。

操作步骤:①单击"尺寸"工具→②在绘图区分别选取要创建对称尺寸的图元(点、线等)→③选取对称中心线→④再次选取要创建对称尺寸的图元→⑤在要创建尺寸的位置单击中键→⑥在尺寸修改框中输入对称距离值,单击中键或回车。对称尺寸创建如图2-50所示。

(7)周长尺寸创建

周长尺寸是指图元链或图元环的总长度尺寸。在标注"周长"尺寸时必须选择一个尺寸作为变量尺寸,该变量尺寸无法修改尺寸值,它只会随着周长尺寸的修改而变化,而其他尺寸不变。若删除变量尺寸,系统也会自动删除周长尺寸。

操作步骤:①首先在绘图区选取要创建周长尺寸的图元(链或环)→②单击"周长"工具→③信息栏提示"选取由周长尺寸驱动的尺寸",选取其中一个尺寸作为一个驱动尺寸→④在弹出的"周长"尺寸修改框中输入周长尺寸值。如图2-51所示,四条线链的周长尺寸是500,变量尺寸是140。

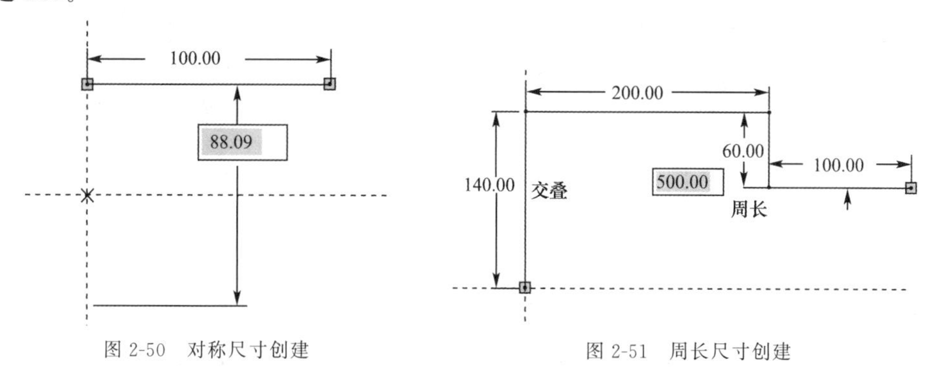

图2-50 对称尺寸创建

图2-51 周长尺寸创建

(8)基线尺寸创建

在实际设计中,有时需要应用到基线尺寸,以方便读取各测量点(各测量对象)相对于基线的尺寸数值。基线尺寸的创建包括两个基本步骤:一是指定基线,二是相对于基线标注几何尺寸。

具体操作步骤:①单击"基线"工具→②在绘图区选取要作为基线的图元→③单击中键,完成基线创建→④单击"尺寸"工具→⑤在绘图区先选取基线尺寸,再选取要创建基线尺寸的图元→⑥在要创建基线尺寸的位置单击中键→⑦在弹出的尺寸修改框中输入基线尺寸值。如图 2-52 所示,分别在横坐标和纵坐标方向选取了两条基线(对应的基线尺寸为 0),然后标注其他图元的基线尺寸。

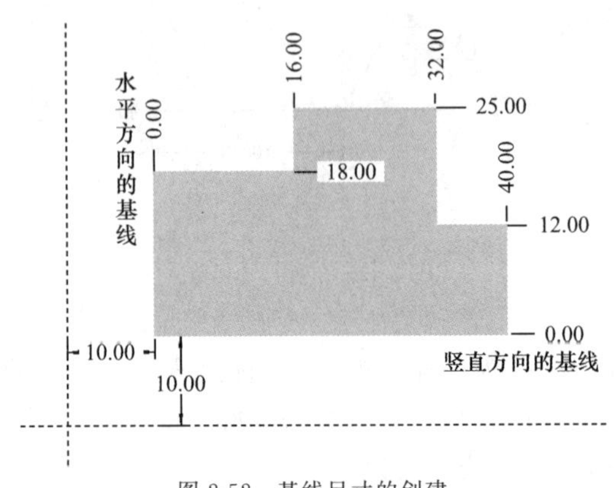

图 2-52　基线尺寸的创建

(9)参考尺寸创建

"参考尺寸"是基本尺寸标注外的附加标注,主要作为参照用途,不能驱动图形,也不作为图元条件。操作方法:先单击"参考"工具,然后与常规尺寸创建方向相同。

除此之外也可以通过现有的常规尺寸添加参考尺寸。操作方法:选择要添加参考的尺寸并单击,在弹出的浮动工具栏中选择"参考",则创建在该尺寸的参考尺寸,如图 2-53 所示。参考尺寸创建后,原来的强尺寸变成了弱尺寸,修改这个常规尺寸后又变成强尺寸,并且它的参考尺寸跟着变化。

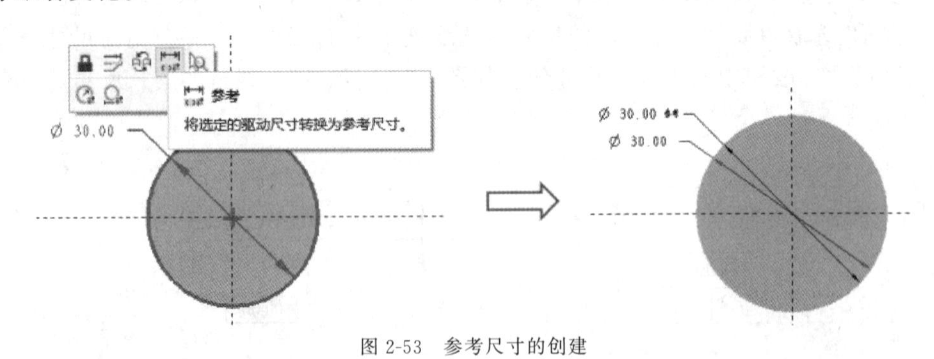

图 2-53　参考尺寸的创建

3. 尺寸锁定和解锁

草绘设计过程中,有时候要拖动图元,为了防止图形拖动时某些已经确定的尺寸发生改变,可以将这些尺寸通过"切换锁定"工具进行锁定。反之,可以将锁定的尺寸通过"切换锁定"工具解锁变回为强尺寸。

操作步骤:①在绘图区选取要锁定或解锁的尺寸并单击→②在弹出的快捷工具中选择“切换锁定”工具,则完成锁定切换。如图 2-54 所示。

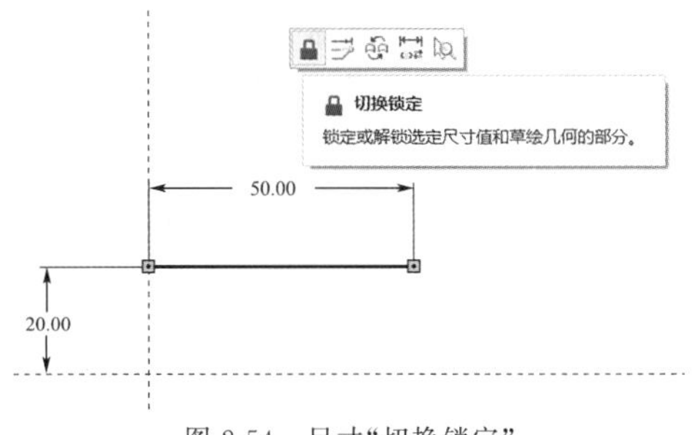

图 2-54　尺寸“切换锁定”

如果希望草绘器自动将用户修改的强尺寸进行锁定,则可以在“Creo Parametric 选项”对话框中的“草绘器”选项中,找到“拖动截面时的尺寸行为”,将其下方的“锁定已修改的尺寸”选项勾选,如图 2-55 所示。

Creo Parametric 选项
收藏夹
环境
系统外观
模型显示
图元显示
选择
草绘器
装配
细节化
通知中心
设置对象显示、栅格、样式和约束的选项。
精度和敏感度
尺寸的小数位数: 2
捕捉敏感度: 中
拖动截面时的尺寸行为
☑ 锁定已修改的尺寸
☐ 锁定用户定义的尺寸

图 2-55　设置草绘器自动锁定

重要提示　对于初学者而言,在草绘时要养成良好的设计习惯,将减少返工,提高效率。关于草绘中尺寸标注的几个建议:(1)绘制相对复杂的图形时,绘制好第一条线就立即将其尺寸修改到位,以确定整个图形的大致比例。而不要图形全部绘制完成后再修改尺寸,避免出现因为尺寸相差太大而不能修改或者图形出错。(2)对于多条圆弧和直线相连的图形,为了避免修改尺寸时出现相互影响和牵扯,可将已经标注好的强尺寸锁定。(3)根据零件图的已知尺寸去标注,尽量不要去通过换算标注一些零件图中未给出的尺寸。

2.3.2　几何约束

几何约束是定义图元几何或图元间关系的条件。在 Creo Parametric 中,用户可以通过接受移动光标时所提供的自动约束来约束新图形几何(自动约束的系统设置可以自行调整修改,具体参考第 1 章“1.6 配置选项的设置”),也可以使用“约束”命令组中的相关约束工具来为已经绘制的图形添加所需要的几何约束,如竖直、水平、垂直、相等、共线、正交、对称和平行等。

1. 约束符号

对于草绘器自动或用户手动创建的几何约束,都会在几何图元的附近出现约束符号,光标放在符号上,会显示约束名称。如果选取约束符号删除,则对应的几何约束条件也会被删除。

各类约束的名称、符号及其功能见表 2-1。

表 2-1　　几何约束的名称、符号及其功能

约束名称		约束符号	约束功能
竖直	竖直		约束几何直线竖直
	竖直对齐		约束几何点在竖直方向对齐
水平	水平		约束几何直线水平
	水平对齐		约束几何点在水平方向对齐
垂直			约束图元相互垂直(符号随图元倾斜)
相切			约束图元相切
中点			约束几何点在线段或弧的中点位置(符号随图元倾斜)
重合	共线		约束两条直线共线(符号随图元倾斜)
	图元上的点		约束几何点在几何线上(符号随图元倾斜)
	重合顶点		约束几何点重合
对称			约束点关于对称线对称(符号随中心线倾斜)
相等			约束线段等长或圆弧等半径(右上角有数字序号区分多组相等图元)
		E	约束尺寸相等(右侧有数字序号区分多组相等尺寸)
平行			约束几何直线平行(右上角有数字序号区分多组平行图元)

2. 约束创建

当草绘器没有创建自动约束时,用户可手动创建几何约束,下面介绍如何创建各类约束。

(1)竖直或水平

操作步骤:①单击“竖直”或“水平”约束工具→②在绘图区选取要约束竖直或水平的几何直线(线段、构造线段或中心线)。

(2)竖直对齐或水平对齐

操作步骤:①单击“竖直”或“水平”约束工具→②在绘图区分别选取要约束对齐的两个几何点(端点、圆弧中心点、基准点、构造点)。

(3)垂直

操作步骤:①单击“垂直”约束工具→②在绘图区分别选取要约束垂直的两个几何图元(直线与直线、直线与弧、直线与圆)。

(4)相切

操作步骤:①单击“相切”约束工具→②在绘图区分别选取要约束相切的两个几何图元(两个几何图元至少有一个是弧、圆或样条)。

(5)中点

操作步骤:①单击“中点”约束工具→②在绘图区分别选取要约束的几何点(端点、圆弧中心点、基准点、构造点)和要放置的线段或弧。

(6)共线

操作步骤:①单击“重合”约束工具→②在绘图区分别选取要约束共线的两条几何直线(线段、中心线、参照线)。

(7)图元上的点

操作步骤:①单击“重合”约束工具→②在绘图区分别选取要约束的几何点和要放置的几何线条(直线、圆、弧)。

(8)重合顶点

操作步骤:①单击“重合”约束工具→②在绘图区分别选取要约束重合的两个几何点(端点、圆弧中心点、基准点、构造点)。

(9)对称

操作步骤:①单击“对称”约束工具→②在绘图区分别选取要约束对称的的两个几何点(端点、圆弧中心点、基准点、构造点)→③选取关于对称的几何直线(实线段、参照线、构造线段或中心线)。

(10)相等

操作步骤:①单击“相等”约束工具→②在绘图区分别选取要约束对称的两个图元(线段与线段、弧与弧、弧与圆、圆与圆)。

“相等”约束工具还可以约束尺寸相等,操作方法与上相同。如图2-56所示的草绘中,三个 $E1$ 的长度或距离尺寸都是200,两个 $E2$ 的角度尺寸都是60。

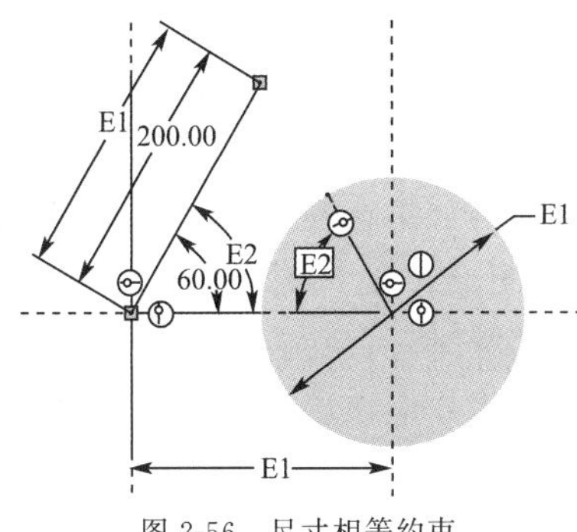

图2-56 尺寸相等约束

(11)平行

操作步骤:①单击“平行”约束工具→②在绘图区分别选取要约束平行的两条几何直线(线段、中心线、参照线)。

3. 约束删除

约束的删除与图元删除相同,在绘图区选取要删除的约束符号(可按Ctrl键多选或框选),然后按下键盘的“Delete”删除键;或者右击弹出快捷菜单,单击“删除”;或者在“操作”下拉选项中选择“删除”命令。当删除一个约束后,草绘器会自动添加一个新的弱尺寸。

因为约束依附于相应的几何图元,当几何图元在图形编辑时删除后,依附于该图元的约束跟着被删除。

2.3.3 尺寸冲突和尺寸不完整

图元尺寸与几何约束都是用来确定草绘图形大小及位置的条件,对于一个确定位置和尺寸的图形,它的尺寸条件加约束条件的总个数N是确定的。如果设计者给定的条件数大于

N,会出现由于条件过剩引起的尺寸冲突;反之,如果设计者给定的条件数少于 N,则会出现因为条件欠缺出现系统自动设置的弱尺寸,说明尺寸不完整。

1. 尺寸冲突

当设计者给定的尺寸条件和约束条件过剩时,将引起尺寸冲突,必须解决该冲突才能继续进行设计。

例如:标注 a 线段为 20、b 线段为 30,这时如果再约束 a 线段与 b 线段等长,则出现过剩条件引起的尺寸冲突,系统将弹出"解决草绘"对话框,提示"器出显示的 1 个约束和 2 个尺寸存在冲突,请选择一个将其删除或进行转换",说明这三个条件只能保留两个。解决办法:(1)单击"撤消",即撤消最后创建的条件;(2)选中要删除的条件,单击"删除",如图 2-57 所示。

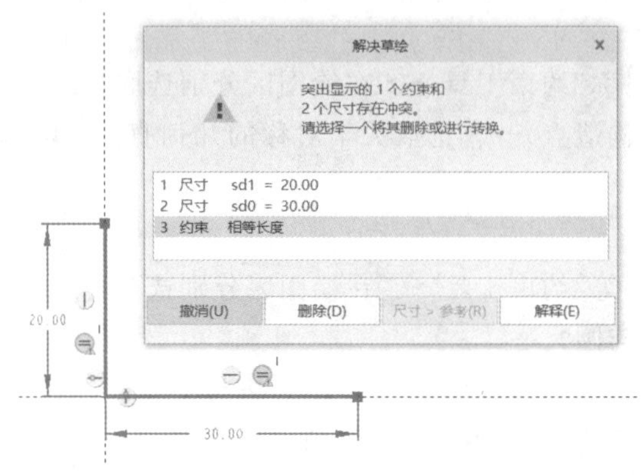

图 2-57 "解决草绘"对话框

2. 尺寸不完整

因为对于确定的草绘设计,所有尺寸和约束都应该经过设计者来确定或创建,所以一般情况下草绘设计中不应该出现弱尺寸。如果存在弱尺寸,则说明尺寸不完整,即设计者对图形给定的尺寸条件或约束条件不足,该图形存在不确定因素。

尺寸不完整不会影响设计的继续进行,系统也不会提示,但可能会使草绘设计存在错误风险。所以,完成草绘尺寸的标注后,用户应该检查是否存在弱尺寸,分析其原因并补充强尺寸或约束以消除弱尺寸。

草绘图形尺寸不完整而存在弱尺寸,主要有以下原因:

(1)缺少该有的约束:如直线的水平或竖直约束、共线或顶点重合约束、相切约束、平行约束、垂直约束等。

(2)图形草绘起始位置选择不合理,因为在二维草绘中,除了图元本身的尺寸,还包括图形相对于参照线的位置尺寸,所以绘制草绘时要选取合理位置。

(3)草绘过程中由于失误操作不小心绘制了一些多余的短线或点。

2.4 设置和检查

Creo Parametric 9.0 的草绘模式下还包括"设置"和"检查"命令组。

2.4.1 草绘设置

"设置"命令组包括"草绘设置"、"参考"和"草绘视图"三个快捷工具，以及"设置"下拉选项菜单中的各种设置工具，如图 2-58 所示。本节重点介绍常用的三个快捷工具的功能和应用。

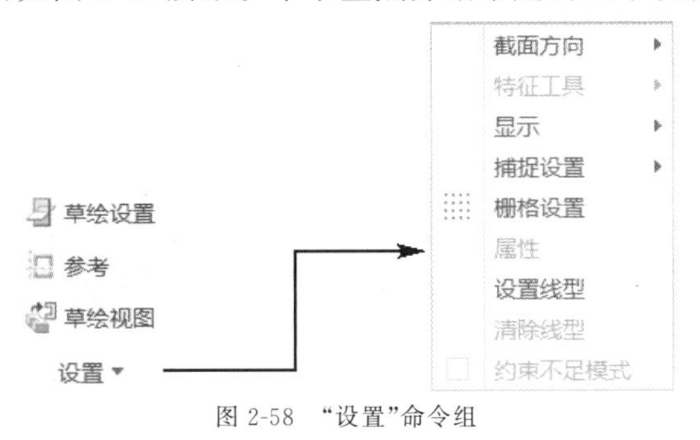

图 2-58 "设置"命令组

1."草绘设置"工具

"草绘设置"工具用来重新选择草绘平面与方向。单击"草绘设置"工具，弹出"草绘"对话框，可通过该对话框重新定义"草绘平面"和"草绘方向"。

(1)重新选择"草绘平面"

如果要改变原来的草绘平面，则：①选中"平面"框中的原来的平面并右击，在快捷菜单中单击"移除"，如图 2-59 所示→②在图形窗口选取新的草绘平面→③完成后单击对话框"草绘"。

图 2-59 草绘平面的移除

(2)草绘方向"反向"

单击"反向"工具，可以将原来草绘平面的背面旋转过来作为草绘平面的正面。

(3)重新选择"参考"

选中"参考"框中的原来的参考并右击，在快捷菜单中单击"移除"，然后重新在绘图区选取新的参考。

(4)重新调整"方向"

通过重新确定"参考"的方向来调整草绘视图的摆放方向，如图 2-60 所示。

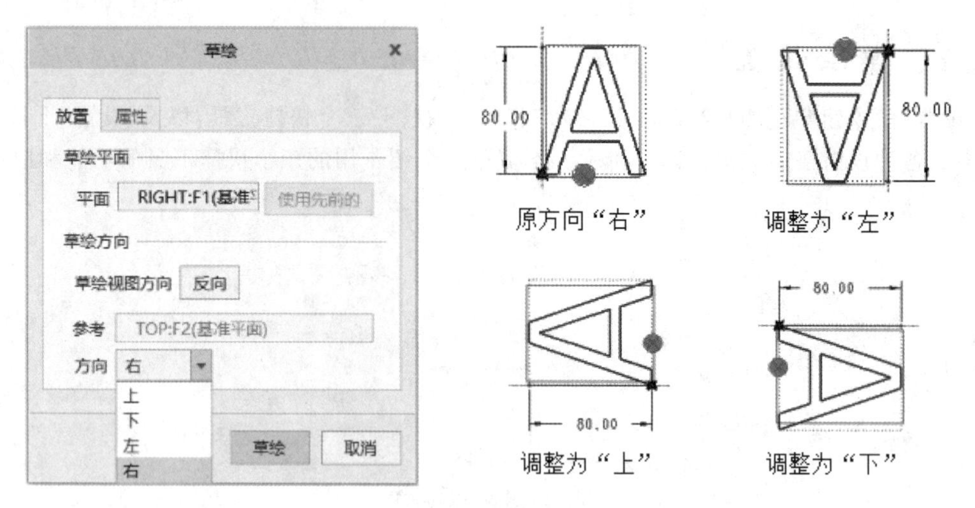

图 2-60 重新调整草绘“方向”

2.“参考”工具

“参考”工具是草绘设计中常用的工具，主要用来添加草绘的参考图元(将外部的几何投影到草绘平面形成参照线)。草绘设计中，一般采用右键快捷菜单选项中的“参考”工具，即在草绘区右击，在弹出的快捷菜单中选择“参考”，如图 2-61 所示。

添加参照操作步骤：①单击“参考”工具，将弹出如图 2-62 所示的“参考”对话框→②在绘图区选取需要添加的参考几何(边、线、点等)→③完成后单击对话框“关闭”。

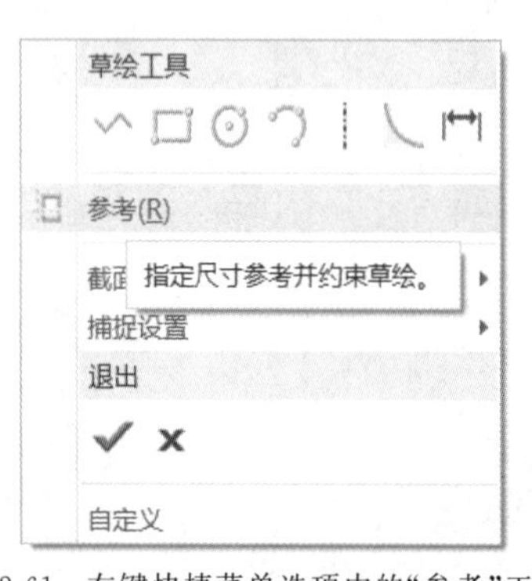

图 2-61 右键快捷菜单选项中的“参考”工具

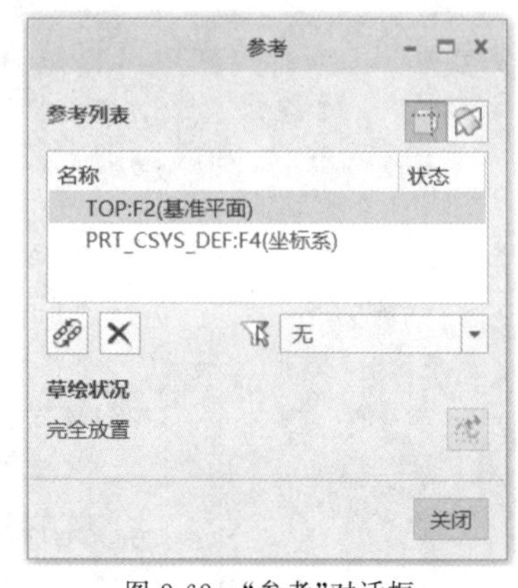

图 2-62 “参考”对话框

通过该对话框，可以根据设计需要在参考列表下将已有的参考删除或替换，但要保证该草绘有足够的参考，使草绘状况是“完全放置”，否则草绘无法定位。

3.“草绘视图”工具

“草绘视图”工具是定向草绘平面使其与屏幕平行。主要用于刚开始进入草绘(草绘器启动)时，设置草绘平面与屏幕平行，方便用户绘制图形。如果已经在系统的配置选项中设置了草绘器启动的“草绘平面与屏幕平行”选项(详细见“1.6.3 草绘器的设置”)，则草绘器会自动设置草绘平面与屏幕平行。

如果在草绘过程中转动了草绘平面，也可以单击“草绘视图”工具，使草绘平面重新调整为与屏幕平行。

2.4.2 截面检查

在三维模型中创建的二维草绘主要是用来作为特征的截面，而作为特征截面的草绘必须满足特征创建要求。例如：实体拉伸特征的截面必须封闭、无自交线和重叠线；而旋转特征的截面除了必须封闭、无自交线和重叠线之外，还必须绘制几何中心线作为旋转轴，且几何中心线必须在旋转截面的一侧。所以 Creo Parametric 9.0 草绘器提供了“检查”命令组，主要用于检查截面是否封闭，是否有重叠几何等，初学者必须重点了解和掌握。

如图 2-63 所示，“检查”命令组包括“特征要求”的全部要求检查工具，以及“重叠几何”、“突出显示开放端”及“着色封闭环”三个单项要求检查工具。此外，还有“检查”下拉选项中的“交点”、“相切点”和“图元”工具，用于显示相关信息。

1.“特征要求”工具

“特征要求”工具用于“分析草绘是否适用于它所定义的特征”。该工具只能在特征定义内部草绘模式下才有效。

操作方法：完成特征截面草绘，直接单击“特征要求”工具，则会弹出“特征要求”信息框，显示草绘图形是否满足各项要求。例如：使用“特征要求”工具检查如图 2-64 所示的拉伸截面草绘，“特征要求”信息框将列出所有要求的状况，其中满足要求项的状况为绿色的“√”，不满足要求项的状况为“!”或“△”。并且在图形窗口会将这些不满足要求的图元突出显示（图元变成红色加粗）。

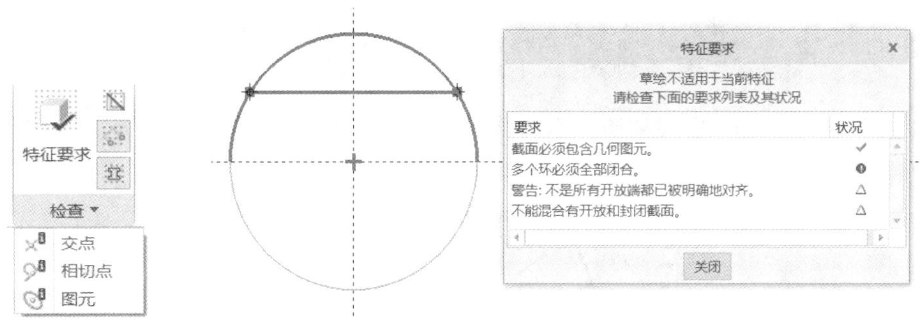

图 2-63 “检查”对话框　　图 2-64 拉伸截面草绘的“特征要求”检查

2.“重叠几何”工具

“重叠几何”工具用于检查草绘中的图元是否有重叠，因为该工具使用较少，所以默认设置是关闭的，即绘图区不会将重叠几何自动高亮显示，需要用户单击该工具对草绘图形进行检查。

例如：在一条矩形边上再绘制一条等长的重叠线段时，肉眼看不出来，单击“重叠几何”工具后，绘图区将高亮显示显示重叠的线段及与之相连的线段。

3.“突出显示开放端”工具

“突出显示开放端”工具用于检查草绘中的图元是否开放，并将开放的端点突出显示。该工具默认设置是开启的，即在系统中将草绘和几何开放端点高亮显示，如图 2-65 所示。

4.“着色封闭环”工具

“着色封闭环”工具是将封闭的图元着色显示，从而使用户能够直观判断图形是否封闭。该工具默认设置是开启的，即绘制的封闭区域自动着色显示。如果草绘多个彼此包含的封闭环，则最外面的环被着色，而内部的环的着色被替换，着色区域一般就是创建特征实体的区域，如图 2-66 所示。

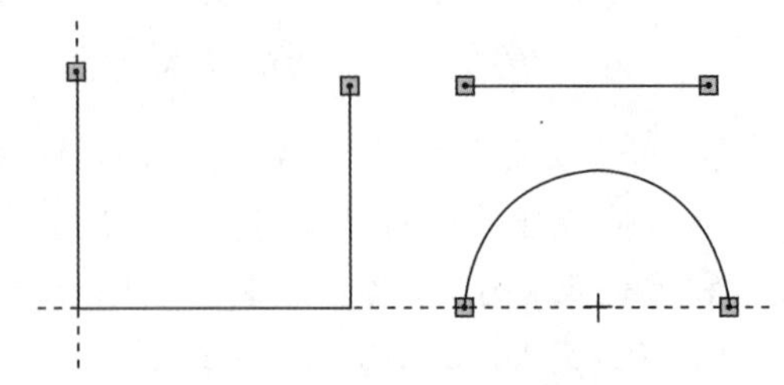

图 2-65　开放端点的突出显示

当一个环图元上出现开放端或重叠几何时，该环不是封闭环，系统不会着色显示，如图 2-67 所示。

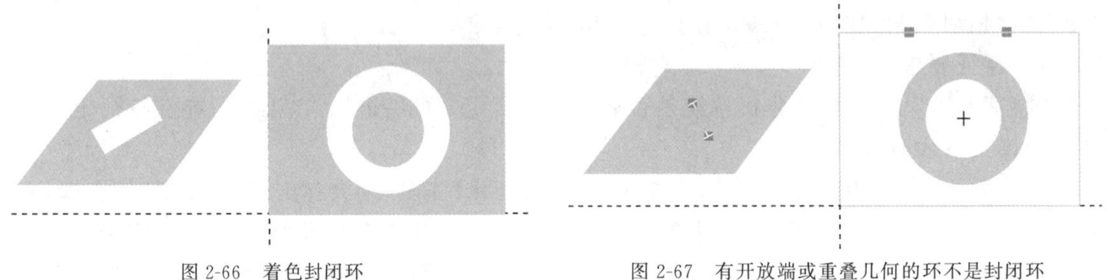

图 2-66　着色封闭环　　　　图 2-67　有开放端或重叠几何的环不是封闭环

 2.5　训练案例：密封垫片截面草绘

在零件文件模式下，创建如图 2-68 所示的密封垫片的截面草绘。

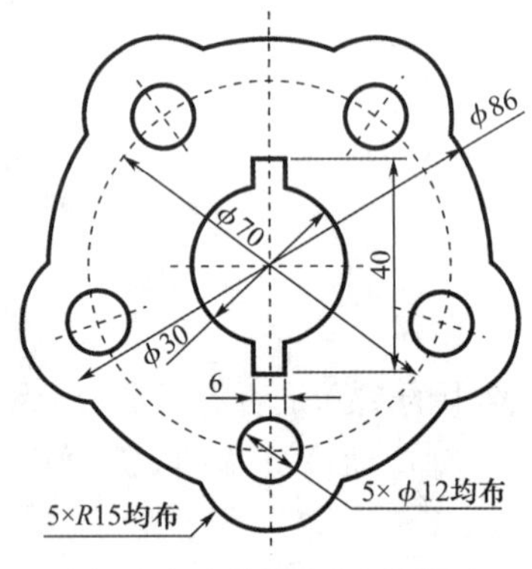

图 2-68　密封垫片的二维截面

2.5.1　草绘设计分析

1. 几何形状分析

密封垫片的截面草绘由 7 个封闭图元组成：最外圈的梅花形外轮廓环、五个 φ12 的小圆及中心的圆槽复合环。其中，五个 φ12 的小圆与外轮廓上的五个圆弧是同心关系，都是关于中心轴对称分布。

2. 确定草绘原点

确定草绘原点就是确定基准坐标原点在图形中的位置，基本原则是：充分利用零件模型下系统设置的默认基准，减少位置定位尺寸。

密封垫片截面关于中心对称，所以坐标原点选取为图形的几何中心点位置。

3. 草绘顺序分析

截面草绘的一般顺序可概括为："先基准后图元"（先绘制用于确定图元位置的基准及构造线，再绘制相应位置的几何图元）、"先大后小"（先绘制大尺寸图元、再绘制小尺寸图元）、"先整后修"（先绘制整体图形，再进行修剪编辑）。

对于密封垫片截面草绘，其基本顺序可以确定为：首先绘制定位构造线，确定五个外轮廓圆弧及与其同心的 $\phi12$ 圆的圆心位置，再按照"由大到小"绘制出所有基本图元。

主要用到的工具包括："线"、"圆"、"矩形"、"镜像"、"删除段"以及"尺寸"标注工具和相关约束工具。

2.5.2 具体操作步骤

1. 新建零件文件并进入草绘模式

(1)打开 Creo Parametric 9.0 程序，并选择工作目录；

(2)单击"新建"，新建一个名为"密封垫片"的实体零件文件，并采用公制模板；

(3)单击"模型"选项功能区"基准"命令组中的"草绘"工具；

(4)弹出"草绘"设置对话框，根据状态栏的提示在图形窗口选取一个基准面(如 FRONT 面)作为草绘平面，并单击对话框的"草绘"按钮，从而启动草绘器进入草绘模式；

(5)单击"设置"命令组的"草绘视图"工具，使草绘平面与屏幕平行。(如对草绘器该选项的配置进行了修改，则可忽略该操作)

2. 绘制定位构造线

(1)单击"构造模式"切换工具，切换至"构造模式"；

(2)单击"圆心和点"圆工具，以基准坐标原点为圆心绘制一个圆，并修改其半径值为"43"；

(3)再以基准坐标原点为圆心绘制第二个圆，并修改其半径为"35"；

(4)单击"线链"线工具，以坐标原点为起点，"$R43$"圆的第一象限某点为端点，绘制第一条线段；

(5)单击"尺寸"工具，创建线段与水平参考线的锐夹角，修改角度值为"54"；

(6)同样在以坐标原点为起点，"$R43$"圆的第一象限某点为端点，绘制第二条线段，并创建它与水平参考线的锐夹角，修改角度值为"18"；

(7)按住"Ctrl"键，同时选取绘制的两条线段，单击"镜像"工具，选取竖直构造线为对称线，将它们镜像至左侧，形成四条构造线段。

完成后如图 2-69 所示(为了使图显示清晰，隐藏了所有约束符号，下同)。

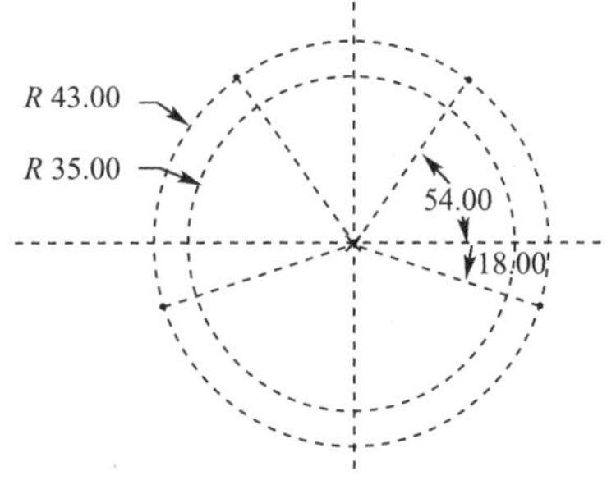

图 2-69 定位构造线的绘制

3. 绘制梅花形外轮廓环

(1)单击“构造模式”切换工具，将其切换回“实体模式”；

(2)单击“圆心和点”圆工具，以基准坐标原点为圆心，绘制 1 个与“$R43$”构造圆完全重合的实体圆；

(3)单击“圆心和端点”弧工具，以竖直参考线与“$R35$”构造圆下方交点为圆心，“$R43$”实体圆上两点为端点，在其外侧绘制一段圆弧，并修改其半径为“$R15$”；

(4)再分别以四条构造线与“$R35$”构造圆的四个交点为圆心，“$R43$”实体圆上两点为端点，在其外侧绘制四段“$R15$”的圆弧。(绘制过程中可以利用草绘自动相等约束，即拉动圆弧与“$R15$”圆弧大小相近时，系统自动将约束相等，并弹出“相等”约束符号，或绘制后再手动创建“相等”约束)。

(5)单击“删除段”工具，将“$R43$”圆上多余的弧段全部删除。

完成后如图 2-70 所示。

重要提示 “$R43$”圆上多余的弧段必须全部删除，几何圆弧不仅会与实体线和构造线形成交点，它与参考线也会形成交点，每个交点都会将圆弧分段。如果外轮廓没有形成“着色封闭”环，则说明多余圆弧没有删除干净，或者有其他重叠的几何图元。

在“删除段”操作后，会出现原来没有的弱尺寸，其原因是原来的一些对于点的约束(如重合、对称等)依附于被删除的线段上，线段被删除的同时该约束也被删除。解决办法：可以先修改出现的弱尺寸的值，观察图形的变化来判断缺少什么约束，然后删除修改形成的强尺寸，再手动添加对应的约束。

4. 绘制五个小圆

单击“同心”圆工具，分别以五个“$R15$”的圆弧为同心参照，对应绘制五个“$\phi12$”的圆，完成后图形依然是着色的封闭环，如图 2-71 所示。

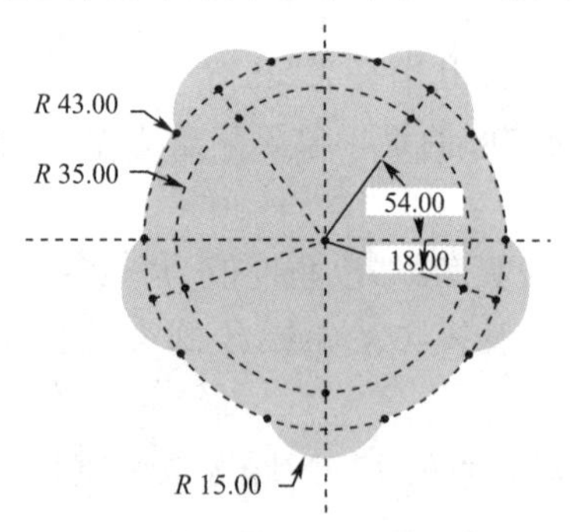

图 2-70 梅花形外轮廓环的绘制

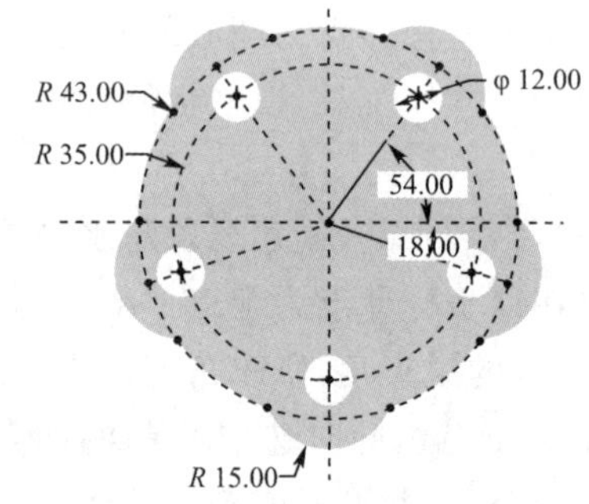

图 2-71 五个小圆的绘制

5. 绘制中心的圆槽复合环

(1)单击“圆心和点”圆工具，以坐标原点为圆心绘制一个圆，并修改其直径值为“30”；

(2)单击“中心矩形”工具，以坐标原点为中心绘制矩形；

(3)修改矩形水平边长度值为“6”，手动创建矩形顶边到底边的距离尺寸，并修改它的值为“40”；

(4)单击“删除段”工具，删除多余的线段。

至此，完成整个截面绘制，图形依然是着色的封闭环，如图 2-72 所示。

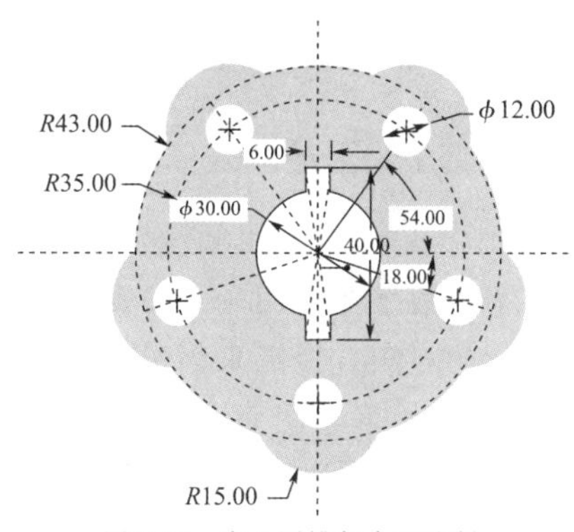

图 2-72 中心圆槽复合环绘制

重要提示 绘制矩形时，出现的长宽弱尺寸都是边的长度尺寸，如果直接修改这两个弱尺寸，则当竖直的长边被删除段后，修改的“40”长度尺寸将会消失，重新出现一个新的弱尺寸，而手动创建的尺寸为顶边和底边的距离尺寸，该尺寸不会因为长边的删除段操作而消失。

2.6 本章小结

本章主要让读者了解并熟悉草绘模式下的工作界面，重点是掌握各类图形绘制与编辑工具、尺寸的标注与几何约束。

草绘器的草绘图元工具包括线、矩形、圆、圆弧、椭圆、点、坐标系、样条、圆角与椭圆角、圆锥、倒角和文本等，而每种工具都包括了不同的子工具，读者应认真掌握这些草绘器图元的创建方法及技巧。绘制所需的草绘器图元后，可以对这些图元或图元组合进行编辑处理，如修剪图元、删除图元、镜像图元、缩放与旋转图元等。

图元尺寸与几何约束都是用来确定草绘图形大小及位置的条件，草绘图形要满足设计者的要求，尺寸都要经过用户设定和标注。“2.3 尺寸标注与几何约束”主要介绍了如何创建长度尺寸、距离尺寸、直径和半径尺寸、弧长尺寸、角度尺寸、对称尺寸等。弱尺寸的修改主要有两种：一是通过双击的方式快捷修改单个尺寸，二是使用“编辑”命令组中的“修改”工具来统一修改选定的相关尺寸。同时，必须熟悉几何约束的符号、功能，并掌握约束的创建和删除。需要注意的是：因为约束依附于相应的几何图元，当几何图元在图形编辑时删除后，依附于该图元的约束跟着被删除。

图元尺寸与几何约束都是用来确定草绘图形大小及位置的条件，对于一个确定位置和尺寸的图形，它的尺寸条件加约束条件的条件总个数 N 是确定的。如果设计者给定的条件数大于 N，会出现由于条件过剩引起的尺寸冲突；反之，如果设计者给定的条件数少于 N，则会出现因为条件欠缺出现系统自动设置的弱尺寸，说明尺寸不完整。读者应该掌握如何解决尺寸冲突，并分析弱尺寸存在的原因，增加合适的约束，以保证草绘图形的精确。

本章最后介绍了草绘的设置工具和检查工具，设置工具主要是调整草绘平面和方向；检查工具主要用于检查截面是否封闭，是否有重叠几何等，初学者必须重点了解和掌握。

2.7 课后练习

一、填空题

1. 在 Creo 的草绘中，创建文字和数字要使用(　　)工具。

2. (　　)工具是通过选择矩形的对角 2 个点来创建水平矩形，

3. 通过选择外部几何边线或已有的草绘图元向两侧偏移一段距离来创建新的图元的是(　　)工具。

4. 只起到尺寸约束或几何定位的辅助作用，而不参与造型的线条称为(　　)。

二、选择题

1. 退出草绘模式下的某个草绘命令时，单击鼠标(　　)。

A. 左键　　B. 中键　　C. 右键　　D. Ctrl＋左键

2. 草绘中，不能用“矩形”工具绘制是(　　) 图形。

A. 正方形　　B. 斜矩形　　C. 平行四边形　　D. 梯形

3. 用鼠标左键拖动草绘图元时，不会发生改变的尺寸是(　　)。

A. 弱尺寸　　B. 强尺寸　　C. 锁定尺寸　　D. 参考尺寸

4. 在草绘中创建一段从左至右摆放的文字时，先绘制的定位线条是(　　)

A. 从左至右　　B. 从右至左　　C. 从上而下　　D. 从下而上

5. 草绘过程中用鼠标选取多个图元时，要同时按住(　　)键。

A. Alt　　B. Ctrl　　C. Shift　　D. Tab

6. 关于样条曲线草绘工具，说法不正确的是(　　)

A. 只能绘制任意多个点控制的样条曲线　　B. 所有控制点的尺寸都可以创建和编辑

C. 默认只显示起始点和终点的尺寸　　D. 绘制完后可以在曲线中添加控制点

三、操作训练

1. 新建一个零件文件(采用公制模板)，创建如图 2-73 所示的定位片截面草绘。

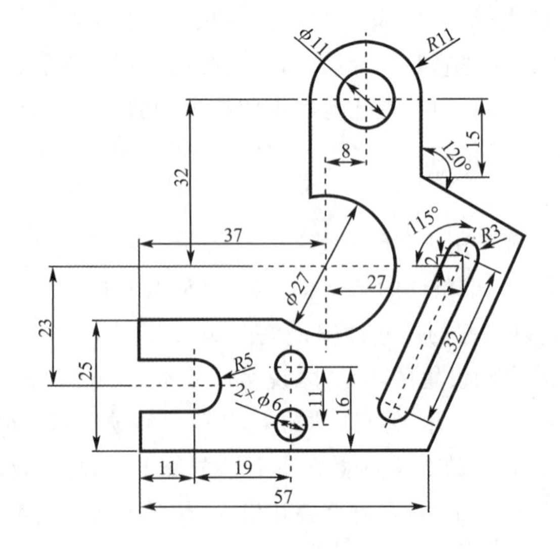

图 2-73　定位片截面草绘

2. 新建一个零件文件(采用公制模板),创建如图 2-74 所示的搭接片截面草绘。

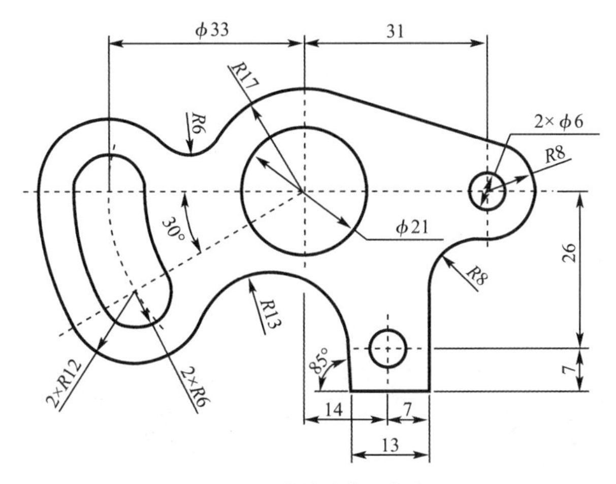

图 2-74 搭接片截面草绘

第 3 章 Creo 9.0 三维实体建模

对于大多数机械和模具零件，轮廓形状虽然是多种多样的，但基本上都是由直线、圆弧和其他一些规则曲线所组成的几何图形，在工程图中可以按照给定的条件准确地绘出预定零件的几何形状和尺寸。本章主要介绍轮廓形状相对规则的实体零件建模。

3.1 零件模式工作界面

三维实体建模是产品造型设计和模具零件设计的基础，一般都在零件文件模式下完成。所以，零件文件是 Creo 最常用的文件。零件文件的创建已经在“1.4 文件管理基本操作”中进行了介绍。

新建的零件文件工作界面如图 3-1 所示。零件文件模式中功能选项卡包括“模型”、“分析”、“注释”、“工具”、“视图”、“柔性建模”和“应用程序”。“模型”功能是进行三维几何特征建模；“分析”功能是对模型进行分析测量；“注释”是创建和管理模型的 3D 注释；“工具”提供模型的调查、族表、尺寸关系等工具及外接专用模块(如 EMX)；“视图”是设置模型的显示方式；“柔性建模”用于非参数化模型的几何形状修改；“应用程序”是启动工程、仿真等应用程序。

零件文件的“模型树”和图形窗口有系统自动创建的默认基准，包括：基准坐标“PRT_CSYS_DEF”和三个相互正交的基准平面(“RIGHT”、“TOP”和“FRONT”)。“RIGHT”基准平面的法向为基准坐标的 X 轴；“FRONT”基准平面的法向为基准坐标的 Z 轴；“TOP”基准平面的法向为基准坐标的 Y 轴。在创建三维特征时，尽量使用系统初始基准。

重要提示 设计者必须对三维模型具有较强的方向感，并形成自己的习惯。在 Creo 的默认基准中，将坐标系的“$X-Y$”面命名为“FRONT”面，如果将 FRONT 面看成是电脑屏幕的话，则 Z 轴指向用户，Y 轴朝上，X 轴朝右。

零件的三维实体建模主要在“模型”功能选项卡下进行，“模型”功能区包括以下命令组：

"操作"、"获取数据"、"主体"、"基准"、"形状"、"工程"、"编辑"、"曲面"和"模型意图"。

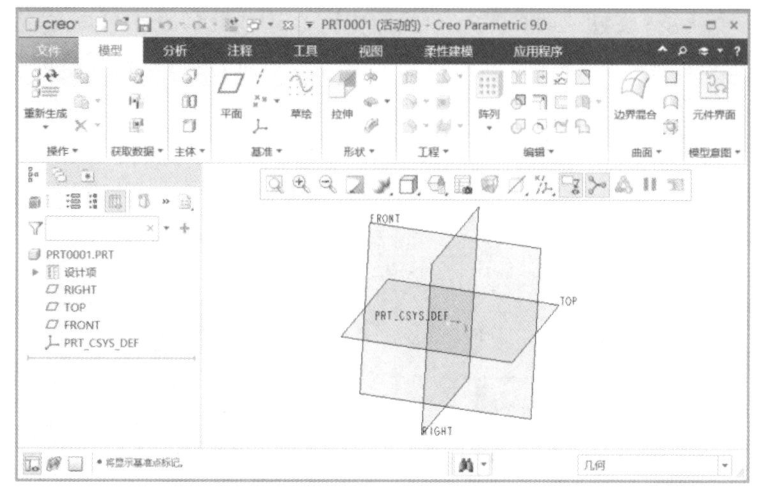

图 3-1 零件文件工作界面

在三维建模过程中，需要经常调整模型或基准的显示方式，如果每次都切换到"视图"功能区进行操作很麻烦，所以图形窗口有一个"图形工具栏"，主要用于模型显示和基准的显示调整。

3.2 基准特征的创建

基准是用来确定模型和特征几何关系所依据的点、线或面。当系统的默认基准不能满足零件建模的需要时，必须手动创建所需的相关基准特征。Creo Parametric 9.0 提供了"基准"命令组，可以用来创建各类基准特征，如图 3-2 所示。主要基准创建工具包括"平面"、"轴"、"点"、"坐标系"和"草绘"工具，以及下拉选项中的"曲线"等工具。其中，进入草绘模式下绘制基准已经在第 2 章的"2.2.1 基准绘制工具"进行了介绍，本节主要介绍基准平面、基准轴、基准点、基准坐标及基准曲线的创建方法。

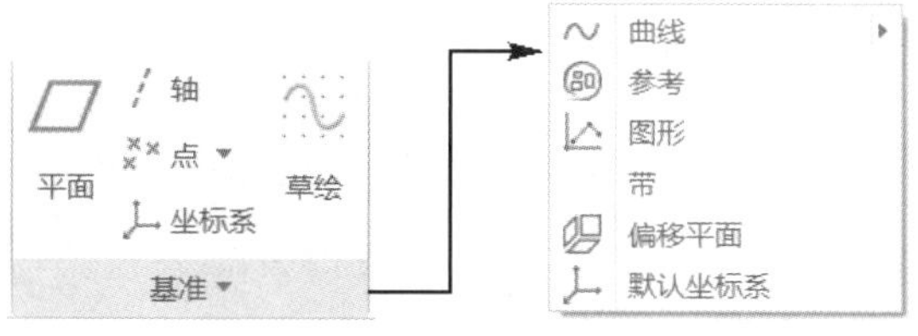

图 3-2 "基准"命令组

3.2.1 基准平面

因为基础特征的截面需要在平面上绘制，而且基准平面无法通过草绘来创建，所以三维模型下基准平面的创建最常用。

基准平面必须通过选取一组能确定一个平面的几何元素和几何尺寸来创建，如图 3-3 所示。主要方式包括：同时穿过不在同一条直线上的三个点；同时穿过一条直线和该直线外一点；穿过一点并与一条直线法向；穿过两条相交直线；穿过两条平行直线；将一个平面偏移一段距离；穿过一个平面外的一点并与该平面平行；穿过一个平面外的一条平行直线并与该平面平行;穿过一个平面上的一条直线并将该平面旋转一个角度;穿过一个平面外的一条平行直线并将该平面旋转一个角度;放置在两个平行平面的中间。这些几何元素可以是现有的基准面、基准点和基准轴,也可以是实体特征上的实体几何面、边、顶点,也可以是草绘的点、线。

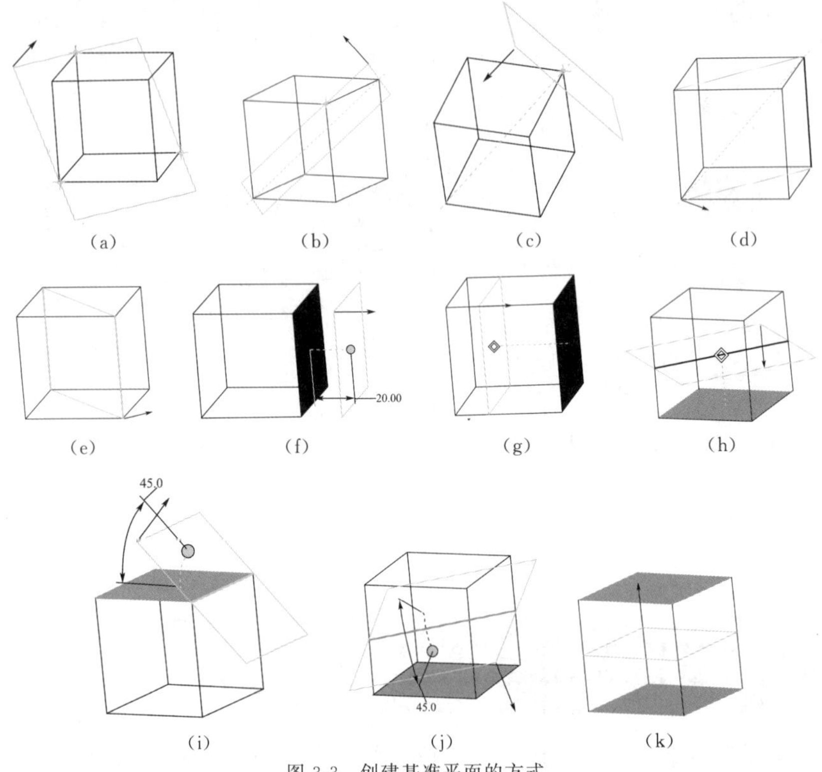

图 3-3　创建基准平面的方式

操作步骤:①单击“基准”命令组的“平面”工具,弹出如图 3-4 所示的“基准平面”对话框→②在绘图区选择所要创建基准平面的所有的参考几何元素(同时选取多个几何元素时要按住 Ctrl 键),并通过后面的下拉选项选择参考关系(如“穿过”、“偏移”、“平行”、“法向”等)→③输入位置平移或旋转的几何尺寸值(如果没有则不需要)→④单击对话框“确定”按钮,完成基准平面创建。如果“确定”按钮呈灰色不能单击,说明所创建的基准平面的参考几何元素不够,无法确定平面位置。如果没有足够的定位几何元素,则需要先创建相关的基准轴、基准点来作为基准平面的定位参考。

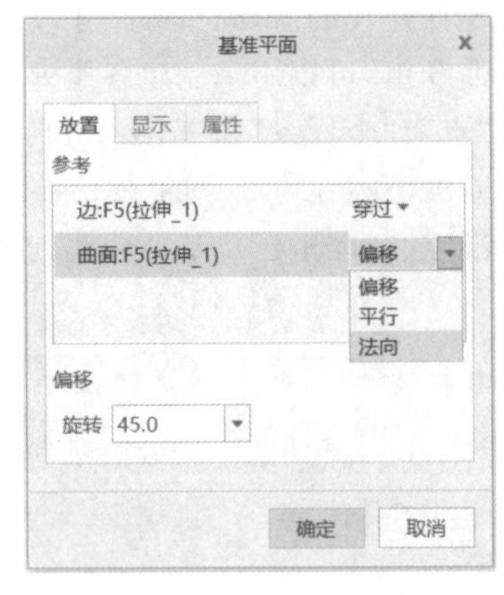

图 3-4　“基准平面”对话框

创建基准平面之后,名称将按顺序进行分配(DTM1、DTM2 等),如果想更改现有基准平面的名称,可在“模型树”中右键单击相应基准特征,然后从快捷菜单上选择“重命名”,或在“模型树”中双击该基准平面的名称。

3.2.2　基准轴

基准轴在三维模型下的创建与基准平面类似,单击“基准”命令组的“轴”工具,在弹出来的“基准轴”对话框之后,选取一组能确定一根轴线的参考几何元素并输入相关几何尺寸值来创建。主要参考方式包括:(1)穿过两个点;(2)穿过一个平面外一点并与该平面垂直(法向);(3)穿过两个不平行的平面(两平面的交线);(4)穿过圆柱面旋转中心。创建的基准轴默认命名为"A_#"(#为序号)。

3.2.3 基准点

基准点的创建比较灵活,其中草绘基准点是最常用的方式。在三维模型中也可直接创建,单击"基准"命令组的"点"工具,在弹出如图3-5所示的"基准点"对话框之后,选取一组能确定点位置的参考几何元素并输入相关几何尺寸值来创建。主要参考方式包括:(1)在一条直线上或曲线上,并与端点偏移一个实际值或比率值;(2)同时在两条相交的线上或三个相交平面上(交点)。创建的基准点默认命名为"PNT#"(#为序号)。

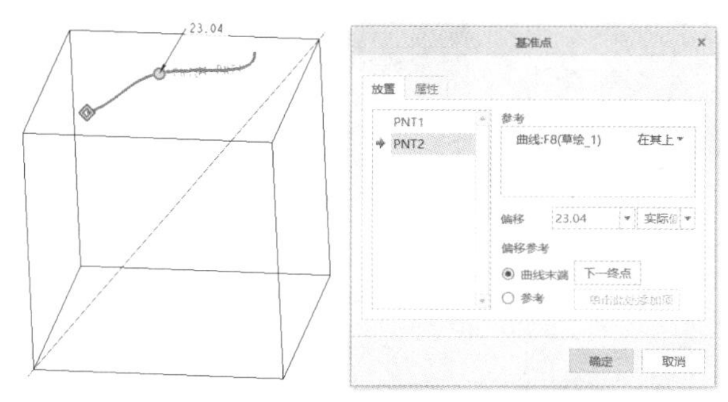

图3-5 "基准点"对话框

3.2.4 基准坐标

基准坐标必须通过三个相互正交的平面来创建。单击"基准"命令组的"坐标系"工具,在弹出如图3-6所示的"基准点"对话框之后,首先选取三个正交参考平面,然后再单击对话框的"方向"选项按钮,调整坐标系的方向。创建的坐标系默认命名为"CS#"(#为序号)。

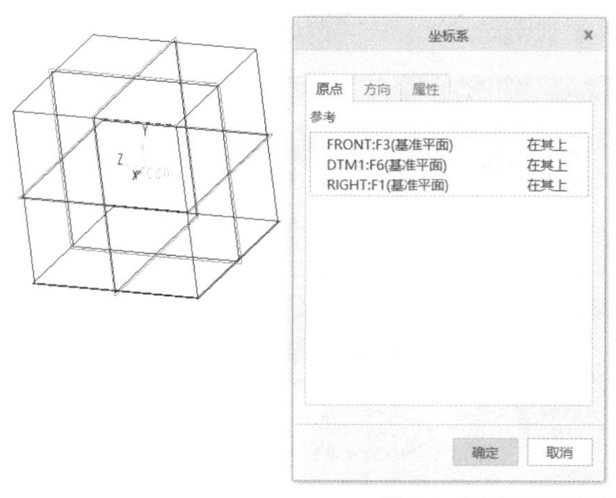

图3-6 "坐标系"对话框

3.2.5 基准曲线

基准曲线是重要的特征,它通常被用来作为边界混合曲面的边界、扫描特征的轨迹等。很多优美曲面的创建都依赖于高质量的基准曲线。

曲线可以通过创建单独的草绘,利用各种二维草绘工具进行绘制。在三维模型中直接创建基准曲线有三种方式："通过点的曲线"、"来自方程的曲线"和"来自截面的曲线"。

1. 通过点的曲线

通过选取图形窗口的几何点来创建曲线，曲线通过这些指定的几何点。

操作步骤：①单击"通过点的曲线"工具，弹出如图 3-7 所示的"曲线：通过点"操控板→②在图形窗口按住 Ctrl 键按顺序选取曲线要通过的点→③可以选择曲线类型，或调整曲线两个端点的"结束条件"→④完成后单击操控板的"√"。

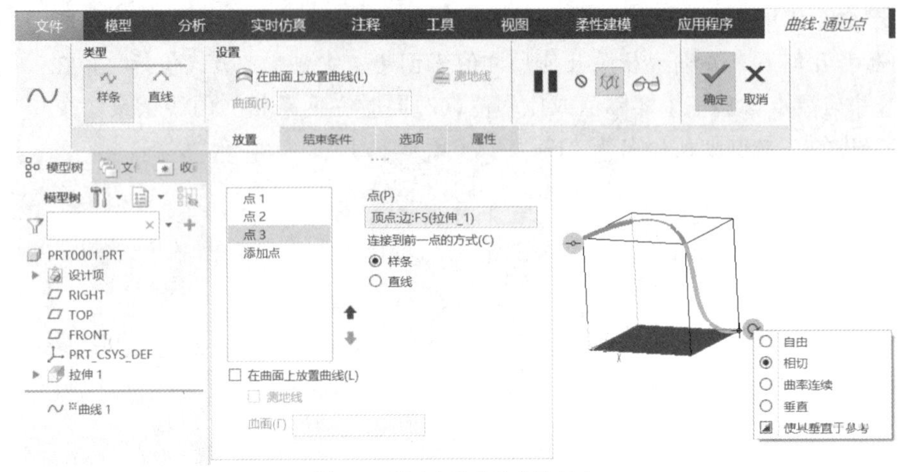

图 3-7 通过点的基准曲线创建

2. 来自方程的曲线

通过编写曲线参数关系方程来创建精确的空间几何曲线。

操作步骤：①单击"来自方程的曲线"工具，弹出如图 3-8 所示的"曲线：从方程"操控板→②选择参数方程的坐标系类型(笛卡尔、柱坐标或球坐标)→③单击坐标系"选择 1 个项"，并在绘图区选择参考坐标系→④单击方程"编辑"，弹出"方程"对话框→⑤在对话框方程编辑窗口中输入曲线方程，完成后单击"确定"按钮→⑥设置方程参数 t 的取值范围(默认为 0～1)→⑦单击操控板的"√"按钮。

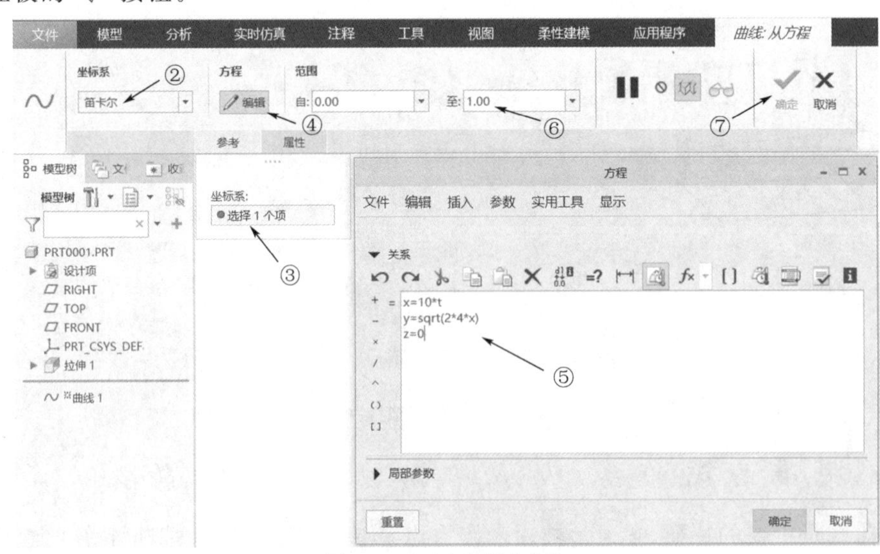

图 3-8 通过方程创建曲线

表 3-1 列举了一些常用的曲线方程供读者学习和训练。

表 3-1　　常用的曲线方程

曲线	坐标系类型	参数方程	图形
椭圆曲线	笛卡尔	$x=20*\cos(t*360)$ $y=10*\sin(t*360)$ $z=0$	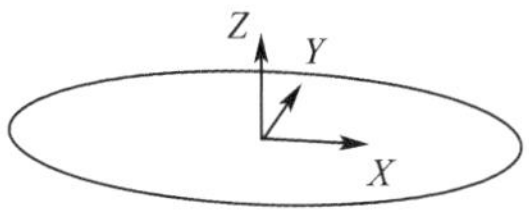
圆周水平波浪线	笛卡尔	$x=[10+2*\sin(t*360*12)]*\cos(t*360)$ $y=[10+2*\sin(t*360*12)]*\sin(t*360)$ $z=0$	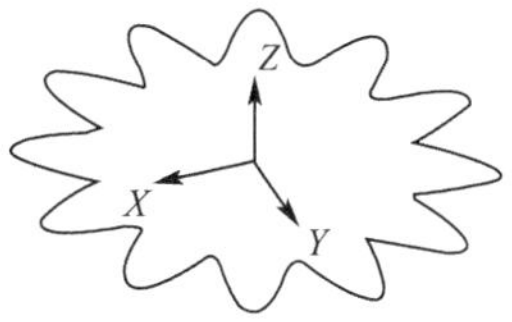
抛物线	笛卡尔	$x=10*t$ $y=\mathrm{sqrt}(2*4*x)$ $z=0$	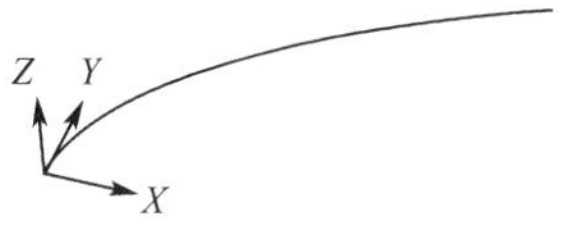
阿基米德螺旋线	笛卡尔	$r=20*t$ $x=r*\cos(t*360)$ $y=r*\sin(t*360)$ $z=0$	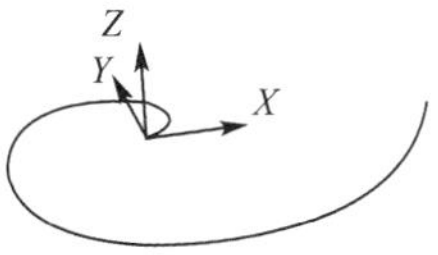
渐开线	笛卡尔	$k=pi/180$ $u=t*150$ $x=20*\sin(u)-20*k*u*\cos(u)$ $y=20*\cos(u)+20*k*u*\sin(u)$ $z=0$	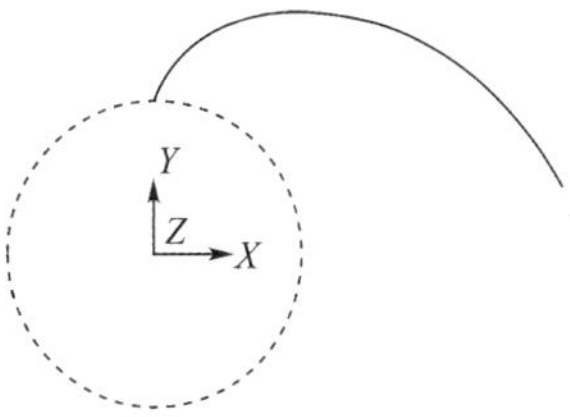
圆周垂直波浪线	笛卡尔	$x=10*\cos(t*360)$ $y=10*\sin(t*360)$ $z=2*\sin(t*360*12)$	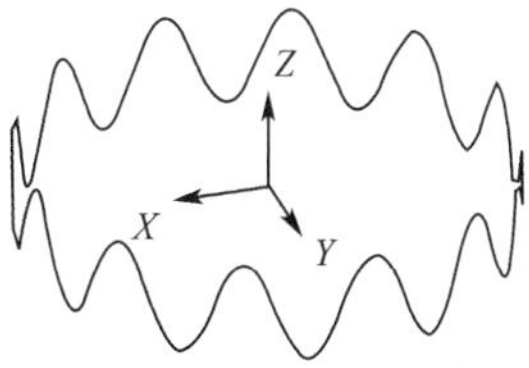
锥圆周波浪线	笛卡尔	$x=[10+2*\sin(t*360*12)]*\cos(t*360)$ $y=[10+2*\sin(t*360*12)]*\sin(t*360)$ $z=2*\sin(t*360*12)$	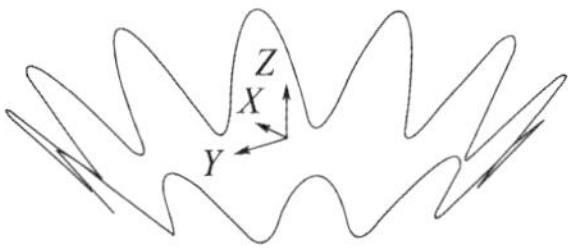
圆周螺旋曲线	笛卡尔	$x=[10+2*\sin(t*360*24)]*\cos(t*360)$ $y=[10+2*\sin(t*360*24)]*\sin(t*360)$ $z=2*\cos(t*360*24)$	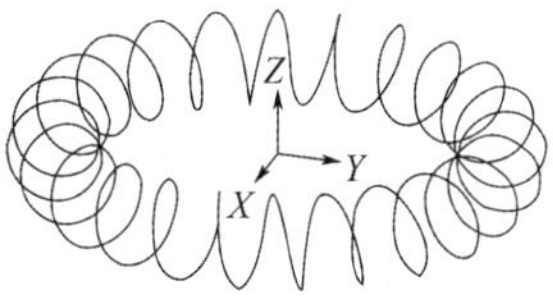

（续表）

曲线	坐标系类型	参数方程	图形
螺旋曲线	笛卡尔	x=10 * cos(t * 360 * 12) y=10 * sin(t * 360 * 12) z=12 * 4 * t	
锥螺旋曲线	笛卡尔	x=(15−14 * t) * cos(t * 360 * 12) y=(10−9 * t) * sin(t * 360 * 12) z=12 * 2 * t	
罩形线	球坐标	rho=4 theta=t * 60 phi=t * 360 * 10	
花瓣曲线	柱坐标	Theta=t * 360 r=10−[3 * sin(theta * 3)]^2 z=4 * sin(theta * 3)^2	

3. 来自截面的曲线

使用“来自横截面的曲线”命令，可以使用现有平面横截面（沿着平面横截面边界与零件轮廓之间的相交线）创建曲线，首先需要在相应位置创建好模型的截面。关于三维模型截面的创建将在后面专门进行介绍。

3.3 基础特征的创建

基础特征是创建三维模型的主体形状，通常需要定义所需的截面，由截面经过一定的方式来进行建构。Creo Parametric 9.0 基础特征主要通过如图 3-9 所示的“形状”命令组中的各种特征工具进行创建，主要包括拉伸、旋转、扫描（含螺旋扫描，体积块螺旋扫描）、扫描混合及下拉选项中的混合、旋转混合。

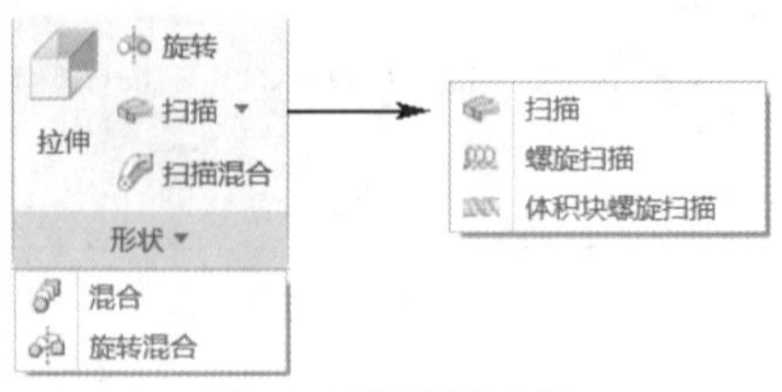

图 3-9 “形状”命令组

3.3.1 拉伸

拉伸特征是定义三维几何形状的一种基本方法，它是将垂直于草绘平面的二维草绘平移预定义距离或平移到指定参考位置，可以使用“拉伸”工具来创建实体或曲面特征，并添加或者移除材料。

1. 操控板及基本操作

创建拉伸特征的基本操作步骤：①单击“拉伸”工具，弹出“拉伸”操控板→②选择拉伸类型（默认为实体）→③输入拉伸深度值或选取深度控制方式，并确定是否切换拉伸方向→④设置是否“移除材料”或“加厚草绘”→⑤选取一个已有的截面草绘或“定义”内部截面草绘→⑥单击“√”按钮完成特征创建，如图3-10所示。

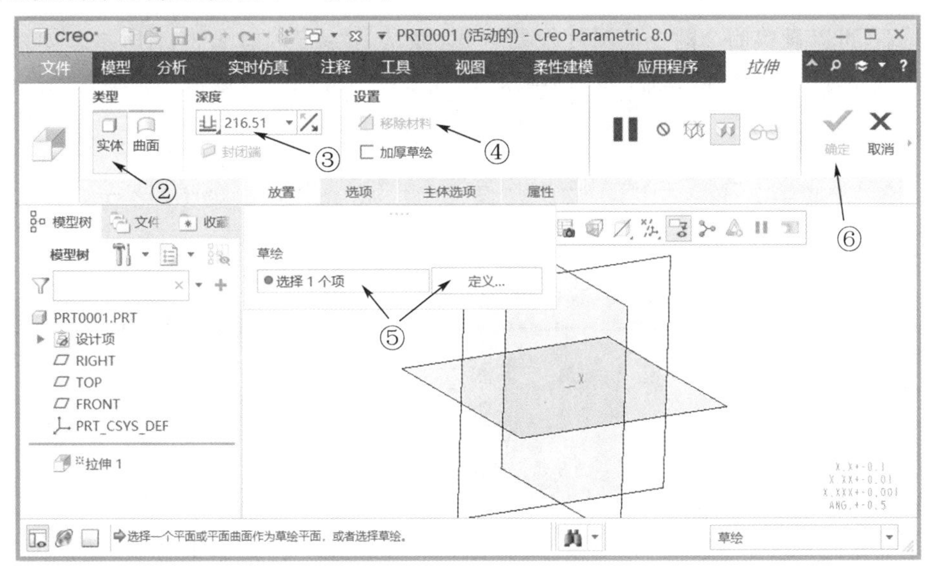

图3-10 拉伸特征基本操作

在退出“拉伸”控制板之前，在图形窗口空白处单击鼠标，将弹出如图3-11所示的“浮动工具栏”，用于快速设置拉伸特征的选项或重新定义草绘。

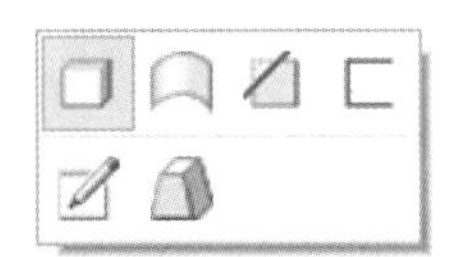

图3-11 特征浮动工具栏

2. 深度与方向控制

拉伸的深度与方向控制可以通过如图3-12所示的“深度”工具框进行设置。

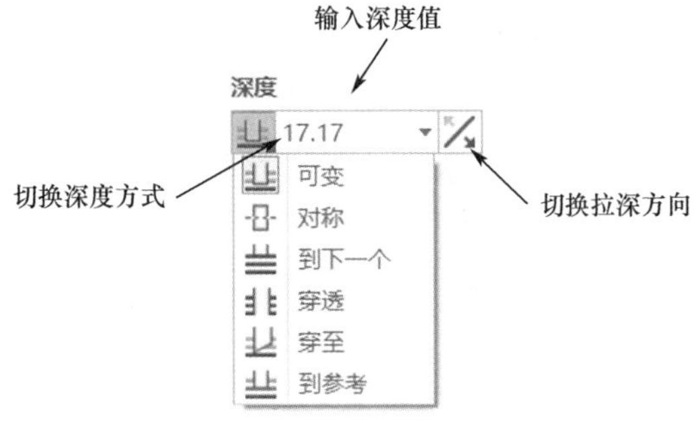

图3-12 拉伸“深度”工具框

深度控制方式包括“可变”(默认)、“对称”、“到下一个”、“穿透”、“穿至”和“到参考”。

“可变”:从草绘平面以输入的深度值拉伸;

“对称”:在草绘平面两侧对称拉伸;

“到下一个”:拉伸至该方向上相交的第一个曲面;

“穿透”:在该方向上拉伸至与所有的曲面相交,即直至最后一个曲面;

“穿至”:拉伸至选定的参考曲面与之相交;

“到参考”:拉伸至选定的几何参考(曲面、边、顶点、面组、主体、曲线、平面、轴或点)。

如果模型中之前没有实体几何,则深度控制方式选项只有“可变”(默认)、“对称”和“到参考”。

如果要在草绘平面两侧进行不对称拉伸,则可以通过操控板中的“选项”栏进行设置。在“选项”栏下,可以设置侧 2 的拉伸深度控制方式(默认是“无”),如图 3-13 所示。如果特征的截面是封闭环,可以为拉伸添加锥度,即勾选“添加锥度”,并在下方数值栏中输入锥度值。

图 3-13 操控板的“选项”栏

3. 添加材料和移除材料

实体拉伸的默认为“添加材料”,按下“移除材料”按钮就是将“添加材料”切换为“移除材料”,指对已有实体几何进行拉伸切口。在曲面拉伸中,“移除材料”按钮呈灰色不可用。在创建拉伸特征时,如果“加材料”拉伸方向与已有实体重叠,系统自动切换为“移除材料”;反之,如果“移除材料”拉伸方向没有几何实体,系统自动切换为“加材料”。拉伸“添加材料”和“移除材料”如图 3-14 所示。

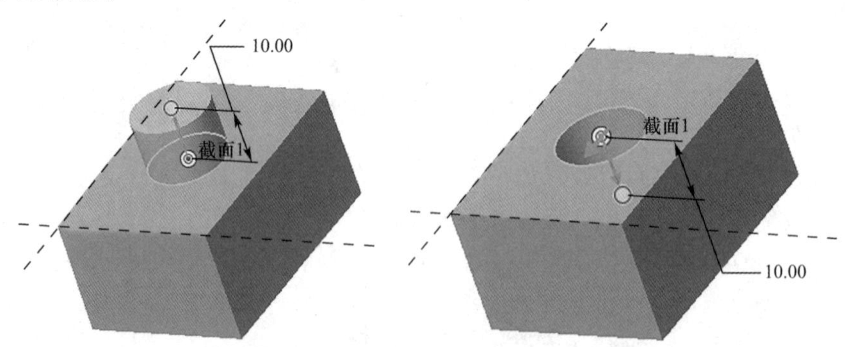

图 3-14 拉伸“添加材料”和“移除材料”

4. 加厚草绘

加厚草绘指通过草绘边的加厚创建实体或切口。“加厚草绘”按钮默认是关闭的,当按下“加厚草绘”时,该按钮转变为加厚工具框,可以输入厚度数值,并切换加厚方向(往草绘边一侧、双侧或另一侧)和方向控制,如图 3-15 所示。

图 3-15　加厚工具框

与“移除材料”一样,“加厚草绘”也能在实体拉伸下使用。与普通实体拉伸一样,“加厚草绘”拉伸也可以添加材料和移除材料,如图 3-16 所示。

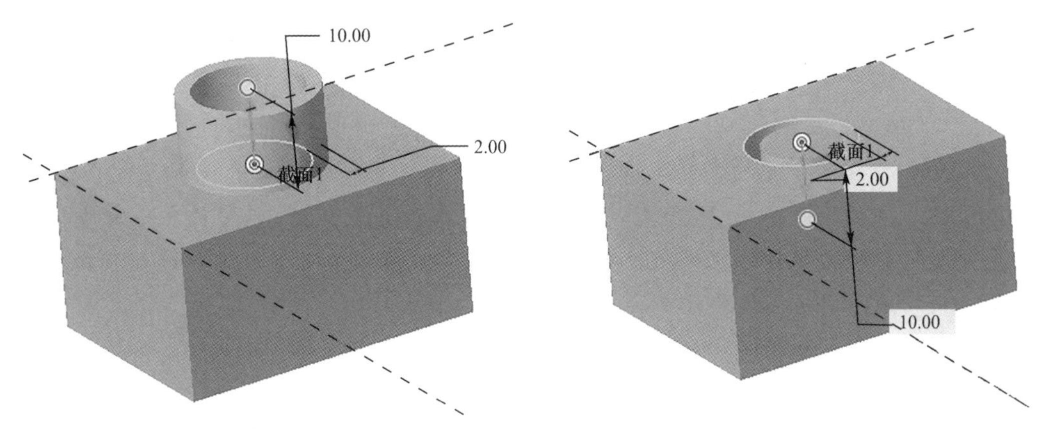

图 3-16　“加厚草绘”拉伸

5. 拉伸截面要求

不同的拉伸类型对拉伸截面的要求也不同。

(1)实体拉伸截面

拉伸截面一般情况下必须是闭合的。闭合截面可以由单个或多个不叠加的封闭环组成,也可以由嵌套环组成,其中最大的环用作外部环(实体轮廓),而将其他所有环视为最大环中的孔。

在已经有实体几何特征情况下创建新的拉伸特征,可以是开放截面,但必须满足:创建的拉伸特征与已有的实体几何共边且在同侧,截面中所有的开放端点必须与该几何边对齐。如图 3-17 所示。

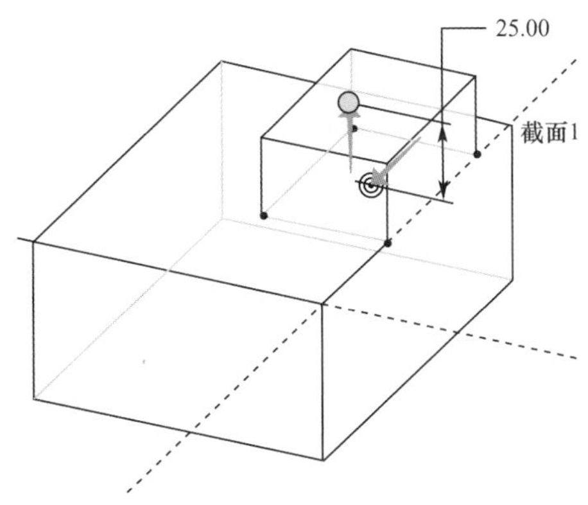

图 3-17　开放截面的实体拉伸

(2)用于加厚和切口拉伸的截面

对于加厚拉伸(加材料或切口),截面可以是开放的或闭合的,可使用带有不对齐端点的开放截面,但截面不能含有相交图元,如图 3-18 所示。

对于实体切口的截面,截面可以是开放的或闭合的,可使用带有不对齐端点的开放截面,但截面不能含有相交图元,而且开放端点必须位于切除实体边界的另一侧,如图 3-19 所示。

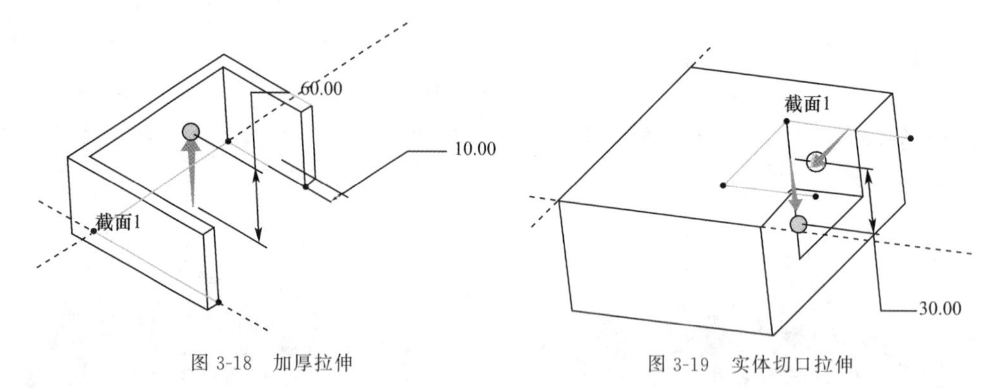

图 3-18　加厚拉伸　　　　图 3-19　实体切口拉伸

重要提示　对于初学者而言，不管是实体加材料还是实体切口，拉伸截面尽量绘制封闭环，这样创建的拉伸特征容易理解也方便编辑修改。当熟练掌握了开放截面的使用条件和操作后，可以灵活应用以提高设计效率。

(3)用于曲面拉伸的截面

用于曲面拉伸的截面可以是一个开放截面，一个或多个闭合截面。多个闭合截面可以相交，如图 3-20 所示。

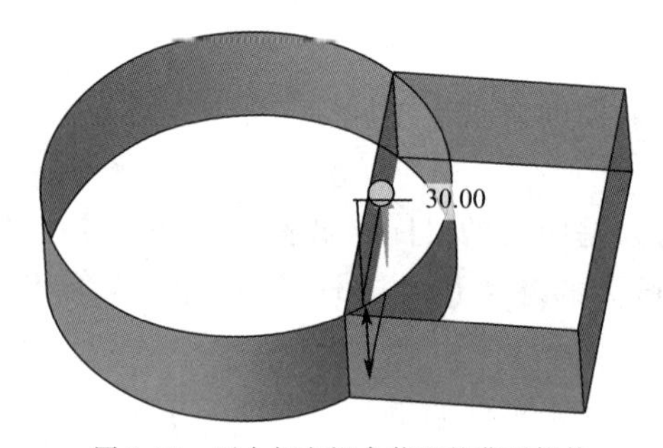

图 3-20　两个相交闭合截面的曲面拉伸

重要提示　对于选取已经绘制的截面，系统会根据该截面的几何特点判断拉伸类型。例如：选取一个开放图元，系统自动判断拉伸类型为“曲面”。如果选取的截面既不满足实体拉伸截面要求也不满足曲面拉伸截面要求，则不能被选取。

如果在操控板上定义类型是“实体”，定义内部草绘后绘制的截面既不满足实体拉伸截面要求也不满足曲面拉伸截面要求，则在完成草绘后，将弹出如图 3-21 的“未完成截面”对话框。如果该截面不满足实体拉伸截面要求但满足曲面拉伸截面要求，则系统将弹出如图 3-22 所示的“实体曲面切换选项”对话框，如果单击“确定”按钮，则操控板自动操作类型改为“曲面”。

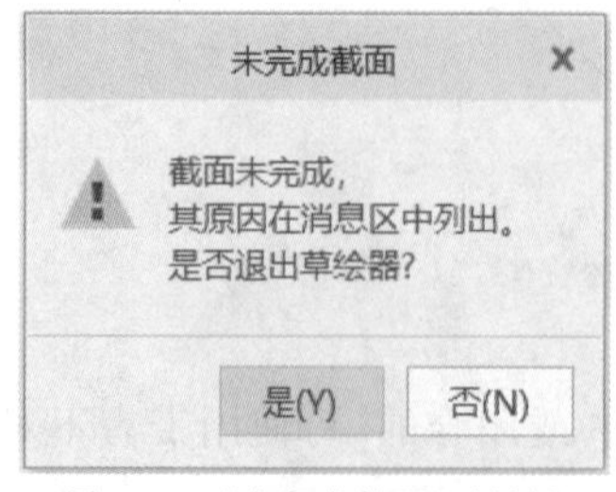

图 3-21　“未完成截面”对话框

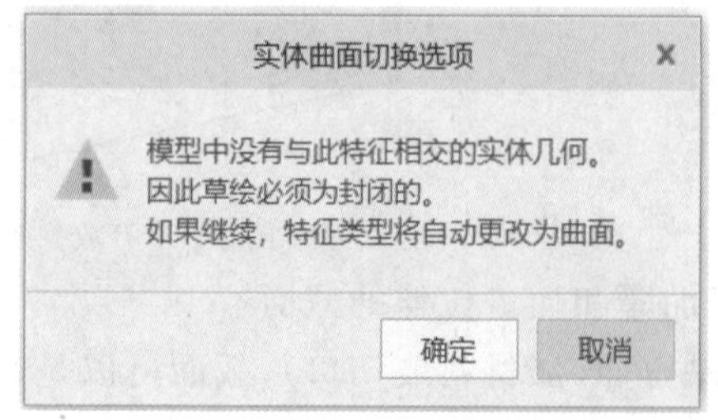

图 3-22　“实体曲面切换选项”对话框

6.“主体选项”栏与“属性”栏

在三维设计中，零件所有的特征默认为一个主体。如果创建的特征要与之前的主体分开，形成单独的主体，则可以在“主体选项”栏中进行设置。单击“主体选项”栏，勾选“创建新主体”，则自动创建了新的主体，如图 3-23 所示

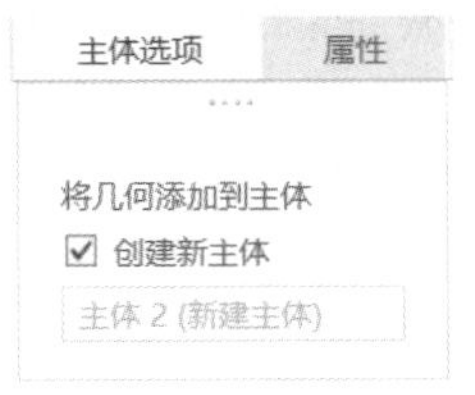

图 3-23　创建新主体

“属性”栏用来设置特征的名称，系统自动采用默认名。在完成创建之后，用户也随时可以在“模型树”中右击该特征，在弹出的快捷菜单中选择“重命名”，从而修改特征名称。

3.3.2　旋转

旋转特征也是定义三维几何形状的一种基本方法，它是绕中心线旋转草绘截面。使用“旋转”工具来创建实体或曲面特征，并添加或移除材料。

1. 操控板及基本操作

旋转特征操控板如图 3-24 所示，基本操作步骤与拉伸相似：①单击“旋转”工具，弹出“旋转”操控板→②选择旋转类型(默认为实体)→③输入旋转角度(默认为 360°)或选取角度控制方式，并确定是否切换旋转方向→④设置是否“移除材料”或“加厚草绘”→⑤选取一个已有的截面草绘或“定义”内部截面草绘→⑥单击“√”按钮完成特征创建。

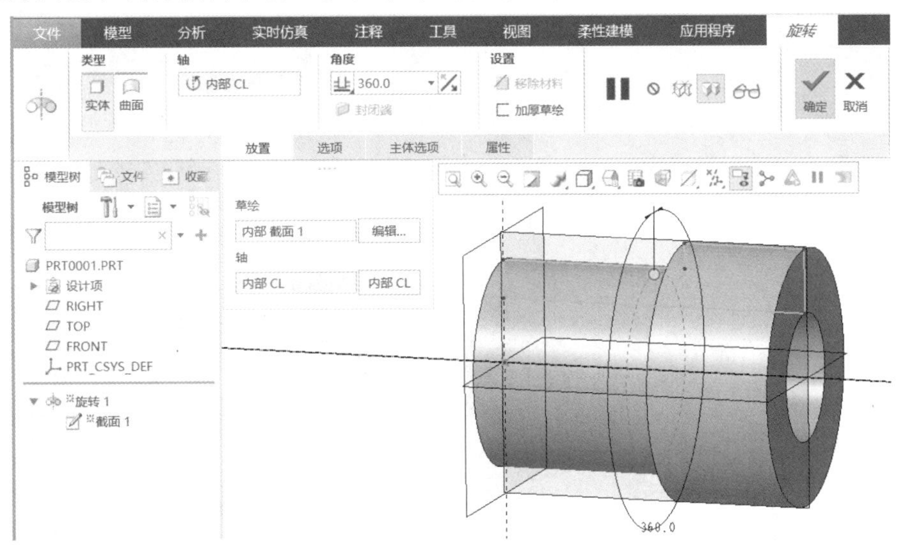

图 3-24　旋转特征操控板

2. 旋转截面与旋转轴

创建旋转特征时，必须定义要旋转的截面和旋转轴。

旋转截面的要求与拉伸截面的要求类似，创建旋转实体的截面一般情况下必须是闭合的；创建旋转曲面可使用开放或闭合截面。

旋转轴默认定义为草绘内部的构造中心线或基准中心线，也可以选择外部的基准轴。但旋转轴必须只能在截面的一侧。

3.3.3 扫描

扫描特征是通过沿轨迹扫描二维截面草绘来创建实体或曲面、添加或移除材料的三维几何特征。拉伸和旋转可以看作是特殊的恒定截面扫描，即：拉伸特征的扫描轨迹是垂直于草绘平面的直线段；旋转特征的扫描轨迹是圆或者圆弧。所以，拉伸特征和旋转特征都可以用恒定截面扫描特征替代。

1. 操控板及基本操作

创建扫描特征的基本操作步骤：①利用草绘器绘制或利用基准曲线工具创建好扫描轨迹曲线（也可以是几何边）→②单击“扫描”工具，弹出“扫描”操控板→③选择扫描类型（默认为实体）→④在图形窗口选取扫描轨迹→⑤单击截面“草绘”按钮→⑥在图形窗口以轨迹线起点为参考基准绘制扫描截面→⑦设置是否“移除材料”或“加厚草绘”→⑧单击“√”按钮完成，如图 3-25 所示。如图 3-26 所示为平面样条轨迹和封闭环形截面所创建的实体扫描特征。

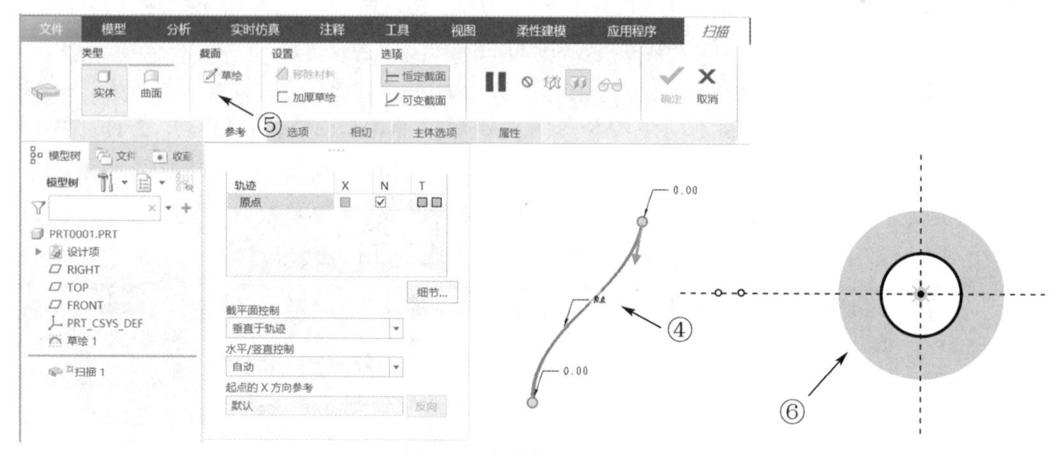

图 3-25　扫描特征基本操作

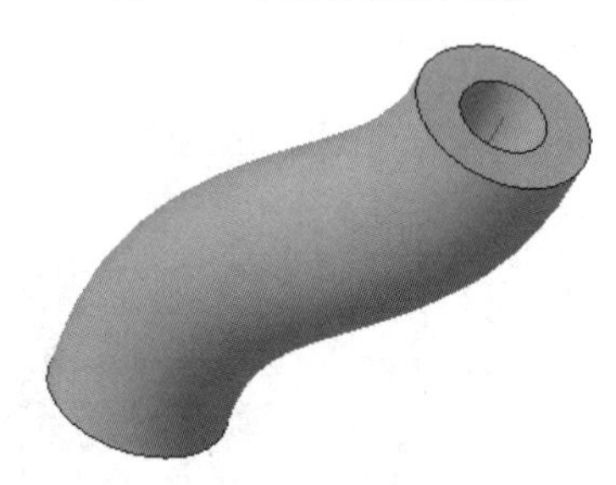

图 3-26　实体扫描特征

2. 扫描轨迹与截面

扫描轨迹可使用草绘的平面轨迹线或平面几何边线，也可以使用多次草绘形成的三维轨迹线或三维几何边（按住 Ctrl 键多选），三维轨迹线或几何边必须连续，还可以也可使用方程基准曲线。扫描轨迹也可以是闭合的。

扫描截面的要求与拉伸截面要求类似，创建旋转实体的截面一般情况下必须是闭合的；创建旋转曲面可使用开放或闭合截面。因为扫描截面必须在起始点与轨迹线呈法向关系，所以要选定了轨迹才能进行截面草绘。

如果出现以下情况，扫描可能会失败：(1)轨迹与自身相交；(2)相对于扫描截面，扫描轨迹上的弧或样条半径太小，特征形成了自相交。

3.“封闭端”与“合并端”

扫描操控板的“选项”栏下有“封闭端”和“合并端”两个勾选项。

“封闭端”是指创建闭合截面的曲面特征时，是否封闭曲面的两端。在创建拉伸曲面和旋转曲面特征操控板中也同样有该选项。

“合并端”是指将创建的实体扫描的末端合并到邻近的实体曲面，而且不留间隙。如图3-27为扫描特征勾选“合并端”后的特征效果。

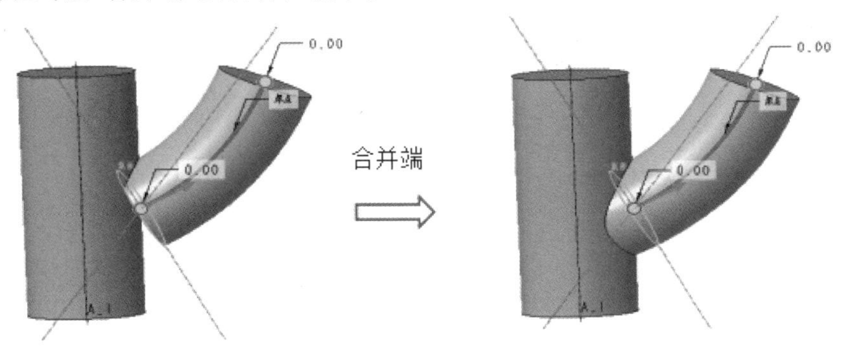

图3-27 扫描特征的合并端

4.可变截面扫描

普通的扫描一般指控制板默认的“恒定截面”扫描。当选择“可变截面”时，扫描的截面形状、大小及方向可以通过按住Ctrl键同时添加多条附加轨迹控制而发生变化，也可以由截面的尺寸关系进行控制。同样，可变截面扫描可以创建实体添加材料和移除材料，很多时候还用来创建曲面特征。

通过添加多条附加轨迹的可变截面扫描一般需要定义一条原点轨迹线、一条X轨迹线、多条一般轨迹线和一个截面。默认选取的第一条轨迹线为原点轨迹线，是截面经过的路线，即截面开始于原点轨迹的起点，终止于原点轨迹的终点；X轨迹线决定截面上坐标系的X轴方向；其他一般轨迹线用于控制截面的形状。另外，还需要定义一条法向轨迹线以控制特征截面的法向，法向轨迹线可以是原始轨迹线、X轨迹线或某条一般轨迹线。

如图3-28所示的可变截面扫描中，中间的直线为原点轨迹，也是法向轨迹（勾选N），链1为X轨迹（勾选X），链2～链5为4条控制截面形状变化的样条轨迹（无勾选）。该草绘截面是一条闭合轨迹线，并在起始草绘平面上通过4条控制线的端点。

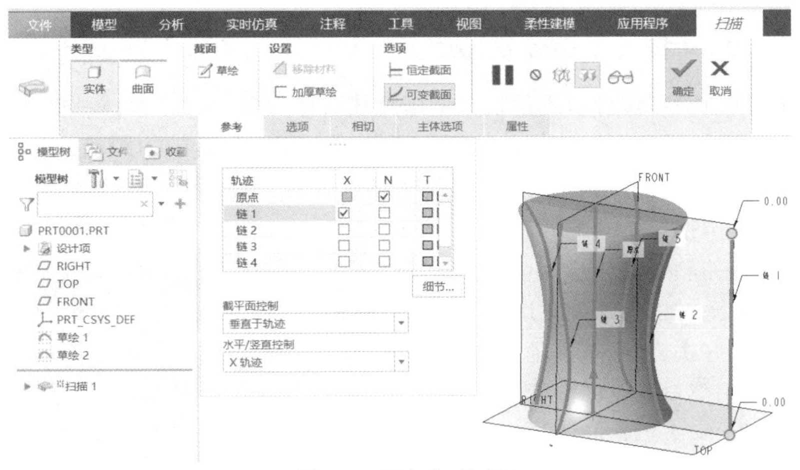

图3-28 可变截面扫描

更为常用的可变截面扫描是通过使用关系(由 trajpar 设置)定义截面尺寸标注而使截面沿扫描转变连续变化。即在绘制截面图形后,单击"工具"功能区下的"d=关系",在弹出的"关系"编辑窗口中编写截面中所要变化尺寸的关系式(不变的尺寸不需要编写关系,而是直接标注),如图 3-29 所示,单击确定。然后单击"草绘"功能选项卡回到草绘模式中单击"√"按钮,则截面相关尺寸由关系式控制而变化。

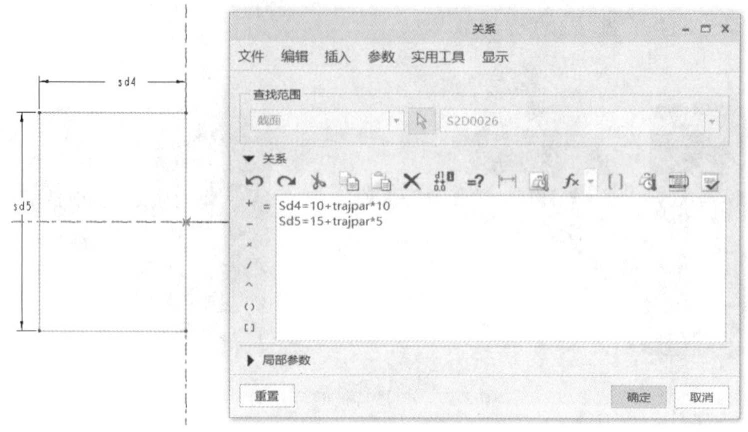

图 3-29 尺寸"关系"编辑窗口

在如图 3-30 所示的可变截面扫描中,扫描截面为矩形,它的宽、高分别定义为"Sd3 =10 +trajpar * 10"和"Sd5 =15+trajpar * 5",式中的 trajpar 是一个 0~1 的系统变量,开始为 0,结束为 1。所以截面矩形在扫描起始位置的尺寸为 10×15,在扫描结束位置的尺寸为 20×25,中间为连续变化。

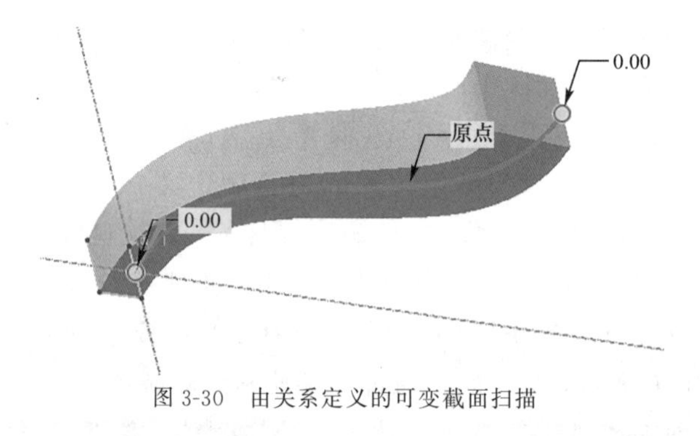

图 3-30 由关系定义的可变截面扫描

3.3.4 螺旋扫描

螺旋扫描是通过沿着螺旋轨迹扫描截面来创建实体或曲面、添加或移除材料的几何特征。其中螺纹轨迹由旋转曲面的轮廓(螺旋特征的截面原点到其旋转轴的距离)与螺距(螺圈间的距离)定义,如图 3-31 所示。螺旋扫描一般用来创建弹簧、实体螺纹等。

1. 操控板及基本操作

创建螺旋扫描的基本操作步骤:①单击"扫描"工具下拉选项中的"螺旋扫描"工具,弹出"螺旋扫描"操控板→②单击螺旋轮廓"定义"按钮(如果已有,则变成了"编辑"),进入草绘器→③在图形窗口绘制好螺旋轴(基准轴)和螺旋轮廓,"√"完成草绘→④单击操控板截面"草绘",再进入草绘器,在图形窗口以螺旋轮廓起点为参考基准绘制螺旋截面,"√"完成草绘→⑤单击操控板间距数值框,输入单击间距值→⑥设置是否"移除材料"和调整螺旋方向(默认为右手法则)→⑦单击"√"按钮完成特征创建,如图 3-32 所示。

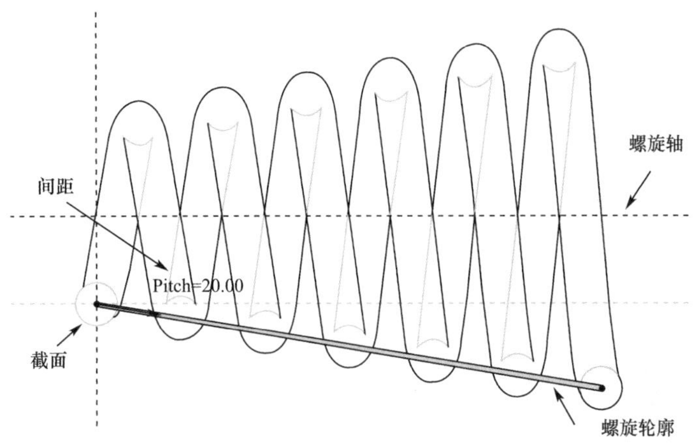

图 3-31　螺旋扫描的定义要素

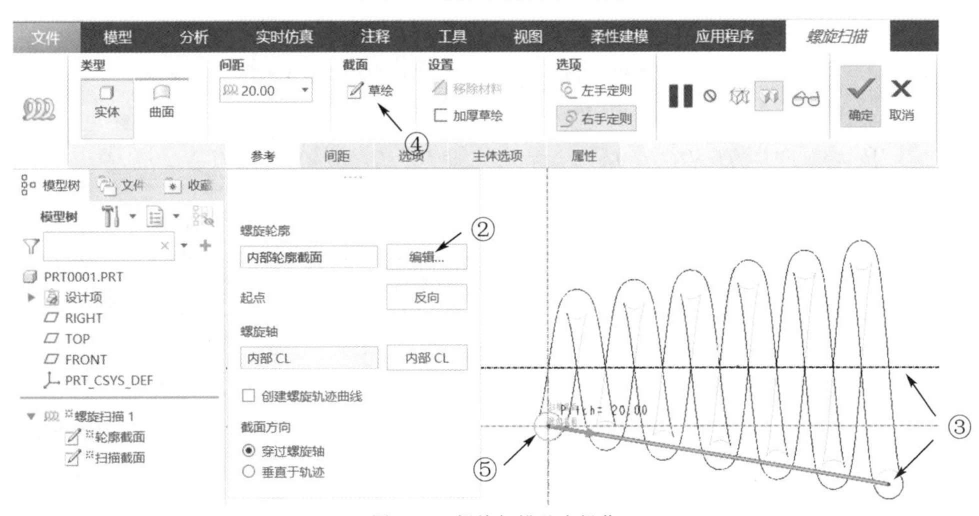

图 3-32　螺旋扫描基本操作

2. 螺旋间距设置

螺旋间距默认是恒定值，也可以在螺旋不同的位置设置不同的间距，即设置可变的螺旋间距。单击操控板的“间距”栏，单击“添加间距”，首先添加的是终点位置的间距值，然后再单击“添加间距”，添加的间距位置可以通过输入位置至起点的距离值来确定。如图 3-33 所示。

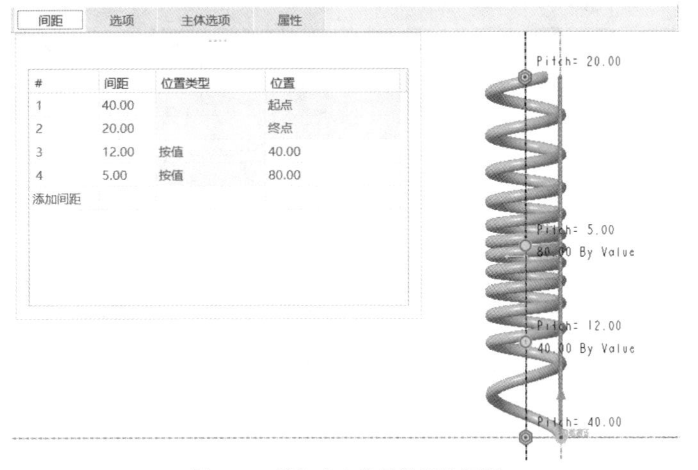

#	间距	位置类型	位置
1	40.00		起点
2	20.00		终点
3	12.00	按值	40.00
4	5.00	按值	80.00

添加间距

图 3-33　添加多个位置的螺旋间距

3. 螺旋扫描的截面方向

螺旋扫描的截面方向可以通过螺旋轴,可以垂直于轨迹,两者的区别在于起始点和结束点的截面方向不一样。如图 3-34 所示。

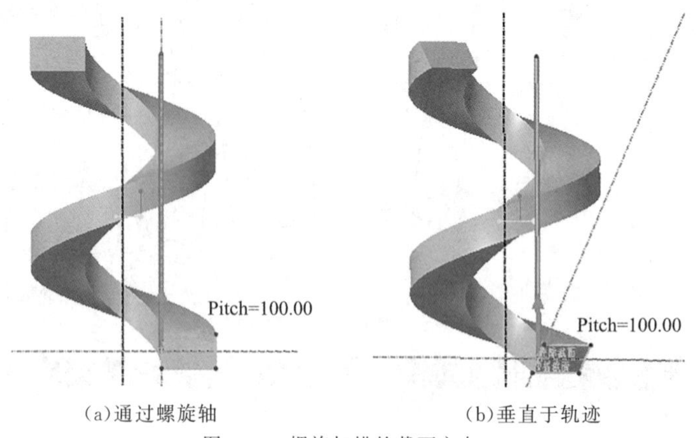

(a)通过螺旋轴　　(b)垂直于轨迹

图 3-34　螺旋扫描的截面方向

3.3.5　混合

混合特征是将两个以上的二维平面截面在其顶点处用直线或平滑的过渡曲面连接而形成的一个连续几何特征。混合可以创建实体添加材料和移除材料,也可创建加厚薄板以及曲面特征。混合的截面可以在创建混合特征时草绘,也可以提前绘制好,然后在创建特征时选定截面。

1.“草绘截面”混合特征基本操作

“草绘截面”混合的基本操作步骤:①单击“形状”命令组中的“混合”工具,弹出“混合”操控板,系统默认为“草绘截面”→②单击草绘“定义”→③选择第一个截面所在的基准平面并绘制好第一个截面,注意截面有箭头的起始点位置,完成后单击“√”按钮退出草绘模式→④确定第二个截面的位置,如果用默认的“偏移尺寸”,则在下方输入偏移距离以创建与第二个截面平行的草绘面;如果勾选“参考”,则可以在绘图区选择一个草绘平面→⑤单击下方的“草绘”→⑥绘制好第二个截面,并调整截面有箭头的起始点位置,使之与第一个截面的起始点位置对应,这时图形窗口出现混合特征几何形状→⑦如果有第三个截面,则单击“添加”,用同样操作确定草绘平面并绘制截面→⑧完成所有截面选取后单击“√”按钮完成特征创建,如图 3-35 所示。

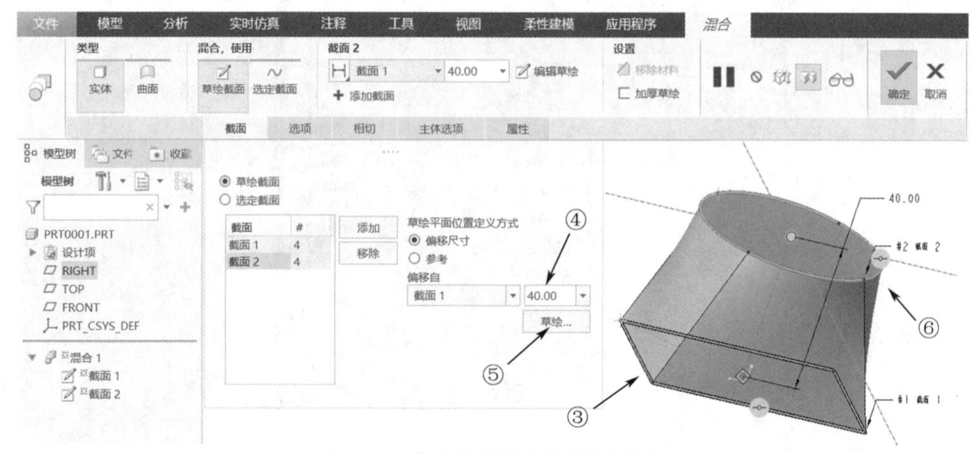

图 3-35　“草绘截面”混合特征基本操作

2.“选定截面”混合特征基本操作

“选定截面”混合的基本操作步骤：①创建好各截面所在的基准平面，并利用草绘工具在相应的平面上绘制好各个满足混合特征要求的截面→②单击“混合”工具，弹出“混合”操控板→③单击“选定截面”→④在绘图区选取第一个截面，注意有箭头的起点位置→⑤单击“添加”截面→⑥按顺序在图形窗口选取第二个截面，这时图形窗口出现混合特征几何形状，根据需要拖动第二个截面箭头起点至合适的断点→⑦采用同样操作继续添加截面→⑧完成所有截面选取后单击“√”按钮完成特征创建，如图 3-36 所示。

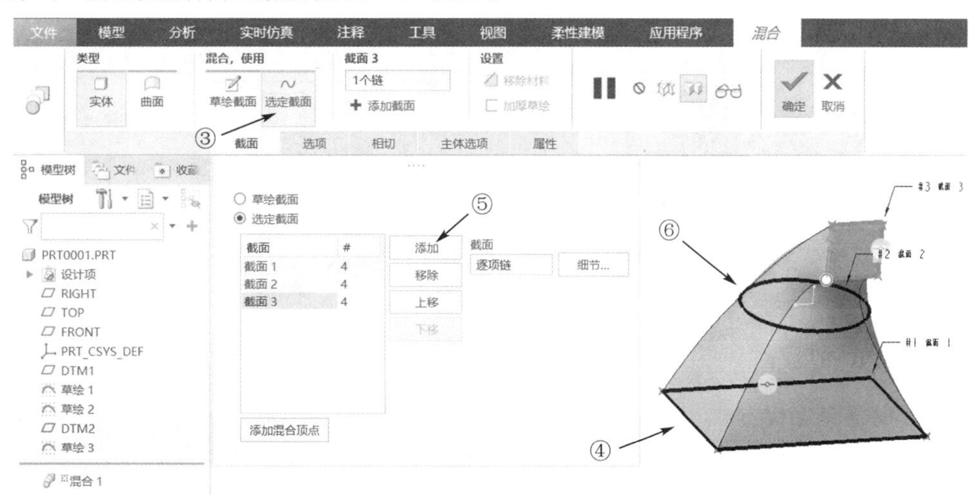

图 3-36 “选定截面”混合特征基本操作

3. 混合截面的断点与起点

如果通过“选定截面”创建混合特征，则所有截面图元必须具有相同数量的断点，在使用“草绘截面”创建混合特征时，最后一个截面可以是一个构造点，如图 3-37 所示。例如：草绘的矩形截面在四个角自动有 4 个断点，但草绘的圆则需要在草绘中通过“分割”工具在合适位置插入相同数目的断点，否则矩形截面无法与圆截面混合。

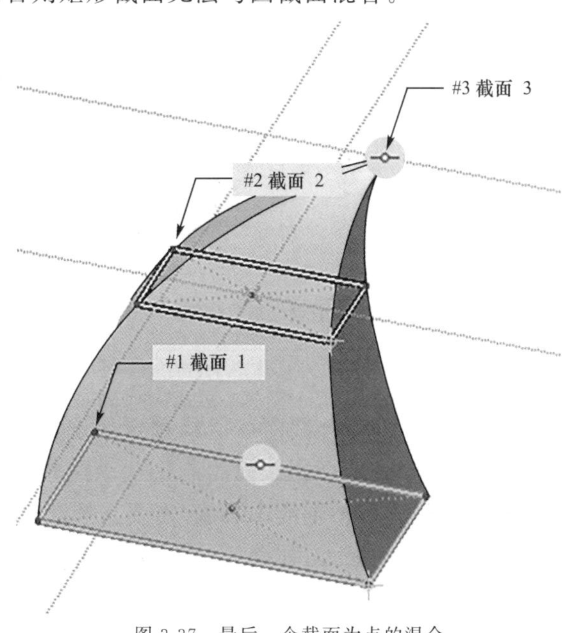

图 3-37 最后一个截面为点的混合

各截面起点决定了截面的连接方式，即所有截面的起点相连，然后按箭头方向的顺序依次将其他断点相连，如果各截面起点设置不当，会导致创建的混合特征几何体产生扭曲，如图 3-38 所示。截面草绘中可以修改自动设置的起点，选中要设置为起点的断点，右击弹出快捷菜单，选择“起点”，如图 3-39 所示。

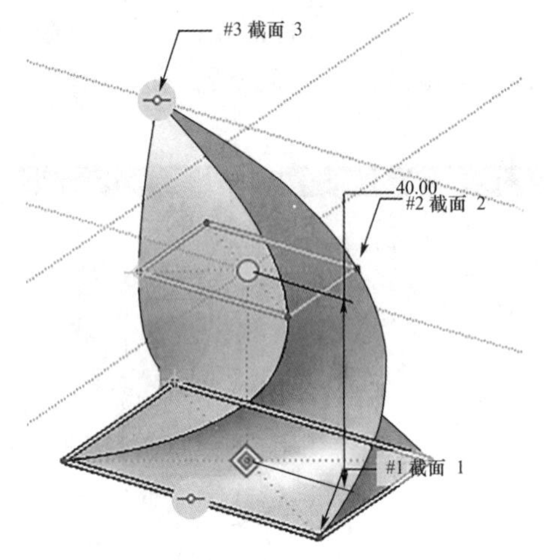

图 3-38　起点设置不当导致混合特征扭曲

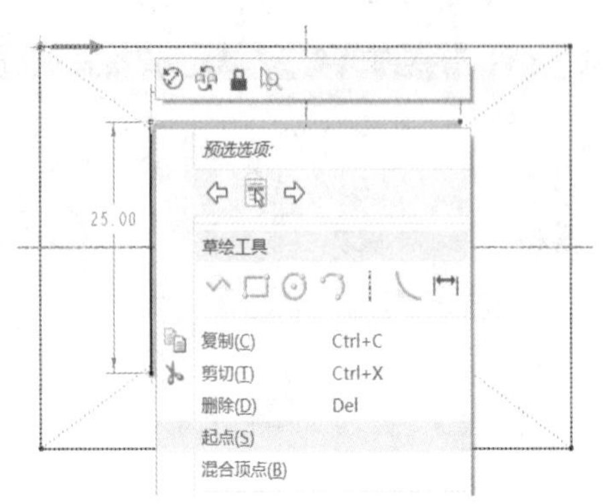

图 3-39　截面草绘中设置起点

4. 截面的混合连接方式

截面的混合连接曲面方式默认是“平滑”，即截面间用平滑曲面连接。如果在“选项”栏中将“混合曲面”勾选“直”，则多个截面的混合连接曲面变成直曲面，如图 3-40 所示。对于两个截面的混合特征，截面的混合曲面方式对几何形状不会产生影响。

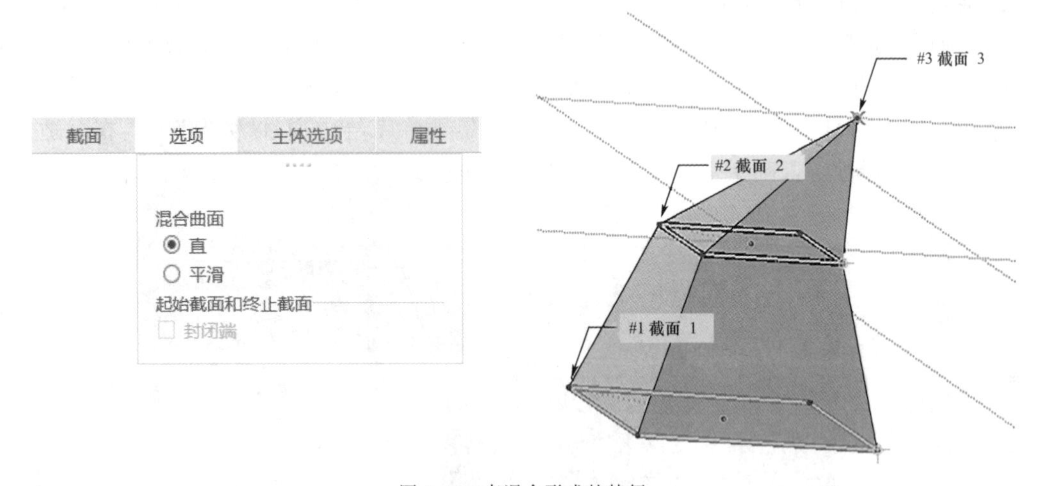

图 3-40　直混合形成的特征

3.3.6　旋转混合

旋转混合也是一种混合特征，它的混合截面可以绕选定的旋转轴旋转，旋转的角度范围为－120 °～120°。如果在第一个草绘或选择的截面绘制了一个旋转轴或中心线，会将其自动选定为旋转轴，如果第一个草绘不包含旋转轴或中心线，需要选择几何作为旋转轴。旋转混合特征操作板界面及基本操作与混合特征相近，如图 3-41 所示。

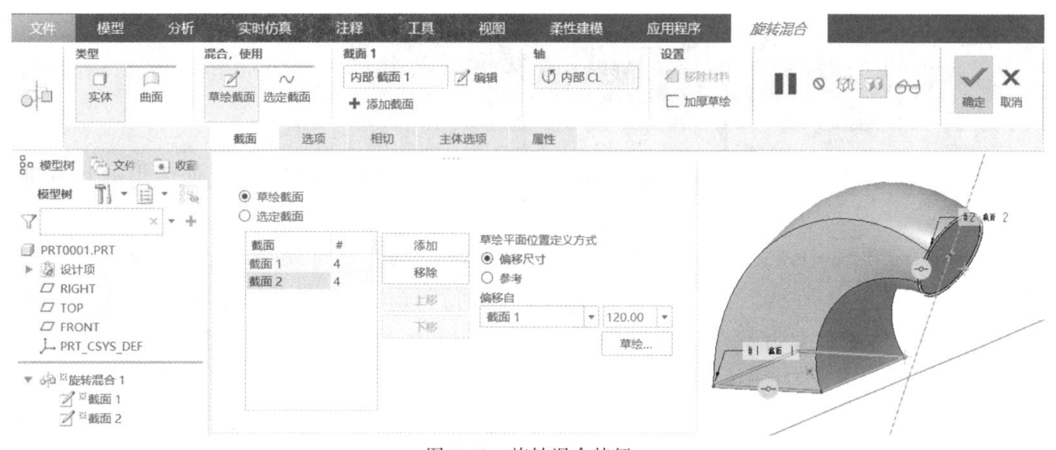

图 3-41 旋转混合特征

3.3.7 扫描混合

扫描混合结合了扫描和混合这两种特征的特点。与扫描一样，扫描混合的轨迹一般是先绘制，要注意的是轨迹在中间截面绘制处必须要有断点。截面也可以先行绘制然后再选取，但必须保证所绘制的截面与轨迹线在相交处是法向关系，从而需要创建多个基准面。在创建特征时草绘截面则不需要创建截面草绘的基准平面。

扫描混合特征基本操作步骤：①绘制好扫描轨迹曲线→②单击“扫描混合”工具，弹出“扫描混合”操控板→③在“参考”栏下，从图形窗口选取绘制好的扫描轨迹→④选择“截面”栏，并单击“草绘”→⑤在图形窗口绘制好位于轨迹开始位置的第一个截面，完成后单击“√”按钮退出草绘→⑥单击“截面”栏的“插入”，并选择轨迹线上该截面插入位置的断点(如果没有断点，则自动选取轨迹线结束点)→⑦单击“草绘”，绘制第二个截面→⑧采用同样操作继续添加截面，每个截面都可以设置绕法向旋转一定角度→⑨完成所有截面选取后单击“√”按钮，完成特征创建，如图 3-42 所示。

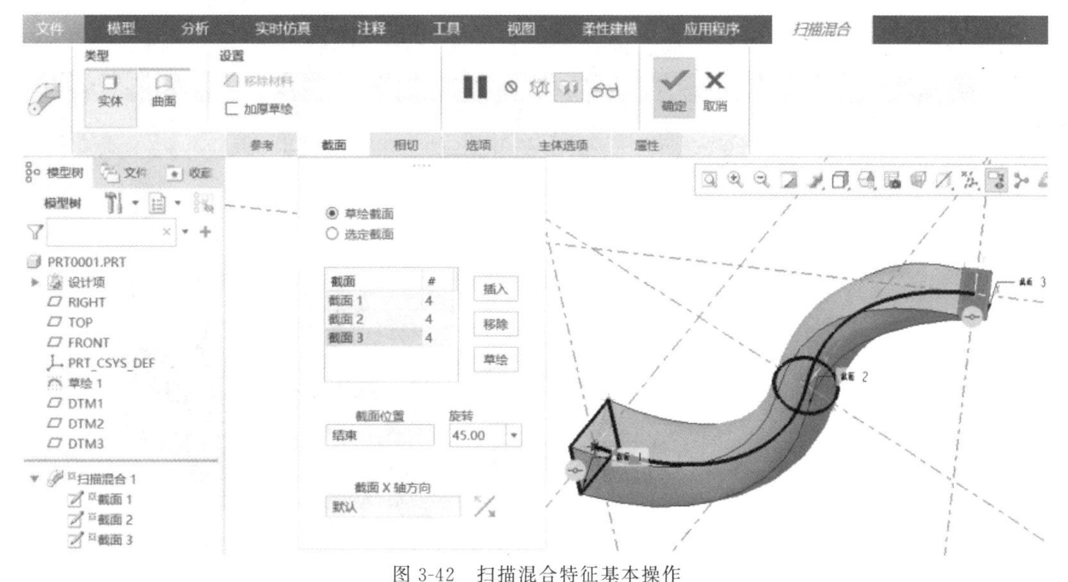

图 3-42 扫描混合特征基本操作

3.4 工程特征的创建

工程特征是指在几何特征的基础上创建的依附特征，用来处理实体特征的形状或添加专门的几何实体。主要包括孔特征、倒圆角特征、倒角特征、拔模特征、壳特征和筋特征。在 Creo Parametric 9.0 中，“工程”命令组还包括下拉选项中的“修饰螺纹”、“修饰草绘”和“修饰槽”等工具，如图 3-43 所示。当零件模型中没有几何特征时，该命令组中的工具为灰色不可用。“环形折弯”和“骨架折弯”属于高级特征范畴，一般用于曲面零件的造型，将在第 4 章进行介绍。

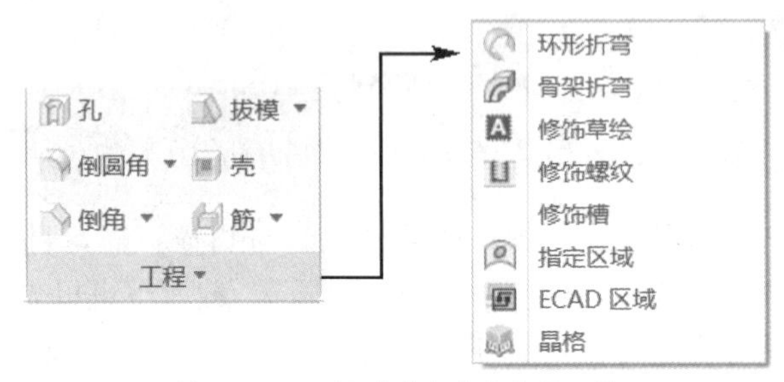

图 3-43 “工程”命令组中的特征工具

3.4.1 孔

孔是一种较为常见的工程特征。在 Creo Parametric 9.0 中，可以使用“孔”工具，在模型中创建简单孔（含草绘自定义孔）、标准孔。创建孔特征时，一般需要定义放置参考、设置偏移参考及定义孔的具体特性。

1. 操控板及基本操作

孔特征操控板如图 3-44 所示。基本操作步骤：①单击“孔”工具，弹出“孔”操控板→②选择孔的类型→③选择孔的轮廓类型→④输入孔的相关尺寸→⑤选择孔的放置类型（系统也能自动判断）→⑥在绘图区选取孔的放置曲面及放置参考→⑦完成后单击“√”按钮。

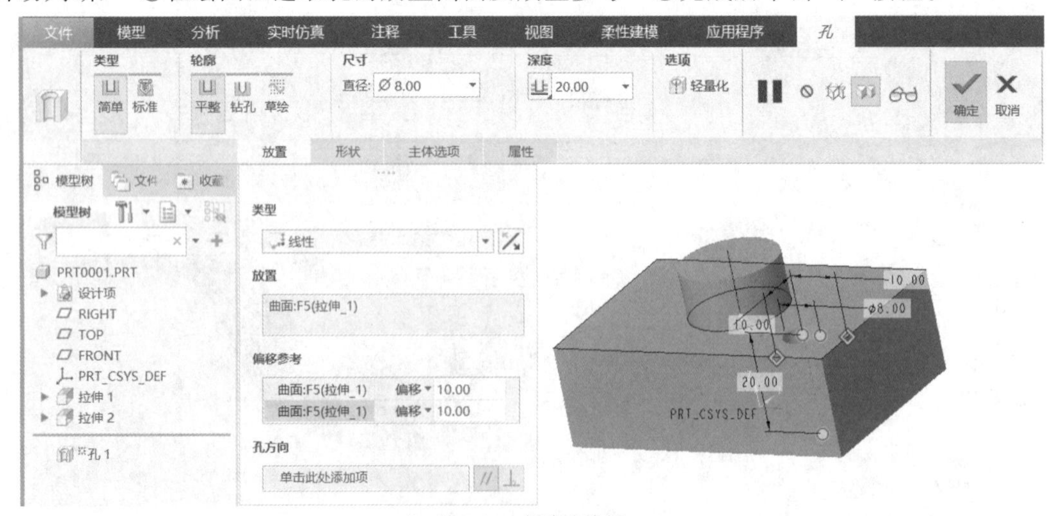

图 3-44 创建孔特征

2. 孔的类型

孔的类型包括“简单”和“标准”。

（1）简单孔：简单孔是通过旋转切口形成，相当于去除材料的旋转特征。孔的截面轮廓形式包括："平整"（孔底部是平的）、"钻孔"（孔底部是钻头锥形）和"草绘"（单击后进入草绘器绘制孔的截面和旋转基准轴）。

（2）标准孔：标准孔是具有标准结构、形状和尺寸的孔，可直接创建螺钉孔的修饰螺纹。孔的轮廓形式包括：直孔（直圆柱孔）或锥形（锥圆柱孔）；攻丝（创建添加修饰螺纹的钻孔）、钻孔（创建底孔，不添加修饰螺纹）和间隙（创建间隙孔）；沉头孔或沉孔。如图3-45所示。

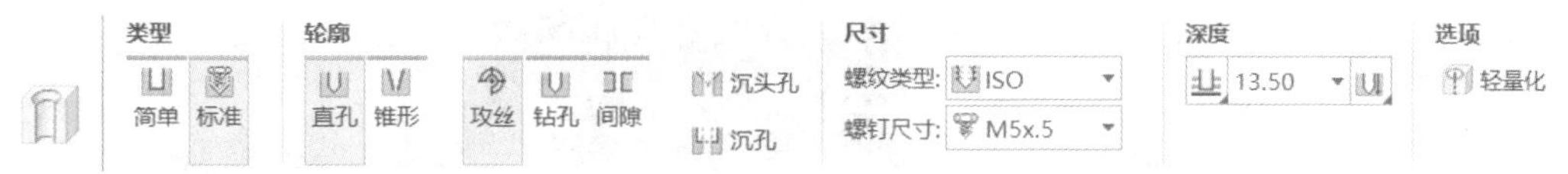

图3-45　标注孔的轮廓选项

螺纹类型默认为ISO（国际标准螺纹），在下拉选项中还包括：UNC（美制粗螺纹）和UNF（美制细螺纹）。螺钉孔尺寸只能在下拉选项中选取，孔深度与拉伸的控制方式一样，包括"盲孔"、"对称"、"到下一个"、"穿透"、"穿至"和"到参考"。

3. 孔的放置

孔的放置在"放置"栏中完成操作，就是要确定孔中心起点的位置，即确定孔的放置类型、放置面，选取该放置类型所需的参考并确定相关尺寸。

（1）放置类型

孔的放置"类型"下拉选项中包括："线性"、"径向"、"直径"、"同轴"、"点上"、"草绘"，不同的放置类型所需要选取的参考和操作也不一样。"类型"选项框后的箭头用来切换孔的正反方向。

"线性"是通过两个线性尺寸放置孔，即选取两个方向的参考并偏移一段距离来确定孔中心位置。放置操作：①选取孔中心起点放置曲面→②单击"偏移参考"收集器的"单击此处添加项"→③按住Ctrl键分别在图形窗口选取第1个方向和第2个方向的偏移参考（几何边线或面）→④分别修改孔中心至两个线性参考的偏移距离。如图3-46所示。

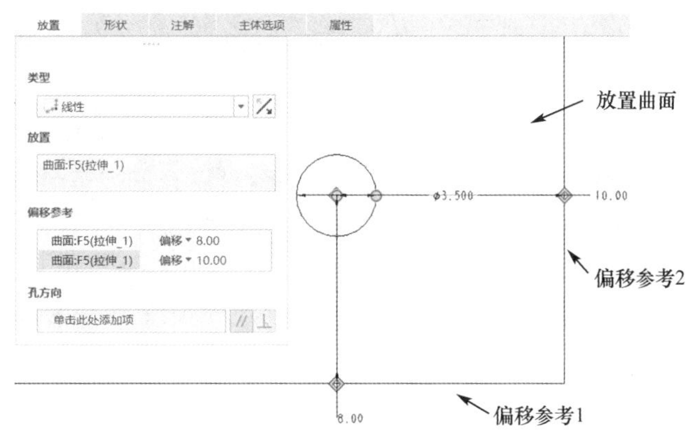

图3-46　"线性"放置孔

"径向"是通过1个线性尺寸和一个角度尺寸放置孔，即选取一个轴线为旋转中心线并输入半径距离，再选取一个参考平面并输入旋转角度来确定孔中心位置。放置操作：①选取孔中心起点放置曲面→②单击"偏移参考"收集器的"单击此处添加项"→③按住Ctrl键在图形窗口分别选取一根旋转参考轴线和一个旋转参考平面→④分别修改半径值和角度值。如图3-47所示。

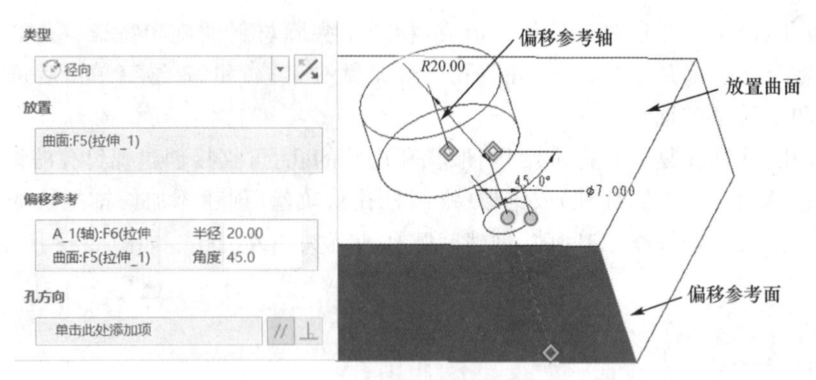

图 3-47 “径向”放置孔

“直径”也是通过 1 个线性尺寸和一个角度尺寸放置孔，即选取一个轴线为旋转中心线并输入直径距离，再选取一个参考平面并输入旋转角度来确定孔中心位置。

“同轴”是通过选取一个轴线和一个不平行的平面，在两者的交点处创建孔。放置操作比较简单：按住 Ctrl 键在图形窗口同时选取一根轴线和一个放置面即可。如图 3-48 所示。

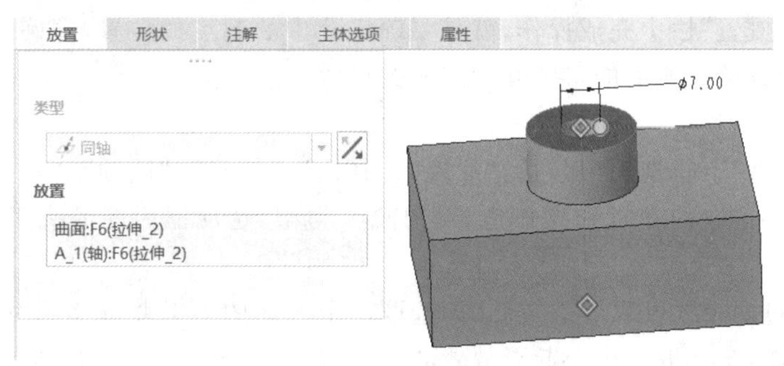

图 3-48 “同轴”放置孔

“点上”是通过选取一个已有基准点作为参考与孔中心点在放置曲面法向上对齐，该基准点可以不在孔的放置曲面上。操作方法：①选取放置类型为“点上”→②选取孔中心起点放置曲面，按住 Ctrl 键同时选取基准点。如果基准点在孔的放置曲面上，则可直接选择基准点为放置参考，则孔中心与基准点重合。

“草绘”类型创建孔比较灵活，可以选取同一平面上已有的(外部草绘)或临时绘制的(内部草绘)草绘基准点、草绘直线段的端点和中点来放置孔，可以在同一放置面的不同位置创建多个相同的孔。操作方法：①选取放置类型为“草绘”→②选取已有的草绘基准点或直线段，或者选取放置平面进入草绘基准点或直线段，完成后退出草绘。如图 3-49 所示，系统自动判断选取的基准点和线段端点为孔放置参考，如果要选择线段中心，则可单击“放置于”后的中点符号。

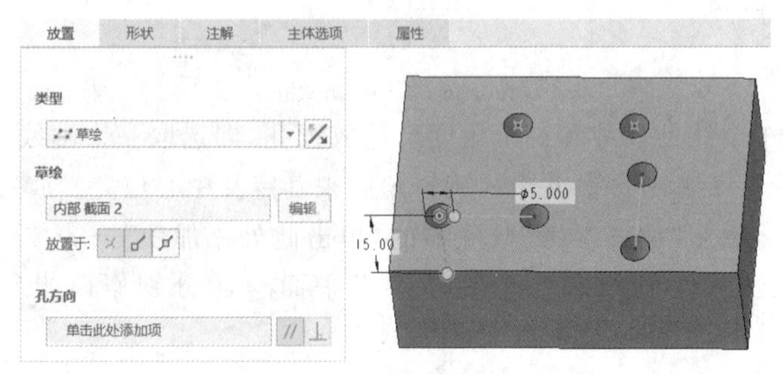

图 3-49 “草绘”放置孔

重要提示 对于普通的平直简单孔，一般直接通过拉伸或旋转切口创建；对于标准孔和钻孔，则一般通过孔特征创建。

常用的孔放置类型分别为“草绘”、“在点上”和“同轴”，而其他放置类型较少用。对于在平面上创建多个相同的孔特征，首选“草绘”放置类型，但它无法创建在曲面上的孔。对于曲面上的孔，可以通过先创建基准点，然后用“在点上”类型放置。这两种放置方式不仅操作直观，而且后期编辑修改也方便。“同轴”主要用来放置孔中心位置有轴线的孔，还可用于创建中心轴线与放置面不垂直的斜孔。

4. 孔的方向

在孔特征“放置”栏中，还可以设置孔的方向。单击“孔方向”收集器“单击此处添加项”，在图形窗口选取一条直边(线)或平面作为孔的方向参照，选取的直边(线)还可设置与孔方向平行或垂直。通过孔的方向设置可创建斜孔或侧孔，如图 3-50 所示。

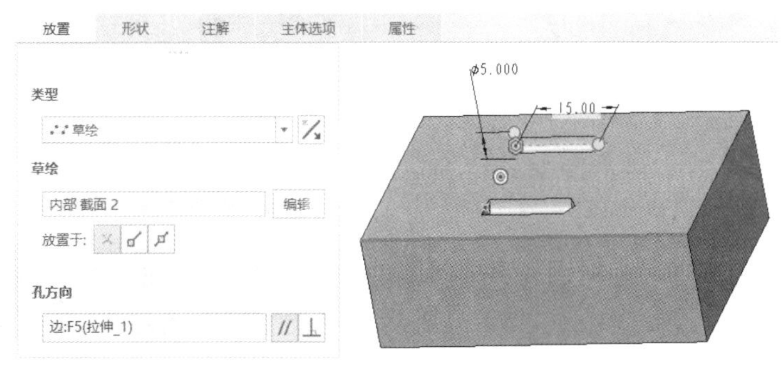

图 3-50 “孔方向”设置

5. 孔的形状和注解

操控板下方的“形状”栏用来编辑孔的可调整尺寸。创建简单钻孔或标准孔时可以创建沉头孔、沉孔和沉头沉孔(两个按钮都选)，它们的形状和尺寸一般在“形状”栏中进行编辑修改，如图 3-51 所示。

创建标准孔时系统会自动创建孔的注解，并且在操控板中有“注解”栏，可在该栏中单击“添加注解”的默认勾选从而取消注解，如图 3-52 所示。

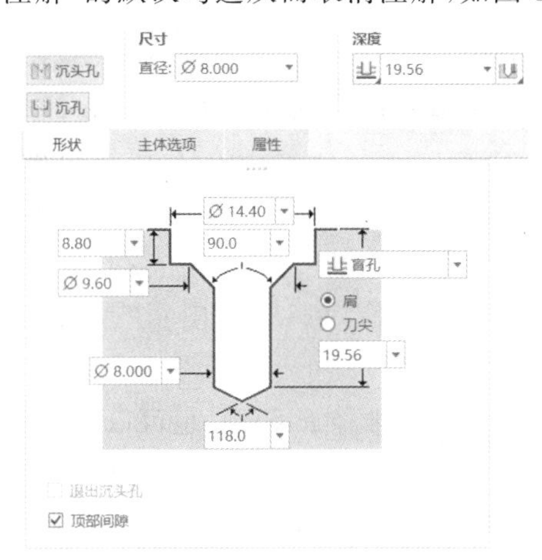

图 3-51 沉头沉孔形状编辑

图 3-52 “注解”栏

6. 孔的轻量化

当模型中有许多孔特征时可能会占用大量内存影响计算机运行性能，这时可使用孔的轻量化表示，即单击操控板上的“轻量化”按钮，创造的孔特征不会在三维模型上显示。

3.4.2 倒圆角

倒圆角是零件设计最常用的工程特征，用来移除相交边线并使相邻的两个面之间形成光滑曲面。

1. 操控板及基本操作

对于普通的倒圆角，操作比较简单：①单击倒圆角工具，弹出“倒圆角”操控板→②在图形窗口选取要倒圆角的边或连续的边链（按住 Ctrl 键一次性选取的所有边为一个集，具有相同的尺寸；不按 Ctrl 键选取的边为不同的集，可以是不同的尺寸）→③修改各个集的圆角半径→④单击“√”按钮完成，如图 3-53 所示。

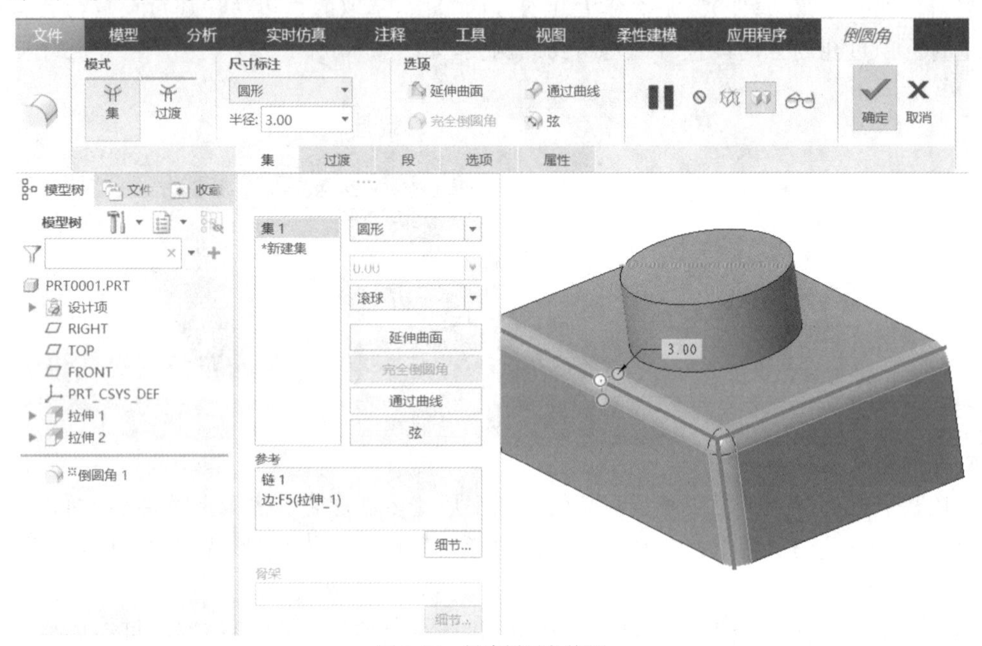

图 3-53　创建倒圆角特征

2. “集”模式与“过渡”模式

“集”是指具有唯一属性和参考的边的总和。“集”模式是默认的主要操作模式，在该模式下和“集”栏中选择和设置圆角创建方法、截面形状以及圆角的其他相关参数。“过渡”是指倒圆角段相交或终止处。在最初创建倒圆角时，Creo Parametric 使用默认过渡，并提供多种过渡类型，用户可以根据设计要求创建和修改过渡。

3. 倒圆角尺寸标注类型

在操控板“尺寸标注”下有圆角类型的下拉选项，圆角除了默认的“圆角”，还有“圆锥”、“C2 连续”、“D1×D2 圆锥”和“D1×D2 C2”。

“圆角”是使用圆形横截面倒圆角，倒圆角边长度由圆角半径 *R* 控制，也可以单击“弦”，利用弦长控制倒圆角两边的距离；“圆锥”是使用圆锥横截面倒圆角，使用圆锥参数 Rho(0.05～0.95)来控制圆锥形状的锐度，距离 *D* 控制两边的倒圆角长度（同样可用弦控制），如图 3-54 所示；“C2 连续”是使用曲率连续横截面倒圆角，精调方式与圆锥类似，但它通过相邻曲面保持曲率连续性，从而改进几何的美观性；“D1×D2 圆锥”是分别用距离 *D*1 和 *D*2 控制圆锥倒圆角两边不同的长度，如图 3-55 所示；同理，“D1×D2 C2”是分别用距离 *D*1 和 *D*2 控制 *C*2 连续倒圆角两边不同的长度。

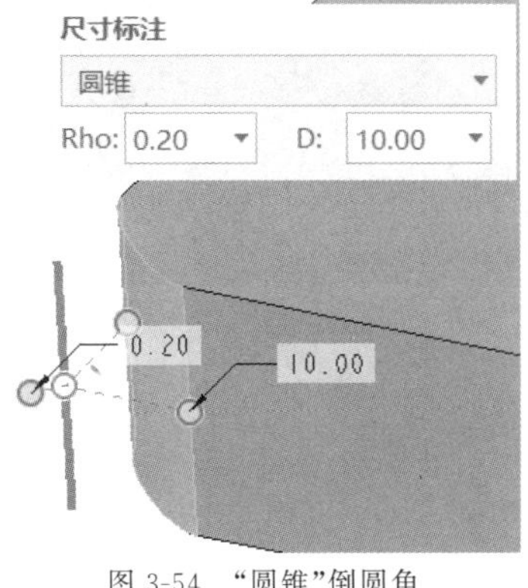

图 3-54 “圆锥”倒圆角

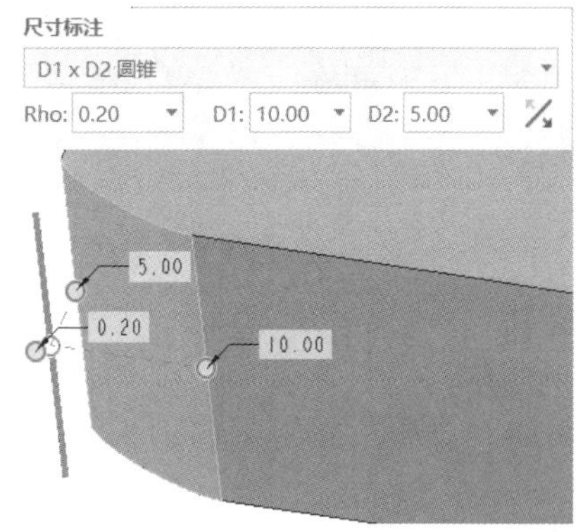

图 3-55 “D1×D2”圆锥倒圆角

4. 添加圆角半径

可以通过添加圆角半径创建可变半径的倒圆角。在下方的“半径”栏空白处右击，在弹出的快捷菜单选择“添加半径”，则在所选边的另一端添加一个圆角半径值，如图 3-56 所示。如果继续添加半径，则在边的中间添加新的圆角半径值。如果要取消多个半径，则可选择某个半径值右击，在弹出的快捷菜单选择“成为常数”，则该值成为唯一半径值，其他半径值被自动删除。

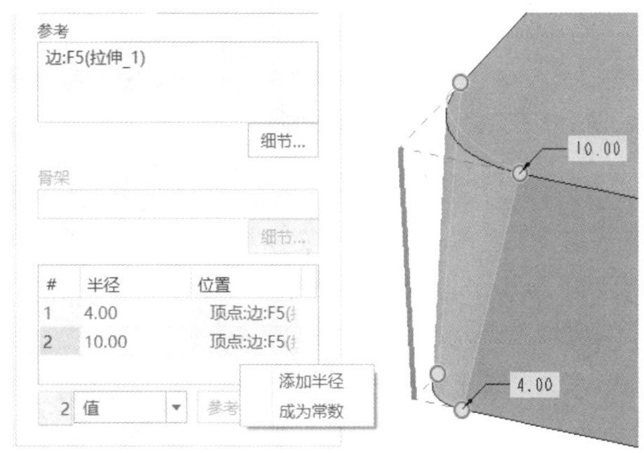

图 3-56 添加圆角半径

5. 完全倒圆角

完全倒圆角是通过在同一个集并具有公共曲面的两条以上的边创建，使公共面完全被圆角面替代，如图 3-57 所示。

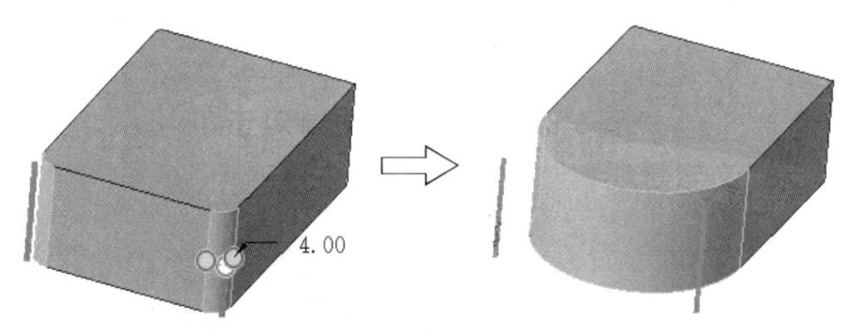

图 3-57 创建完全倒圆角

6. 通过曲线倒圆角

可以选择“通过曲线”从而使用草绘曲线或基准曲线控制倒圆角截面变化。首先选择倒圆角边，再单击“通过曲线”按钮，在图形窗口选取控制曲线，如图 3-58 所示。

图 3-58　通过曲线倒圆角

7. 倒圆角过渡设置修改

一般情况下,系统默认过渡可以满足设计需求。在某些特定情况下,用户可以根据需要修改默认的过渡设置来获得满意的倒圆角形状。

基本操作步骤:完成相关倒角后,①单击模式栏的"过渡"→②在图形窗口选取圆角的过渡曲面→③单击"过渡设置"的下拉选项,将默认调整为其他选项,如"拐角球"→②在下方输入拐角球的相关尺寸,如图 3-59 所示。

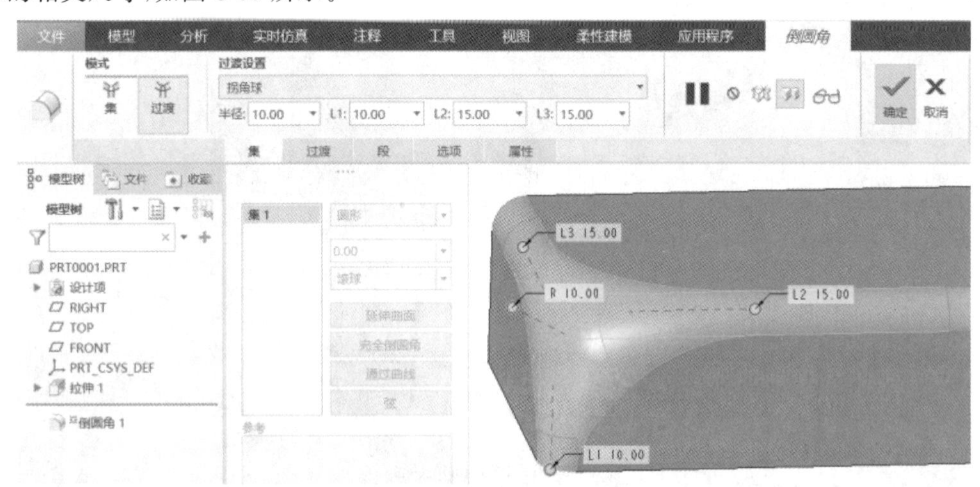

图 3-59　修改倒圆角过渡设置

重要提示　对于一般的工业产品造型设计,当需要倒圆角的边比较多时,要注意倒圆角的先后顺序,一般遵循"先大后小、先断后续"的原则。"先大后小"是指先倒半径较大的圆角,再倒半径较小的圆角;"先断后续"是指先完成单个独立棱线(称为断边)的倒圆角,从而为后续的倒圆角形成一条连续相接的、光顺平滑的棱线,如图 3-60 所示。

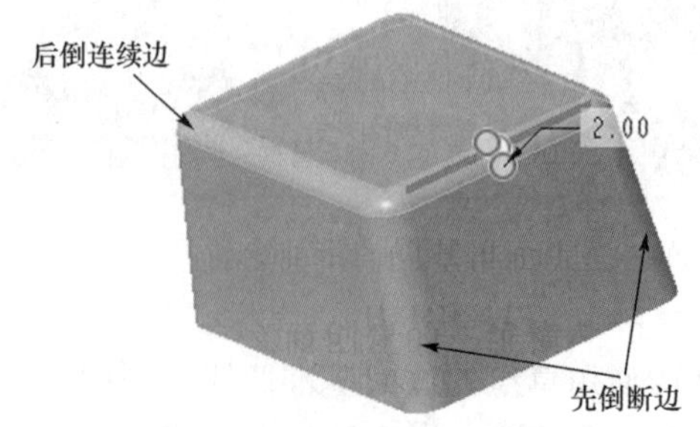

图 3-60　倒圆角的"先断后续"

8. 自动倒圆角

倒圆角工具的下拉选项中有“自动倒圆角”工具，可以快速对几何实体或曲面的所有边一性次全部自动倒圆角。单击“自动倒圆角”工具，将弹出如图 3-61 所示的操控板，选择自动倒圆角的几何体，单击操控板的“√”即可完成操作。既可以对选定的主体上所有的凸边和凹边进行倒圆角，也可单独选取边，并且凸边和凹边可以分开设置圆角半径。

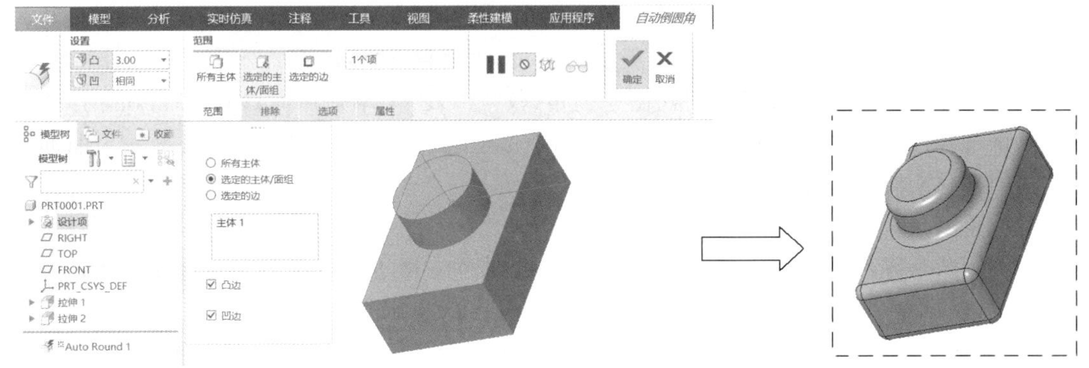

图 3-61　自动倒圆角

3.4.3　倒角

倒角在机械零件中较为常见，它是一类对边或拐角进行斜切削的特征，用来去除零件尖锐的边或角以便于装配。在 Creo Parametric 9.0 中，默认的倒角工具为边倒角，下拉选项还包括拐角倒角工具。

1. 操控板及基本操作

边倒角和倒圆角有些类似，边倒角同样有集和过渡的组成概念。基本操作：①单击“倒角”工具，弹出“边倒角”操控板→②在图形窗口选取要倒角的边或连续的边链（按住 Ctrl 键一次性选取的所有边为一个集，具有相同的尺寸；不按 Ctrl 键选取的边为不同的集，可以是不同的尺寸）→③修改各个集的尺寸标注→④单击“√”按钮完成，如图 3-62 所示。

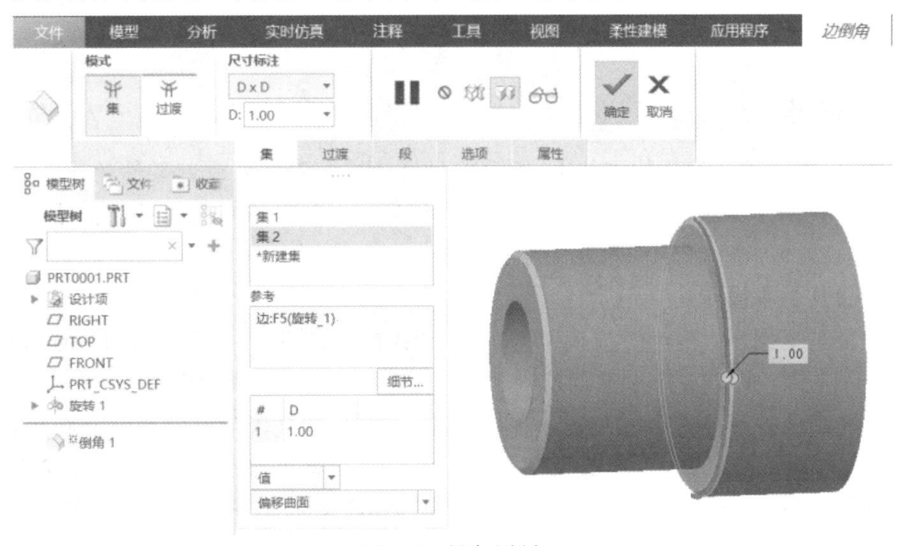

图 3-62　创建边倒角

2. 边倒角尺寸标注类型

在操控板“尺寸标注”下有边倒角类型的下拉选项，圆角除了默认的“D×D”，还有“D1×D2”、“角度×D”、“45×D”、“O×O”和“O1×O2”。

“D×D”是在各曲面上与边相距“D”处创建倒角。“D1×D2”是在一个曲面距选定边“D1”，在另一个曲面距选定边“D2”处创建倒角；“角度×D”是距相邻曲面的选定边距离为“D”，与该曲面的夹角为指定角度；“45×D”是创建一个倒角，它与两个曲面都成45°角，且与各曲面上的边的距离为“D”，此选项仅适用于使用90°曲面和用“相切距离”创建方法的倒角；“O×O”是在沿各曲面上的边偏移“O”处创建倒角，仅当“D×D”不适用时，Creo Parametric 9.0才会默认选择此选项；“O1×O2”是在一个曲面距选定边的偏移距离为“O1”，在另一个曲面距选定边的偏移距离为“O2”处创建倒角。

3. 拐角倒角

拐角倒角从零件的拐角顶点处移除材料并斜切曲面。拐角倒角是通过选择由三条边定义的顶点，然后沿每个倒角方向的边设置长度值，如图3-63所示。

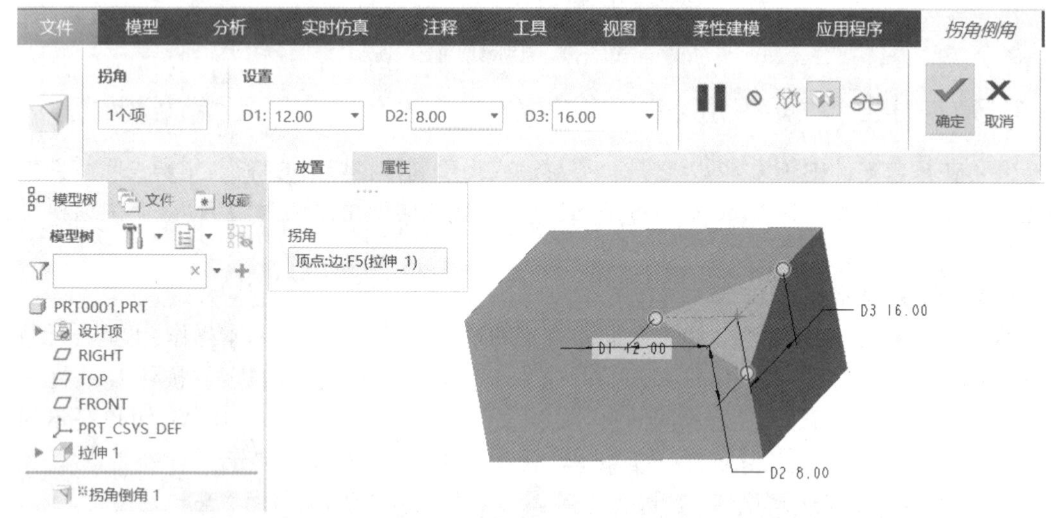

图3-63 创建拐角倒角

3.4.4 拔模

在注塑件、铸造件等类型的零件中，通常需要设计拔模斜度来改善零件的成型工艺，以便于成型后的开模。在Creo Parametric 9.0中，可能通过“拔模”工具将单独曲面或一系列曲面设置成介于−89.9°～+89.9°的斜度。

1. 操控板及基本操作

拔模特征基本操作：①单击“拔模”工具，弹出“拔模”操控板→②在图形窗口选取要创建拔模斜度的一个曲面(或按住Ctrl键选取在同一方向创建斜度的多个曲面)→③单击“拔模枢轴”收集器“单击此处添加项”→④在图形窗口选取一个与所有拔模曲面相交并在拔模后尺寸保持不变的平面(该平面与拔模面的交线即为拔模面倾斜旋转的轴线)→⑤图形窗口弹出“拖拉方向”(开模方向)箭头，判断其方向，如果反了则单击“反向”按钮→⑥在“角度”框输入拔模角度→⑦预览图形窗口拔模角度的方向，通过“角度”框后箭头调整其正反方向→⑧单击“√”按钮完成，如图3-64所示。

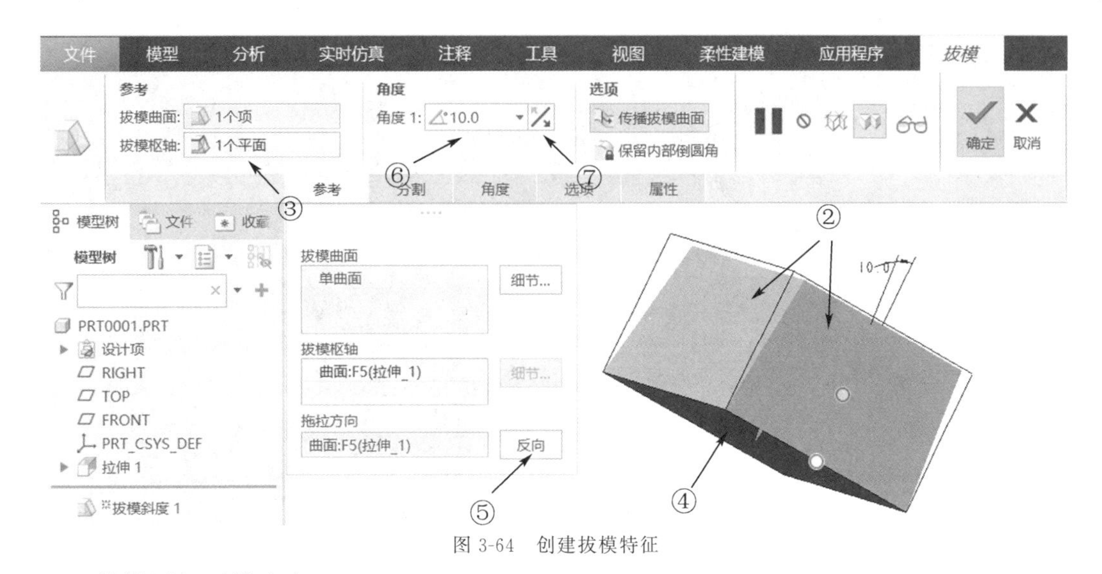

图 3-64　创建拔模特征

2. 拔模面与开模方向

开模方向是指制件成型后，模具的打开运动方向。拔模曲面是指要创建拔模斜度的面，一般是与开模方向平行的面，以保证制件在离分型面越远的地方尺寸相对越小，如图 3-65 所示。当选取多个拔模曲面时，如果各拔模曲面是分开的，需要按住 Ctrl 键多选；如果各拔模曲面是通过倒圆角相连，则这些曲面自动成为一组拔模面，只需选取其中一个即可，系统自动会将这一组曲面创建拔模斜度。

对于铸造或注塑零件，拔模角度一般设置为 1°～5°，如果尺寸标注在大端，则将大端所在平面设置为拔模枢轴面，该面的尺寸不变，而朝着开模方向变小；如果尺寸标注在小端，则将小端所在平面设置为拔模枢轴面，该面的尺寸不变，而朝着分型面位置方向变大。

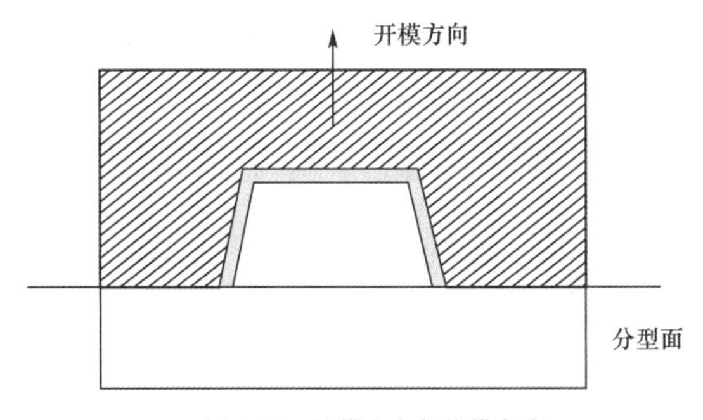

图 3-65　开模方向与拔模角度

3. 分割拔模

如果分型面位于制件的中间位置，则可以在拔模曲面的中间位置设置一个分割面，从而将拔模面分割为两个部分，这两部分可以单独设置拔模的方向和角度。

一般操作：①首先在要分割的位置创建一个基准平面作为分割面→②单击“拔模”工具，弹出“拔模”操控板→③在图形窗口选取拔模曲面→④单击“拔模枢轴”收集器的“单击此处添加项”，在图形窗口选取创建的分割面为“拔模枢轴”→⑤单击下方的“分割”栏，在“分割选项”中选择“根据拔模枢轴分割”→⑥在“侧选项”下拉选项中选取分割面两侧的拔模方式，如“独立拔模侧面”→⑦在“角度”框分别输入两侧拔模角度并调整方向→⑧完成后单击“√”按钮，如图 3-66 所示。

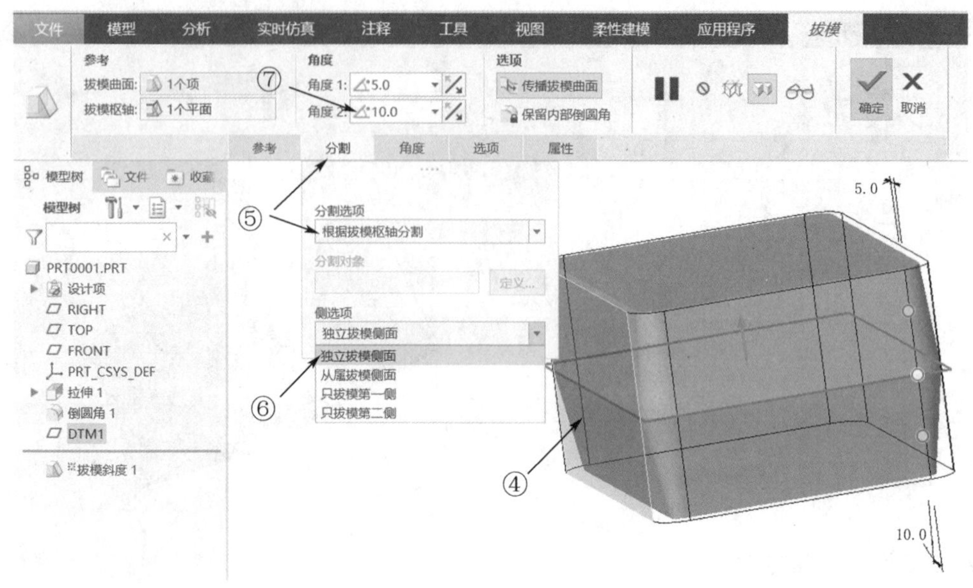

图 3-66　分割拔模的一般操作

3.4.5　壳

壳特征创建也称为抽壳，是指将几何实体内部掏空，只留一个特定壁厚的壳，并指定要从壳内移除的一个或多个曲面(壳的开口面)。如果未指定要移除的曲面，则将创建一个外部封闭的空心壳。壳特征一般应用于壳体类和盒盖类零件的三维建模。

1. 操控板及基本操作

壳特征基本操作步骤：①单击“壳”工具，弹出“壳”操控板→②在图形窗口选取要壳化的主体(如果只有一个主体，则自动选取，无须进行这步操作)→③在图形窗口选取要移除的开口面(可按住 Ctrl 键选取多个移除面)→④在“厚度”框输入统一的厚度值，根据需要调整抽壳方向(默认为朝内抽壳)→⑤单击“√”按钮完成，如图 3-67 所示。

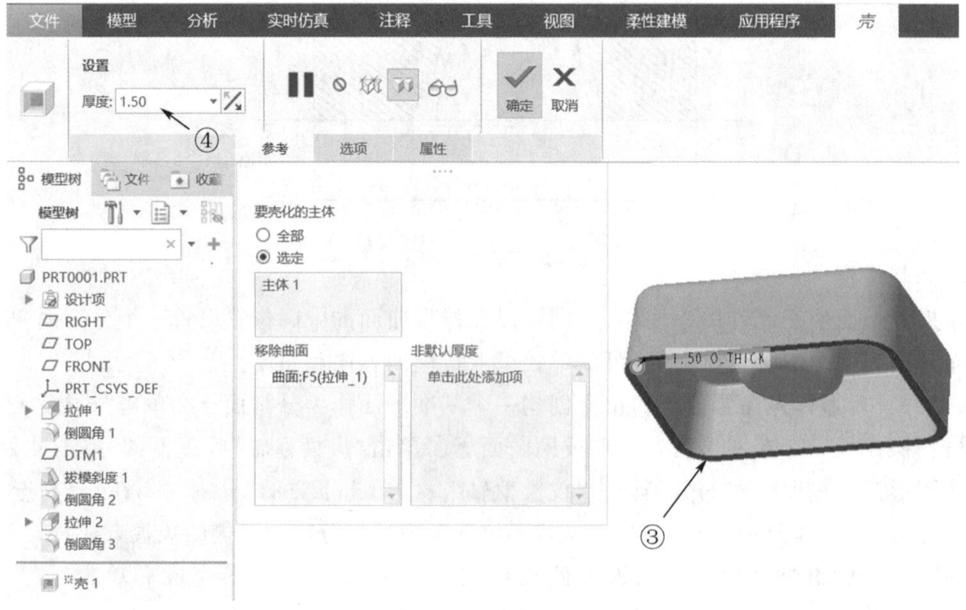

图 3-67　创建壳特征

2. 非默认厚度

创建壳特征时为统一的厚度(默认厚度),可以选择面或面组添加非默认厚度,即设置不同的厚度。具体操作:单击“默认厚度”下方的“选择项”,在图形窗口选取要设置不同厚度的面或面组,在弹出的各曲面的厚度框中输入非默认厚度值,如图 3-68 所示。

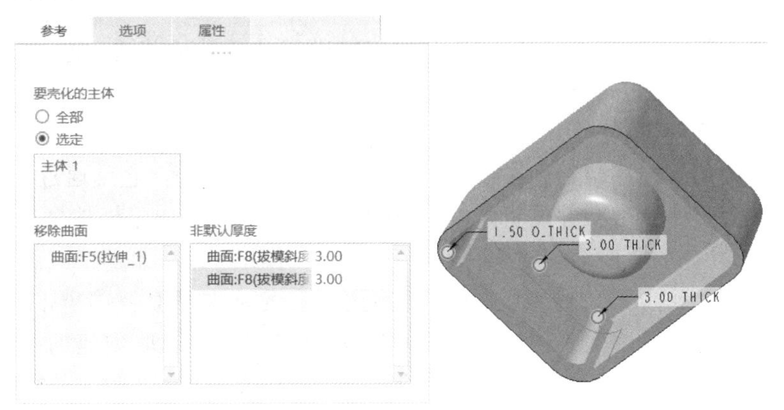

图 3-68 设置“非默认厚度”

重要提示 对于选取的面组,如果有倒圆角曲面相连,只能设置相同的非默认厚度,如果是分离的,则可以单独设置不同的非默认厚度。

3. 壳特征的“选项”栏

在壳特征操控板下方的“选项”栏,可以设置“排除曲面”、“延伸曲面”及“防止壳穿透实体”等选项。

“排除曲面”用于选择一个或多个要从壳中排除的曲面,如果未选择任何要排除的曲面,则将壳化整个零件。可单击“选项”,然后在图形窗口选取要排除的曲面或面组,如图 3-69 所示。“延伸内部曲面”是在壳特征的内部曲面上形成一个盖;“延伸排除的曲面”是在壳特征的排除曲面上形成一个盖。“凹拐角”是防止壳在凹角处切割实体;“凸拐角”是防止壳在凸角处切割实体。

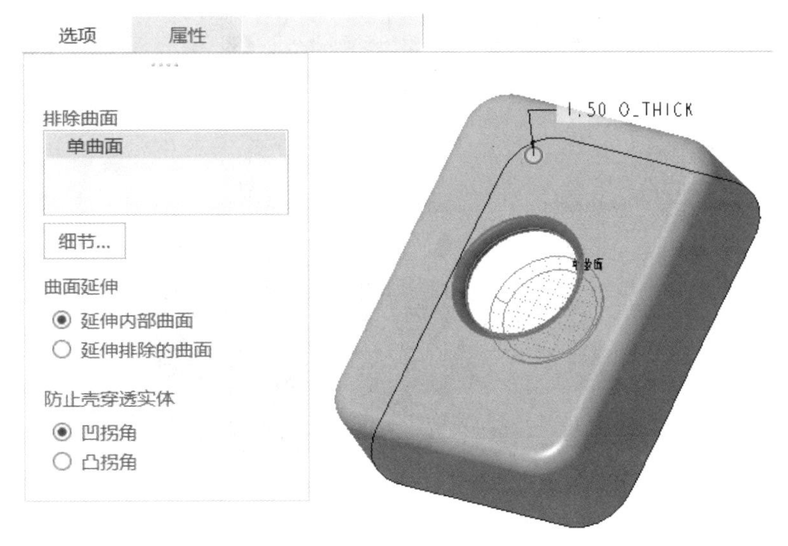

图 3-69 排除抽壳曲面

3.4.6 筋

“筋”特征用来创建零件的加强筋。简单的加强筋可以通过拉伸创建，但有些零件如工业塑料制件通常用大量的加强筋用来加固塑料零件，利用“筋”工具可以方便快捷地在所需位置创建加强筋。

根据创建方式的不同，筋工具分为“轨迹筋”(“筋”工具的默认首选)和“轮廓筋”。顾名思义，“轨迹筋”是通过定义筋的分布轨迹来创建，而“轮廓筋”则通过定义筋的外轮廓来创建。

1.“轨迹筋”特征创建

“轨迹筋”一般用于创建塑料壳体零件中间空腔部位的腹板筋。它是通过在腔槽曲面之间草绘筋路径(或选取现有草绘)并设置厚度，系统自动将路径轨迹加厚延伸到壳体的实体曲面上与之相交，从而在壳的空腔内创建实体筋板。

“轨迹筋”基本操作步骤：①首先创建好筋高度位置的基准平面→②单击“筋”工具，弹出“轨迹筋”操控板→③单击草绘“定义”(完成后变为“编辑”)，并选取创建的基准平面为草绘面→④绘制筋的路径轨迹(可包含开放环、封闭环、自交环或多环)，如图 3-70 所示，完成后单击“√”按钮退出草绘器→⑤输入筋的厚度值→⑥可根据需要单击“添加拔模”，并在打开的“形状”栏编辑拔模角度，如图 3-71 所示→⑦单击“√”按钮完成。

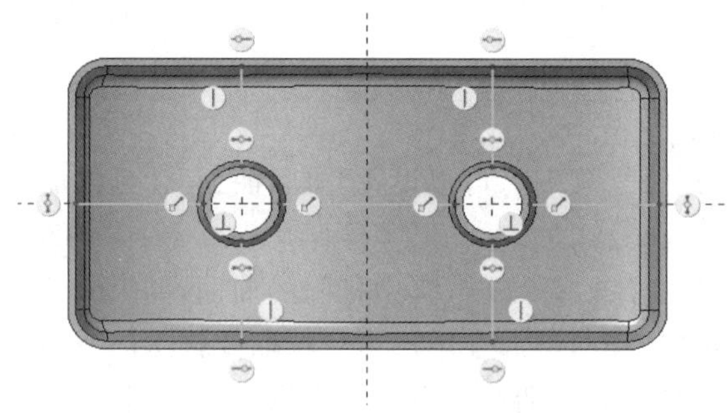

图 3-70 草绘轨迹筋路径

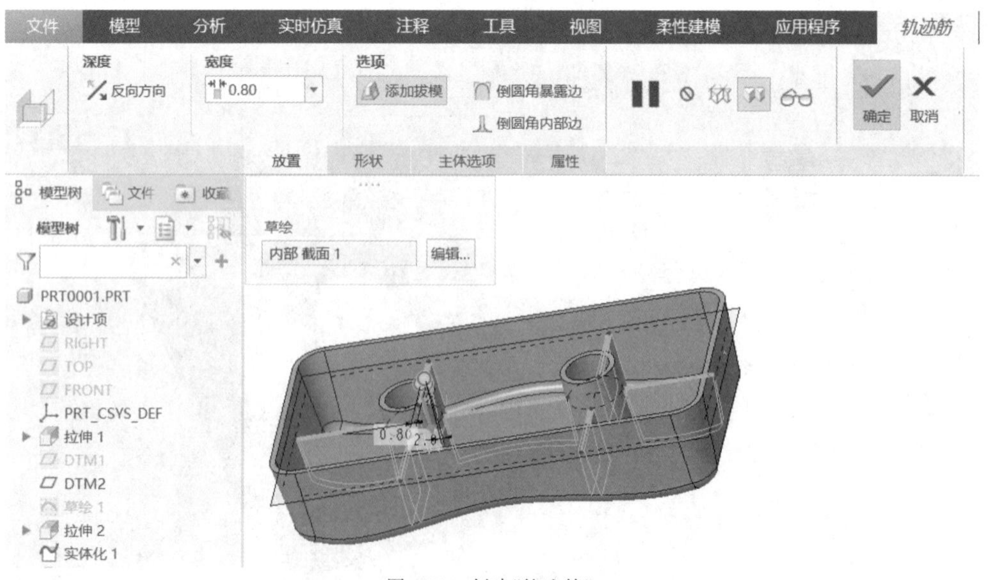

图 3-71 创建“轨迹筋”

2.“轮廓筋”特征创建

“轮廓筋”一般用于创建机械零件上的加强筋。它通过将草绘的外轮廓连接到实体曲面并在草绘平面两侧对称加厚，从而在轮廓筋和实体中间的封闭区域内创建实体筋特征。

“轮廓筋”基本操作步骤：①单击“筋”工具下拉选项中的“轮廓筋”工具，弹出“轮廓筋”操控板→②单击草绘“定义”（完成后变为“编辑”）→③选取筋板所在的基准平面，并绘制筋的外轮廓，完成后单击“√”按钮退出草绘器→④输入筋的厚度值→⑤单击“√”按钮完成。如图3-72所示。

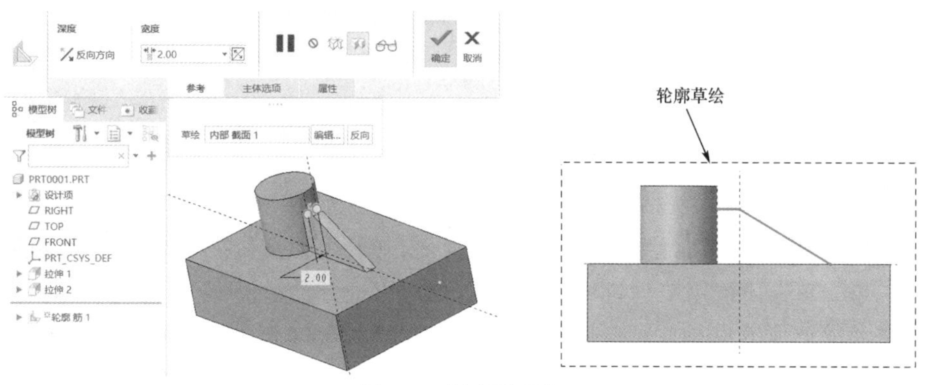

图3-72 创建“轮廓筋”

3.4.7 修饰螺纹

零件的螺纹包括三维实体螺纹和修饰螺纹。三维实体螺纹是指用螺旋扫描创建的实体特征，在工程图中也是显示实体螺纹边，而修饰螺纹只是创建一个象征性的曲面来表示螺纹半径，在工程图中只显示螺纹线，不仅可以节省计算机内存，也符合工程制图的一般表示方法。所以修饰螺纹是一个曲面特征。大部分标准螺纹都是采用修饰螺纹，只有少数非标准螺纹有时会创建三维实体螺纹。

创建修饰螺纹的基本操作步骤：①单击“修饰螺纹”工具，弹出“螺纹”操控板→②单击选择要创建的螺纹类型，如“标准螺纹”→③在图形窗口选取要创建螺纹的圆柱面→④选择标准螺纹的尺寸→⑤选择螺纹的起始面→⑥输入螺纹深度或选择螺纹深度方式，例如延伸至倒角斜面截止→⑦单击“√”按钮完成，如图3-73所示。

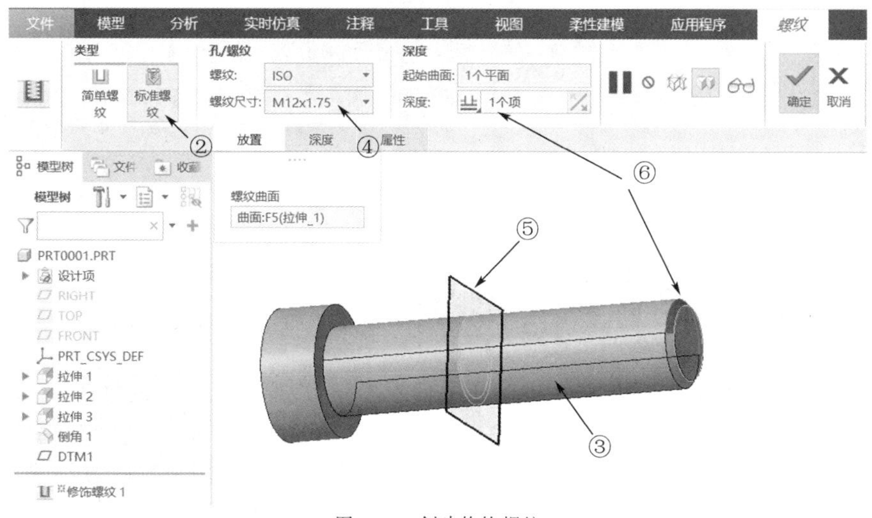

图3-73 创建修饰螺纹

重要提示 一般螺钉或螺栓的螺纹起始端有倒角，创建修饰螺纹时，如果直接选取端面为“起始曲面”，则该螺纹曲面会伸出倒角的斜面，在工程图中不符合要求。所以，可以反过来选择起始面和终止面，即先在中间螺纹的终止位置创建一个基准面并选择该面为螺纹“起始曲面”，然后再选择“到参考”深度方式并选择倒角斜面为参考。

螺纹的公称尺寸为大径。创建螺钉的外螺纹时，螺纹曲面为小径，大径即为实体圆柱的直径。创建螺母或螺钉孔的内螺纹时，螺纹曲面为大径，小径即为孔的直径。大径＝小径＋螺距。如 M12×1.75(粗牙)的外螺纹，其小径为 10.25。

3.4.8 修饰草绘和修饰槽

与修饰螺纹一样，修饰草绘和修饰槽都属于修饰特征。

1. 修饰草绘

修饰草绘是将草绘图案“绘制”在零件的曲面上，一般用于印制花样图案、公司徽标或序列号等内容。修饰草绘不能用于创建特征的截面，但可以进行投影。

修饰草绘的创建方法与普通绘一样。基本操作步骤：①单击“修饰草绘”工具，选取实体几何平面或基准平面为“草绘平面”→②进入“草绘”模式中绘制图形→③完成后单击“√”按钮退出草绘模式，即完成修饰草绘的创建。

2. 修饰槽

修饰槽是通过投影形成的，在制造过程中刀具沿着修饰图形走刀的修饰特征。通过制作草绘并将其投影到曲面上可创建修饰槽。然而，槽特征不能跨越曲面边界。

基本操作步骤：①单击“修饰槽”工具，弹出菜单管理器”→②在图形窗口选取要创建修饰槽的曲面并单击“确定”按钮，单击“完成参考”→③在图形窗口选取槽轮廓的草绘平面(实体几何平面或基准平面)，并确定方向→④进入草绘器绘制槽的轮廓图元，在完成后单击“√”按钮退出草绘模式，即完成修饰草绘的创建，如图 3-74 所示。

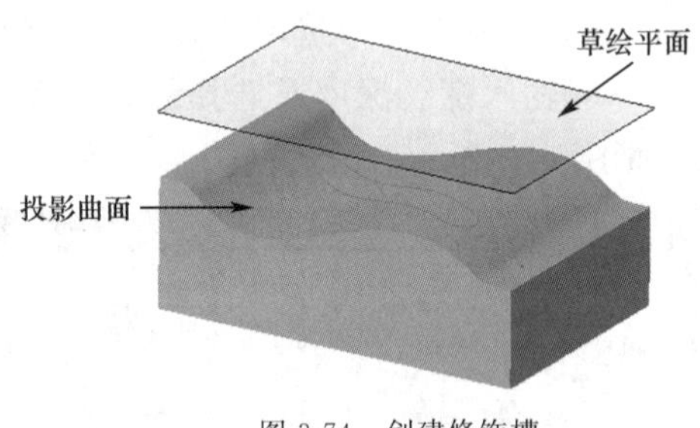

图 3-74 创建修饰槽

3.5 实体特征的编辑

实体特征编辑是指对具体的特征进行相关编辑操作，主要包括特征的修改、删除和插入等操作，以及“编辑”命令组中常用于实体特征编辑的相关工具，如“阵列”(含“几何阵列”)、“镜像”、“偏移”和“移除”，这些工具也可以用于曲面编辑，如图 3-75 所示。而其他的如“修剪”、“合并”、“延伸”、“扭曲”等主要用于零件的曲面造型，将在第 4 章进行介绍。

图3-75 “编辑”命令组

3.5.1 特征的修改与删除

用户可以根据需要对已经创建好的特征进行尺寸及相关设置的修改，也可以根据需要删除指定的特征。

1. 特征的“编辑定义”

特征的“编辑定义”是修改特征最常用的方式。

具体操作步骤：①在“模型树”中单击要修改的特征→②弹出如图3-76所示的浮动工具栏→③单击“编辑定义(Ctrl+E)”按钮，则进入该特征的操控板→④通过操控板对特征截面及相关尺寸和设置进行编辑和修改。

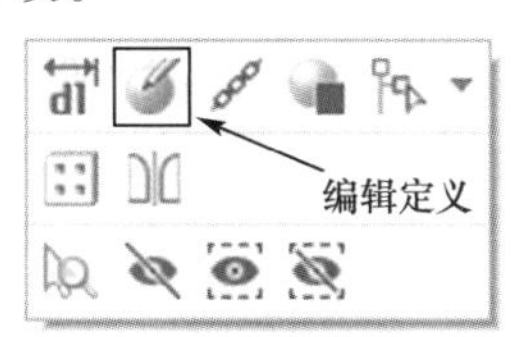

图3-76 浮动工具栏的“编辑定义”

如果特征在“模型树”中包括了它的截面子项(前面有黑三角下拉符号)，而且只修改特征的截面草绘，则可以在“模型树”中单击“截面”，在弹出的浮动工具栏选择“编辑定义”，如图3-77所示，这样可以直接进入草绘模式对截面进行修改。

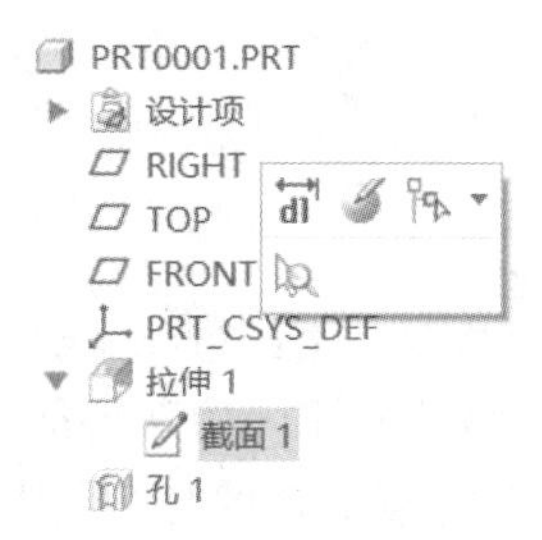

图3-77 截面的“编辑定义”

2. 特征的“编辑尺寸”

对于特征和它的子项截面，用户可以通过选择浮动工具栏的“编辑尺寸”按钮，然后在图形窗口直接双击要修改的尺寸，在尺寸数值框中修改尺寸，还可以在弹出的“尺寸”操控板中对尺寸进行其他设置，完成后在图形窗口空白处单击左键退出“尺寸”操控板。尺寸修改后，三维模型会自动重新生成。

3. 特征的删除

首先在“模型树”或图形窗口中选取要删除的特征，再单击功能区的“操作”命令组中的“删除”命令；或者单击右键在弹出的快捷菜单中选择“删除”；或者按键盘的“Delete”键。这三种删除命令操作都会弹出如图 3-78 所示的“删除”确认框，提示“突出显示的特征将被删除。请确认。”，可以选择“确认”或“取消”。

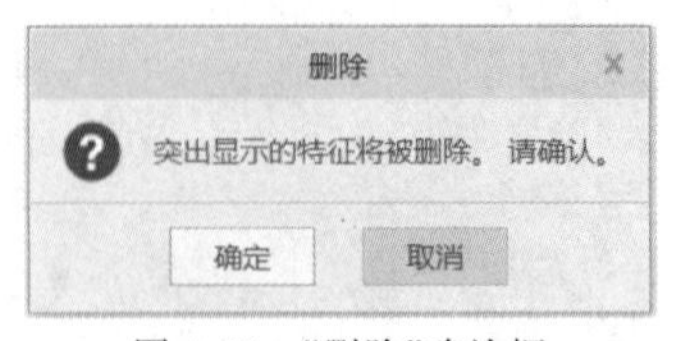

图 3-78 “删除”确认框

3.5.2 特征的插入和排序

“模型树”中的特征序列是按照创建的先后顺序由上而下进行排列的。用户可以根据需要在“模型树”的特征序列中间插入新的特征，或者调整多个特征之间的先后顺序。还可以将多个特征进行“折叠”，使之变为一个几何主体。因为各个特征相互之间存在依附关系或参考关系，所以要慎用。

1. 插入新特征

第一种方法：在“模型树”中选取要在其后插入新特征的特征并单击右键，在弹出的快捷菜单中选择“在此插入”，如图 3-79(a)所示。

第二种方法：把鼠标放在“模型树”中最下面的绿色粗线(代表创建新特征的位置)上，当光标变成手状时，按住左键将粗线拖动至要插入新特征的位置，如图 3-79(b)所示。

(a)快捷菜单“在此插入”　　(b)鼠标拖动至插入位置

图 3-79 插入特征的两种操作方法

完成插入位置的设置后，即重新创建要插入的新特征，在该插入位置(绿色粗线)之后的特征暂时被隐含，如图 3-80 所示。要恢复被隐含的特征，则再将插入位置(绿色粗线)拖回到这些特征的下面即可。

2. 特征的重新排序

用户可以在“模型树”中向上或向下拖动特征，更改其重新生成的顺序。插入位置可位于选定特征的前面或后面。如果必须对特定从属子特征或父特征进行重新排序才能完成操作，则这些从属特征将自动随选定特征一同进行重新排序。

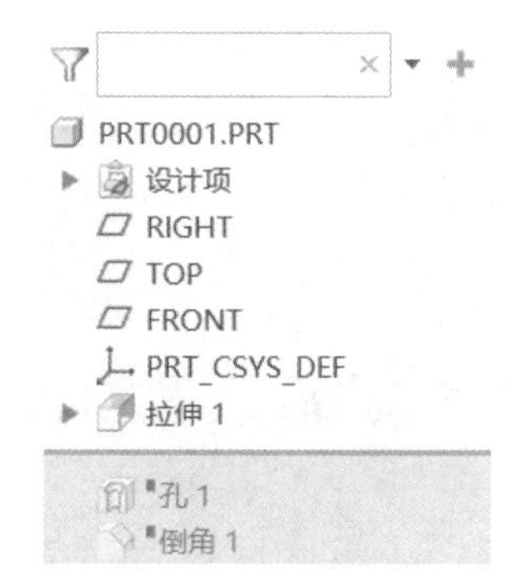

图 3-80 插入位置之后的特征被隐含

3. 特征的“折叠”

用户可以将多个特征折叠成为单个的“独立几何”特征。当选择要折叠的特征时,系统将根据需要自动选择必须包含在折叠中的其他任何特征。基本操作:①在“模型树”中选取要折叠的特征并单击“编辑”命令组下拉选项中的“折叠”工具→②弹出“折叠”对话框,设置折叠的“特征集”及“要保留并重新排序的特征”→③单击“确定”按钮,则完成特征的折叠,所包括的特征全部被“折叠”成为一个“独立几何”特征。

重要提示 三维实体零件“模型树”中的特征序列是按创建的先后顺序排列的,相互之间可能存在父子依附关系。所以,对于初学者而言,在零件建模之初就要明确特征创建的先后顺序,在设计过程中不要随意地对特征进行删除、插入或重新排序操作。

3.5.3 特征的复制和镜像

1. 特征的复制

特征可以进行复制和粘贴。基本操作步骤:①选择要复制的特征→②单击“操作”命令组中的“复制”(或“Ctrl+C”)→③再单击“操作”命令组中的“粘贴”(或“Ctrl+V”)→④弹出要创建特征类型的操控板→⑤在操控板中对原来的原始参考、参数设置和尺寸进行调整和修改。特征被复制一次之后会存在于粘贴板中,可以多次被粘贴。

2. 特征的镜像

特征的镜像是关于指定的“镜像平面”对称的一种特殊的特征复制,只能创建与原始特征完全相同的从属副本特征,当更改原始特征的尺寸时,从属副本特征也会被更新。

特征的镜像与草绘图元的镜像有相似之处,但它的镜像参考是平面。基本操作步骤:①选择要镜像的特征→②单击“编辑”命令栏的“镜像”工具→③在弹出“镜像”操控板后,在图形窗口选择一个平面作为“镜像平面”→④单击“√”按钮完成镜像操作。

镜像形成的特征在“模型树”的特征序列中显示为“镜像”,如果修改其包含的子项特征,则系统会弹出“断开相尺寸相关性”的提示框。镜像形成的特征可以继续被镜像。

3.5.4 特征的阵列

特征阵列就是通过重复复制、改变某一个(或一组)特征的指定尺寸,根据设定的变化规律和数量,自动生成一系列具有参数相关性的特征(组)。

相比普通的复制,阵列有如下优点:(1)创建阵列是重新生成特征的快捷方式;(2)阵列是受参数控制的,可以通过更改阵列参数和原始特征尺寸来修改阵列;(3)修改阵列比分别修改特征更为方便和高效。

1. 特征阵列的基本操作

一般操作步骤：①选择要阵列的特征→②单击“编辑”命令栏的“阵列”工具，弹出如图 3-81 所示的操控板→③选择阵列“类型”，如“方向”→④在图形窗口选取“第一方向”的参考（直边或法向平面）→⑤在图形窗口选取“第二方向”的参考→⑥分别输入“第一方向”的“成员数”和“间距值”→⑦单击“√”按钮完成特征阵列。

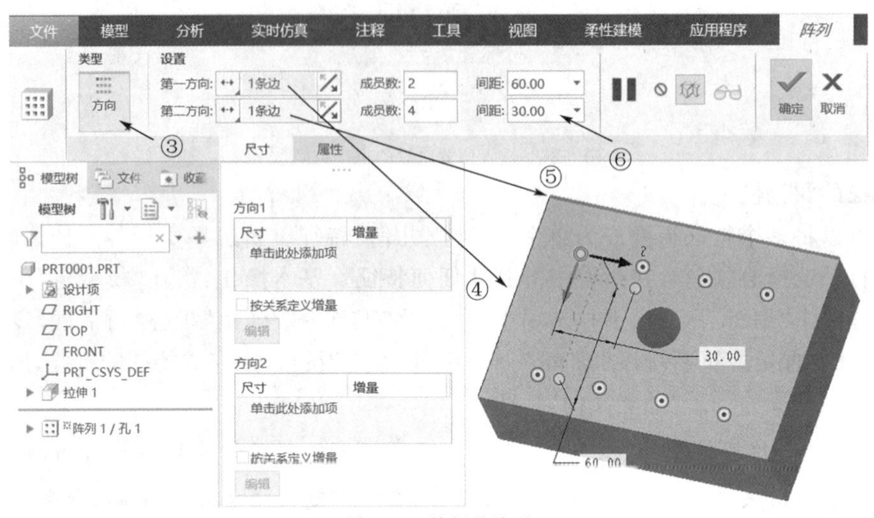

图 3-81　特征的阵列

2. 阵列的“类型”

阵列的“类型”指创建阵列的方式，包括以下几种方式：

（1）“方向”：通过指定方向并使用拖动控制滑块设置阵列增长的方向和增量来创建自由形式阵列，方向阵列可以为单向或双向，如图 3-81 所示。

（2）“尺寸”：通过使用驱动尺寸并指定阵列的增量变化来控制阵列，尺寸阵列可以为单向或双向。

例如：利用“尺寸”类型阵列孔特征，可以将孔特征两个方向的位置尺寸分别作为方向 1 和方向 2 的参考，并分别输入两个尺寸的增量值，如图 3-82 所示。

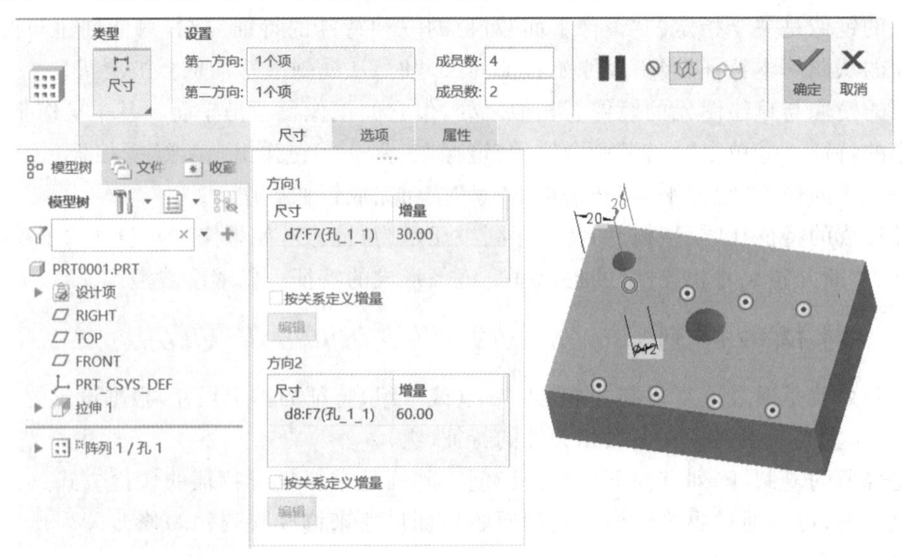

图 3-82　“尺寸”阵列

(3)“轴”:通过沿参考轴设置旋转阵列的角增量和径向增量来创建圆周和径向阵列,如图 3-83 所示。

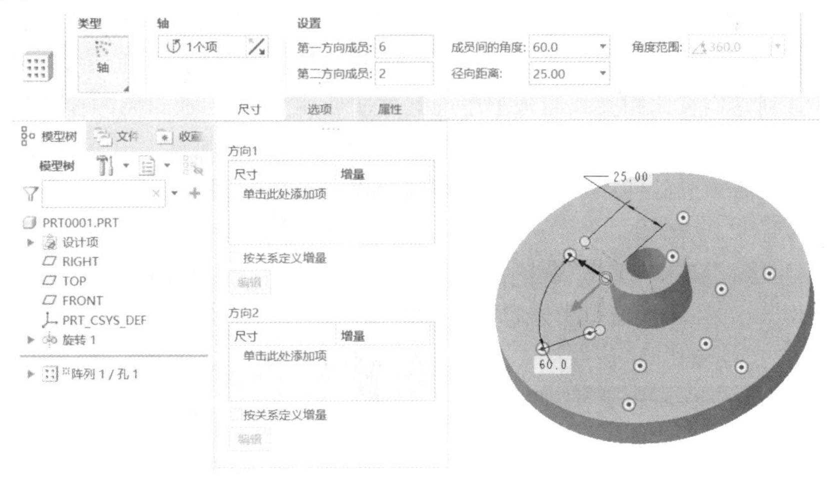

图 3-83 “轴”阵列

(4)“填充”:通过根据选定栅格用实例填充区域来控制阵列。

(5)“表”:通过使用阵列表并为每一阵列实例指定尺寸值来控制阵列。

(6)“参考”:通过参考另一阵列来控制阵列。

(7)“曲线”:通过指定沿着曲线的阵列成员间的距离或阵列成员的数目来控制阵列。

(8)“点”:将阵列成员放置在几何草绘点、几何草绘坐标系或基准点上。

3.5.5 实体面偏移

使用“偏移”工具,通过将一个曲面或一条曲线偏移恒定的距离或可变的距离来创建一个新的特征。偏移命令可以通过对实体几何面的“展开”偏移,在原始面和偏移面之间创建一个连续体积块,从而可以使伸出项实体沿着原来的形状变化趋势伸长或切短,在三维零件模型的编辑修改中较为常用。

基本操作步骤:①单击“编辑”命令栏的“偏移”工具,弹出“偏移”操控板→②“类型”选用默认的“曲面”,“偏移类型”在下拉选项中选择“展开”→③在图形窗口中选择要偏移的实体几何面→④输入偏移距离,并调整偏移方向→⑤单击“√”按钮完成实体面的偏移。如图 3-84 所示。

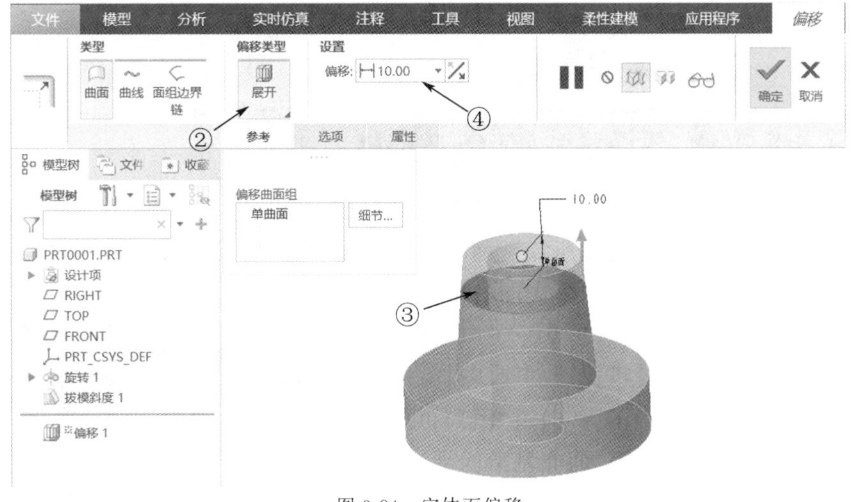

图 3-84 实体面偏移

3.5.6　实体面移除

“移除”特征可以通过移除实体指定的几何面从而对实体进行切除或延伸，不需要改变特征的历史记录，也不需要编辑参考或重新定义一些其他特征。移除几何面后，相邻曲面会进行延伸或修剪，直到它们彼此相交或与模型中的其他曲面相交，以形成封闭的体积块。

使用移除命令的一般规则：(1)待延伸或修剪的所有曲面必须与参考所定义的边界相邻；(2)待延伸的曲面必须可延伸；(3)延伸曲面必须会聚以形成封闭的体积块；(4)延伸曲面时不会创建新的曲面。

基本操作步骤：①单击“编辑”命令栏的“移除”工具，弹出“移除曲面”操控板→②“类型”选用默认的“曲面”→③在图形窗口中选择要移除的实体几何面→④单击“√”按钮完成。则形成该几何面的整个实体被切除，该面消失。如图 3-85 所示。

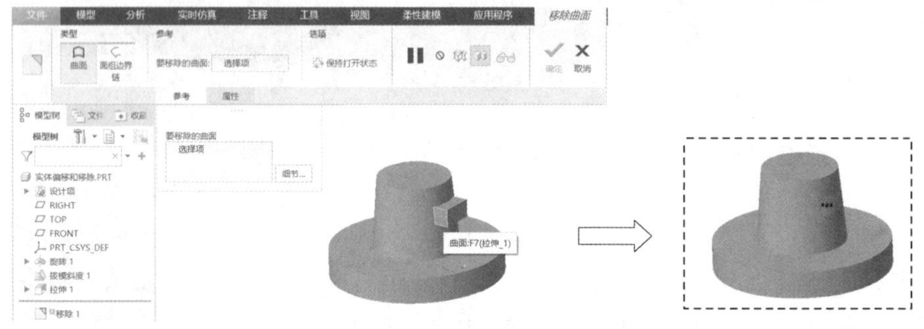

图 3-85　通过移除面切除实体

选取移除的面不相同，实体变化结果也不同。例如：如果选取的移除面为凸出实体的下方几何面，则该面将延伸到下方的几何实体上，从而使该面消失，如图 3-86 所示。

图 3-86　通过移除面延伸实体

3.6　截面的创建与编辑

对于三维实体模型，可以创建所需截面并显示截面状态，以检查模型内部的截面形状。同时，三维模型的截面也是创建二维工程图各类剖视图的所需要的。

三维模型的截面在“视图”选项卡下的“模型显示”命令组的“截面”工具或“管理视图”工具进行创建。其中，“截面”工具可快速创建所需截面，而“管理视图”工具不仅能创建截面还可以设置其他三维视图显示模式。

3.6.1 截面快速创建

“截面”工具下拉选项中包括“平面”、“X 方向”、“Y 方向”、“Z 方向”、“偏移截面”和“区域”，如图 3-87 所示。

图 3-87 “截面”工具

1. 平面截面

平面截面是选取一个已有平面对三维模型进行剖切。

基本操作步骤：①单击“截面”工具下拉的“平面”工具，弹出“截面”操控板→②在图形窗口中选取一个基准平面或实体平面→③可切换剖切方向及设置平行“偏移”距离→④单击属性，修改创建的截面名称为“A”，完成后单击“√”按钮完成，如图 3-88 所示。

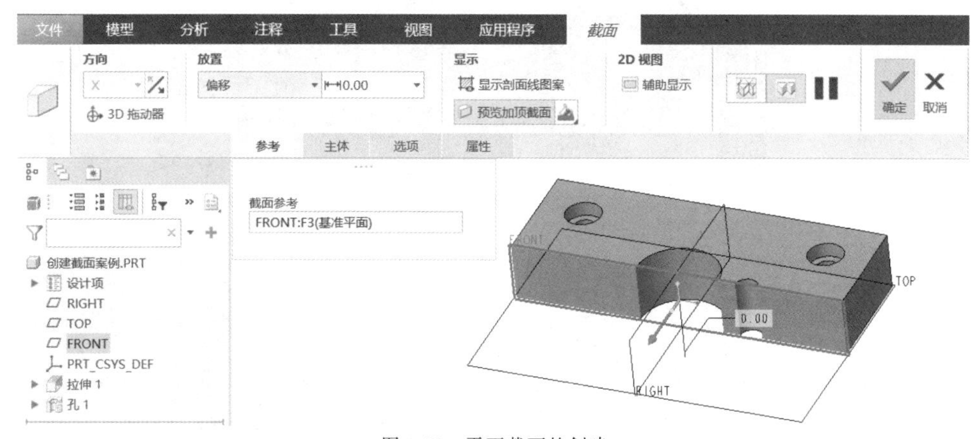

图 3-88 平面截面的创建

完成截面创建后，在模型树特征插入位置的下方出现新创建的截面“XSEC0001”，默认为激活状态（显示模型剖切状态），单击该截面，在弹出如图 3-89 所示的快速工具栏中可单击“取消激活”标识从而取消激活，使模型恢复未剖切状态；单击“编辑定义”标识，可以对截面重新进行编辑。右击该截面，在弹出的菜单栏选择“重命名”，可将截面重新命名；在菜单栏选择“删除”，则可以将截面删除。

2. 坐标方向截面

单击“X 方向”、“Y 方向”或“Z 方向”，则直接利用垂直于该坐标轴方向的基准平面对模型进行剖切，从而创建新的截面。即：“X 方向”是利用“RIGHT”基准平面剖切，“Y 方向”是利用“TOP”基准平面剖切，“Z 方向”是利用“FRONT”基准平面剖切。

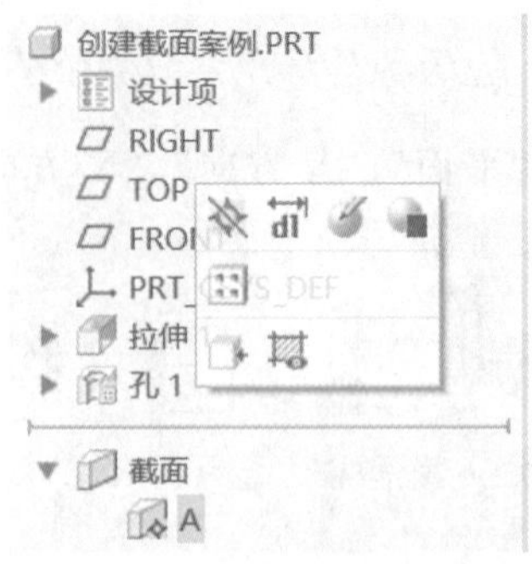

图 3-89　截面快速工具栏

3. 偏移截面

“偏移截面”一般用来创建非平面剖切的阶梯剖，当然也可创建平面剖。它是通过草绘剖切曲面的拉伸截面线来创建截面。

基本操作步骤：①单击“截面”工具下拉的“偏移截面”工具，弹出“截面”操控板→②单击草绘“定义”，选取一个垂直于剖切方向的平面为草绘平面，绘制剖切路径曲线，如图 3-90 所示→③可切换剖切方向，完成后单击“√”按钮。所创建的阶梯剖面如图 3-91 所示。

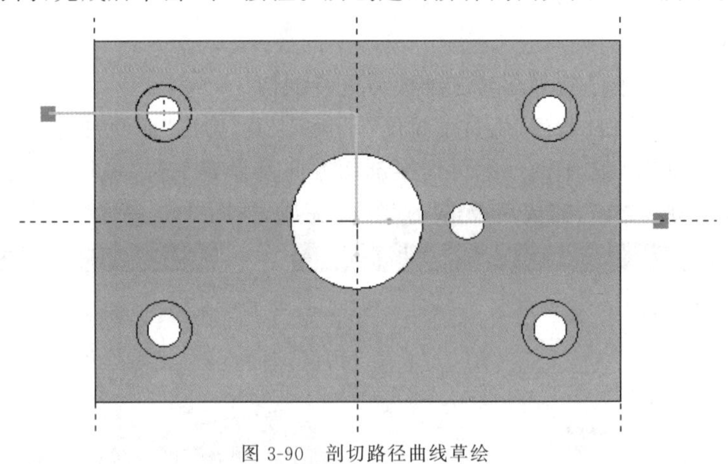

图 3-90　剖切路径曲线草绘

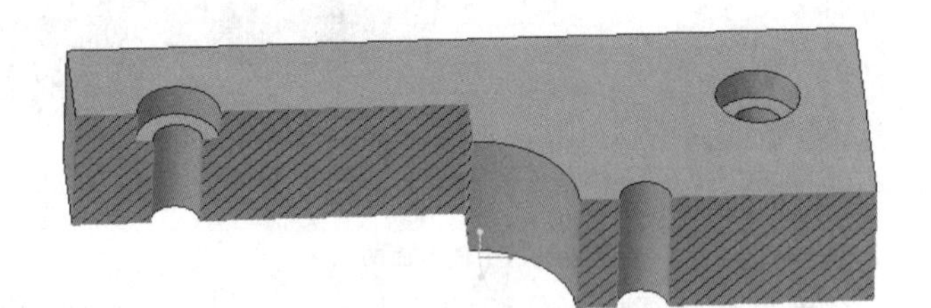

图 3-91　偏移截面创建的阶梯剖

重要提示　在偏移截面创建过程中，所绘制的剖切路径曲线不能有多余或重复的线条，即只能有两个开放端点。而且剖切路径曲线在剖切方向必须完整地贯穿所剖切的零件模型或组件模型。

4. 区域截面

区域性横截面是通过对区域进行定义而创建的三维横截面。此区域具有与普通区域相同的功能。要使大型模型便于管理，可在模型内定义特定区域，称为“区域”。

3.6.2 视图管理器创建截面

单击“视图管理”工具，弹出“视图管理器”对话框，选择“截面”选项栏，在“新建”下拉选项中同样包括“平面”、“X方向”、“Y方向”、“Z方向”、“偏移”和“区域”截面创建工具，如图3-92所示。

基本操作步骤：①单击“新建”下拉的截面创建工具→②输入新建截面的名称，单击回车→③弹出对应的截面创建操控板，进行剖切面的创建，与“截面”工具创建剖切面的方法完全相同。

图3-92 视图管理器创建截面

3.7 训练案例1：散热盖三维建模

完成如图3-93所示散热盖零件的三维建模。

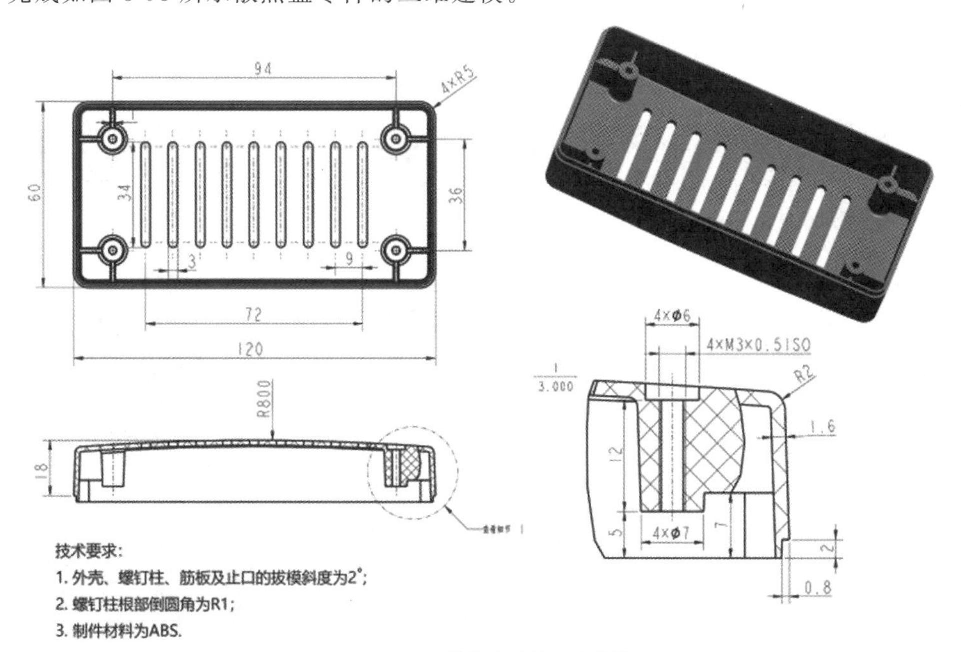

图3-93 散热盖零件三维建模

3.7.1 模型特征分析

1. 模型几何形状分析

该零件为典型的盒盖塑料制件，主体为壳体，四个角上有螺柱及标准螺钉孔，并有加强筋，顶部有 9 个均匀对称分布的长腰孔。

2. 确定模型坐标原点

因为该零件是关于几何中心的对称，且为注塑件。所以坐标原点应该选择其几何中心的底面，该面为分型面位置，尽量设置 Z 朝向开模方向，止口则设置在分型面另一侧。如图 3-94 所示。

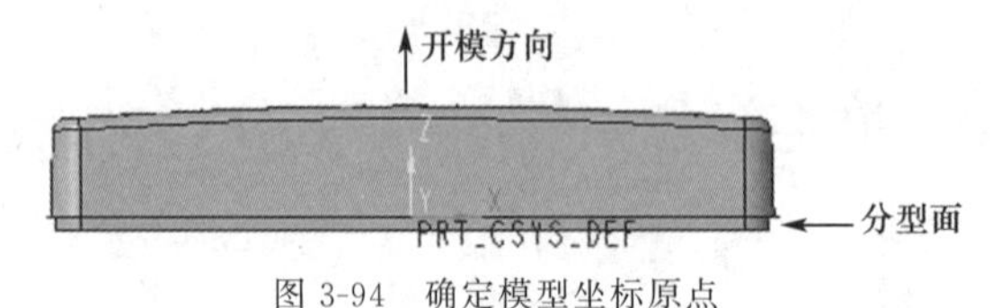

图 3-94　确定模型坐标原点

重要提示 因为 Z 轴通常为模具的开模方向，所以在对铸造或注塑零件建模时，应该把“X－Y”面(“FRONT”面)看作是水平分型面，即 Z 轴朝上，X 轴朝右，Y 轴朝前。这样在进行分模设计的时候就不需要重新调整坐标方向。为了在建模过程中不混淆基准面方向，可以在建模之前将“FRONT”面改名为“分型面”或“水平面”。

其他很多三维软件(如 Siemens NX)的默认是将 Z 轴朝上。用户形成自己的习惯后，还可以将常用的零件模板文件进行修改，即打开模板文件，把默认的坐标系“PRT_CSYS_DEF”删除，自己重建一个坐标系“CS0”：使“Z”轴为“TOP”法向、“X”轴为“RIGHT”法向，最后保存模板文件即可。

3. 模型特征顺序分析

该零件模型所需的特征主要包括：拉伸、倒圆角、拔模、抽壳、孔、筋等。四个螺钉孔可应用特征镜像，也可用“草绘”基准点一次创建，顶部长腰孔可以应用特征阵列。

散热盖的三维建模可参考如图 3-95 所示的基本顺序，特征“模型树”如图 3-96 所示。

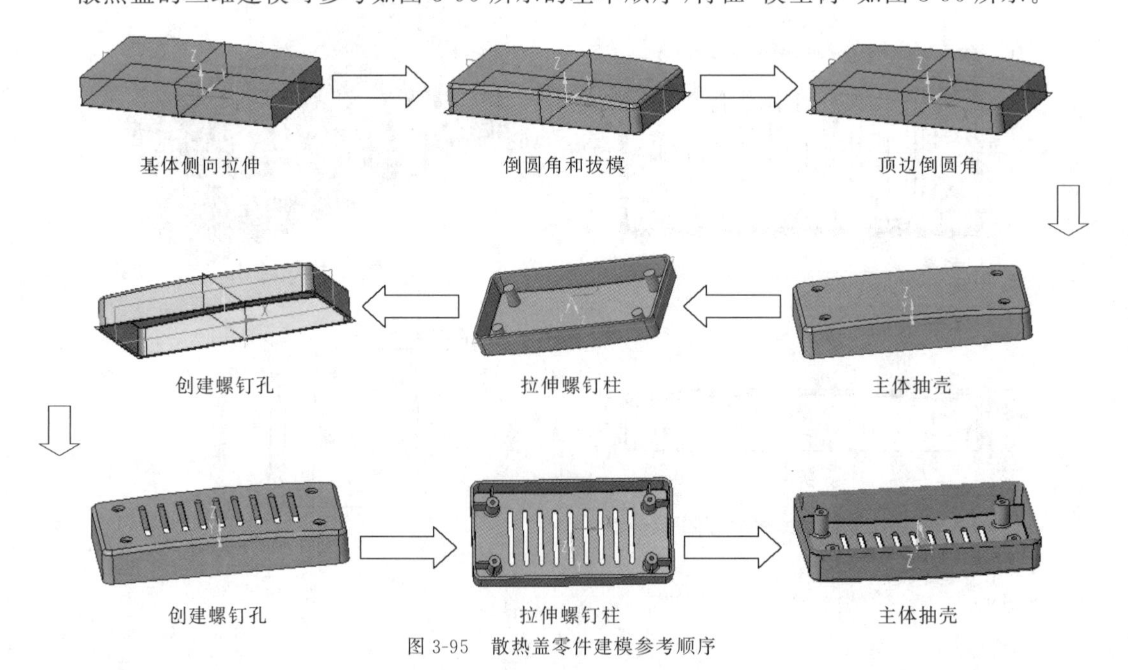

图 3-95　散热盖零件建模参考顺序

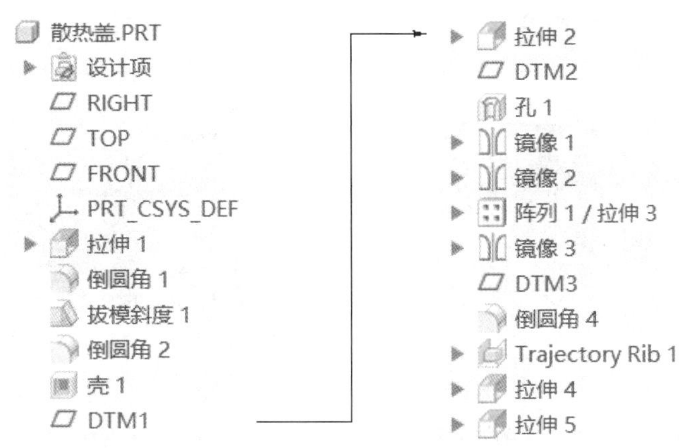

图 3-96 散热盖的特征“模型树”

3.7.2 具体操作步骤

步骤一：新建零件文件。

①打开 Creo Parametric 9.0 程序，并选择工作目录；

②单击“新建”，新建一个名为“散热盖”的实体零件文件，并采用公制模板。

步骤二：基体侧向拉伸。

①单击“拉伸”工具，以“TOP”基准面为草绘平面，绘制如图 3-97 所示的关于“RIGHT”参考线左右对称的截面，完成后单击“√”按钮退出草绘模式；

②拉伸深度控制方式设置为“对称”，并输入深度值“60”；

③完成后单击“拉伸”操控板的“√”。

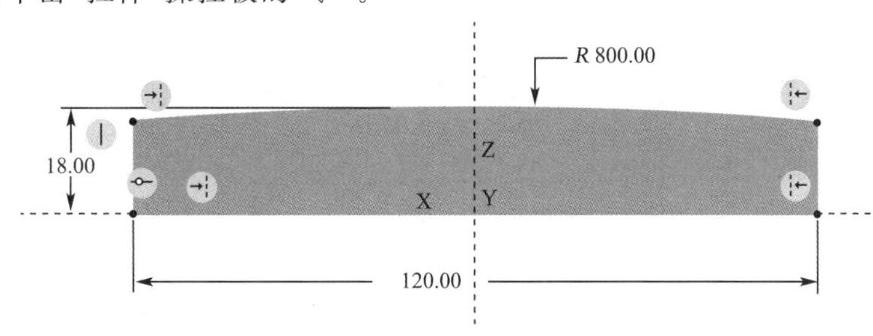

图 3-97 基体拉伸截面草绘

步骤三：四条竖边倒圆角。

①单击“倒圆角”工具，在图形窗口按 Ctrl 键同时选取基体的四条竖边；

②“尺寸标注”为默认的“圆形”，输入圆角半径值“5”；

③完成后单击“倒圆角”操控板的“√”。

步骤四：基体的侧面拔模。

①单击“拔模”工具，在图形窗口选取一个侧面或竖边圆角面（系统自动选取所有侧面）；

②选择底面（或 FRONT 基准面）为“拔模枢轴”，调整“拖拉方向”为向上（Z 方向）；

③设置角度值为“2”，调整方向使倾斜角朝向零件中间，顶部变小，如图 3-98 所示；

④完成后单击“拔模”操控板的“√”。

步骤五：顶部倒圆角。

①单击“倒圆角”工具，选取模型的顶部棱边；

②“尺寸标注”为默认的“圆形”，输入圆角半径值“2”；

③完成后单击“倒圆角”操控板的“√”。

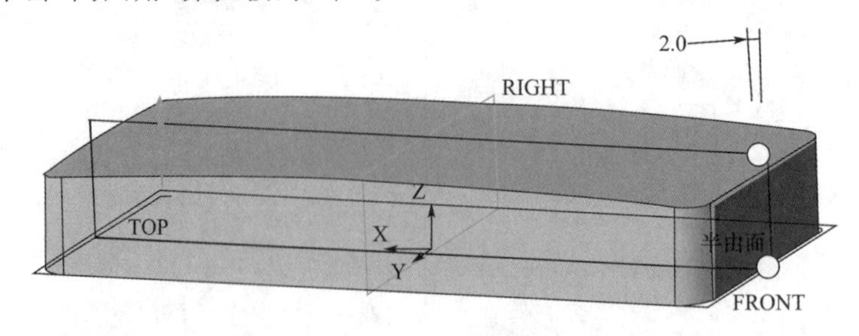

图 3-98　主体的侧面拔模

步骤六：利用“壳”工具对基体进行抽壳。

①单击“壳”工具，选取基体的底面(在 FRONT 面上)为移除面(开口面)；

②输入抽壳厚度值“1.6”；

③完成后单击“壳”操控板的“√”。

步骤七：利用拉伸创建螺钉柱。

①单击“基准”命令组中的“平面”工具，选取“FRONT”基准面(或模型底面)往上平移距离“3”创建“DTM1”基准平面；

②单击“拉伸”工具，以“DTM1”为草绘平面，绘制如图 3-99 所示的四个螺钉柱的圆形截面，完成后单击“√”按钮退出草绘模式；

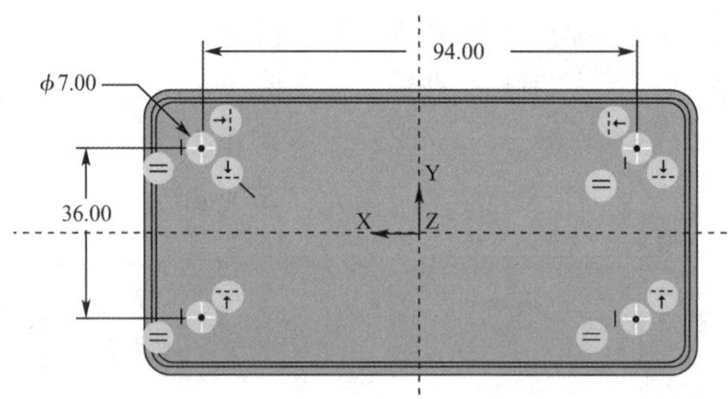

图 3-99　四个螺钉柱的拉伸截面草绘

③深度控制方式设置为“到参考”，在图形窗口选取壳的内顶曲面为深度控制参考；

④单击打开“选项”栏，勾选“添加锥度”并设置锥度为“2.0”，并保证螺钉柱沿拉伸方向逐渐变大(否则输入−2.0 切换锥度方向)，如图 3-100 所示；

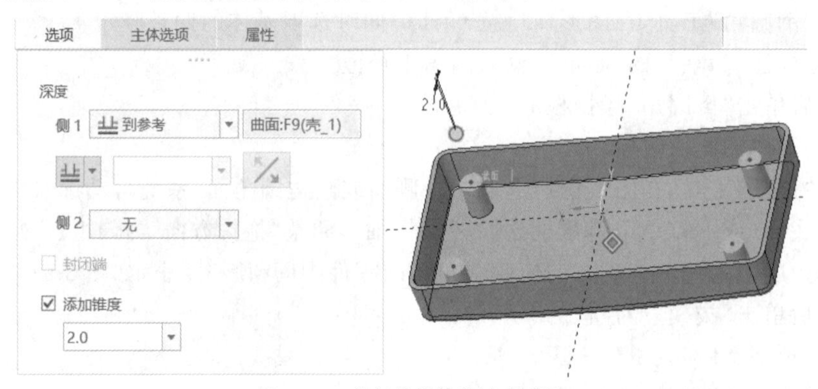

图 3-100　螺钉柱拉伸“添加锥度”

⑤完成后单击“拉伸”操控板的“√”。

步骤八：利用“孔”工具创建一个螺钉孔。

①单击“基准”命令组中的“平面”工具，选取“FRONT”基准面（或模型底面）往上平移距离“18”创建“DTM2”基准平面（刚好与模型顶部圆弧面相切）；

②单击“孔”工具，在“孔”操控板中“类型”选择“标准”，“轮廓”采用默认的“直孔”、“攻丝”，尺寸选择 ISO 的“M3×.5”；

③按住 Ctrl 键在图形窗口同时选取“DTM2”基准平面的一个螺柱的中心轴线，则系统自动将放置类型设置为“同轴”，如图 3-101(a)所示；

④按下“沉孔”按钮，再打开“形状”栏，将螺纹深度设置为“全螺纹”，将沉孔直径修改为“ϕ6”，沉孔高度为“3.00”，如图 3-101(b)所示；

⑤完成后单击“孔”操控板的“√”。

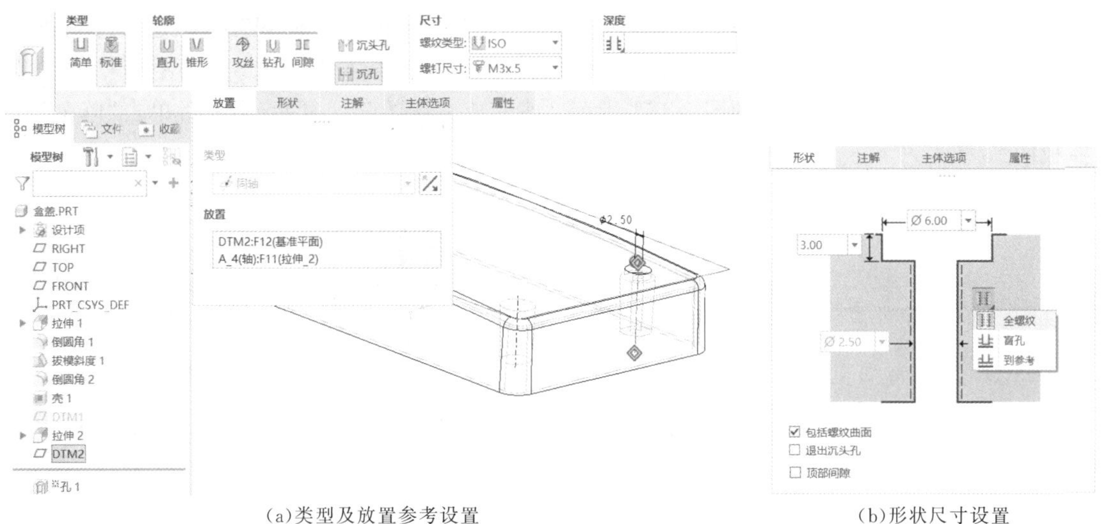

(a)类型及放置参考设置　　(b)形状尺寸设置

图 3-101　螺钉孔设置

步骤九：通过镜像创建其他三个螺钉孔。

①在“模型树”中选取螺钉孔特征，单击“编辑”命令组中的“镜像”工具，在图形选取“RIGHT”为“镜像平面”，完成后单击“镜像”操控板的“√”；

②在“模型树”中按住 Ctrl 键同时选取第 1 个螺钉孔和镜像形成的第 2 个螺钉孔，单击“编辑”命令组中的“镜像”工具，在图形选取“FRONT”为“镜像平面”，完成后单击“镜像”操控板的“√”。

重要提示 四个螺钉孔也可以采用“草绘”放置类型创建，即选取“DTM2”为草绘平面，可参考螺钉柱的投影圆的圆心绘制四个螺钉孔的位置基准点，这样可以一次完成四个螺钉孔的创建，相对更为快捷。

步骤十：利用拉伸创建一个长腰孔。

①单击“拉伸”工具，以“DTM2”或“FRONT”基准面为草绘平面，在投影的坐标原点位置绘制对称的长腰孔截面，如图 3-102 所示，完成后单击“√”按钮退出草绘模式；

②拉伸深度控制方式设置为“穿透”，并按下“移除材料”按钮；

③观察图形窗口的拉伸方向是否正确，完成后单击“拉伸”操控板的“√”。

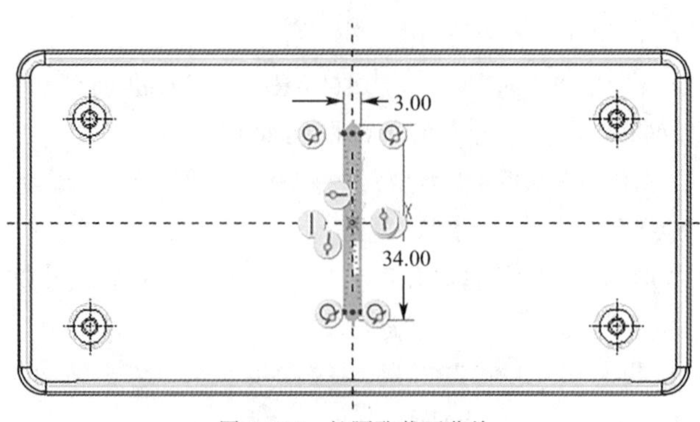

图 3-102　长腰孔截面草绘

步骤十一：利用阵列和镜像复制其他长腰孔。

①在"模型树"中选取长腰孔拉伸特征，单击"编辑"命令组中的"阵列"工具，选择阵列类型为"方向"，在图形选取"RIGHT"为"第一方向"的参照法向，"成员数"为"5"，间距为"9"。"第二方向成员数"为默认的"1"，如图 3-103 所示。将完成一侧的阵列复制，完成后单击"阵列"操控板的"√"。

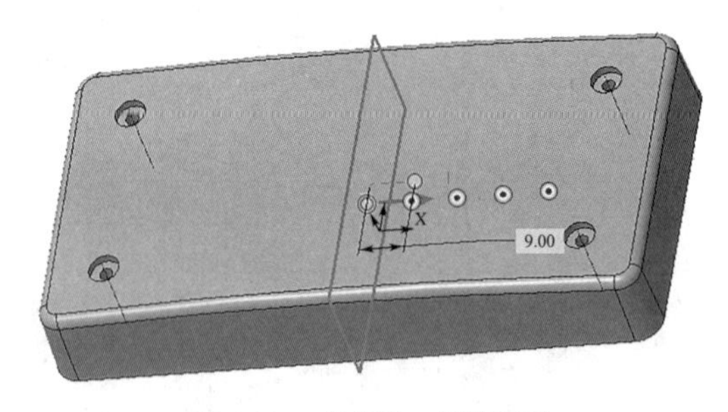

图 3-103　长腰孔一侧的阵列

②在"模型树"中选取"阵列/拉伸"特征，单击"编辑"命令组中的"镜像"工具，在图形中选取"RIGHT"为"镜像平面"，完成后单击"镜像"操控板的"√"。

步骤十二：利用"轨迹筋"创建加强筋。

①单击"基准"命令组的"平面"工具，选取"DTM1"基准面往上偏移"2"（或者选取"FRONT"基准面往上偏移"5"）创建一个基准面"DTM3"。

②单击"轨迹筋"工具，以"DTM3"为草绘平面，绘制如图 3-104 所示的轨迹（要选取壳体的四条内边及螺钉圆柱面为参考），完成后单击"√"按钮退出草绘模式；

③筋的宽度设置为"1"；

④单击"添加拔模"，再单击打开"形状"栏，将拔模角度设置为"2"；

⑤完成后单击"轨迹筋"操控板的"√"。

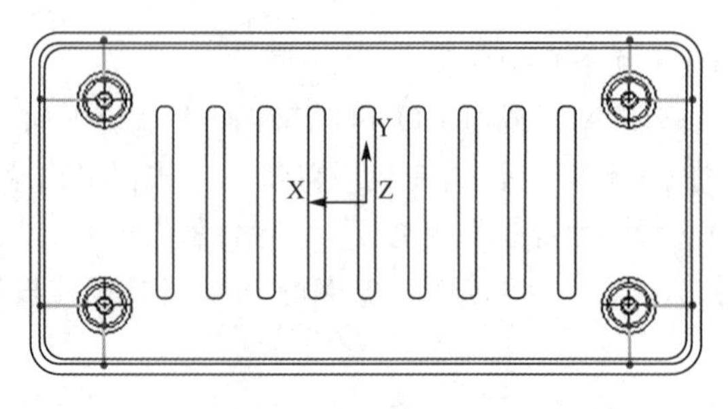

图 3-104　加强筋的轨迹草绘

步骤十三:拉伸创建开口处的止口。

①单击“拉伸”工具,以模型的开口底平面(或“FRONT”基准面)为草绘平面,通过“加厚”工具对内边环加厚 0.80,往外“偏移”0.80(或者先将内边环“投影”,再将内边环往外“偏移”0.8)绘制如图 3-105 所示的止口拉伸截面,完成后单击“√”按钮退出草绘模式;

③深度设置为“2”;在图形窗口选取壳的内顶曲面为深度控制参考;

④单击“选项”栏,勾选“添加锥度”,输入锥度值为“2.0”,并保证止口沿拉伸方向的尺寸变小;

⑤完成后单击“拉伸”操控板的“√”。

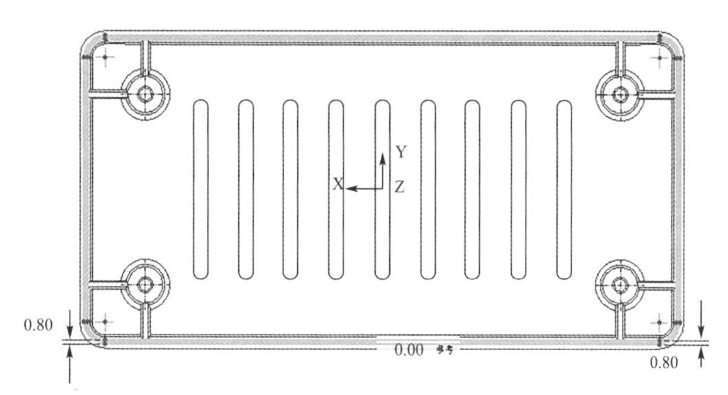

图 3-105 止口拉伸截面草绘

步骤十四:螺钉柱根部倒圆角。

单击“倒圆角”工具,按住 Ctrl 键选取四个螺钉柱的根部边线,倒圆角 $R1$。

完成三维建模的散热盖模型如图 3-106 所示。

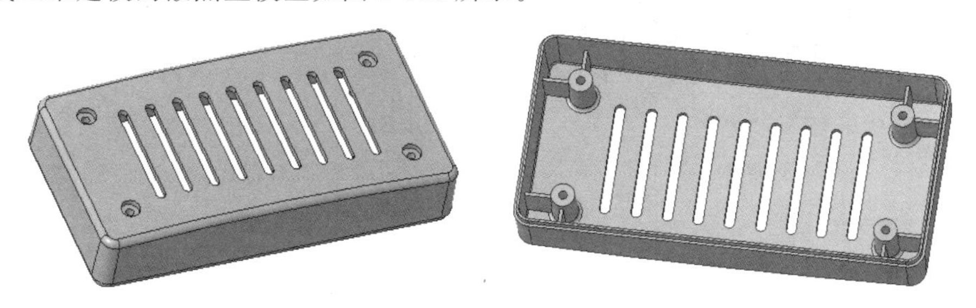

图 3-106 完成建模的散热盖模型

步骤十五:设置零件模型属性。

单击“文件”→“准备”→“模型属性”,弹出“模型属性”设置窗口→单击“材料”项后面的“更改”按钮→双击打开“Standard_Materials_Granta_Design”文件夹→双击打开“Plastics”文件夹→双击选择“ABS. mtl”→单击“模型属性”设置框的“确定”。

3.8 训练案例 2:弯阀三维建模

完成如图 3-107 所示弯阀零件的三维建模。

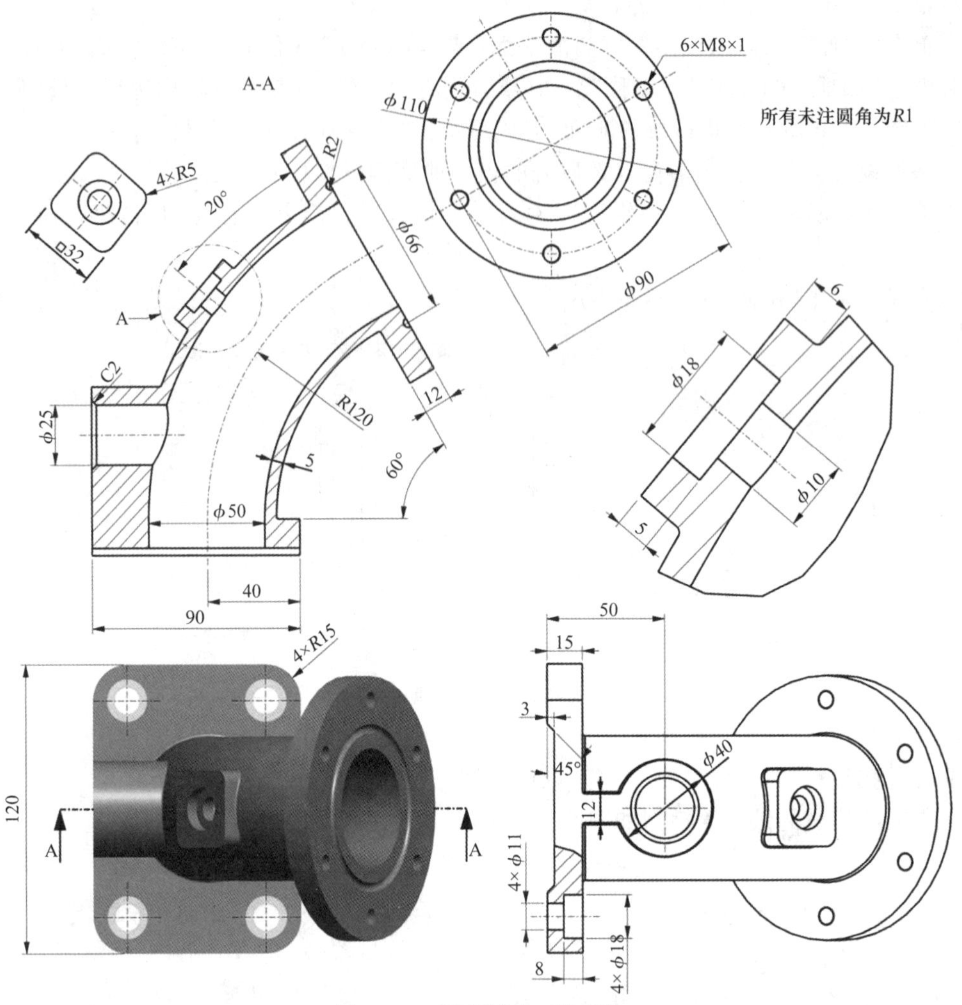

图 3-107 弯阀零件的三维建模

3.8.1 模型特征分析

1. 模型几何形状分析

弯阀零件的结构比较复杂，主要包括底板、弯管、法兰盘、底部圆柱凸台、弯管背部方形凸台五个部分。

底板主体为矩形，中间有 $\phi50$ 的孔与弯管的孔相连；4 个角为 $R15$ 的倒圆角，并且有同心的 4 个沉孔；底部开了减重槽。

弯管的圆弧中心线的半径为 $R120$，角度为 60°，内径也是 $\phi50$，壁厚为 5，说明外径为 $\phi60$。

法兰盘在弯管的上端，厚度为 12，顶面上有开了 $R2$ 的圆弧槽，并且均匀分布 6 个 M8×1 的螺钉孔。

底部圆柱凸台由 $\phi40$ 的圆柱和筋板组成，中间有 $\phi25$ 的通孔与弯管内孔相连，其端面与底板端面齐平。

弯管背部方形凸台位于弯管背部位置，尺寸为 32×32；中心位置有个沉孔与弯管内孔相连，沉孔中心轴线与法兰盘端面的夹角为 20°；凸台顶面与弯管背部外弧面的距离为 6。创建这个几何特征时需要先确定其参考位置。

2. 确定模型原点与方向

底板的形状相对规则，是连接弯管、法兰盘的基体，所以可以选择零件底面最左端的中间为模型的坐标原点。同时根据观察习惯，可以把零件水平放在TOP面，Y轴朝上，X轴朝右，Z轴朝外（设计者），如图3-108所示。

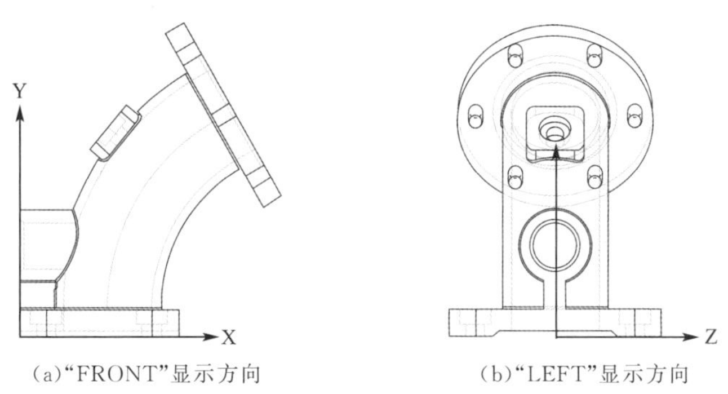

(a)“FRONT”显示方向　　(b)“LEFT”显示方向

图3-108　模型原点与方向

3. 模型特征顺序分析

零件三维建模一般遵循“由底而上，先大后小，先实后切”的原则。

该零件模型所需的特征主要包括：拉伸、倒圆角、扫描、旋转、孔、边倒角等。六个螺钉孔可以应用“轴”阵列。

弯阀零件的三维建模可参考如图3-109所示的顺序，特征“模型树”如图3-110所示。

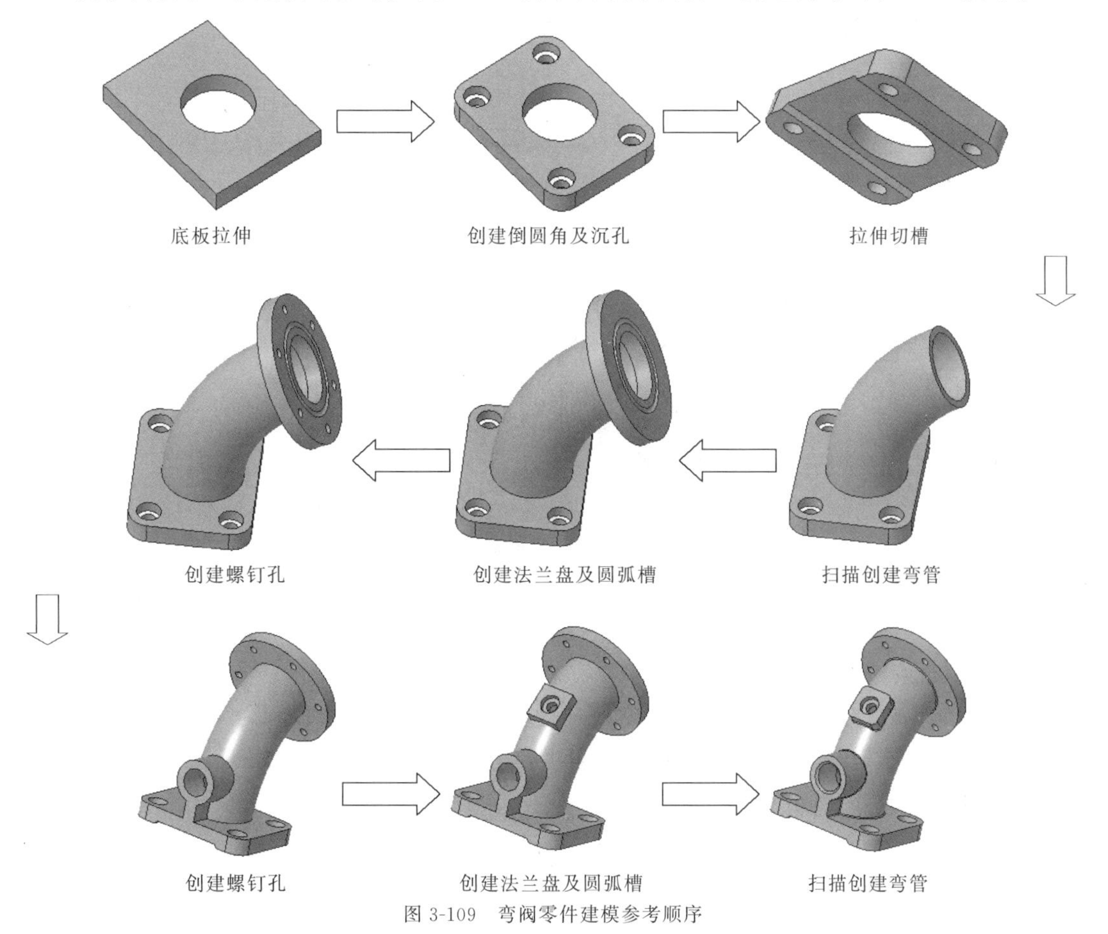

图3-109　弯阀零件建模参考顺序

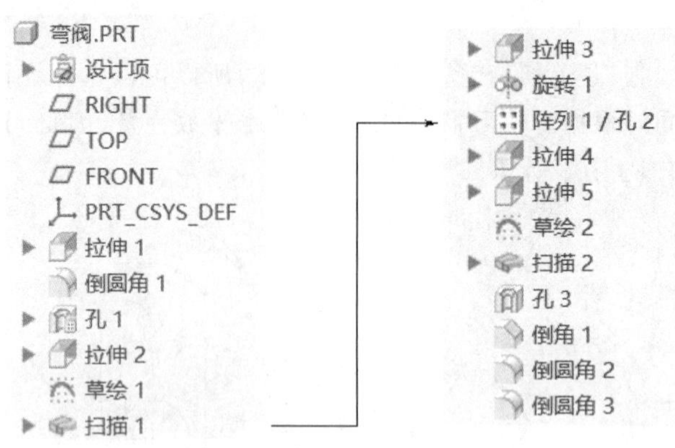

图 3-110　弯阀零件的特征“模型树”

3.8.2　具体操作步骤

步骤一：新建零件文件。

①打开 Creo Parametric 9.0 程序，并选择工作目录；

②单击“新建”，新建一个名为“弯阀”的实体零件文件，并采用公制模板。

步骤二：底板拉伸。

①单击“拉伸”工具，以“TOP”基准面为草绘平面，绘制如图 3-111 所示的截面，完成后单击“√”按钮退出草绘模式；

②深度方式为默认的“可变”，并输入深度值“15”，朝 Y 正方向拉伸；

③完成后单击“拉伸”操控板的“√”。

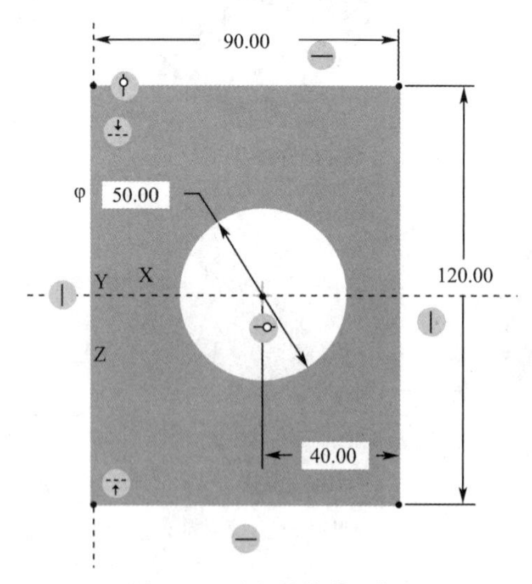

图 3-111　底板拉伸截面草绘

步骤三：四条竖边倒圆角。

①单击“倒圆角”工具，在图形窗口按 Ctrl 键同时选取四条竖边；

②“尺寸标注”为默认的“圆形”，输入圆角半径值“15”；

③完成后单击“倒圆角”操控板的“√”。

步骤四：创建四个沉孔。

四个沉孔可以采用两次拉伸创建，也可以采用“孔”工具创建。

①单击“孔”工具，在“孔”操控板中“类型”选择“简单”，“轮廓”选择“草绘”；

②单击“尺寸”栏中的“草绘”，在草绘器中绘制如图 3-112(a)所示的沉孔截面(需要绘制基准中心作为旋转轴)，完成后单击“√”按钮退出草绘模式；

③选择放置“类型”为“草绘”，单击草绘“定义”，选取底板的上平面为草绘基准面，参考四个圆角中心绘制四个基准点，如图 3-112(b)所示；

④完成后单击“孔”操控板的“√”。

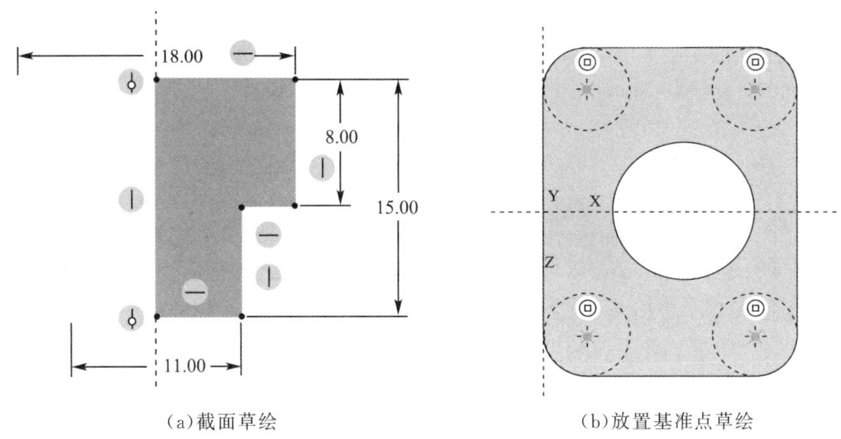

(a)截面草绘　　(b)放置基准点草绘

图 3-112　沉孔的创建

步骤五：拉伸底板减重槽。

①单击“拉伸”工具，以底板的左侧面(“RIGHT”基准面)为草绘平面，绘制如图 3-113 所示的截面，完成后单击“√”按钮退出草绘模式；

②深度方式选择“到参考”并选择底板右侧面(选择“穿透”也可以)；按下“移除材料”按钮；

③完成后单击“拉伸”操控板的“√”。

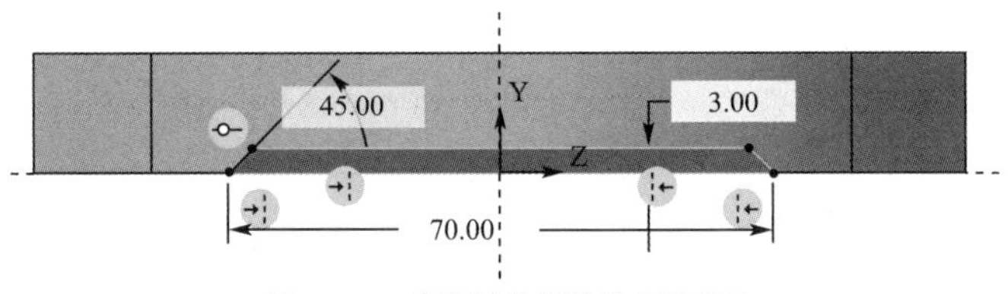

图 3-113　底板减重槽拉伸截面草绘

步骤六：扫描创建弯管

弯管的创建可以用“旋转”，也可以用“扫描”。

①先草绘扫描轨迹。单击“草绘”，选择“FRONT”基准面为草绘面，绘制如图 3-114(a)所示圆弧轨迹(调整“显示样式”为线框模式，参考底板上平面和 $\phi 50$ 孔的中心轴线，并利用构造线控制角度)，完成后单击“√”按钮退出草绘；

②单击“扫描”工具，在图形窗口选取绘制的轨迹线；

③单击截面“草绘”，以轨迹原点为圆心分别绘制 $\phi 50$ 和 $\phi 60$ 的两个同心圆，如图 3-114(b)所示，完成后单击“√”按钮退出草绘；

④单击“扫描”操控板的“√”。

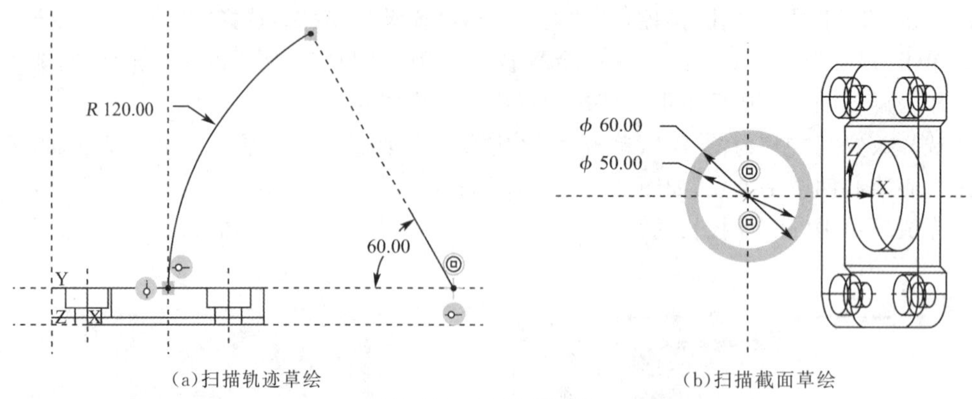

(a)扫描轨迹草绘　　(b)扫描截面草绘

图 3-114　扫描创建弯管

步骤七:拉伸法兰盘

①单击“拉伸”工具,以弯管上方端面为草绘平面,绘制如图 3-115 所示的截面(小圆可用“投影”复制弯管的内径边线),完成后单击“√”按钮退出草绘;

②输入深度值“12”,并往弯管的延长方向拉伸;

③完成后单击“拉伸”操控板的“√”。

步骤八:利用旋转在法兰盘上切圆弧槽。

法兰盘上的圆弧槽可以用旋转(或扫描)移除材料创建。

①单击“旋转”工具,以“FRONT”面为草绘平面,绘制如图 3-116 所示的旋转截面(先参考法兰盘的中心轴及上平面,再绘制一条与参考中心轴重合的基准中心线,再绘制 $\phi 4$ 的圆),完成后单击“√”按钮退出草绘;

②角度为默认的“360°”,并选择“移除材料”;

③完成后单击“旋转”操控板的“√”。

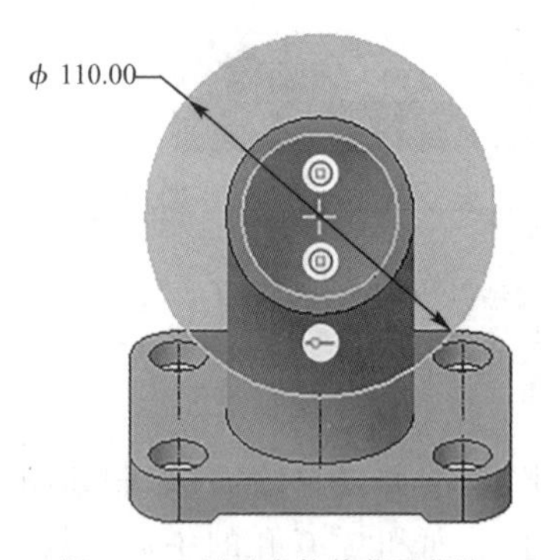

图 3-115　法兰盘拉伸截面草绘

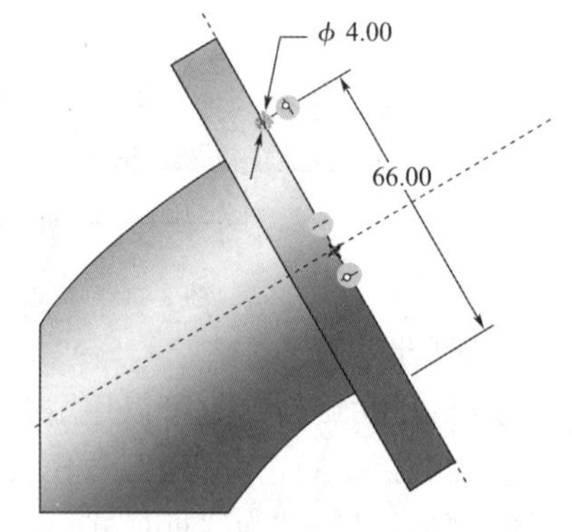

图 3-116　圆弧槽旋转截面

步骤九:创建法兰盘的一个螺钉孔。

①单击“孔”工具,在操控板中“类型”选择“标准”,“轮廓”采用默认的“直孔”、“攻丝”,尺寸选择 ISO 的“M8×1”;

②孔的放置“类型”选择“草绘”,单击草绘“定义”,以法兰盘外端面为草绘平面,绘制如图 3-117 所示的一个基准点(参考法兰盘的圆心位置并绘制水平构造中心线),完成后单击“√”按钮退出草绘;

③“深度”方式设置为“到参考”,并选择法兰盘的背面为参考;

④单击“形状”栏,将螺纹深度设置为“全螺纹”;单击“注解”栏,取消“添加注解”的勾选;

⑤完成后单击“孔”操控板的“√”。

步骤十:阵列螺钉孔。

①选取创建的螺钉孔并单击“阵列”工具;

②选择阵列类型为“轴”,并在图形窗口选取法兰盘的中心轴线;

③设置“第一方向成员”为“6”,角度为“60”,“第二方向成员”为“1”,如图3-118所示;

④完成后单击“阵列”操控板的“√”。

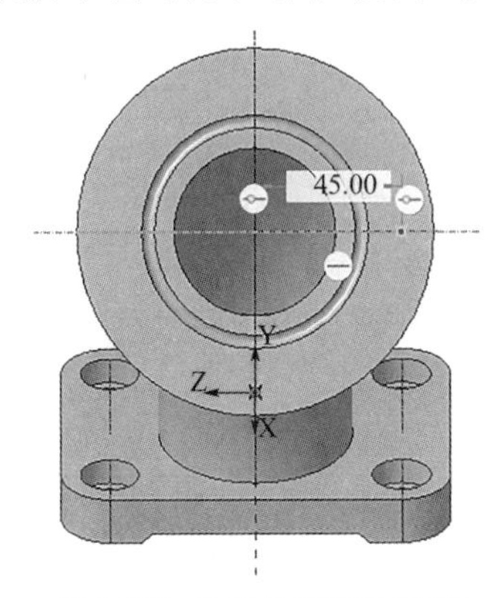

图3-117 孔的放置基准点草绘

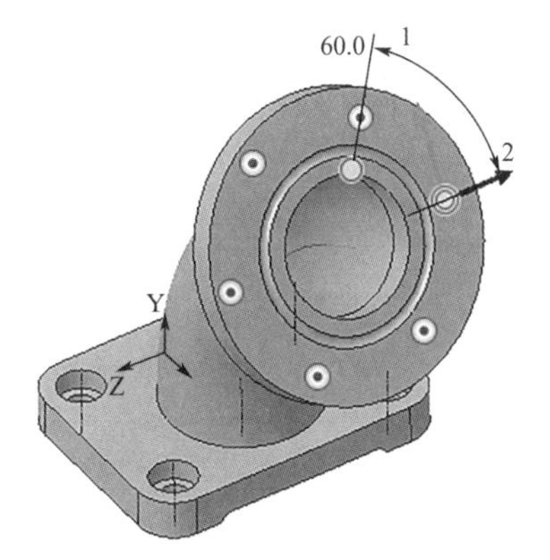

图3-118 螺钉孔的“轴”阵列

步骤十一:拉伸底部凸台。

①单击“拉伸”工具,以底板左侧面(RIGHT基准面)为草绘平面,绘制如图3-119所示的截面(注意约束),完成后单击“√”按钮退出草绘模式;

②深度方式设置为“到参考”,并选择弯管的外径面为参考;

③完成后单击“拉伸”操控板的“√”。

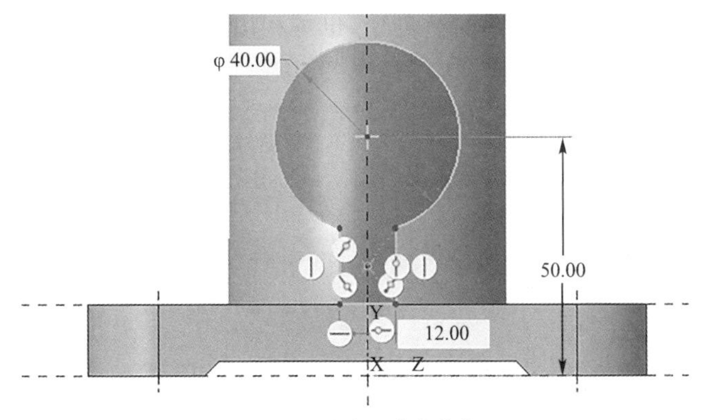

图3-119 底部凸台拉伸截面

步骤十二:拉伸底部凸台内孔。

①单击“拉伸”工具,以底板左侧面为草绘平面,绘制一个与外凸台圆柱同心的圆,直径为ϕ25,完成后单击“√”按钮退出草绘模式;

②深度方式设置为“到参考”,并选择弯管的内径面为参考,并选择“移除材料”。

③完成后单击“拉伸”操控板的“√”。

步骤十三:扫描创建弯管背部方形凸台。

创建弯管背部方形凸台可以用“扫描”,也可以用“拉伸”。不管是采用哪种方式,都需要首先创建一个草绘来确定特征的位置。“拉伸”需要创建基准面,而“扫描”则不需要基准面。

①单击“草绘”工具,以“FRONT”为草绘平面,绘制如图3-120(a)所示的轨迹线(首先参

考底板的上平面和法兰盘的左侧面以确定两条参考线的交点，然后绘制一条经过该交点并与法兰盘左侧面参考线夹角为20°的基准中心线，再参考弯管外径圆弧面，从参考圆弧线与基准中心线的交点往外绘制一条长度为6的实线段)，完成后单击"√"按钮退出草绘；

②单击"扫描"工具，在图形窗口选择草绘的实线段；

③单击截面"草绘"，以轨迹原点为中心绘制如图3-120(b)所示的32×32正方形，完成后单击"√"按钮退出草绘；

④打开操控板下方"选项"栏，勾选"合并端"；

⑤完成后单击"扫描"操控板的"√"。

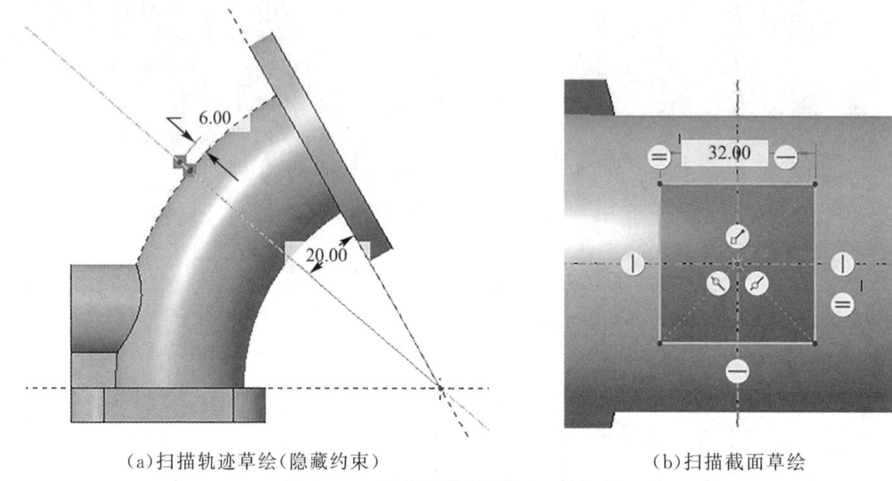

(a)扫描轨迹草绘(隐藏约束)　　(b)扫描截面草绘

图3-120　扫描创建方形凸台(合并端)

步骤十四：创建背部方形凸台沉孔。

凸台沉孔可以通过两次拉伸移除材料创建，也可利用"孔"特征创建。

①单击"孔"工具，在操控板中将"类型"选择"简单"，"轮廓"选择"草绘"；

②单击"尺寸"栏中的"草绘"，在草绘器中绘制如图3-121(a)所示的沉孔截面，完成后单击"√"按钮退出草绘模式；

③选择放置"类型"为"同轴"，并在图形窗口按住Ctrl键同时选取方形凸台的上平面和凸台的中心基准轴，如图3-121(b)所示(也可以用"草绘"类型，需要找到中心点的位置)。

④完成后单击"孔"操控板的"√"。

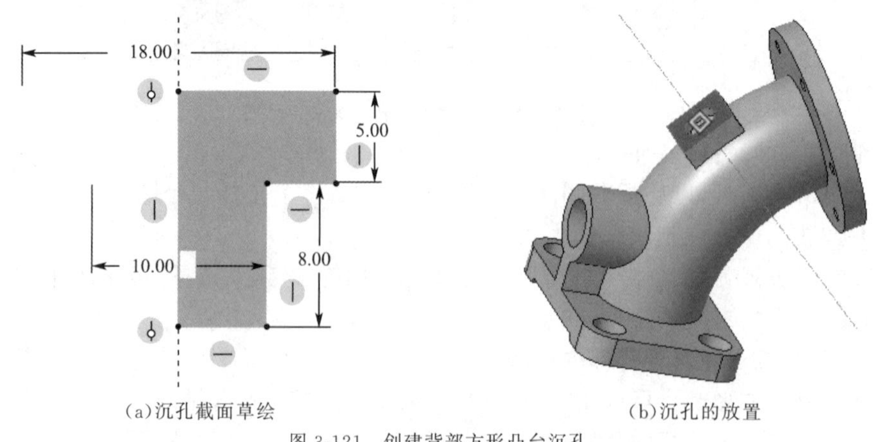

(a)沉孔截面草绘　　(b)沉孔的放置

图3-121　创建背部方形凸台沉孔

步骤十五:边倒角和倒圆角。

倒圆角要遵循“先断后续,先大后小”的基本原则。

①单击“边倒角”工具,选取底部凸台内孔边倒 D 为“2”的“D×D”斜角,完成后单击“边倒角”操控板的“√”。

②单击“倒圆角”工具,按住 Ctrl 键同时选取方形凸台的四个竖边为 1 个集,输入半径“5”,单击“新建集”,按住 Ctrl 键同时选取底部凸台加强筋的四个断边为第 2 个集,输入半径“1”,如图 3-122(a)所示,完成后单击“倒圆角”操控板的“√”。

③单击“倒圆角”工具,按住 Ctrl 键同时选取弯管与底板及底部凸台的相交边、方形凸台与弯管的相交边、法兰盘与弯管的相交边,输入半径“1”,如图 3-122(b)所示。完成后单击“倒圆角”操控板的“√”。

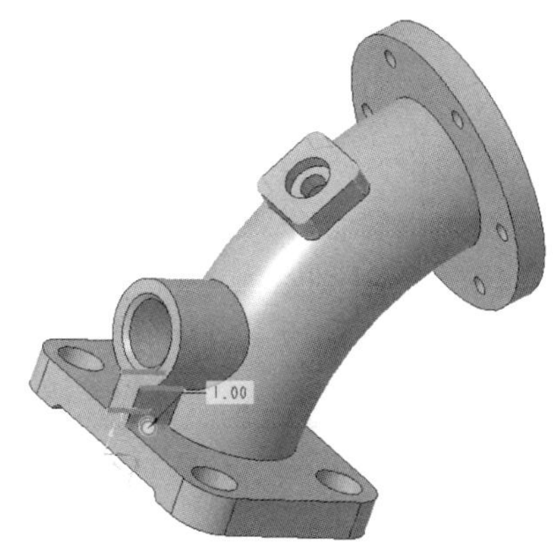

(a)先倒独立的“断边”

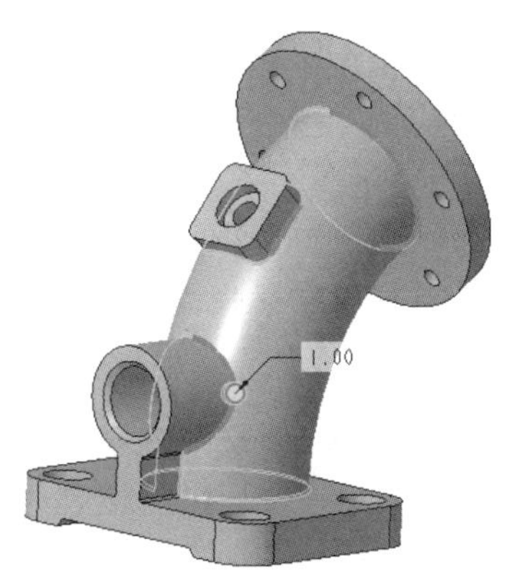

(b)再倒连续的相交边

图 3-122 模型的倒圆角顺序

完成三维建模的弯阀模型如图 3-123 所示。

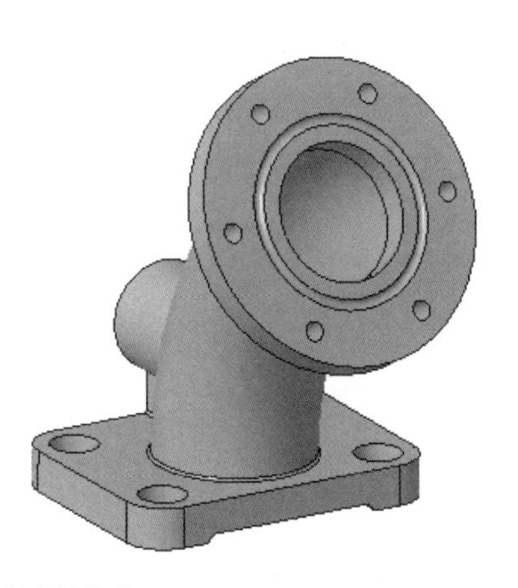

图 3-123 完成建模的弯阀模型

重要提示 在零件的三维建模中,首先要认真分析各个特征之间的关系和先后顺序,在创建各个特征之前,一定要考虑是不是有足够的定位参考,如果缺少定位参考,则需要分析零件图形状的尺寸,创建相应的基准。

3.9 本章小结

本章是全书最核心最重要的一章。介绍了各类基准特征、主要的基础特征和工程特征的创建方法及一般操作步骤。基准特征是用于创建其他特征的放置或定义参考,较常用的是"基准面"、"基准轴"和"基准点"。实体零件建模的主要基础特征包括拉伸、旋转、扫描、螺旋扫描、混合、旋转混合和扫描混合等特征。这一类特征具有一个共性,就是需要草绘所需的相关二维截面,然后将截面经过一定的处理方式来建构出几何形状。工程特征是在基础特征上所创建的依附特征,用来对模型几何形状的完善或修饰,主要包括:孔、倒圆角、倒角、拔模、壳、筋、修饰螺纹、修饰草绘和修饰槽。其中,倒圆角和倒角相对比较简单;孔的放置方式很灵活,需要根据不同的情况采用最快捷方便的类型进行放置;拔模、壳及筋特征在塑料工业产品中最为常用,需要熟练掌握。

在此基础上,介绍了实体建模中特征的常用编辑操作方法,主要包括特征的修改、删除、插入、顺序调整;特征的复制、镜像和阵列。这些常用特征编辑操作方法需要熟练应用。实体几何面的偏移和移除可以在一些特定场合实现对三维实体的快速修改。

3.10 课后练习

一、填空题

1. 采用拉伸或旋转特征对实体进行切口时应该单击按下操控板中的(　　)按钮。

2. 创建旋转特征时需要定义的两个要素分别是(　　)和(　　)。

3. 扫描特征需要定义的两个要素分别是(　　)和(　　)。

4. 将两个以上的二维平面截面在其顶点处用直线或平滑的过渡曲面连接而形成的一个连续几何特征称为(　　)。

5. 选取两个方向的参考并偏移一段距离来确定孔中心位置的方式为(　　)放置类型。

6. 倒圆角的先后顺序一般要遵循"(　　)、(　　)"的原则。

7. 圆柱拉伸时可以通过(　　)直接创建圆柱面的拔模斜度。

8. 通过定义筋的分布轨迹来创建加强筋的工具是(　　);而通过定义筋的外轮廓来创建加强筋的工具是(　　)。

9. 对于 M12×1.75 的标准螺钉孔(内螺纹),它的螺距是(　　),小径是(　　)。

10. 要修改已有的拉伸特征的截面和深度,应该选择浮动工具条的(　　)工具。

11. 将多个特征合并成为单个的"独立几何"特征称为(　　)。

12. 镜像和阵列所创建的与原始特征完全相同特征为(　　)特征。

二、选择题

1. 在三维模型中的默认基准中,与 Z 轴垂直的基准面是:(　　)

A. FRONT　　　　B. RIGHT

C. TOP　　　　D. LEFT

2. 通过沿参考轴设置旋转阵列的角增量和径向增量来创建圆周和径向阵列的类型

为（　　）

A.“尺寸”阵列　　　　B.“方向”阵列

C.“轴”阵列　　　　D.“点”阵列

3. 下列关于实体混合特征的说法不正确的是：（　　）

A. 混合的截面可以在创建混合特征时草绘，也可以提前绘制好

B. 混合特征的所有截面图元必须具有相同数量的断点，或者是一个点

C. 混合可以创建实体添加材料和移除材料，也可创建加厚薄板以及曲面特征

D、如果各截面起点设置不当，会导致创建的混合特征几何体产生扭曲

4. 可以用一个特征在实体平面上创建简单沉孔的特征工具有：（　　）

A. 拉伸、旋转　　　　B. 旋转、扫描

C. 旋转、孔　　　　D. 拉伸、孔

5. 对于实体旋转的截面草绘，正确的是：（　　）

A. 必须绘制基准中心线作为旋转轴

B. 可以绘制基准中心线或构建中心线作为旋转轴

C. 图形可以绘制在中心线的两侧

D. 可以直接选用基准参照线作为旋转中心线

三、操作训练

1. 完成如图 3-124 所示传动轴零件的三维建模。

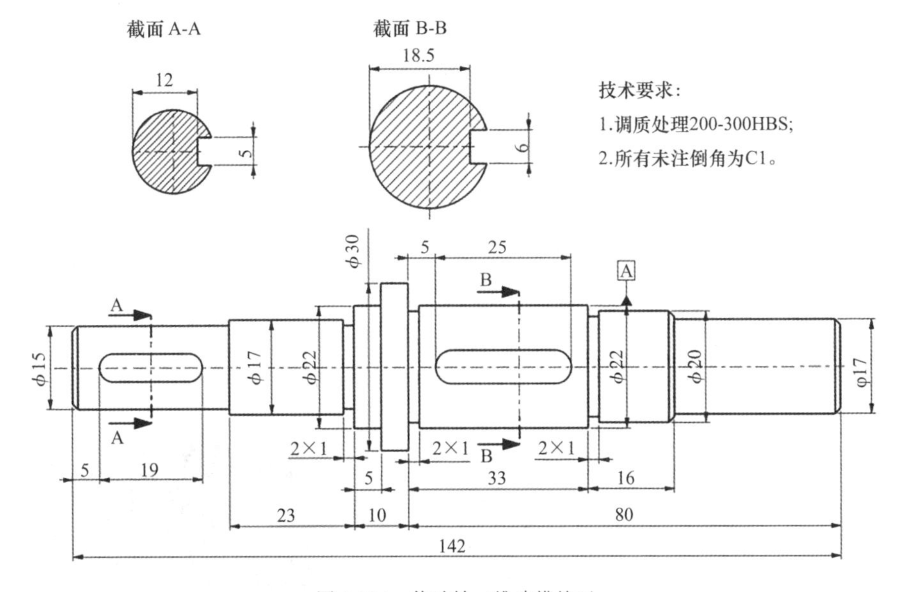

图 3-124　传动轴三维建模练习

2. 完成如图 3-125 所示钻模支架零件的三维建模。

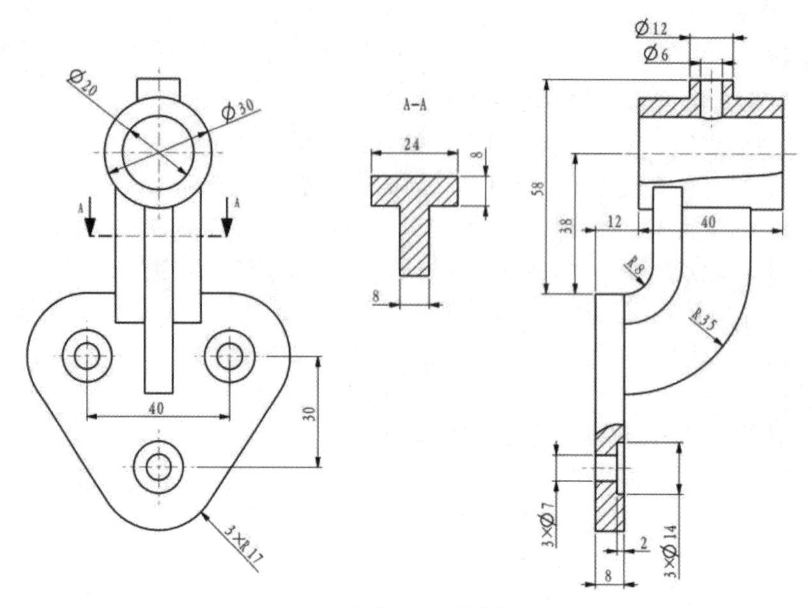

图 3-125　钻模支架三维建模练习

3. 完成如图 3-126 所示阀座零件的三维建模。

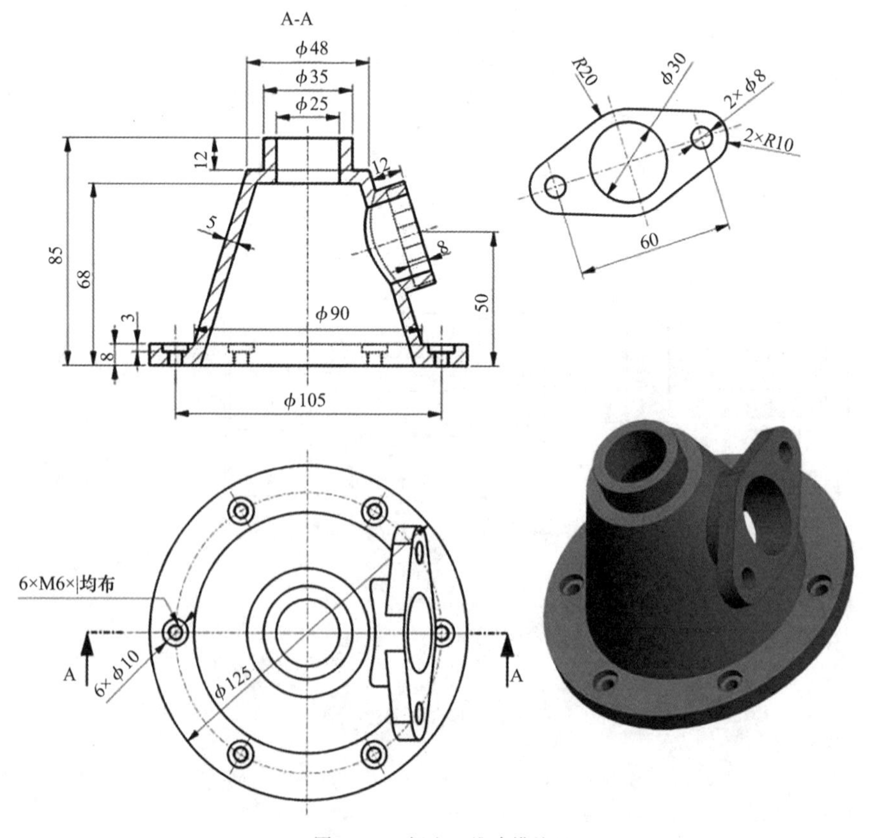

图 3-126　阀座三维建模练习

4.完成如图 3-127 所示连杆零件的三维建模。

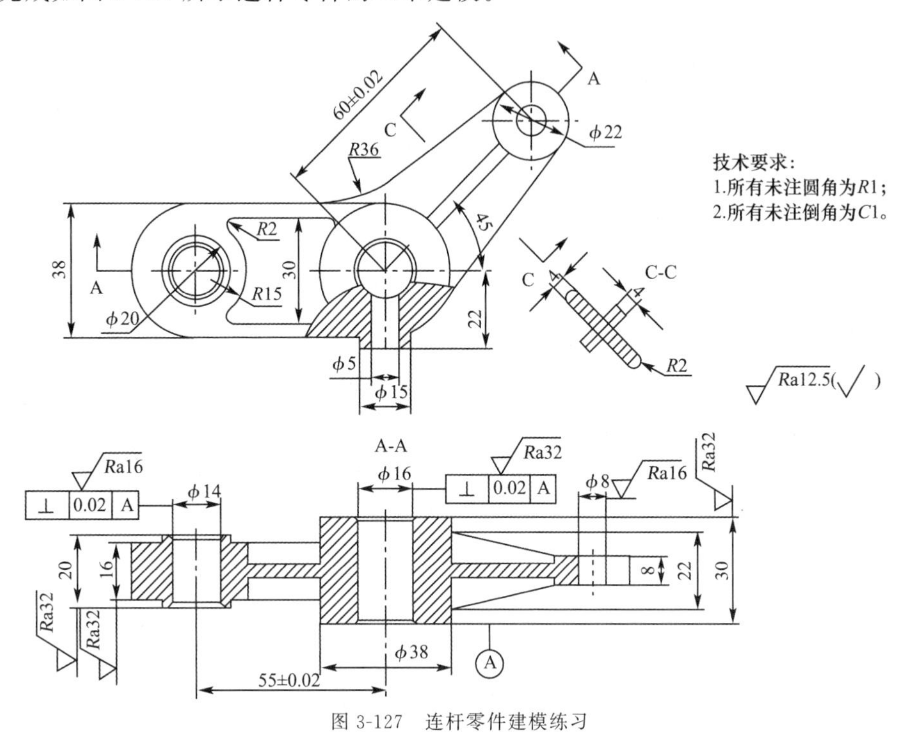

图 3-127 连杆零件建模练习

第 4 章　Creo 9.0 三维曲面造型

在现代社会中，人们在注重产品功能的同时，对产品的外观造型也提出了越来越高的要求，以追求美学效果和功能要求为目的的三维设计曲面造型技术在汽车、航天航空、电子消费类产品乃至日常家用产品的应用越来越广泛。

曲面零件造型有三种应用类型：第一种是能用二维工程图准确表达的规则曲面造型，所创建的曲面可看作将母线按照一定规律运动所形成轨迹；第二种是艺术性和概念性较强的自由曲面造型，主要应用于原创概念产品的开发设计；第三种是通过已有的产品或者模型的测量或者扫描数据进行重新造型，即逆向设计。本书主要介绍第一类规则曲面的造型设计。

曲面零件造型的一般步骤为：(一)在正确识图的基础上将产品分解成单个曲面或面组；(二)利用合适的方法创建各个曲面；(三)对各个曲面进行编辑和合并连接；(四)将曲面实体化形成实体零件；(五)对曲面实体零件进行其他的结构设计。

4.1　曲面特征的创建

曲面的创建方法很多，第 3 章所介绍的拉伸、旋转、扫描、混合、旋转混合、扫描混合等基础特征既可以创建实体特征，也可以用来创建规则曲面特征。还可以复制或偏移实体特征的几何面来创建曲面特征。此外，"模型"功能区还有专门的"曲面"命令组工具，主要包括"边界混合"、"填充"、"样式"和"自由式"曲面创建工具，如图 4-1 所示。其中，"样式"和"自由式"主要用于自由曲面造型设计，这里只做基本简要的介绍。在 Creo 9.0 中，为了区别于实体曲面，创建的曲面特征统称为"面组"。

图 4-1　"曲面"命令组中的特征工具

4.1.1 基础特征曲面

1. 拉伸曲面

单击“拉伸”工具，操控板中拉伸“类型”选择“曲面”，则可以创建拉伸曲面或修剪已有曲面（移除材料）。

拉伸曲面的截面草绘可以是封闭截面，也可以是开放截面，如图 4-2 所示。对于整体封闭截面，可以设置“封闭端”和“锥度”。拉伸截面可以有多个闭合图元，且允许有自相交，但不允许有多个不相连的开放图元或者混合有闭合图元和开放图元。

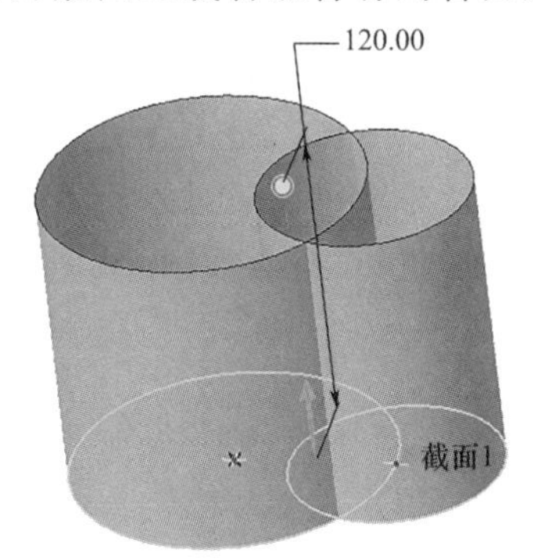

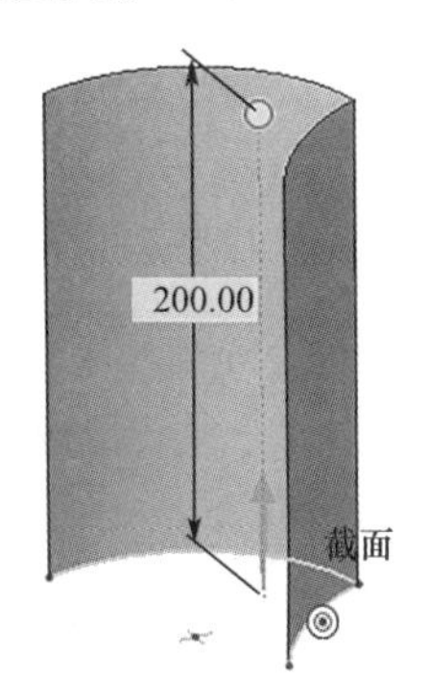

图 4-2　拉伸曲面

2. 旋转曲面

单击“旋转”工具，操控板中旋转“类型”选择“曲面”，则可以创建旋转曲面或修剪已有曲面（移除材料）。

与拉伸曲面一样，旋转的截面草绘可以是封闭截面，也可以是开放截面，如图 4-3 所示。对于非“360°”旋转的整体封闭截面及“360°”旋转的开放截面，可以设置“封闭端”。旋转截面可以有多个闭合图元，且允许有自相交，但不允许有多个不相连的开放图元或者混合有闭合图元和开放图元。截面图元必须位于旋转中心线的一侧。

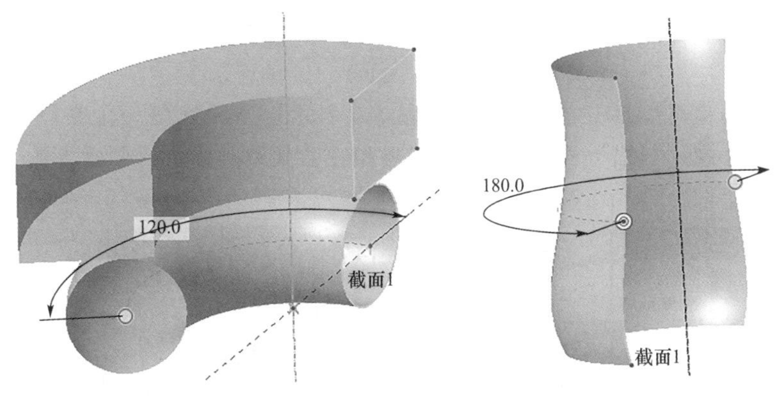

图 4-3　旋转曲面

3. 扫描曲面

单击“扫描”工具，操控板中“类型”选择“曲面”，则可以创建扫描曲面或修剪已有曲面（移除材料）。

扫描轨迹可以是开放或封闭，扫描截面也可以是开放或封闭，如图 4-4 所示。当轨迹处于开放状态，并且截面是一个封闭环，则可以设置“封闭端”。与实体扫描一样，如果形成了自相交会导致扫描特征创建失败。

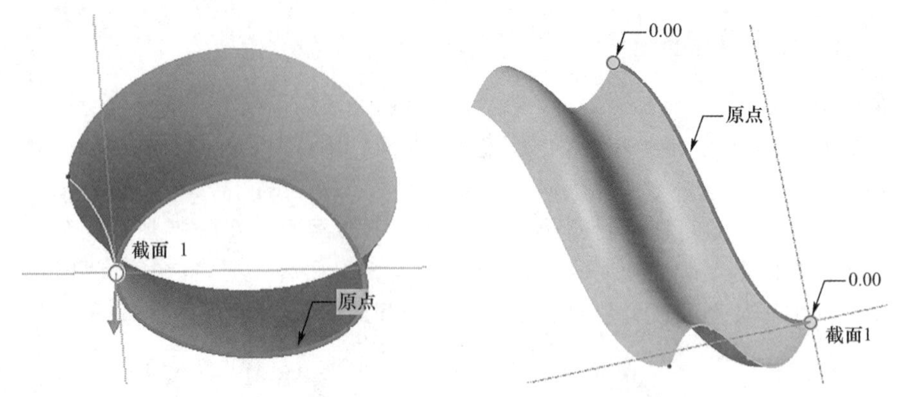

图 4-4　扫描曲面

当选择"可变截面"时，扫描的截面形状、大小及方向可以通过添加多条附加轨迹控制而发生变化，也可以由截面的尺寸关系（由 trajpar 设置）进行控制，如图 4-5 所示。

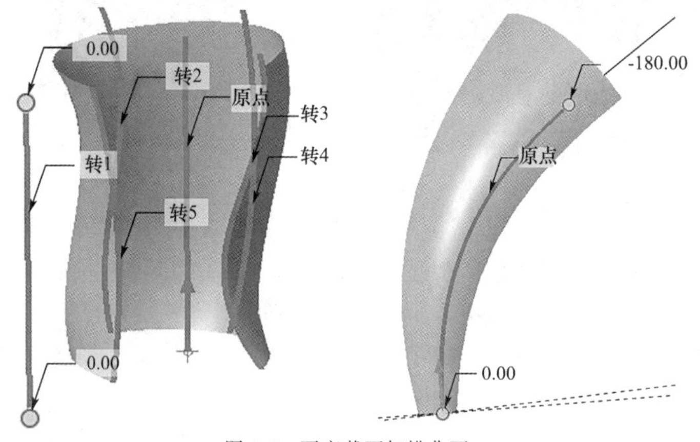

图 4-5　可变截面扫描曲面

4. 螺旋扫描曲面

单击"螺旋扫描"工具，操控板中"类型"选择"曲面"，则可以创建螺旋扫描曲面或修剪已有曲面（移除材料）。

螺旋扫描截面也可以是开放或封闭，如图 4-6 所示。当截面是一个封闭环，则可以设置"封闭端"。与实体螺纹扫描一样，如果形成了自相交会导致扫描特征创建失败。

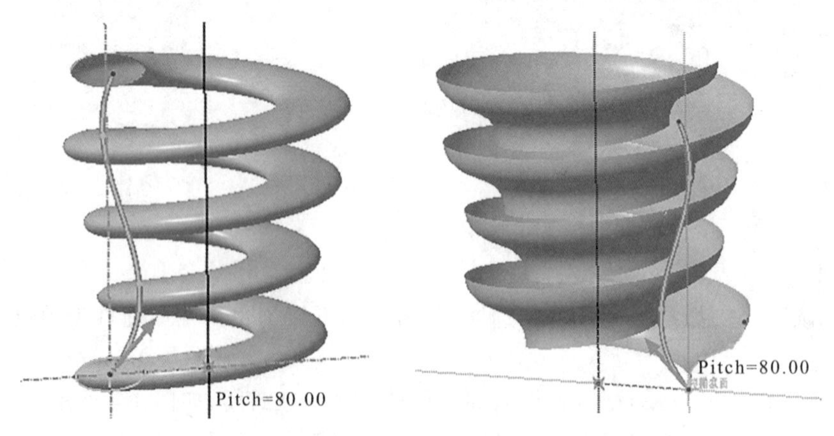

图 4-6　螺旋扫描曲面

5. 混合曲面

单击"混合"工具，操控板中"类型"选择"曲面"，则可以创建混合曲面或修剪已有曲面(移除材料)。

混合截面可以为全部封闭或全部开放，如图 4-7 所示。各截面必须有相同数目的断点，截面起点决定了截面的连接方式。当混合截面全部是封闭环时，可以设置"封闭端"。

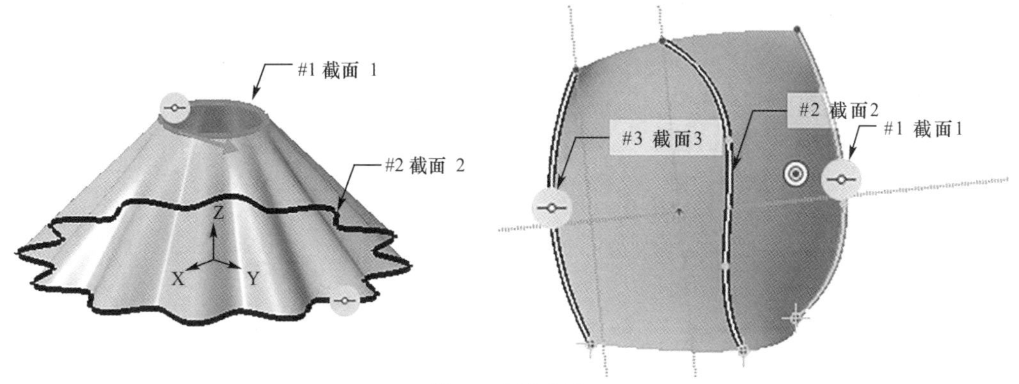

图 4-7　混合曲面

此外，还可以采用旋转混合和扫描混合创建或修剪曲面，与前面所介绍的方法相似。

4.1.2 复制和偏移曲面

可以利用对实体特征的几何面复制或偏移来创建新的曲面特征。所形成的曲面特征为原实体特征的子特征。

1. 复制曲面

基本操作步骤：①选取实体特征的几何面(可按住 Ctrl 键多选)→②单击"操作"命令组的"复制"(常用 Ctrl+C)→③再单击"操作"命令组的"粘贴"(常用 Ctrl+V)→④弹出"曲面：复制"操控板，在"选项"栏进行设置→⑤单击"√"按钮完成，如图 4-8 所示。

图 4-8　复制曲面

2. 偏移曲面

基本操作步骤：①选取实体特征的几何面→②单击"编辑"命令组的"偏移"→③弹出"偏

移”操控板，偏移类型选择“标准偏移”，并输入偏移距离→④单击“√”按钮完成，如图 4-9 所示。当偏移距离设置为“0”时，相当于复制曲面。

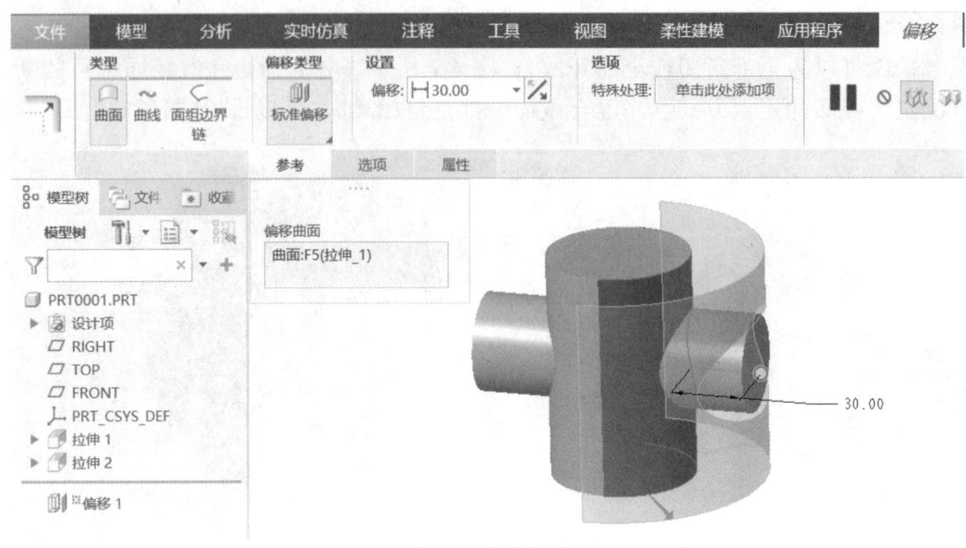

图 4-9　偏移曲面

4.1.3　填充曲面

“填充”曲面就是以一个平面内的封闭环形为边界所创建的轮廓平面。填充曲面操作很简单：①单击“填充”工具，弹出“填充”操控板→②选取一个平面封闭曲线，或者单击草绘“定义”，选取平面绘制一个或多个封闭环→③单击操控板“√”完成，如图 4-10 所示。

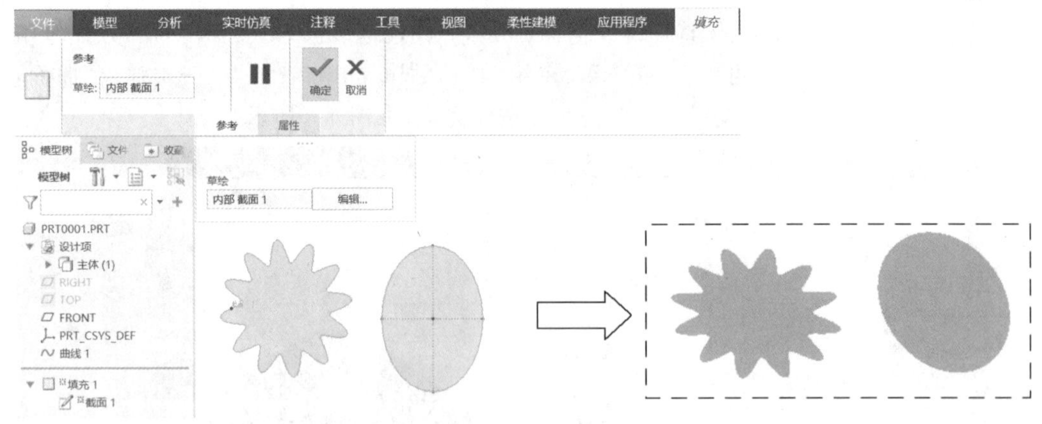

图 4-10　填充曲面

4.1.4　边界混合曲面

“边界混合”是专门用于曲面创建的高级特征工具，也是最常用的曲面创建工具。它是通过在一个或两个方向上定义曲面的边界曲线及中间的截面曲线来混合创建曲面。

1. 边界混合截面曲线要求

在创建边界混合曲面前，通常先把所需的截面曲线绘制好。如果要定义两个方向上的截面曲线，则需要采用合适的曲线绘制方法，以保证两个方向的曲线彼此相交。如图 4-11 所示为创建边界混合曲面的轮廓曲线，第一个方向的曲线 a、b 和 c 都是平面上的草绘样条曲线，因为它们的两侧端点不在一个平面上，所以另一个方向的曲线 d 和 f 不能用草绘样条，只能用基准曲线中的“通过点的曲线”工具，使它们分别通过曲线 a、b、c 的两侧端点来创建。中间截面曲线 e 为平面样条，可先在中间平面与曲线 a、b、c 的三个交点创建基准点，然后参考并经过这三个交点。这样就保证了两个方向的曲线是相交的。

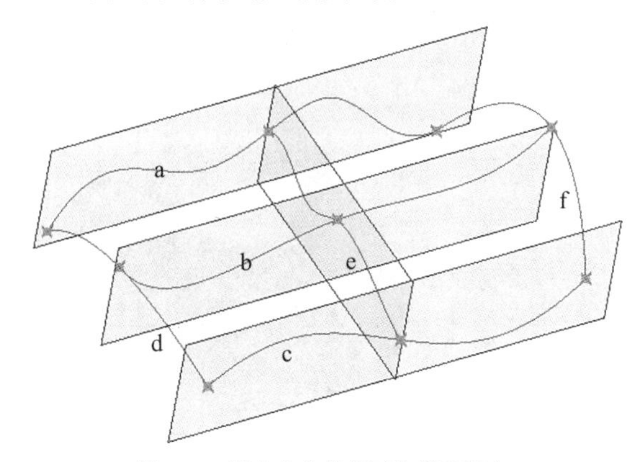

图 4-11　两个方向的截面曲线要相交

2. 操控板及基本操作

创建边界混合的基本操作步骤：①利用草绘或基准曲线工具创建好各截面曲线→②单击“边界混合”工具，弹出“边界混合”操控板→③按住 Ctrl 键在图形窗口按顺序选取第一方向上的所有曲线→④单击“第二方向”收集器的“单击此处添加项”，按住 Ctrl 键在图形窗口按顺序选取第二方向上的所有曲线→⑤完成其他相关设置(如边界约束)→⑥单击操控板“√”完成，如图 4-12 所示。当只有一个方向的边界混合时，可以勾选“闭合混合”，则系统自动将这个方向的两端形成闭合环。

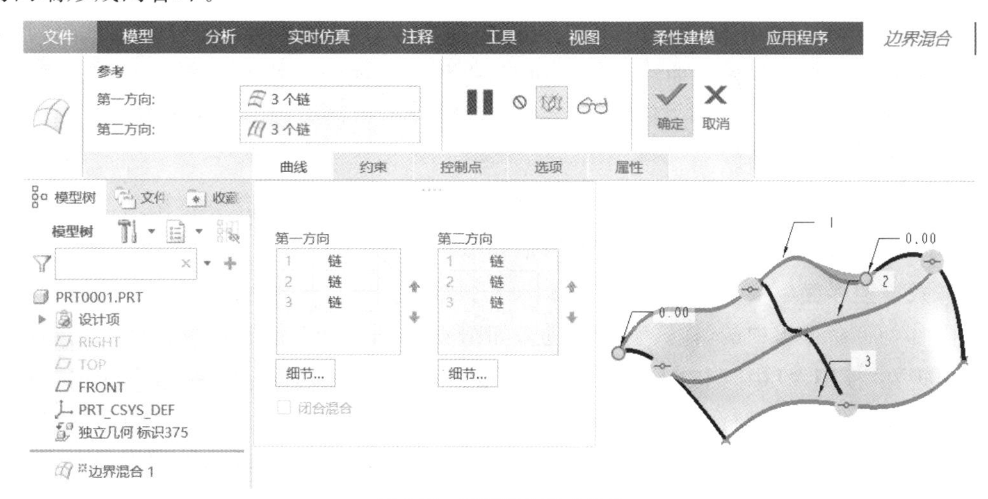

图 4-12　边界混合基本操作

3. 边界约束条件

在创建边界混合曲面特征时，可以根据设计要求对混合曲面的边界定义约束条件。打开操控板中的“约束”栏，在边界列表中选择所需的边界，从其相应的“条件”列中选择约束条件选项。在定义边界约束时，Creo Parametric 会根据指定的边界来选择默认参考，用户也可以自行选择所需的参考。

边界约束包括：(1)“自由”：沿边界没有设置相切条件，为系统默认；(2)“相切”：混合曲面沿边界与参考曲面相切；(3)“曲率”：混合曲面沿边界具有曲率连续性；(4)“垂直”：混合曲面与参考曲面或基准平面垂直。

当边界条件设为“相切”、“曲率”或“垂直”时，可以在“拉伸值”组合框中输入拉伸值。默认的拉伸因子为“1”，拉伸因子的值会影响曲面的方向。如图 4-13 所示为一个方向的边界混合，其两侧的约束条件分别设置为“相切”和“垂直”，即左侧与曲面相切，右侧与基准面垂直。

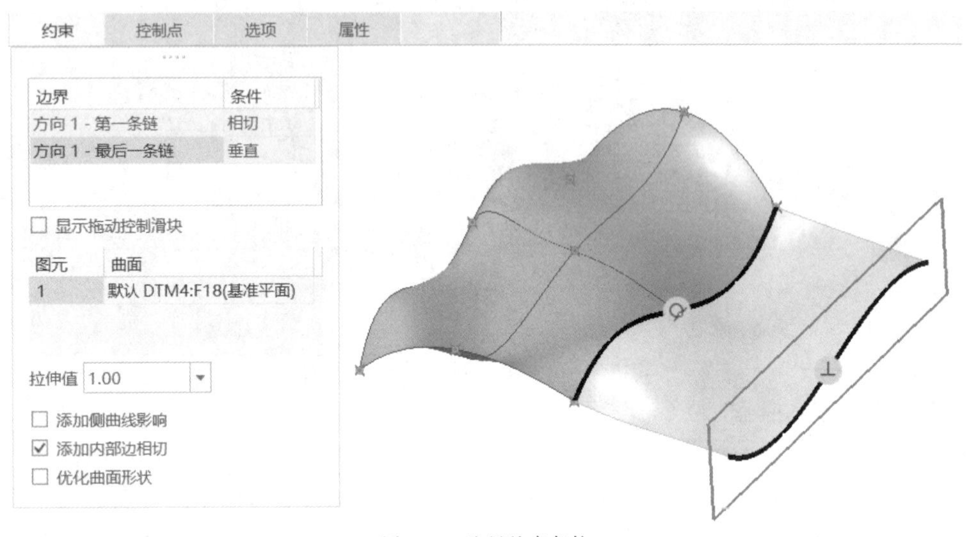

图 4-13　边界约束条件

4.1.5　造型曲面

Creo Parametric 9.0 零件设计模式下，“样式”是一个功能齐全、建模直观的集成曲面环境，主要用于自由曲面的正向造型设计，也可用于逆向设计。在该设计环境中，可以非常直观地创建具有高度弹性化的样式曲线和样式曲面，也称造型曲线和造型曲面。在“样式”环境中创建的各种特征可以统称为样式特征，形成的“样式树”有自己内部的父子关系，可以与其他一般特征建立参考关系或关联。

造型曲面主要用于自由曲面设计，同时可以作为普通规则曲面造型的补充。它的曲线造型、曲面造型及曲面编辑原理大多与普通特征相似。

1. 样式操控界面

单击“曲面”命令组中的“样式”工具，进入如图 4-14 所示的“样式”操控界面。创建的样式特征会出现在“模型树”中，同时下方出现了独立的“样式树”。“样式”操控板中的主要功能区包括“曲线”命令组、“曲面”命令组和“分析”命令组，这些命令组下各工具的大多数功能基本上都能在普通模式下实现，只是在这里进行了单独集成，在进行专门的曲面造型过程中用起来更为快捷方便。此外，图形工具栏添加了一些曲面造型环境下的显示操作快捷按钮。

2. 设置活动平面与内部平面

在样式操控界面下，图形窗口中以网格形式表示的平面为活动平面，用户可以根据设计需要重新设置活动平面。操作步骤：①单击“设置活动平面”按钮造型→②在图形窗口选取一个基准平面或几何平面，则该平面就成了活动平面。

此外，还可以创建一个新的基准平面作为活动平面。操作步骤：①单击“设置活动平面”按钮下拉选项中的“内部平面”按钮→②弹出“基准平面”对话框，根据需要采用合适的基准平面创建方法创建一个新基准平面→③单击对话框“确定”，则创建的基准平面称为活动平面。

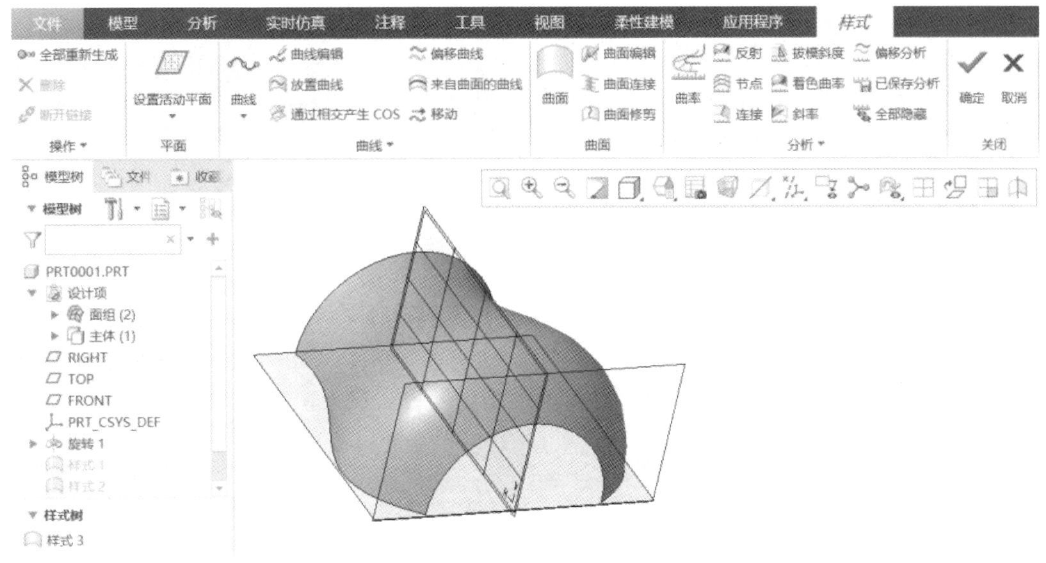

图 4-14 “样式”操控界面

3. 造型曲线

造型曲面都是由曲线来定义的，所以样式操控界面中的曲线创建功能强大而且快捷。“曲线”工具可创建“曲线”(样条)、“弧”和“圆”。一般造型曲线主要是指样条曲线，分为三种类型：自由曲线、平面曲线和曲面上的曲线(COS 曲线)。

“曲线编辑”工具可以对样式模式下创建的造型曲线的控制点进行自由拖动，从而改变曲线的形状。

“放置曲线”工具相当于“投影”，可以将草绘曲线和造型曲线投影到曲面上从而创建 COS 曲线。

“通过相交产生 COS 曲线”相当于普通曲面编辑工具的“相交”，即在曲面相交处创建曲线。该工具常用于逆向设计，即通过不同位置的基准平面和导入的独立几何曲面形成交线，从而得到导入几何曲面各个位置的截面曲线，通过这些截面曲线可以进行重新造型。

“偏移曲线”可以将草绘曲线和造型曲线往某个方向偏移一段距离形成新的曲线。

“来自曲面的曲线”是创建曲面在较长方向的等距离截面线。

“移动”工具可以移动、旋转和缩放选定的曲线。

4. 造型曲面

“样式”操控界面造型曲面的创建都是“从边界创建曲面”。单击功能区“曲面”命令组中的“曲面”工具，弹出“造型:曲面”操控板。边界曲面与边界混合曲面较为相似，可以选取两个方向(“主链”和“跨链”)的曲线(包括造型曲线、草绘曲线、几何边)来创建“边界”曲面。如图 4-15 所示。

造型曲面与“边界混合”有相似之处，但也明显不同，造型曲面的曲面创建方式更为灵活，可选取的曲线类型也更广泛。如果“主链”选取的是一个平面上的两条封闭曲线，则可以创建一个封闭的平面曲面，类似于“填充”曲面；如果“主链”和“跨链”各选取一条曲线，则主链沿着跨链移动形成曲面，类似于“扫描”曲面。

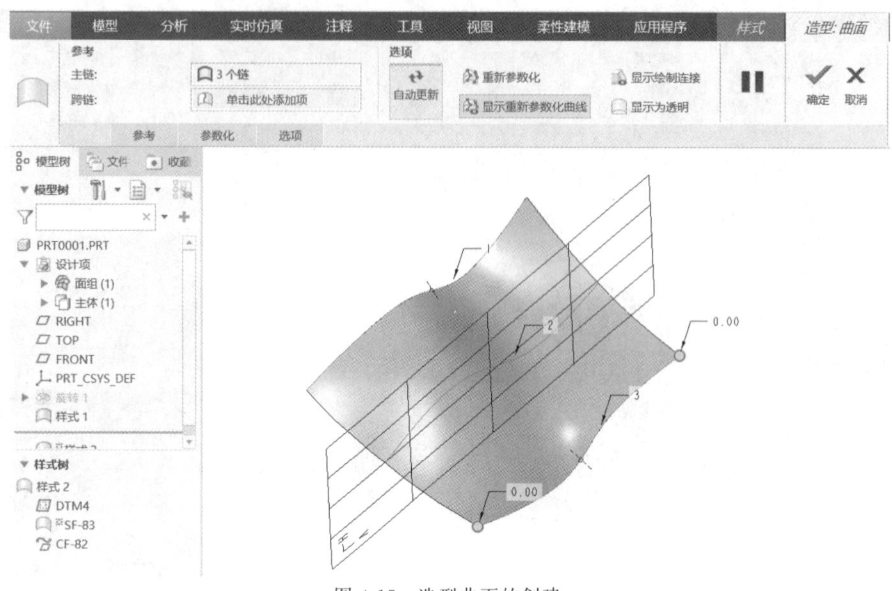

图 4-15　造型曲面的创建

5. 曲面编辑

“曲面编辑”工具与“曲线编辑”工具相似，可以对曲面的控制点进行自由拖动，从而改变曲面的形状。操作步骤：①单击“曲面编辑”按钮，进入“造型：曲面编辑”操控板→②在图形窗口选取要编辑的“基础曲面”→③设置“最大行数”和“最大列数”（决定了网格的大小和控制点数量）→④设置调整的“移动”方式及“调整幅度”数值→⑤在图形窗口拖动曲面的控制点，曲面形状发生改变。如图 4-16 所示。

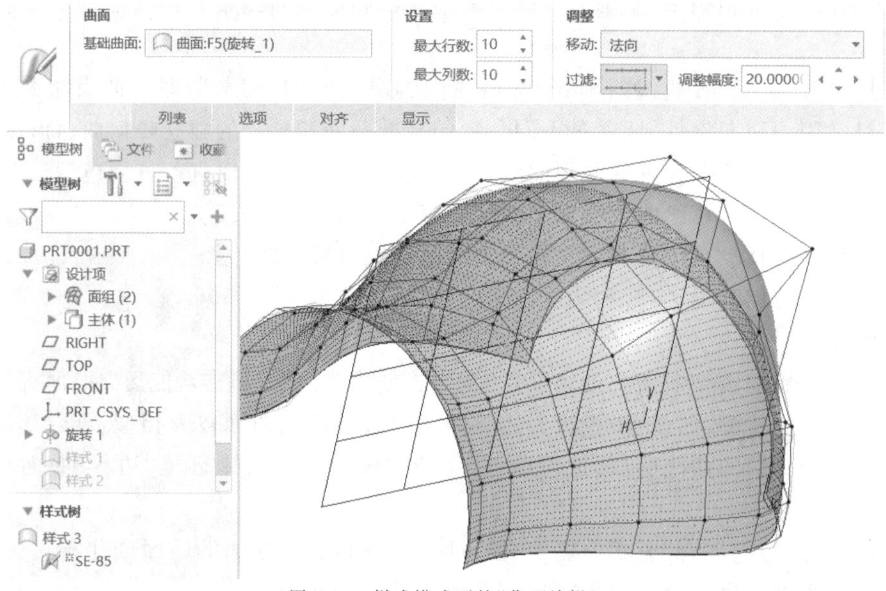

图 4-16　样式模式下的“曲面编辑”

4.1.6　自由式曲面

使用“自由式”曲面工具可以调入基础形状的曲面特征（基元），并通过“拖动器”对曲面进行交互地“推”或“拉”更改曲面形状，从而创建所需要的曲面。创建的曲面通常被称为“自由式曲面”。在“自由式”环境中创建的各种特征可以统称为自由式特征，形成的“自由式树”有自己内部的父子关系，可以与其他一般特征建立参考关系或关联。

1. 自由式操控界面

单击“曲面”命令组中的“自由式”工具，进入如图 4-17 所示的“自由式”操控界面。创建的自由式特征会出现在“模型树”中，同时有独立的“自由式树”。“样式”操控板中的功能区包括“操作”、“控制”、“关联”、“创建”、“皱褶”和“对称”等命令组。图形工具栏添加了一些该环境下的显示操作快捷按钮。

在添加了“基元”曲面后，依附在曲面模型上的是它的控制单元网格，曲面的形状变化取决于控制单元网格的形状变化。同时，在坐标原点出现一个操控“拖动器”，通过操控该“拖动器”拖动控制网格从而对曲面的形状进行编辑。

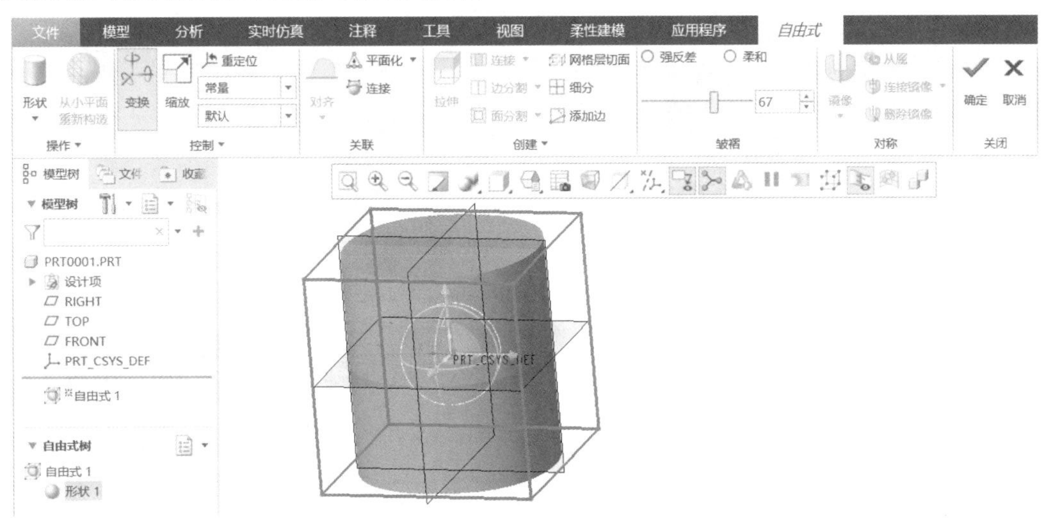

图 4-17 “自由式”操控界面

2. 基元及其调入

基元是一种简单形状的基础曲面，是创建自由式曲面的初始形状，可以将其分割或组合来创建所需的自由式曲面特征。在功能“形状”下拉选项中包括四种平面的“开放基元”曲面（圆形、环形、方形和三角形）以及四种立体的“封闭基元”曲面（球、圆柱、圆环和立方体）的调入按钮，如图 4-18 所示。单击“基元”调入按钮，就将对应的基元曲面调入了图形窗口的坐标原点位置。

3. 拖动器的基本操作

拖动器是自由式曲面造型的主要操作工具，是用来在“变换”和“缩放”模式下拖动曲面的控制网格，使曲面发生变形。拖动器提供了基于“笛卡尔”坐标的“沿方向”、“沿平面”和“沿弧线”的控制柄，从而实现对单元网格的平移、旋转和缩放，如图 4-19 所示。

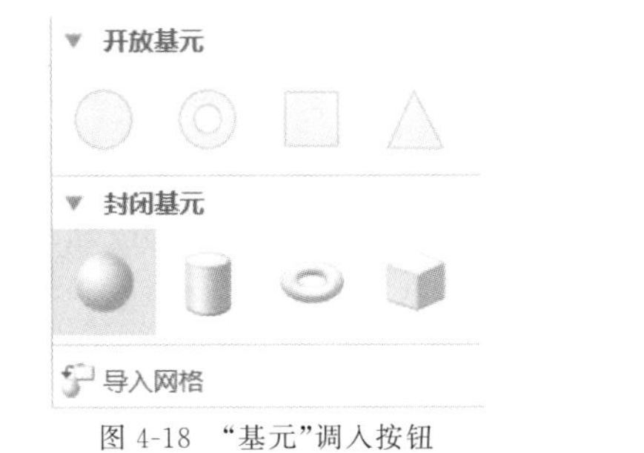

图 4-18 “基元”调入按钮

沿弧线
沿平面
沿方向

图 4-19 拖动器控制柄

在“变换”控制模式下，鼠标拖动这些控制柄，可实现单元网格在对应方向上的移动或旋转，如图 4-20 所示。当控制模式切换到“缩放”时，拖动器控制柄可以对网格进行局部的放大或缩小，如图 4-21 所示。

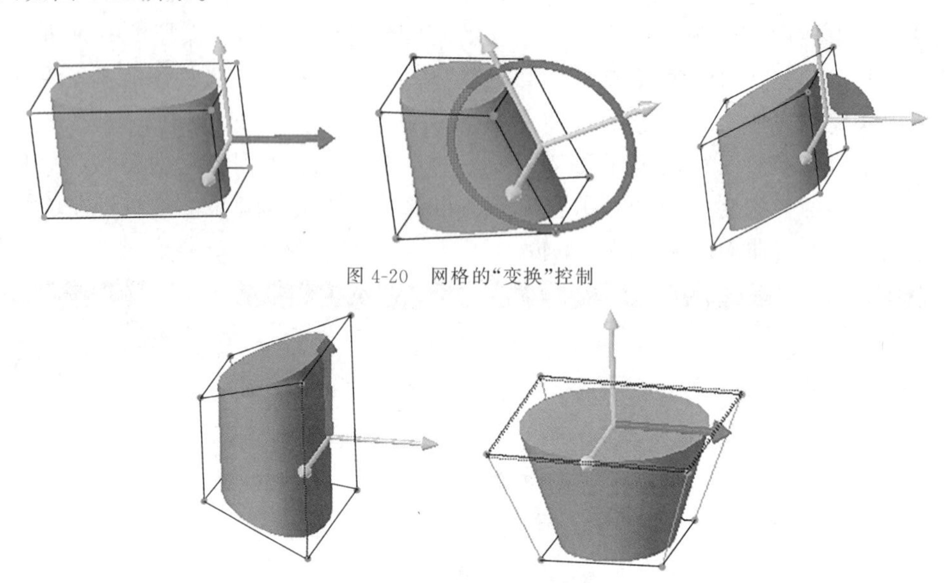

图 4-20　网格的“变换”控制

图 4-21　网格的“缩放”控制

拖动器可以放置在网格的面、边和顶点上，通过改变拖动器的位置实现网格在不同位置的平移、旋转和缩放。

4.2　曲面特征的编辑

用于曲面特征的处理和编辑工具很多，第 3 章所介绍的“倒圆角”、“倒角”和“拔模”等工程特征以及“阵列”、“镜像”和“偏移”等特征编辑工具都可用来处理和编辑曲面特征。本节介绍了用于曲面特征处理和编辑的其他常用工具和命令，主要包括：曲面修剪、曲面延伸、曲面合并、曲面加厚、曲面实体化、曲面顶点倒圆角、展开面组以及与曲面相关的曲线创建工具(相交、投影和包络)。

4.2.1　相交与投影

1. 曲面相交

利用编辑命令组的“相交”工具可以创建相交曲面的交线。相交面的交线可以是两个面组的交线、面组和实体几何面的交线、基准面与面组的交线或基准面与实体几何面的交线。但不能创建基准面与基准面、实体几何面与实体几何面的交线。

基本操作步骤：①单击“编辑”命令组的“相交”，进入“相交”操控板→②按住 Ctrl 键选取两个相交的面(相连的曲面可多选)→③图形窗口出现相交曲线，单击“√”按钮完成，如图 4-22 所示。形成的相交特征为曲线。

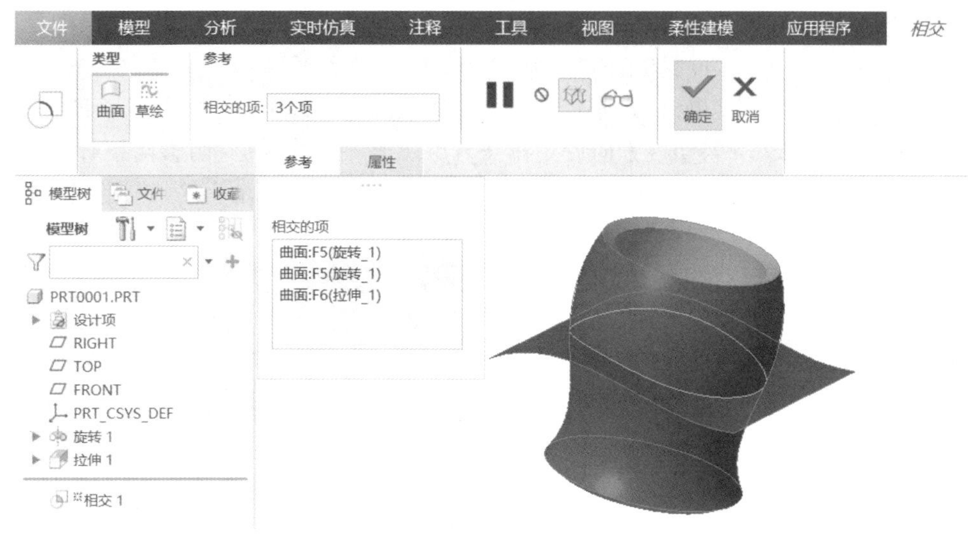

图 4-22 创建相交曲面的交线

2. 投影曲线

利用编辑命令组的“投影”工具可以将曲面外的基准曲线、实体几何边、草绘及修饰草绘等投影到曲面、实体几何面或基准平面上，从而在曲面上生成投影曲线。

基本操作步骤：①单击“编辑”组的“投影”工具，进入“投影曲线”操控板→②在图形窗口选取要投影的“链”（已有的草绘、曲线或几何边），或者单击“草绘”或“修饰草绘”进入草绘器绘制投影图元→③单击“投影目标”收集器“单击此处添加项”或下方“参考”栏中的“曲面”收集器，并在图形窗口选取要创建投影曲线的曲面→④在“投影方向”下拉选项栏中选择“垂直于曲面”或“沿方向”（如果选择“沿方向”，则再在图形窗口选择一个平面、轴、坐标系轴或图元来指定投影方向）→⑤曲面上出现投影曲线，单击“√”按钮完成，如图 4-23 所示。

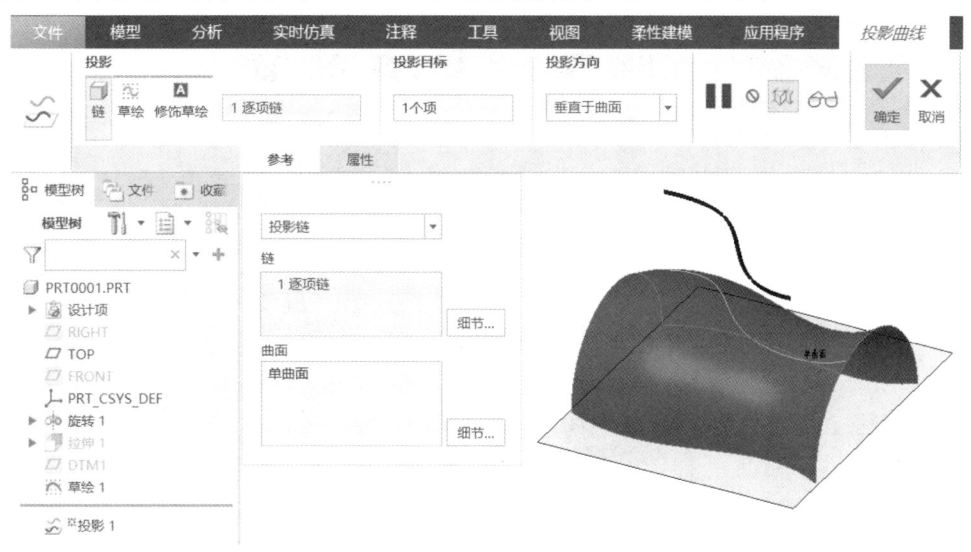

图 4-23 创建曲面上的投影曲线

4.2.2 修剪与延伸

1. 曲面修剪

利用编辑命令组的“修剪”工具可以利用一个修剪对象对另一个面组（或曲线）进行修剪。

修剪对象必须是面组并且贯穿被修剪的面组。

基本操作步骤：①单击“编辑”组的“修剪”工具，进入“修剪”操控板→②在图形窗口先选取“修剪的面组”（被修剪）→③单击“修剪对象”收集器“单击此处添加项”，并在图形窗口选取“修剪对象”面组（修剪工具）→④切换方向后获得修剪后所要保留的部分（阴影网格部分）→⑤单击“选项”栏，可以根据需要勾选“保留修剪面组”或“加厚修剪”→⑥单击“√”按钮完成面组修剪，如图 4-24 所示。

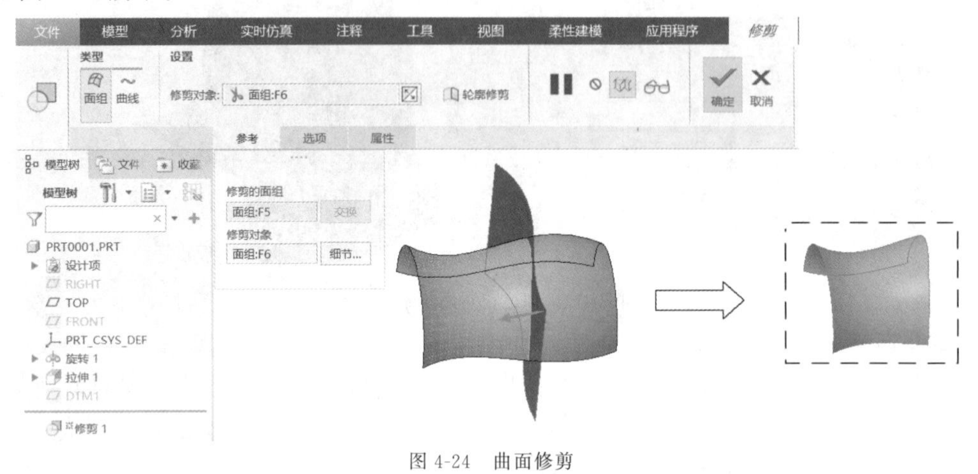

图 4-24 曲面修剪

2. 曲面延伸

利用编辑命令组的“延伸”工具可以选取面组的几何边界链将曲面沿原始曲面延伸指定的距离或延伸至一个指定的参考平面。

基本操作步骤：①单击“编辑”组的“延伸”工具，进入“延伸”操控板→②在图形窗口选取延伸曲面的几何边→③选择延伸类型：“沿原曲面”或“至平面”→④输入延伸距离或选取要延伸至的参考平面→⑤单击“√”按钮完成曲面修剪，如图 4-25 所示。

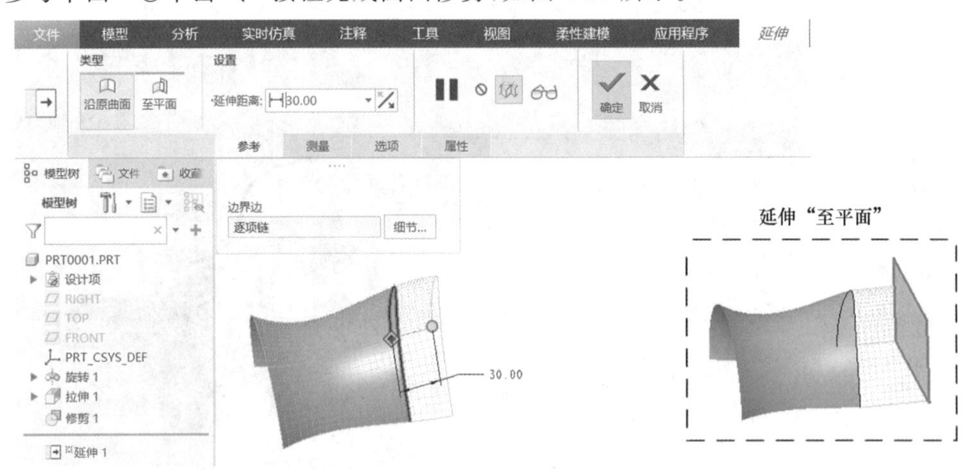

图 4-25 曲面延伸

4.2.3 合并与加厚

1. 曲面合并

利用编辑命令组的“合并”工具将两个独立曲面合并为一个面组。

基本操作步骤：①单击“编辑”组的“合并”工具，进入“合并”操控板→②在图形窗口按住

Ctrl 键选取两个要合并的曲面→③在“设置”栏分别切换“保留的第一面组的侧”和“保留的第二面组的侧”方向以获得合并后所需要的合并效果(阴影网格部分)→④单击“√”按钮完成曲面合并,如图 4-26 所示。两个曲面不同保留侧形成的合并效果如图 4-27 所示。

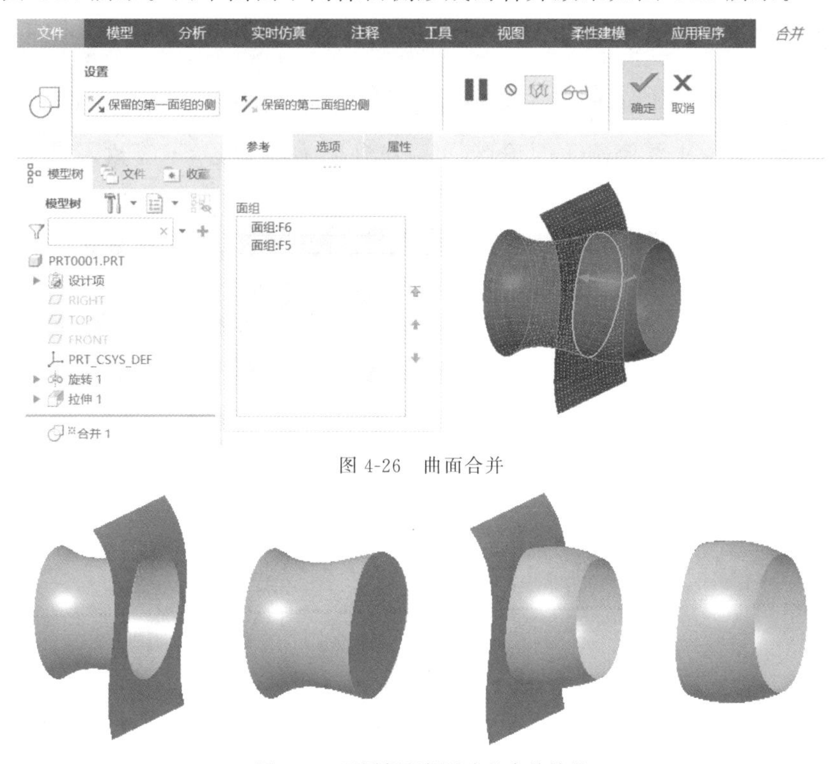

图 4-26 曲面合并

图 4-27 不同保留侧形成的合并效果

2. 曲面加厚

利用编辑命令组的“加厚”工具可以将面组直接变成薄板实体,或者将其变成薄板实体成为移除材料的体积块。

基本操作步骤:①单击“编辑”组的“加厚”工具,进入“加厚”操控板→②在图形窗口选取要加厚的曲面→③输入厚度值并调整加厚方向→④单击“选项”栏,可以根据需要设置加厚方式或“排除”部分曲面使之不加厚→⑤单击“√”按钮完成曲面合并,如图 4-28 所示。

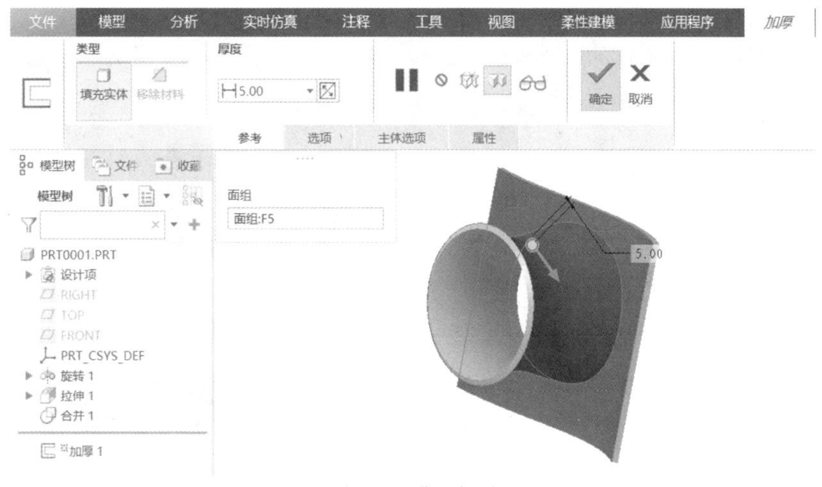

图 4-28 曲面加厚

4.2.4 顶点倒圆角与展平面组

1. 曲面顶点倒圆角

利用曲面命令组下拉选项中的"顶点倒圆角"工具可以将面组轮廓上的顶点倒成指定半径的圆角。

基本操作步骤:①单击"曲面"命令组下拉选项中的"顶点倒圆角"工具,进入操控板→②在图形窗口选取曲面轮廓上要倒圆角的顶点(可以按住 Ctrl 键多选)→③输入圆角半径→④单击"√"按钮完成曲面顶点倒圆角,如图 4-29 所示。

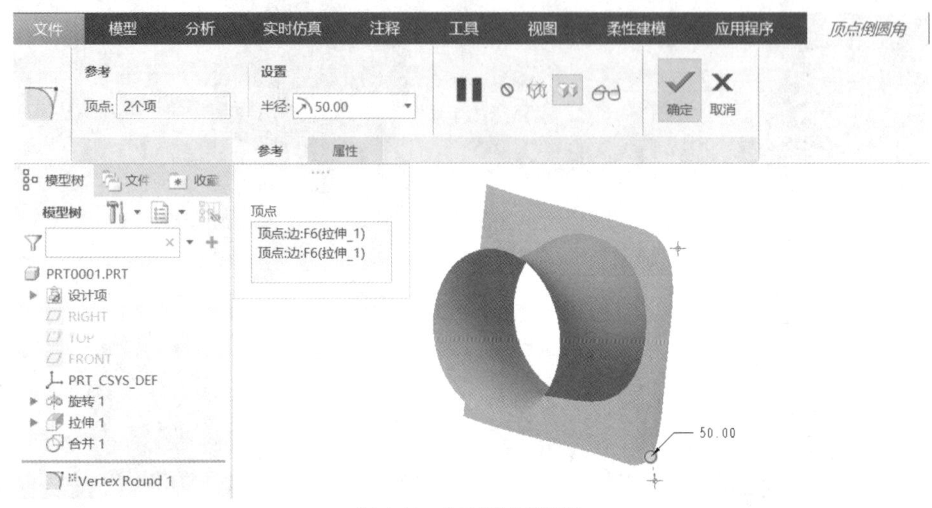

图 4-29 曲面顶点倒圆角

2. 展平面组

利用曲面命令组下拉选项中的"展平面组"工具可以将面组在指定点位置展平,生成一个新的平整面组。

基本操作步骤:①单击"曲面"命令组下拉选项中的"展平面组"工具,进入操控板→②在图形窗口选取要展平的曲面→③单击"原点"收集器"单击此处添加项",并在图形窗口选取展开的原点(展开变形后固定不动的点)→④单击"√"按钮完成展平,如图 4-30 所示。

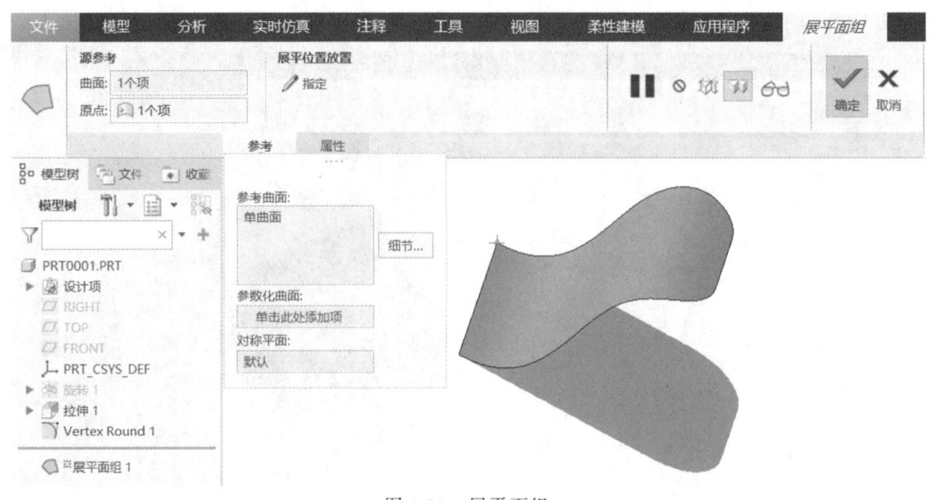

图 4-30 展平面组

4.2.5 实体化

利用编辑命令组中的“实体化”工具可以将面组变为实体。曲面的“实体化”常用两种方式:由一个完整封闭的“空心”面组生成实心几何体,即“填充实体”实体化;或利用曲面组切除实体,即“移除材料”实体化。

1. 面组填充实体

面组要通过“实体化”成为实心几何体,该面组必须是封闭的,而且必须是合并后的单个面组。

基本操作步骤:①单击编辑命令组中的“实体化”工具,进入操控板→②在图形窗口选取要实体化的面组→③实体化“类型”选择默认的“填充实体”→④单击“√”按钮完成“填充实体”的实体化,如图 4-31 所示。

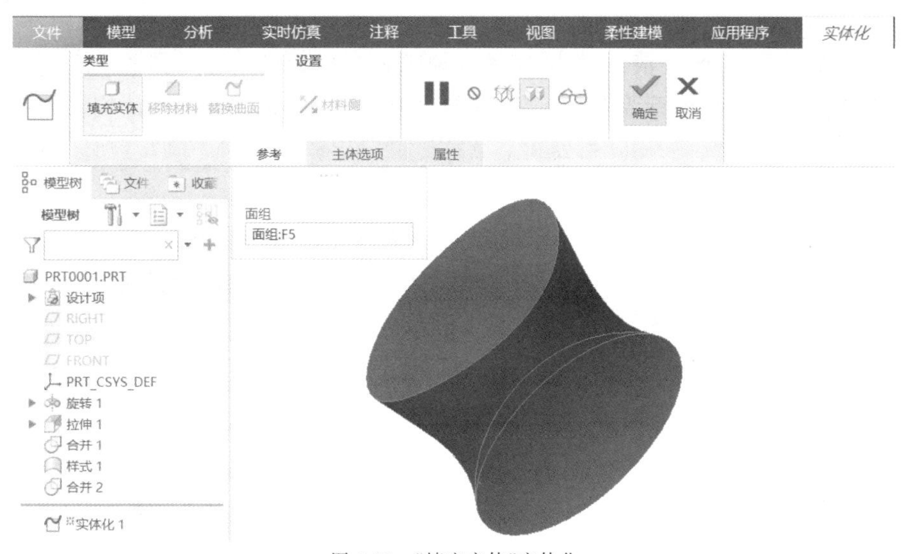

图 4-31 “填充实体”实体化

2. 移除材料实体化

移除材料的曲面可以是封闭的,也可以是开放的,但开放曲面必须完全穿过被移除材料的实体。

基本操作步骤:①单击“编辑”命令组中的“实体化”工具,进入操控板→②在图形窗口选取要实体化的曲面→③实体化“类型”选择“移除材料”→④单击“√”按钮完成曲面移除材料的实体化。如图 4-32 所示。

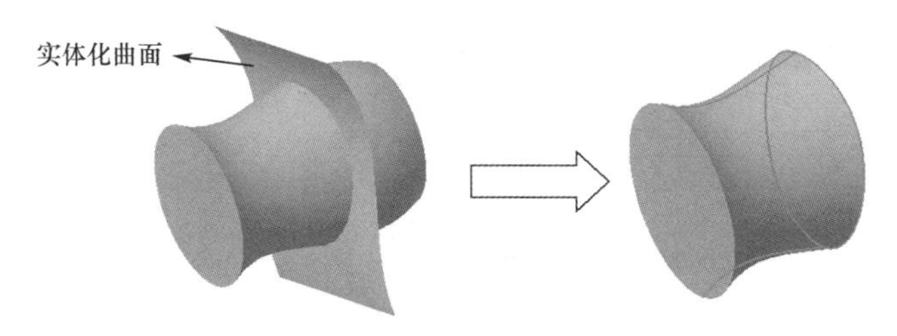

图 4-32 “移除材料”实体化

4.3 高级特征的创建

"环形折弯"、"骨架折弯"和"扭曲"都属于 Creo 的高级特征，主要是通过对实体特征或曲面特征进行一定方式的变形加工，使之形成相对复杂的曲面形状。Creo 9.0 的"环形折弯"和"骨架折弯"工具在"工程"命令组的下拉选项中，而"扭曲"在"编辑"命令组的下拉选项中。

4.3.1 环形折弯

"环形折弯"是将实体板条、非实体曲面或基准曲线折弯成环形(旋转)形状。例如：可以使用环形折弯基于平整几何创建一个轮胎。环形折弯特征会同时有两个方向的折弯：横向截面折弯与纵向环形折弯。横向截面折弯由截面轮廓草绘曲线和基准坐标定义，纵向环形折弯由折弯方式设置定义：折弯半径值、折弯时所绕的轴或 360°折弯。

下面以创建轮胎三维模型为例介绍环形折弯的应用。首先计算轮胎的周长，完成轮胎展开后的实体板条拉伸，然后采用阵列创建上面的防滑斜槽，完成后如图 4-33 所示。

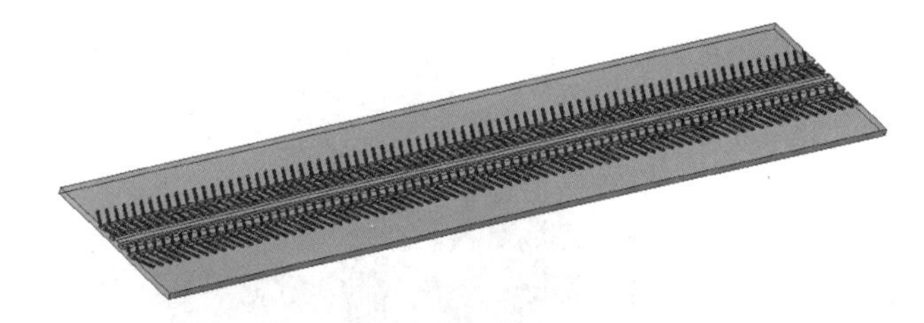

图 4-33 创建轮胎展开后的实体板条

1."环形折弯"基本操作

环形折弯基本操作步骤：①单击"环形折弯"工具，弹出操控板→②在图形窗口选取要进行环形折弯的实体或面组→③单击轮廓截面"定义"，进入草绘器→④在图形窗口绘制横向折弯的截面轮廓曲线以及基准坐标系，完成后单击"√"按钮退出草绘→⑤选择纵向折弯方式，如"360 折弯"→⑥分别选取实体板条两个端面使之连接成 360°的圆环→⑦单击"√"按钮完成，如图 4-34 所示。

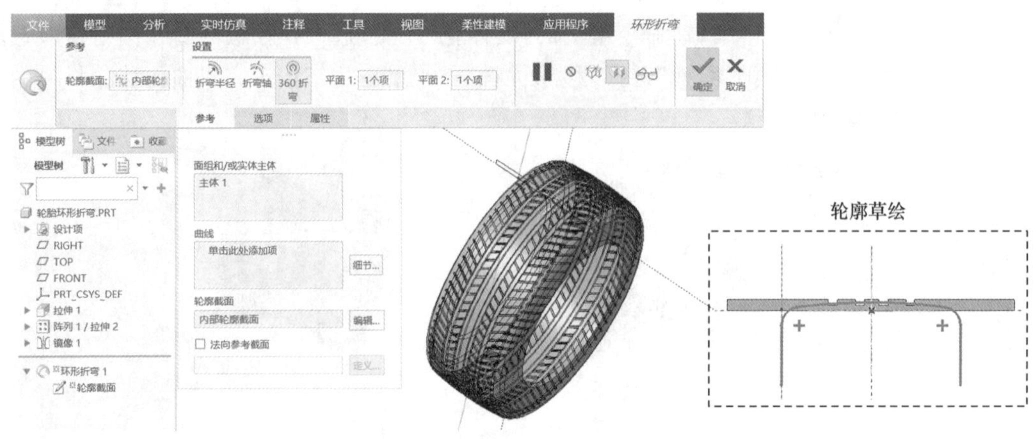

图 4-34 轮胎板条的 360°环形折弯

2.“轮廓截面”绘制

操控板“轮廓截面”用于定义轮廓截面的内部草绘或外部草绘。轮廓截面必须包含可旋转几何坐标系才能指示中性平面，中性平面与坐标系的 XZ 平面重合。对于内部轮廓截面，只有创建了有效的坐标系，才能退出草绘器并继续创建特征。

3. 折弯方法设置

操控板“设置”栏用于定义环形折弯的方法：(1)折弯半径：设置坐标系原点与折弯轴之间的距离，在其后设置折弯半径的值，折弯后成为一个弧状实体；(2)折弯轴：选取折弯时所绕的轴，该轴必须位于轮廓截面上，并且平行于几何坐标系的 X 轴；(3)360 折弯：设置完全折弯(360°)。折弯半径等于两个端面间的距离除以 2π，在其后的“平面 1”和“平面 2” 用于选取连接成环的两个端面，折弯后成为一个封闭环实体。

4.3.2 骨架折弯

“骨架折弯”是通过沿骨架曲线连续重定位横截面来折弯实体或面组，将与原轴垂直的平面横截面重定位为与骨架曲线垂直。轴在骨架曲线的起点处与其相切，所有的压缩或变形都是沿轨迹纵向进行的。

在创建骨架折弯之前，要在实体旁边绘制一条折弯曲线作为折弯“骨架”。

骨架折弯基本操作步骤：①单击“骨架折弯”工具，弹出操控板→②在图形窗口选取折弯曲线(骨架)→③单击“折弯几何”收集器“单击此处添加项”，并在图形窗口选取要骨架折弯的实体或面组→④根据需要设置“保留长度”的方式和长度→⑤单击“√”按钮完成，如图 4-35 所示。

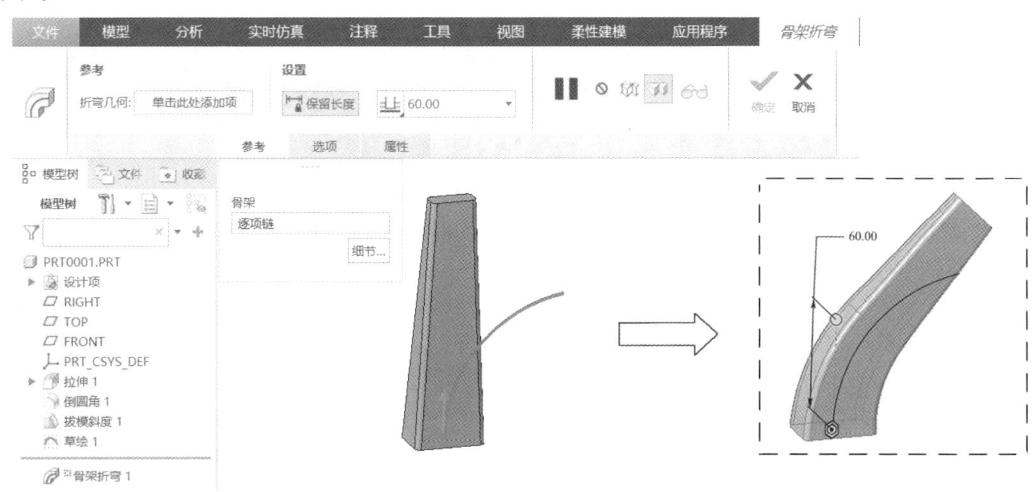

图 4-35 骨架折弯

4.3.3 扭曲

“扭曲”工具是通过变换、折弯、扭曲、扭转、雕刻和拉伸等多种方式来改变几何模型(可以是实体、面组、小平面以及曲线)的形状。“扭曲”变形与“自由式”曲面有些相似，也是利用依附在几何模型的形状控制框的变形来使几何模型变形。

扭曲基本操作步骤：①单击“扭曲”工具，弹出操控板→②单击“几何”收集器“单击此处添加项”，并在图形窗口选取要骨架折弯的几何模型→③在工具栏中选择变形的方式→④相应的变形方式决定几何模型的形状控制框的变形→⑤完成后单击“√”按钮，如图 4-36 所示。

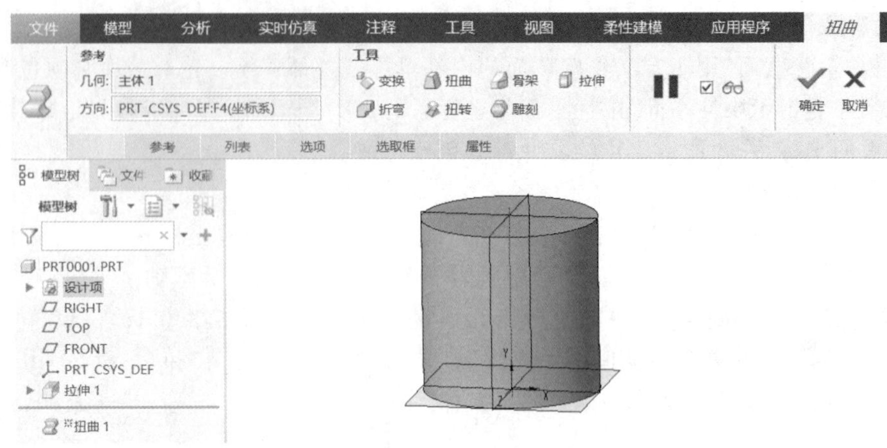

图 4-36　扭曲

1. 变换

“变换”变形是通过拖动模型形状控制框上的顶点或边从而使几何模型产生缩放、平移或旋转。如图 4-37 所示，鼠标选择形状控制框上不同的控制点，可以朝不同的方向实现拖动几何使之产生整体移动或旋转、放大或缩小、拉长或压扁。

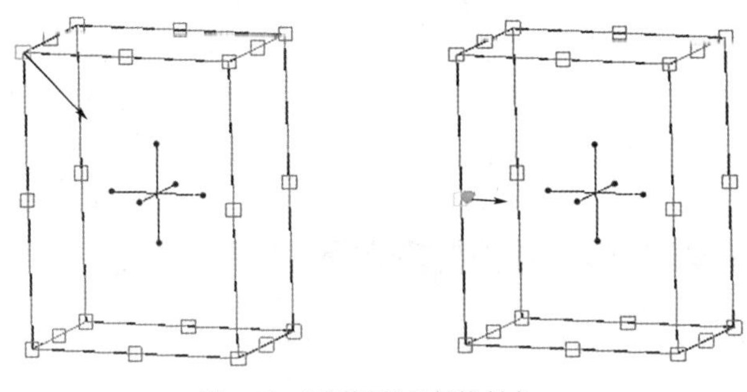

图 4-37　“变换”的几何控制点

2. 折弯

“折弯”变形是选择一个方向轴，使几何模型沿这根轴方向产生弯曲变形，可以控制折弯角度、折弯范围、轴心点和折弯半径，如图 4-38 所示。

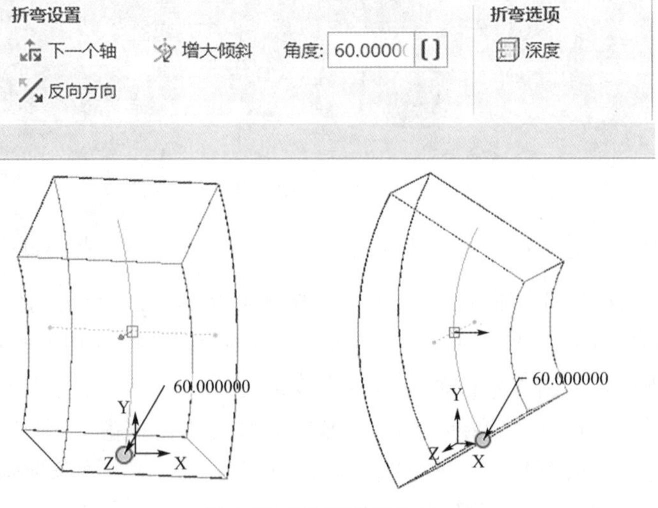

图 4-38　“折弯”变形方式

3. 扭曲

“扭曲”变形是通过拖动形状控制框上的边和拐角而使模型产生截面的几何变形，如图 4-39 所示。

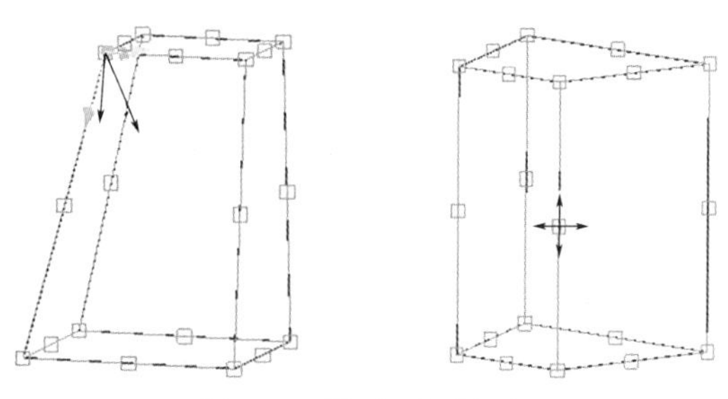

图 4-39 “扭曲”变形方式

4. 扭转

“扭转”变形是选择一个方向轴，使几何模型的形状控制框绕这根轴形成扭转变形，可控制扭转角度和扭转影响的范围，如图 4-40 所示。

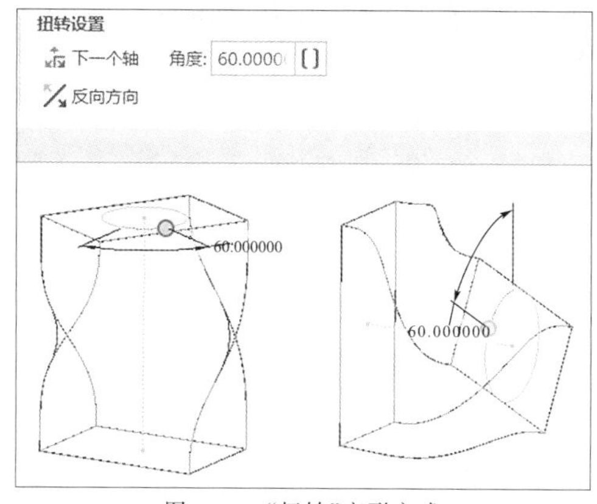

图 4-40 “扭转”变形方式

5. 骨架

“骨架”变形通过拖动“骨架”曲线上的控制点来改变几何模型的形状。变形方式可以为矩形(线性)、径向和轴向，如图 4-41 所示。在创建骨架变形之前，需要绘制或创建一根骨架线用来控制模型的变形。

6. 雕刻

“雕刻”是选择某个轴方向的法向面，并设置好网格行列数，通过拖动该面的网格控制点使面产生垂直方向的起伏变形，如图 4-42 所示。

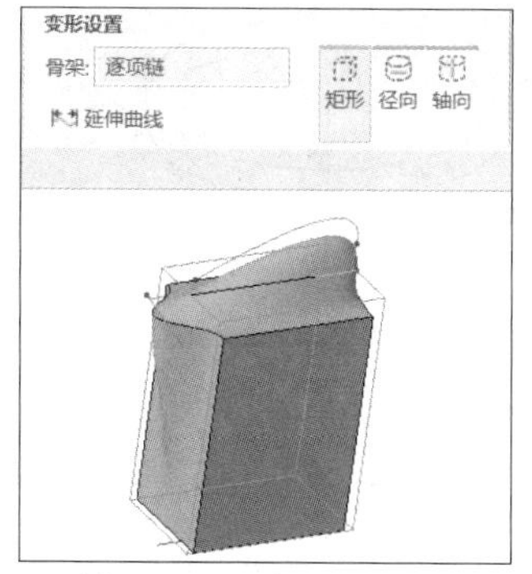

图 4-41 “骨架”变形方式

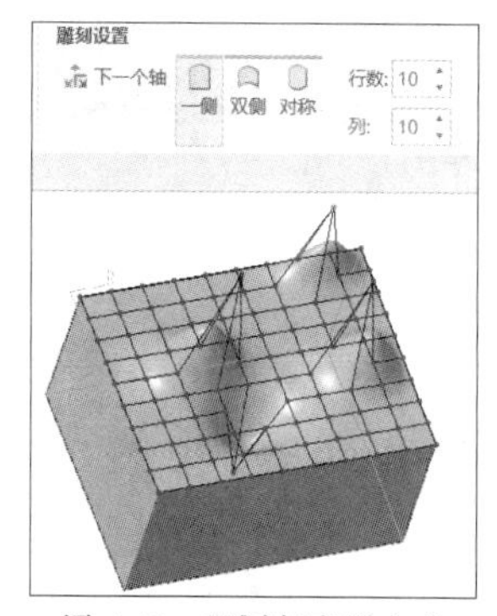

图 4-42 “雕刻”变形方式

7. 拉伸

“拉伸”是选择沿着某个轴拉伸几何，可控制拉伸的范围和比例，如图 4-43 所示。

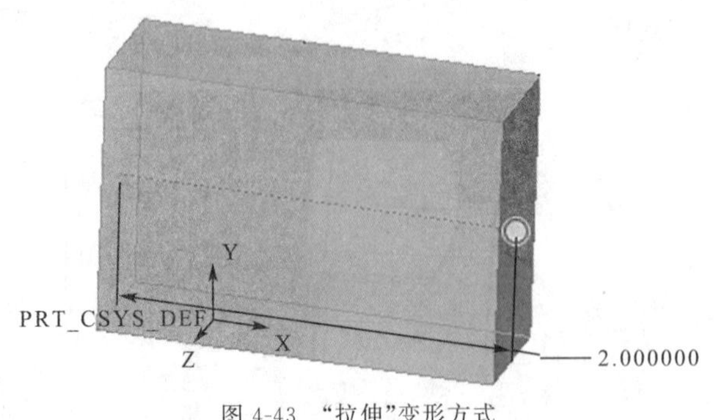

图 4-43 “拉伸”变形方式

4.4 训练案例：清洁剂瓶三维造型

完成如图 4-44 所示清洁剂瓶的三维造型。

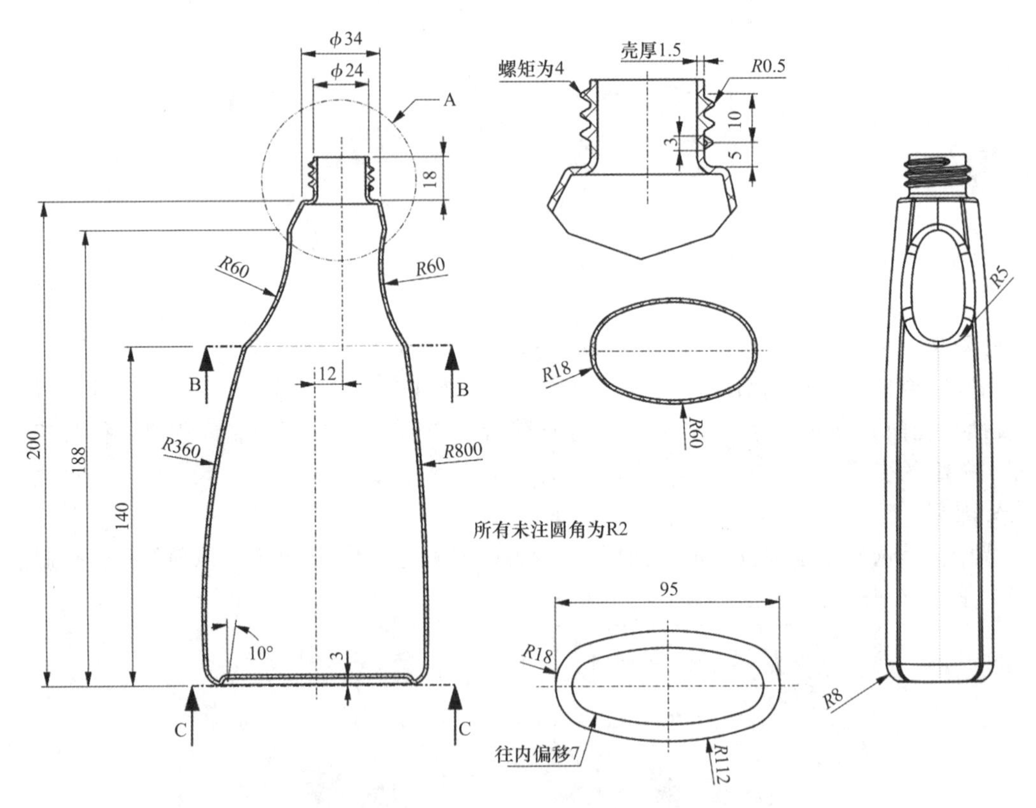

图 4-44 清洁剂瓶三维造型

4.4.1 模型特征分析

1. 模型几何形状分析

该清洁剂瓶为典型的简单曲面类模型，主体为壳体。主体曲面由三个横截面和两侧圆弧控制形状。瓶口为圆柱拉伸，底面内凹面及侧凹面都是拉伸切除。瓶口有外螺纹。

2. 确定模型坐标原点

因为模型底面为中心对称的图形，故坐标原点应该选择底面的几何中心，底面放置于 TOP 面（$X-Z$ 面）。

3. 模型特征顺序分析

该零件模型所需的特征主要包括：基准平面与草绘创建、边界混合、拉伸、倒圆角、抽壳等。清洁剂瓶的三维造型可参考如图 4-45 所示的顺序，特征“模型树”如图 4-46 所示。

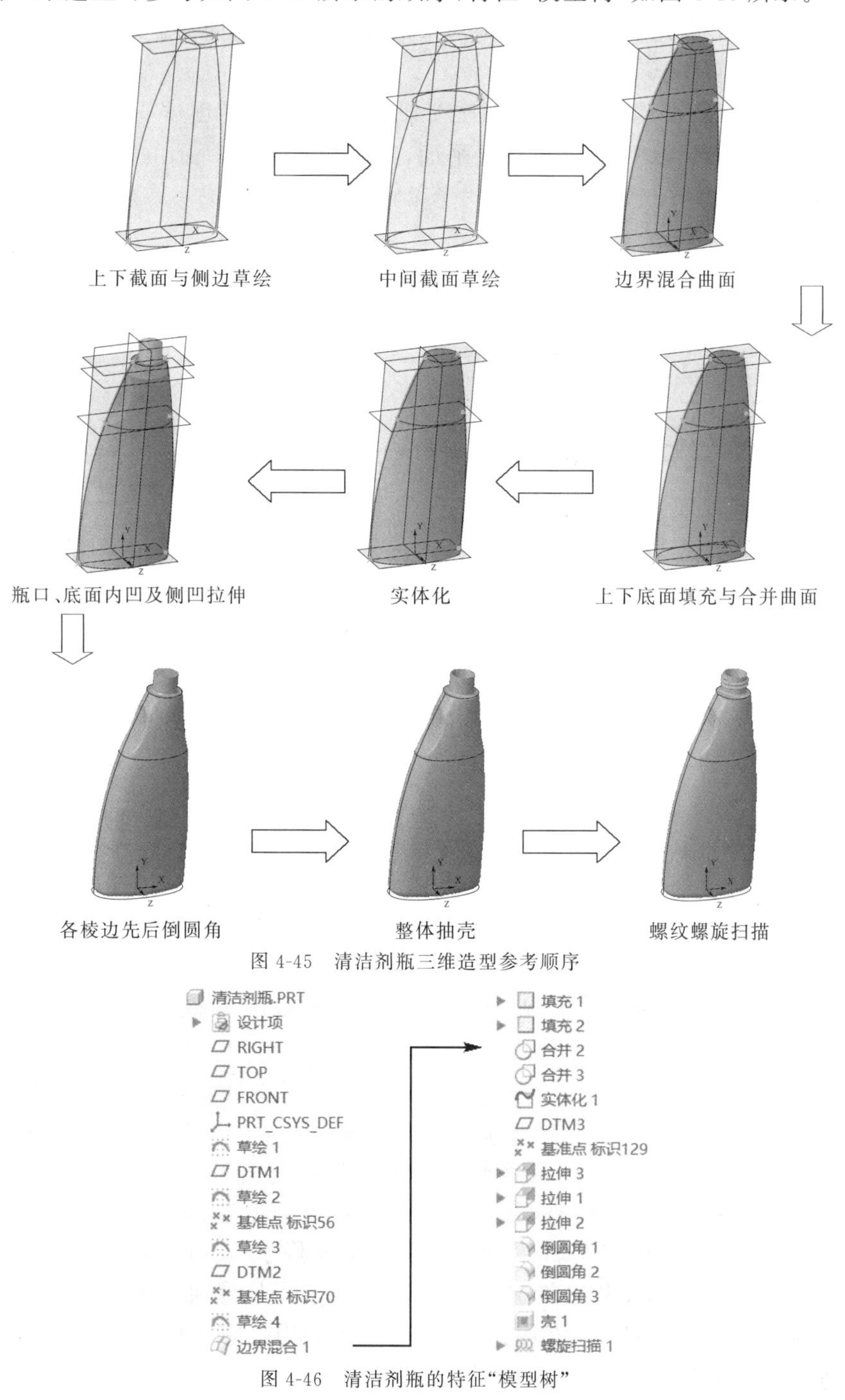

图 4-45 清洁剂瓶三维造型参考顺序

图 4-46 清洁剂瓶的特征“模型树”

4.4.2 具体操作步骤

步骤一:新建零件文件。

①打开 Creo Parametric 9.0 程序,并选择工作目录;

②单击“新建”,新建一个名为“清洁剂瓶”的实体零件文件,并采用公制模板。

步骤二:底截面草绘。

单击“草绘”工具,以 TOP 基准面为草绘平面,绘制如图 4-47 所示的截面(关于坐标原点上下对称,左右对称,四段圆弧相切),完成后单击“√”按钮退出草绘。

步骤三:顶截面草绘。

①单击基准“平面”工具,以“TOP”面往 Y 轴方向偏移“200”创建基准面“DTM1”;

②单击“草绘”工具,以 DTM1 为草绘平面,绘制如图 4-48 所示的截面,完成后单击“√”按钮退出草绘。

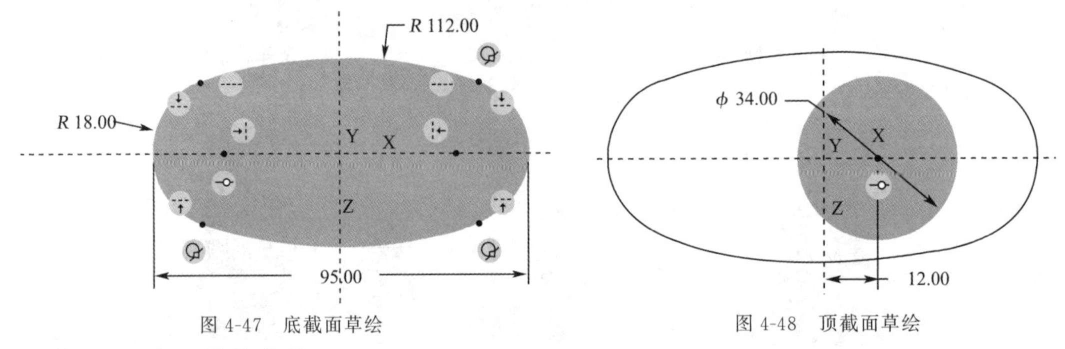

图 4-47 底截面草绘 图 4-48 顶截面草绘

步骤四:侧边曲线草绘。

①单击基准“点”工具,分别在顶截面草绘与“FRONT”面的两个交点、底截面草绘与“FRONT”面的两个交点处创建四个基准点;

②单击“草绘”工具,以“FRONT”面为草绘平面,绘制如图 4-49 所示的草绘(两段圆弧的上下端点分别参照四个基准点),完成后单击“√”按钮退出草绘;

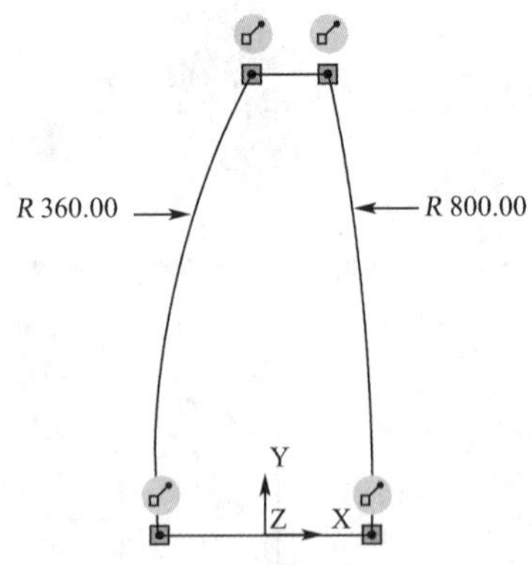

图 4-49 侧边曲线草绘

步骤五:中间截面草绘。

①单击基准“平面”工具,以“TOP”面往 Y 轴方向偏移“140”创建基准面“DTM2”;

②单击基准“点”工具,在侧边曲线与“DTM2”面的交点处分别创建两个基准点;

③单击“草绘”工具,以“DTM2”面为草绘平面,绘制如图 4-50 所示的截面(左右为 $R18$ 的圆弧要分别经过两个基准点,四段圆弧相切),完成后单击“√”按钮退出草绘。

步骤六：边界混合创建主体曲面。

①单击“边界混合”工具，按住 Ctrl 键按顺序分别选取底截面、中间截面和顶截面的草绘；

②单击控制板的“第二方向”收集器“单击此处添加项”，按住 Ctrl 键按顺序分别选取两个侧面曲线草绘，如图 4-51 所示；

③完成后单击“边界混合”操控板的“√”。

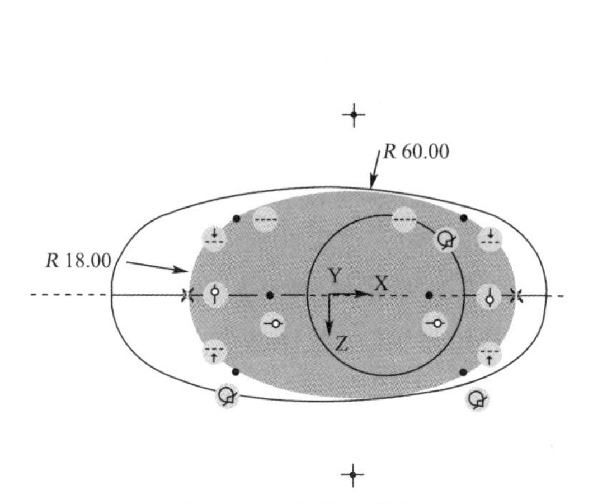

图 4-50　中间截面草绘

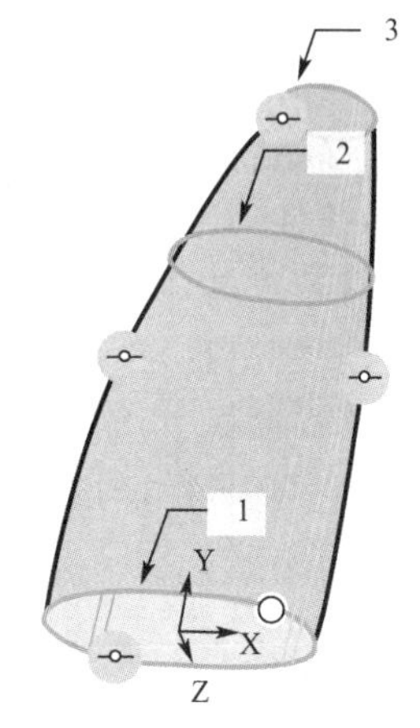

图 4-51　边界混合创建主体曲面

步骤七：填充底平面与顶平面。

①单击“填充”工具，在图形窗口选取顶截面草绘进行填充，完成后单击“填充”操控板的“√”；

②再单击“填充”工具，在图形窗口选取底截面草绘进行填充，完成后单击“填充”操控板的“√”。

步骤八：合并主体曲面与两个填充面。

①单击“合并”工具，按住 Ctrl 键在图形窗口分别选取主体曲面和填充的顶平面进行合并，完成后单击“合并”操控板的“√”；

②再单击“合并”工具，按住 Ctrl 键在图形窗口分别选取主体曲面和填充的底平面进行合并，完成后单击“合并”操控板的“√”。

步骤九：曲面实体化。

单击“实体化”工具，在图形窗口分别选取合并后的主体曲面进行“填充实体”，完成后单击“实体化”操控板的“√”。

步骤十：拉伸圆柱瓶口。

①单击“拉伸”工具，以模型顶平面为拉伸截面的草绘平面，参照顶截面草绘圆的圆心位置，绘制一个 ϕ24 的同心圆，如图 4-52 所示，完成后单击“√”按钮退出草绘；

②在“拉伸”操控板中，输入拉伸深度“18”(朝 Y 轴正方向)，完成后单击“√”按钮。

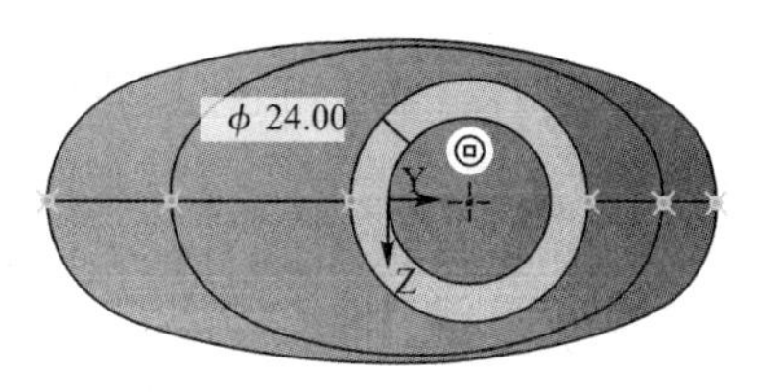

图 4-52　圆柱瓶口拉伸截面草绘

步骤十一：拉伸切出圆弧侧凹。

①单击基准“平面”工具，以“TOP”面往 Y 轴方向偏移“188”创建基准面“DTM3”；

②单击基准“点”工具，在侧边曲线与“DTM3”面的交点处分别创建两个基准点；

③单击“拉伸”工具，以“FRONT”面为拉伸截面草绘平面，绘制如图 4-53 所示的截面（以“3 点”绘圆方式，使两个圆分别经过“DTM3”面、“DTM2”与两条侧边曲线交点处的基准点），完成后单击“√”按钮退出草绘；

④在“拉伸”操控板中，将深度方式设置为“穿透”，并单击下方“选项”栏，将“侧 2”的深度方式也设置为“穿透”，再单击“移除材料”按钮，完成后单击“√”按钮。

步骤十二：拉伸切出底面内凹。

①单击“拉伸”工具，以模型底面（或“TOP”基准面）为截面草绘平面，绘制如图 4-54 所示的截面（通过“偏移”工具，参考底截面环往中间偏移“7”），完成后单击“√”按钮退出草绘；

②在“拉伸”操控板中，输入深度“3”往 Y 方向拉伸，并单击“移除材料”按钮；

③单击下方“选项”栏，勾选“添加锥度”，输入锥度值“10”（保证往 Y 方向变小），完成后单击“√”按钮。

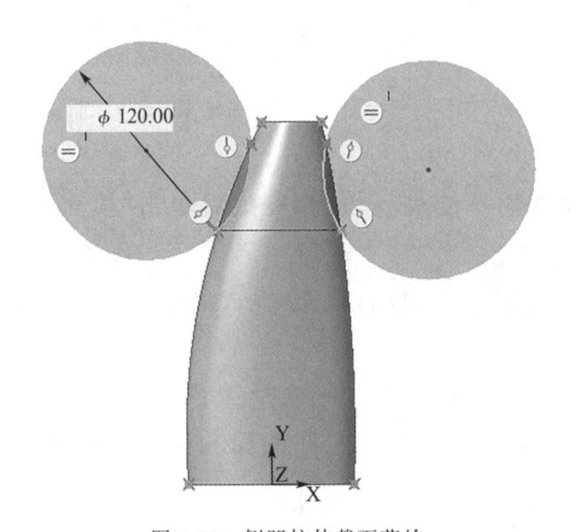

图 4-53　侧凹拉伸截面草绘

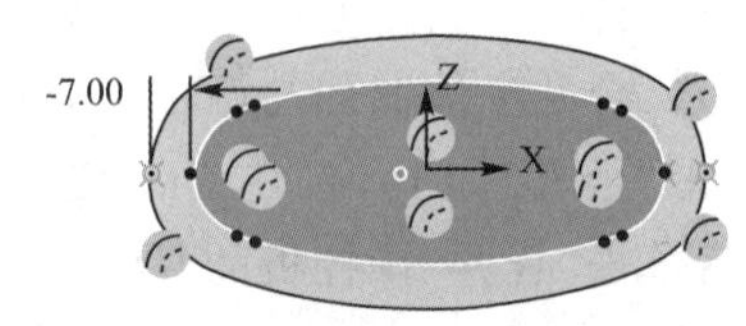

图 4-54　底面内凹拉伸截面草绘

步骤十三：倒圆角。

①单击“倒圆角”工具，选取模型外底边倒“$R8$”圆角；“新建集”并按住 Ctrl 键分别选取两侧凹边倒“$R5$”圆角；再“新建集”并按住 Ctrl 键选取瓶顶边及瓶口圆柱底边倒“$R2$”圆角；完成后单击操控板的“√”退出；

②单击“倒圆角”工具，选取模型底面内凹的底边倒“$R2$”圆角，完成后单击操控板的“√”退出；

③单击“倒圆角”工具，选取模型底面内凹的顶边倒“$R2$”圆角，完成后单击操控板的“√”退出。

步骤十四：抽壳。

单击“壳”工具，选取瓶口的上端面为开口面，输入壳厚度“1.5”。

步骤十五：螺旋扫描创建瓶口螺纹。

①单击“螺旋扫描”工具，单击螺旋轮廓“定义”，以“FRONT”面为草绘平面绘制如图 4-55(a) 所示草绘（上下两端的 85°斜线是为了创建螺纹收尾而绘制），完成后单击“√”按钮退出草绘；

②单击截面“草绘”按钮，在弹出的草绘器中绘制如图 4-55(b) 所示截面，完成后单击“√”

按钮退出草绘；

③采用默认的“右手定则”，完成后单击操控板的“√”退出。

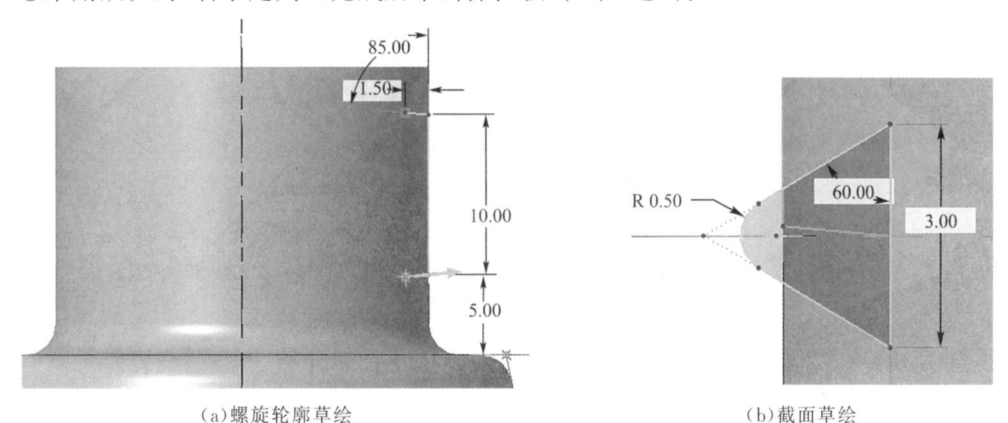

(a)螺旋轮廓草绘　(b)截面草绘

图 4-55　螺纹轮廓与截面草绘

完成三维造型的清洁剂瓶如图 4-56 所示。

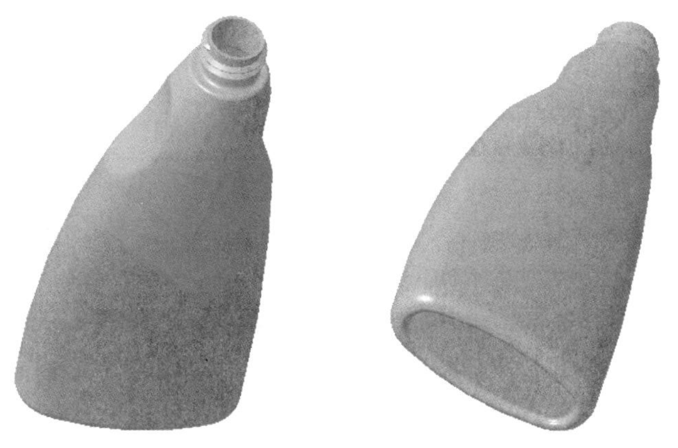

图 4-56　完成造型的清洁剂瓶模型

4.5　本章小结

本章主要介绍了各类曲面特征的创建方法，主要包括基础特征曲面、边界混合曲面、造型(样式)曲面和自由式曲面。其中，边界混合是一类较为常用的曲面特征创建方法，它是通过在一个或两个方向上定义曲面的边界曲线及中间的截面曲线来混合创建曲面。在创建边界混合曲面前，通常先把所需的截面曲线绘制好。如果要定义两个方向上的截面曲线，则需要采用合适的曲线绘制方法，以保证两个方向的曲线彼此相交。在这个过程中，必须熟练掌握基准曲线、基准点、基准面等基准特征的应用。

“样式”是一个功能齐全、建模直观的集成曲面环境，可以非常直观地创建具有高度弹性化的样式曲线和样式曲面，也称造型曲线和造型曲面。造型曲面主要用于自由曲面设计，同时可以作为普通规则曲面造型的补充。对于复杂的曲面零件而言，造型曲面是主要的工具。

要熟练掌握曲面造型，首先必须熟练掌握曲线和曲面的各种编辑操作方法，如曲线的相交与投影、曲面修剪与延伸、曲面合并与加厚、曲面实体化等。

在此基础上，本章介绍了几种高级特征的基本操作方法，包括环形折弯、骨架折弯和扭曲，用于创建和编辑实体零件的复杂曲面外形。

4.6 课后练习

一、填空题

1. 以一个平面内的封闭环形为边界所创建的轮廓平面称为(　　)曲面。

2. 通过在一个或两个方向上定义曲面的边界曲线及中间的截面曲线来混合创建曲面的方法称为(　　)。

3. 边界混合曲面的边界约束包括(　　)、(　　)、(　　)和(　　)。

4. 在样式操控界面下，图形窗口中以网格形式表示的平面称为(　　)平面。

5. 自由式曲面模式下主要通过(　　)对曲面的形状进行编辑。

6. 曲面延伸的类型包括(　　)和(　　)。

7. 利用(　　)工具可以将面组直接变成薄板实体。

二、选择题

1. 以下不能作为曲面拉伸截面草绘图形是：(　　)

A. 一个开放图元　　B. 多个相交的封闭图元

C. 多个分离的封闭图元　　D. 一个封闭图元和一个开放图元

2. 下列曲面创建工具只能创建平面曲面的是：(　　)

A. “拉伸”曲面　　B. “阴影”曲面

C. “旋转”曲面　　D. “扫描”曲面

3. 下列工程特征中，不能用于曲面模型的是：(　　)

A. 倒圆角　　B. 边倒角

C. 拔模　　D. 壳

4. 下列不属于“样式”模式下创建的曲线是：(　　)

A. 基准曲线　　B. 自由曲线

C. 平面曲线　　D. COS 曲线

5. 下列特征编辑命令能对实体进行材料移除的是：(　　)

A. 相交　　B. 延伸

C. 偏移　　D. 合并

三、操作训练

1. 完成如图 4-57 所示的相机壳造型练习。

2. 完成如图 4-58 所示的水壶造型练习。

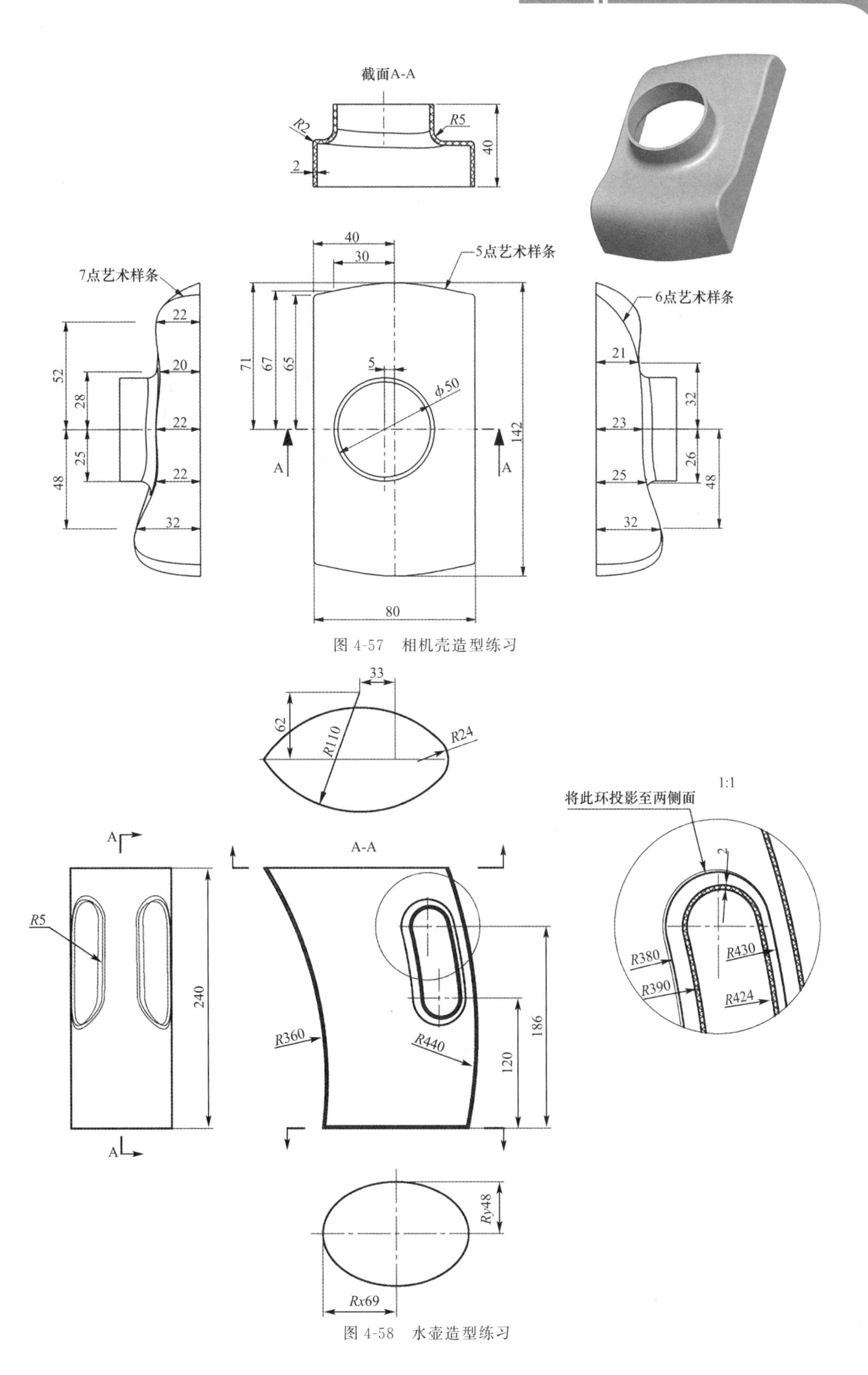

图 4-57 相机壳造型练习

图 4-58 水壶造型练习

第5章 Creo 9.0 钣金零件设计

微课5

钣金是指对金属薄板(通常在 6 mm 以下)进行加工的综合冷加工工艺,通常包括剪、冲切、折弯、成形、焊接、拼接等。通过钣金加工具有均一厚度的金属薄板零件称为钣金件。钣金件具有重量轻、强度高、导电(能够用于电磁屏蔽)、成本低、大规模量产性能好等特点,在机械工业、电子电器、通信、汽车工业、医疗器械等领域得到了广泛应用,例如各类机电设备的支撑结构(如电器控制柜)、护盖(如机床的外围护罩)、电脑机箱、汽车前后纵梁、通风罩等一般都是钣金件。

钣金件是实体模型,可表示为钣金件成型或平整模型。这些零件具有均匀厚度,并可通过添加特征来修改。特征包括壁、切口、裂缝、折弯、展平、折回、成型、凹槽、冲孔和止裂槽。还可创建包括倒角、孔、倒圆角和实体切口在内的实体特征,并应用阵列、复制和镜像操作。使用 Creo 软件设计钣金件的过程大致如下:

(1)通过新建一个钣金件模型,或由实体转换成钣金件,进入钣金设计环境。

(2)创建第一个分离壁,称为第一钣金壁(也称基础钣金壁)。

(3)在第一钣金壁的基础上添加接连壁,称为附加钣金壁。

(4)在钣金模型中,可随时添加一些实体特征,如实体切除特征、孔特征、倒圆角特征和倒角特征等。

(5)创建钣金冲孔和切口特征,为钣金的折弯做准备。

(6)进行钣金的折弯和展平。

(7)创建钣金件的工程图。

5.1 钣金设计界面

5.1.1 创建钣金文件

创建钣金零件文件通常有两种方式：新建“钣金”子类型的零件文件或者将“实体”子类型零件文件转换为“钣金”子类型零件文件。

1. 新建钣金文件

Creo 的钣金文件选择“零件”下的“钣金”子类型创建。单击“文件”→“新建”，在“新建”对话框中“类型”选择“零件”，“子类型”选择“钣金件”，并选用公制模板选择“mmns_part_sheetmetal_abs”（毫米牛顿秒_零件_钣金_绝对精度），然后单击“确定”按钮，如图 5-1 所示。

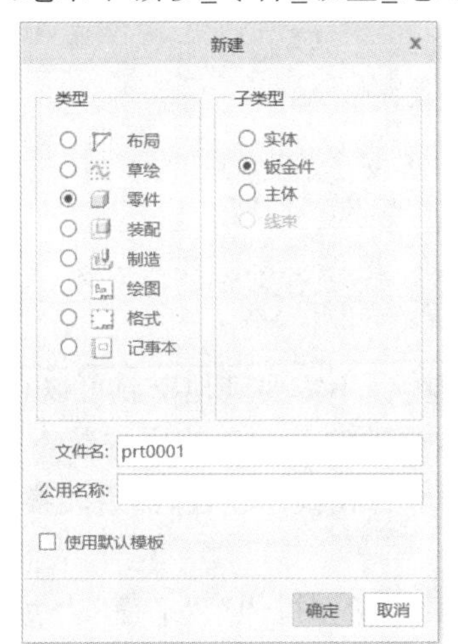

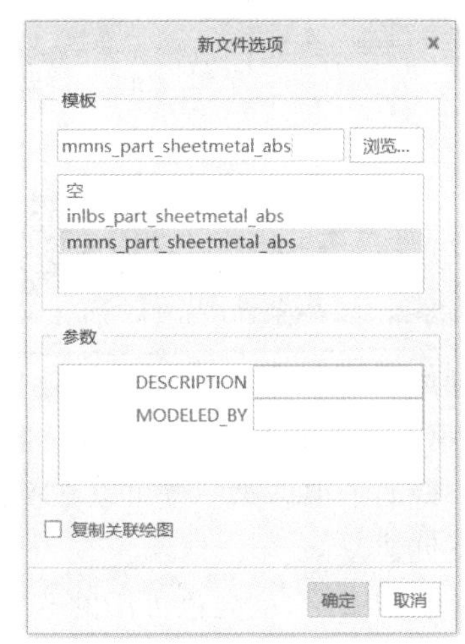

图 5-1　新建钣金文件

2. 实体模型转换为钣金

单击“操作”下拉选项的“转换为钣金件”，弹出如图 5-2 所示的“转换”控制面板，选择模型的一个面作为“驱动曲面”，并输入钣金厚度，还可以进行其他设置如“排除曲面”，完成后单击“√”按钮，则完成了钣金转换，进入钣金工作环境。

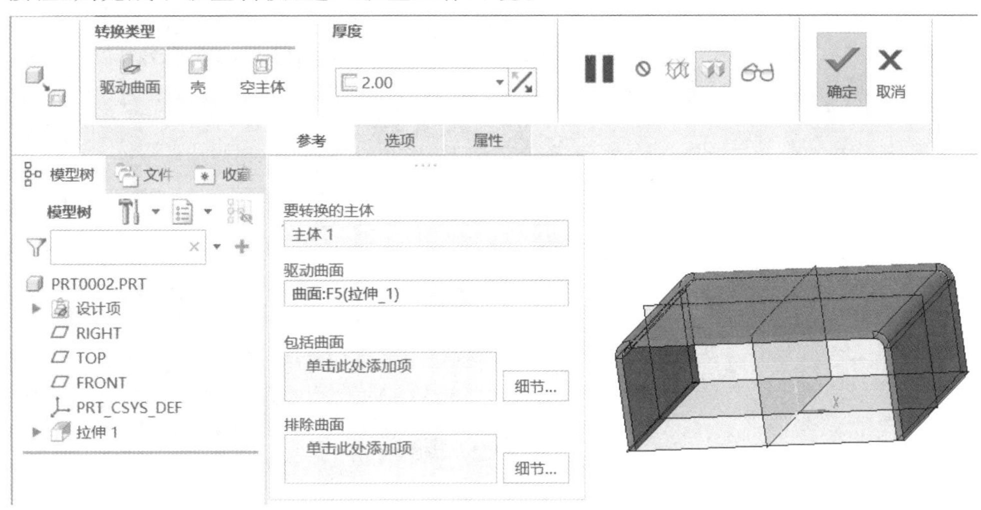

图 5-2　实体转换为钣金件

重要提示 钣金件的设计变成了产品开发过程中很重要的一环，机械工程师必须熟练掌握钣金件的设计技巧，使得设计的钣金既满足产品的功能和外观等要求，又能使得冲压模具制造简单、成本低。

5.1.2 钣金件功能区

在钣金零件模式下，钣金的主要操作在“钣金件”选项卡的功能区完成。除了“操作”、“获取数据”和“基准”等零件模式下常规的命令组外，还有“壁”、“工程”、“折弯”和“编辑”等专门的钣金操作命令组工具，如图 5-3 所示。

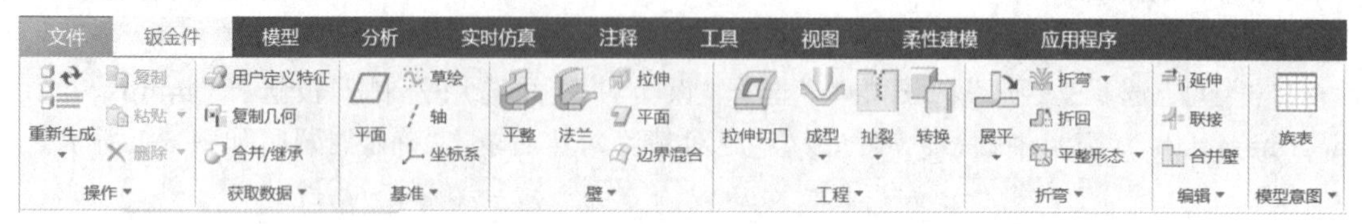

图 5-3 “钣金”件功能区

5.2 钣金壁的创建

钣金壁包括分离壁(基础壁)和依附壁(连接壁)。不需要其他壁就可以存在的独立壁称为分离壁，零件中的第一个分离壁称为第一壁，也称基础壁。第一壁决定钣金件厚度，零件其他钣金特征都是第一壁的子项。第一壁可以在实体零件模式下创建，然后转换成钣金件，也可以在钣金零件模式下创建。

当模型中没有基础壁时，呈亮色可用的壁工具包括：“拉伸”、“平面”、“边界混合”、“旋转”、“扫描”、“扫描混合”、“混合”和“旋转混合”，如图 5-4 所示。这些壁工具既可以创建分离壁也可以创建依附壁。而呈灰色不可用的壁工具包括“平整”、“法兰”、“偏移”和“扭转”，这些壁工具只能在已有基础壁上创建附加壁。特征创建方法和对应的实体薄板特征的创建方法大同小异，这里介绍“拉伸”和“平面”两种常用的分离壁创建工具，以及“平整”、“法兰”和“扭转”三种常用的附加壁创建工具。

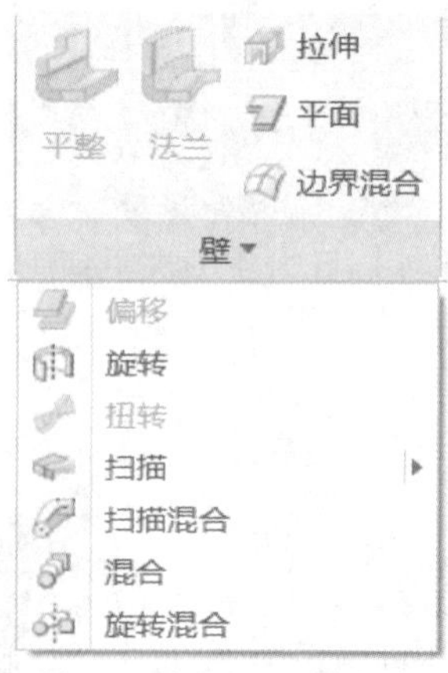

图 5-4 分离壁特征的创建

5.2.1 拉伸壁

拉伸壁是通过绘制壁的侧面轮廓线拉伸一定宽度并加厚创建壁。拉伸壁既可创建独立的分离壁，也可在现有壁上创建依附壁。

1. 拉伸壁基本操作

基本操作步骤：①单击“拉伸”工具，弹出“拉伸”操控板→②单击草绘“定义”，进入草绘器绘制壁的侧面轮廓截面→③选取深度控制方式并输入拉伸深度值→④设置钣金壁的“厚度”并设置加厚方向→⑤单击“√”按钮完成特征创建，如图 5-5 所示。

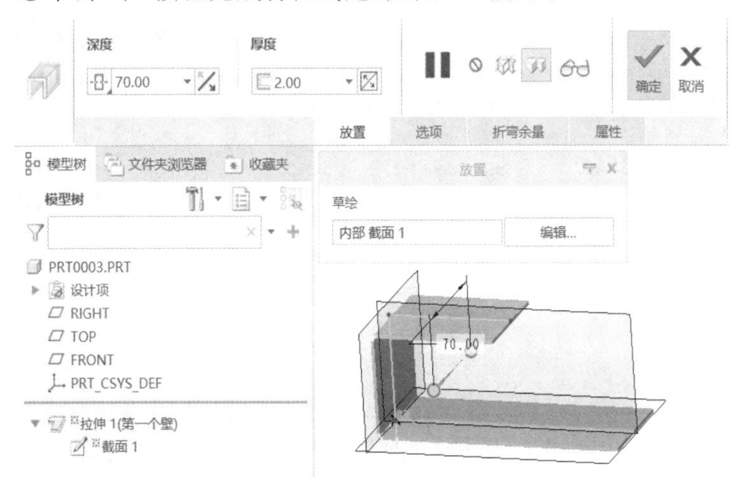

图 5-5 拉伸壁基本操作

2. 在锐边添加折弯

在拉伸壁的侧面轮廓截面绘制中，折弯部位的弯曲圆角可以不需要在草绘中绘制，而可以通过“锐边添加折弯”创建弯曲圆角。打开“选项”栏，勾选“在锐边上添加折弯”，可以设置内侧或外侧的半径值，如图 5-6 所示。

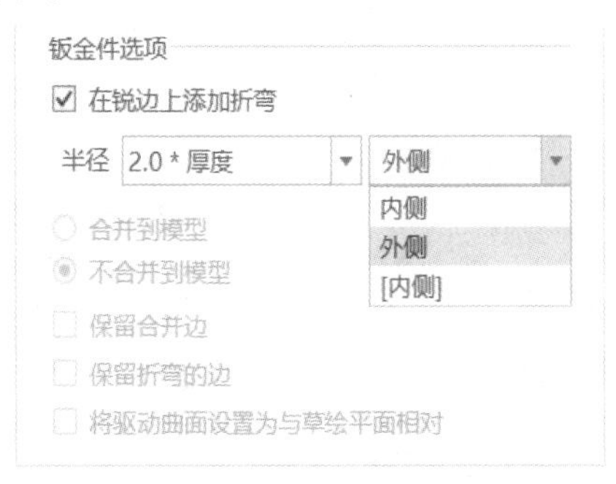

图 5-6 在锐边上添加折弯

3. 折弯余量

折弯余量用于确定构建特定半径和角度折弯所需的平整钣金件展开长度。折弯余量计算需要考虑钣金件厚度、折弯半径以及零件或壁特征的折弯角度。其计算依据为：中性弯曲线在弯曲变形前后长度不变，即弯曲变形区的中性弯曲线长度就是弯曲件的展开尺寸。弯曲部位中性弯曲线长度 L 的计算公式为：

$$L=\pi/2(R+K\times T)\theta/90=(\pi/2\times R+Y\times T)\theta/90$$

其中，R 为弯曲内半径，K 为中性层位移系数（称为 K 因子，是从中性折弯线到内部折弯半径的距离与材料厚度之间的比例），Y 为 Y 因子（$Y=\pi/2\times K$），T 为钣金厚度，θ 为折弯角度（单位为度数)。

表 5-1 为 90° 折弯的标准折弯表。

表 5-1　　90° 折弯的标准折弯表

R/T	0.2	0.3	0.4	0.5	0.6	0.7	0.8	1.0	1.1	1.2
K 因子	0.16	0.18	0.22	0.24	0.25	0.26	0.28	0.30	0.32	0.33
R/T	1.3	1.4	1.5	1.6	1.8	2.0	2.5	3.0	4.0	≥5.0
K 因子	0.34	0.35	0.36	0.37	0.39	0.40	0.43	0.46	0.48	0.50

打开“折弯余量”栏,“展开长度计算”选择“使用特征设置”,可以设置“按 K 因子”或“按 Y 因子”,并输入其数值,如图 5-7 所示。

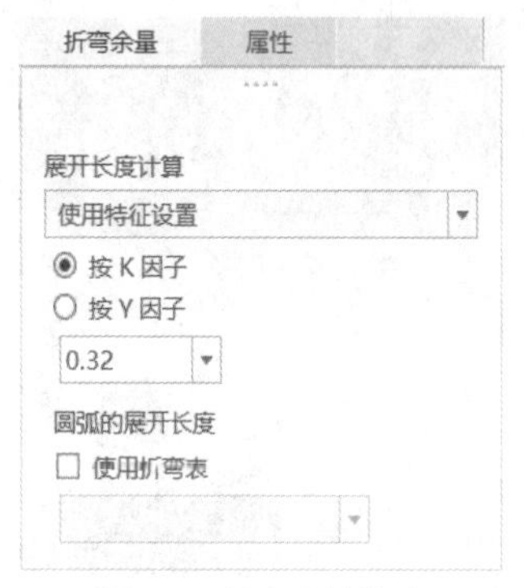

图 5-7　折弯余量设置

对于折弯较多的钣金件,可以通过“模型属性”进行统一设置。

5.2.2　平面壁

平面壁是通过绘制壁的水平封闭轮廓并加厚创建平整的壁特征。平面壁既可创建独立的分离壁,也可在现有壁上创建依附壁。

基本操作步骤:①单击“平面”工具,弹出“平面”操控板→②单击草绘“定义”,选择平面壁草绘平面,进入草绘器绘制壁的水平轮廓截面→③设置钣金壁的“厚度”并设置加厚方向→④单击“√”按钮完成特征创建,如图 5-8 所示。

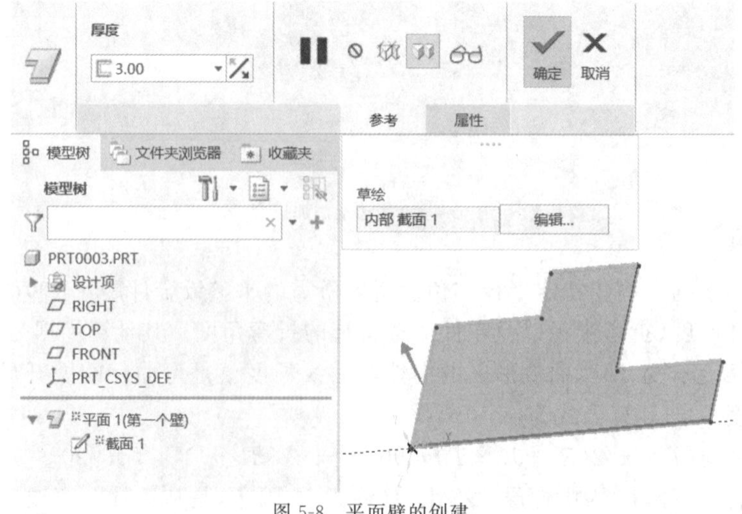

图 5-8　平面壁的创建

5.2.3 平整壁

平整壁只能附着在已有钣金壁的直线边上，可以定义其壁的水平轮廓形状。Creo 9.0 可以使用平整壁特征，一次操作单个特征创建多个壁，即支持选择多条直边作为壁放置参考，可以在单个特征内创建多个壁。

1. 平整壁创建基本操作

基本操作步骤：①单击“平整”工具，弹出“平整”操控板→②在图形窗口已有钣金壁上选取要放置的直边（可按住 Ctrl 键多选）→③选择基本“形状”，切换“厚度侧”，输入折弯尺寸（折弯圆角半径和折弯角度）→④打开下方“形状”栏，单击“草绘”按钮→⑤进入草绘器修改平整壁的形状草绘，完成后单击“√”按钮退出→⑥进行其他设置（如折弯位置、止裂槽、折弯余量等）→⑦完成后单击“√”按钮，如图 5-9 所示。

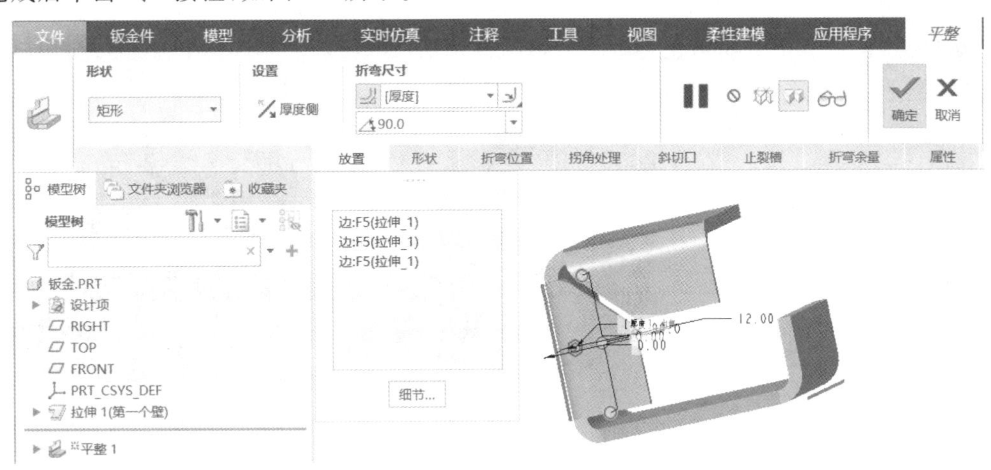

图 5-9　平整壁创建基本操作

2. 平整壁的形状

形状简单的平整壁可以先在控制板中选择基本形状：“矩形”（默认）、“梯形”、“L”形或“T”形，再通过在图形窗口拖动控制点和修改尺寸来编辑它的形状。形状复杂的平整壁只能选择“用户定义”通过草绘器绘制，也可在选择基本形状后，再打开草绘进行编辑修改。

3. 折弯位置

平整壁的创建提供了四种可选的折弯位置方式：

：保持壁轮廓在原始连接边上，即原始连接边被移除，新建壁的外侧与原始连接边对齐，该位置方式为默认设置。

：折弯起点是原始连接边，折弯线与连接边相切，原壁尺寸不变，新建壁的弯曲圆角和直壁都是在外侧添加。

：在折弯起点和原始连接边之间设置一个偏移距离，可使原壁伸长或缩短。

：在新建壁外侧和原始连接边之间设置一个偏移距离，可使原壁伸长或缩短。

：对于非 90°折弯，保持整个新建壁在原始连接边的边界范围内。

4. 拐角处理

当新建壁与相邻壁存在拐角时，可以设置合适的拐角处理方式。拐角的几何类型分为：“带接缝创建”、“无接缝创建”和“不创建”，如图 5-10 所示。

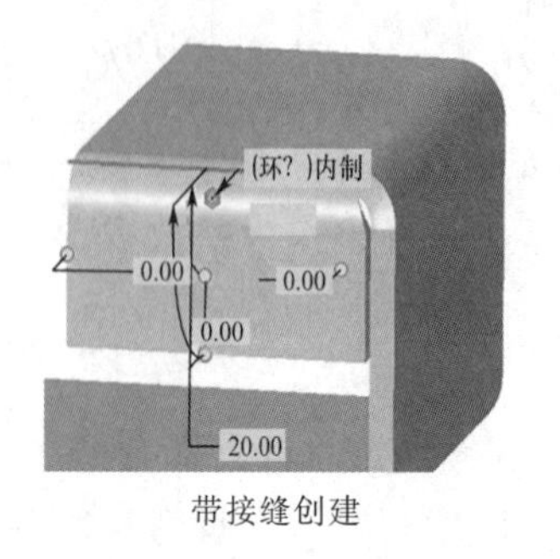

带接缝创建

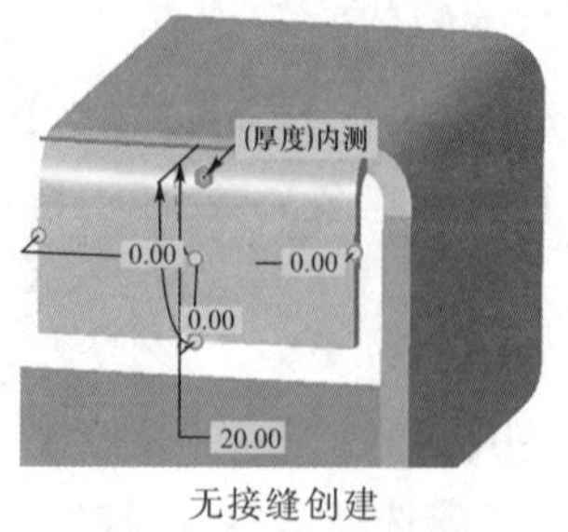

无接缝创建

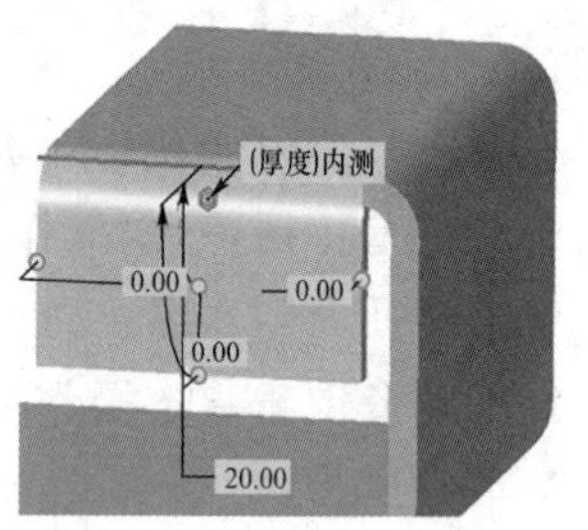

不创建

图 5-10　拐角处理

5. 斜切口

Creo 9.0 平整壁特征增加了对多个平整壁斜接和三折弯拐角止裂槽选项。当多个平整壁存在斜接时,系统将默认勾选"添加斜切口",可以自行设置合适的"三折弯拐角止裂槽类型"和"斜切口类型"。三折弯拐角止裂槽类型包括:"相切"、"开放"、"封闭"和"扯裂";斜切口类型包括:"长圆形"、"穿透"和"无间隙",如图 5-11 所示。

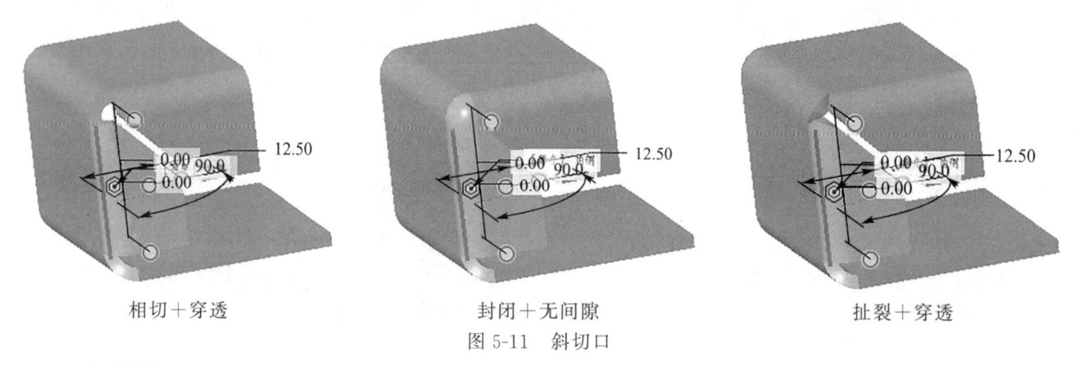

相切+穿透　　封闭+无间隙　　扯裂+穿透

图 5-11　斜切口

6. 止裂槽

当平整壁不是定义完整的边线时,在新建壁和原壁之间的断开位置可以设置折弯止裂槽。可定义的止裂槽类型为:"扯裂"(默认)、"拉伸"、"矩形"、"长圆形",如图 5-12 所示。选择了止裂槽类型后,可以在下方设置止裂槽的深度类型和长度类型。

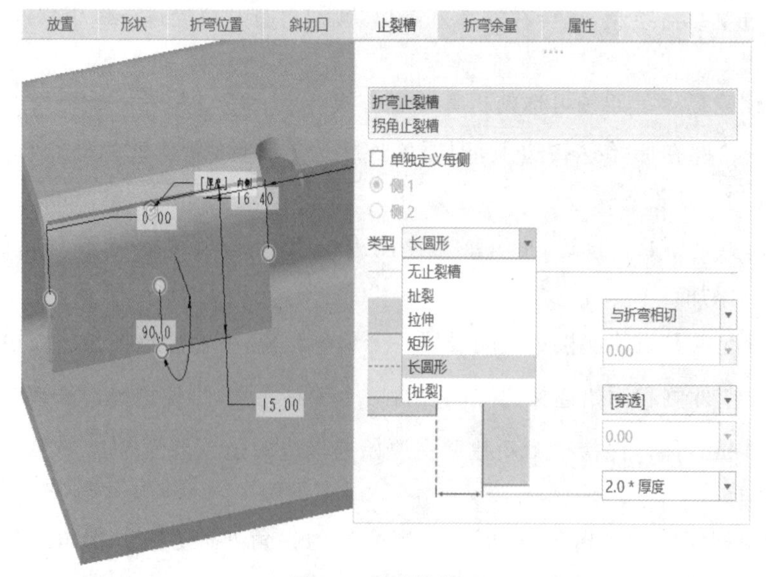

图 5-12　止裂槽类型

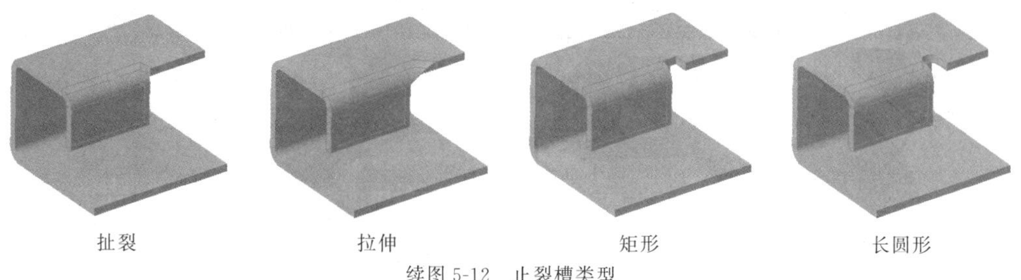

续图 5-12　止裂槽类型

5.2.4　法兰壁

法兰壁只能附着在已有钣金壁的边线上，边线可以是直线也可以是曲线，并且可以定义其侧面形状，具有拉伸和扫描的功能。Creo 9.0 法兰壁选择平齐折边类型的时候，新增与折弯止裂槽选项。

1. 法兰壁创建基本操作

基本操作步骤：①单击“法兰”工具，弹出“凸缘”操控板→②在图形窗口已有钣金壁上选取要放置的边→③设置基本形状、长度及折弯尺寸→④打开“形状”栏，单击“草绘”按钮，进入草绘器修改平整壁的形状草绘，完成后单击“√”按钮退出→⑤进行其他的相关设置→⑥完成后单击“√”按钮，如图 5-13 所示。

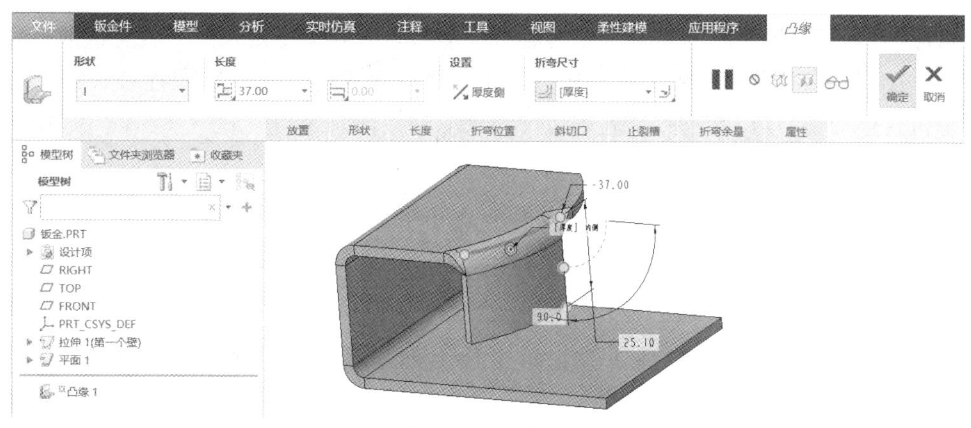

图 5-13　法兰壁创建基本操作

2. 法兰壁的形状

法兰壁可在操控板直接选取的基本形状类型包括：“I”、“弧”、“S”、“打开”、“平齐的”、“啮合”、“鸭形”、“C”、“Z”。可以选择“用户定义”通过草绘器绘制，也可在选择基本形状后，再打开草绘进行编辑修改。

5.2.5　扭转壁

扭转壁只能附着在已有钣金壁的直线边上，创建螺旋形扭转钣金截面。

1. 扭转壁创建基本操作

基本操作步骤：①单击“扭转”工具，弹出“扭转”操控板→②在图形窗口已有钣金壁上选取要放置的直边→③设置“宽度方法”、“终止宽度”、“壁长度”及“扭转角度”→④在图形窗口直接修改相关尺寸→⑤完成后单击“√”按钮，如图 5-14 所示。

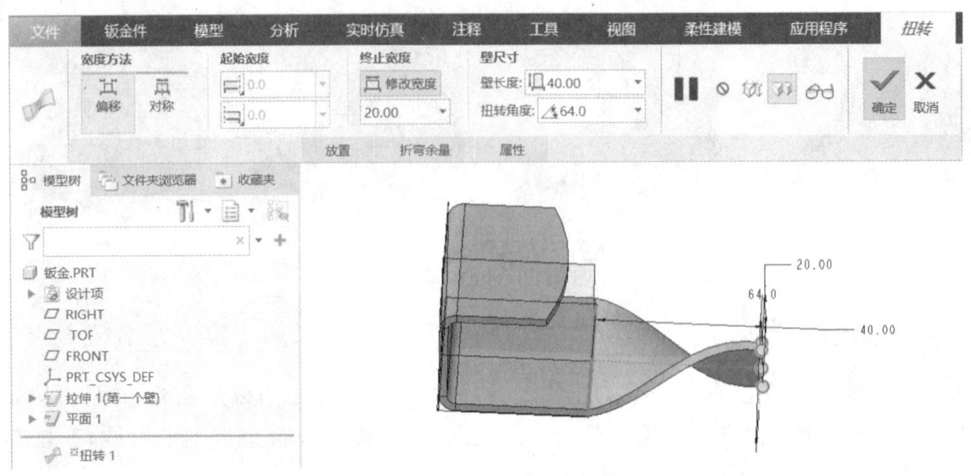

图 5-14　扭转壁创建基本操作

2. 宽度方法

扭转壁的宽度方法包括“偏移”和“对称”。

“偏移”是利用相对于连接边的偏移尺寸计算壁宽度，针对连接边可设置“起始宽度”选项：“至端点”或“盲孔”，“盲孔”选项可以将壁端点从链端点处修剪或延伸指定值，在框中输入值或在图形窗口中拖动控制滑块。

“对称”可以计算壁宽度并将其从扭转轴处向居中位置移动指定尺寸。要更改起始宽度可直接在“起始宽度”框中输入宽度值。还可以单击“设置扭转轴”，然后在连接边上选择基准点，这是扭转壁的中心线，它垂直于起始边并与现有壁共面。

5.3　钣金的加工与编辑

可以利用“工程”命令组中的工具在钣金件上创建各种钣金加工形成的工程特征，如图 5-15 所示。

还可以通过“编辑”命令组中的工具对钣金壁进行修改编辑，如图 5-16 所示。

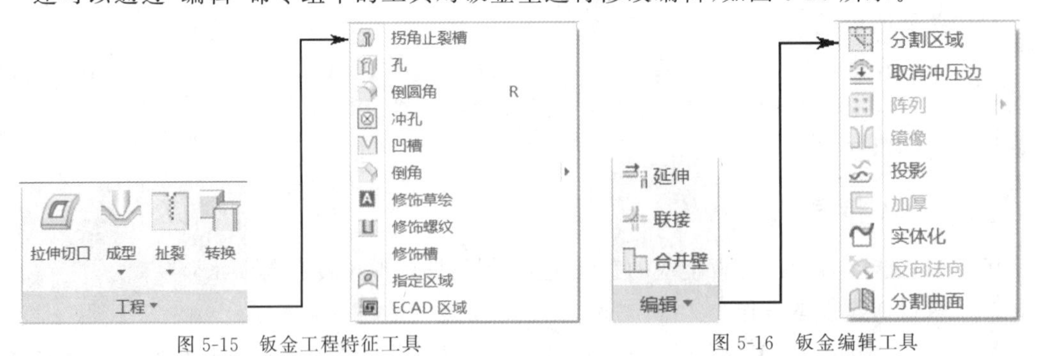

图 5-15　钣金工程特征工具　　　　图 5-16　钣金编辑工具

5.3.1　钣金成型

钣金成型特征实际上是指冲压成型，即利用一个模型作为参照零件合并到钣金件上以创建成型特征。“成型”工具除了默认的“凸模”，还包括下拉选项中的“凹模”、“草绘成型”、“面组成型”和“平整成型”，如图 5-17 所示。成型特征在“模型树中”显示为“模板”。这里主要介绍“凸模”、“草绘成型”和“平整成型”。

图 5-17 成型工具

1. 凸模成型

凸模成型是通过调入已有的凸模模型并进行装配定位从而压制出钣金件的几何形状，其原理如图 5-18 所示。

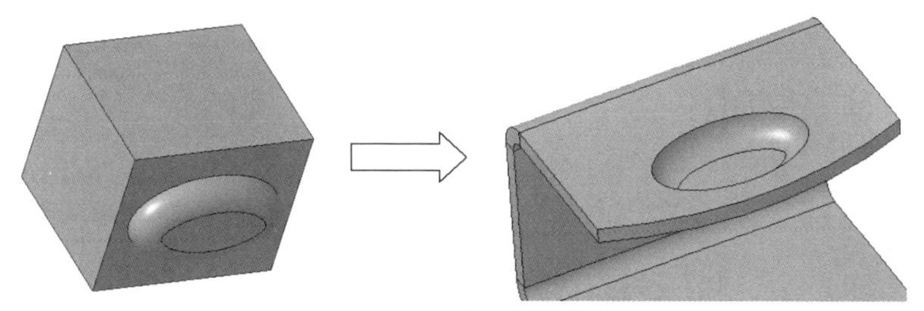

图 5-18 凸模成型原理

基本操作步骤：①首先创建好凸模零件模型并保存→②单击“成型”工具，弹出“凸模”操控板→③单击“源模型”后的“打开”符号，找到创建好的凸模模型并打开→④通过装配约束把凸模设置在钣金件成型位置→⑤单击“√”按钮完成特征创建，如图 5-19 所示。

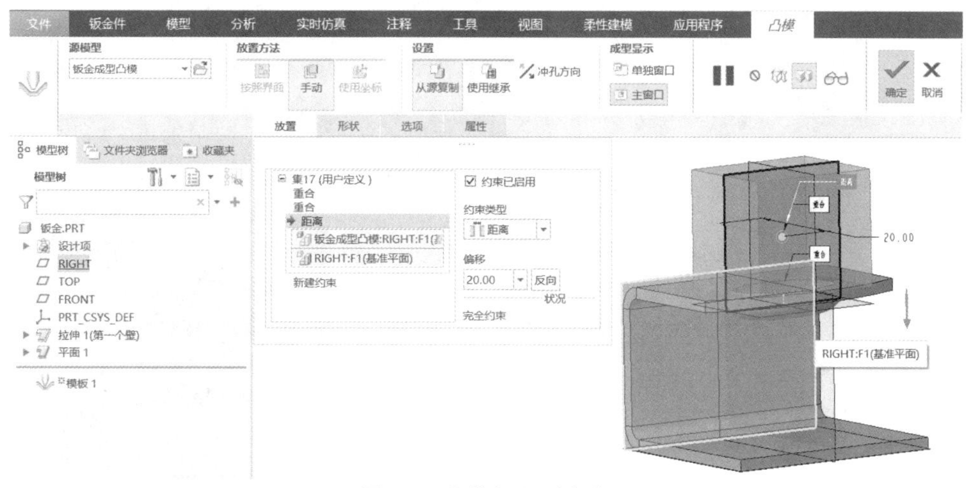

图 5-19 凸模成型基本操作

重要提示 凹模成型与凸模成型相似，由于模具参考零件是单独创建，能够构造出非常复杂的形状，因此通过凸模或凹模成型特征操作，可以创建出形状复杂的钣金件。

2. 草绘成型

草绘成型是通过截面草绘来压制出钣金件的几何形状。

基本操作步骤：①单击“草绘成型”工具，弹出“草绘成型”操控板→②单击“放置”栏中的草绘“定义”按钮→③选取要进行成型的钣金平面为截面草绘面，进入草绘器绘制封闭的截面图元，完成后单击“√”按钮退出草绘→④输入成型的深度值，设置成型方向和材料变形方向→⑤打开“选项”栏进行“锥度”和“圆角半径”等设置→⑥完成后单击“√”按钮，如图 5-20 所示。

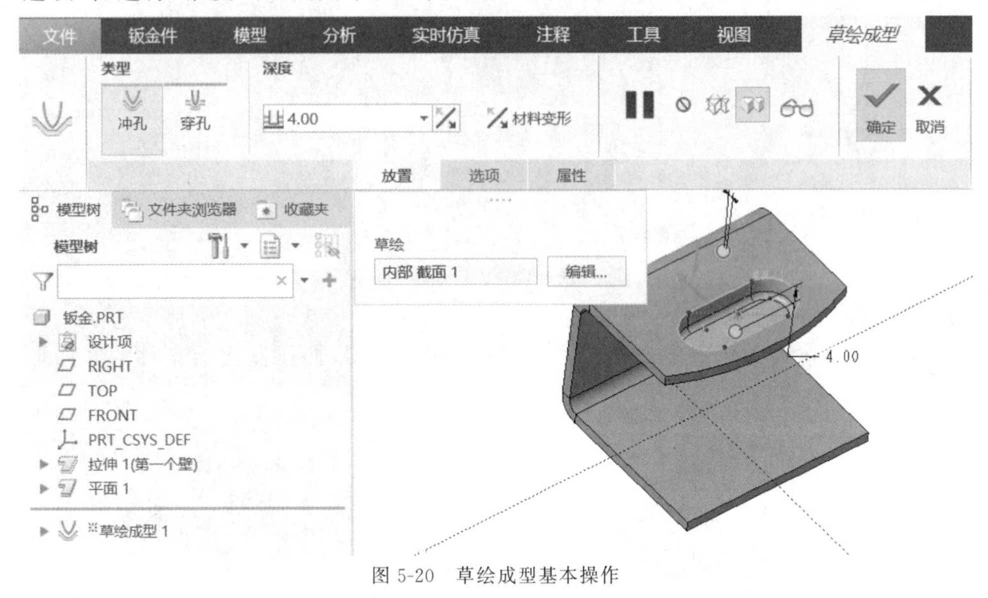

图 5-20　草绘成型基本操作

3. 平整成型

平整成型实际上是成型的反操作，就是将成型所创建的凸凹几何造型去除，将钣金壁恢复为平面。

基本操作步骤：①单击“平整成型”工具，弹出“平整成型”操控板→②默认为“自动”选择，即系统自动选择已有的成型特征将其平整→③完成后单击“√”按钮，如图 5-21 所示。

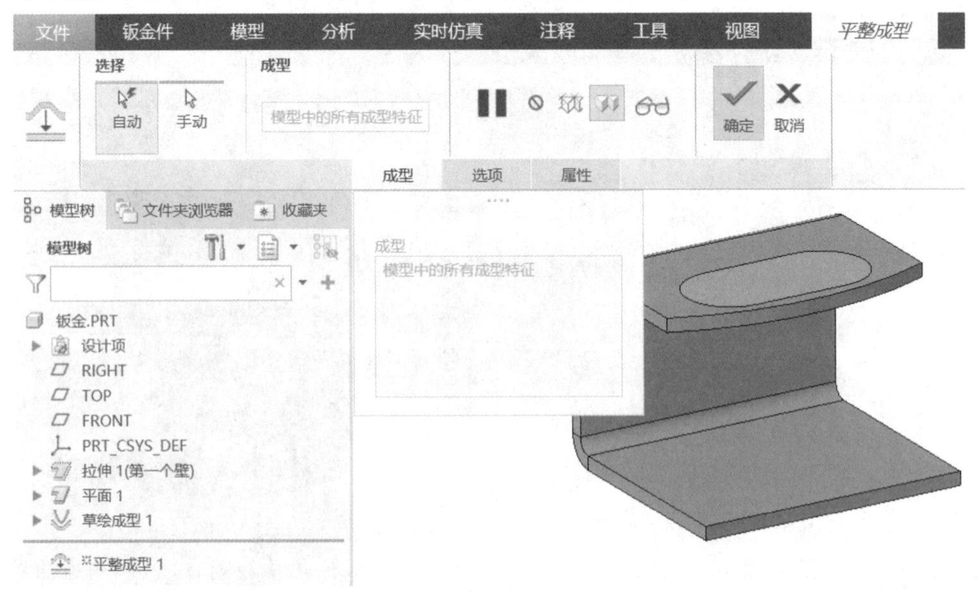

图 5-21　平整成型基本操作

5.3.2 钣金扯裂

扯裂是指沿折弯接缝撕裂或剪切钣金壁。裂缝是一条没有宽度的切割线，当钣金件被展开时，材料将沿裂缝截面破裂。“扯裂”工具除了默认的“边扯裂”，还包括下拉选项中的“曲面扯裂”、“草绘扯裂”和“扯裂连接”。

1. 边扯裂

边扯裂是沿着边或边链撕裂钣金件，可以定义已扯裂边的接缝类型。基本操作步骤：①单击“扯裂”工具，弹出“边扯裂”操控板→②扯裂类型默认为“开放”→③在图形窗口选取要扯裂的边线(可以按 Ctrl 键多选成为一个集，或者不按 Ctrl 键多选为多个集)→④完成后单击“√”按钮，如图 5-22 所示。

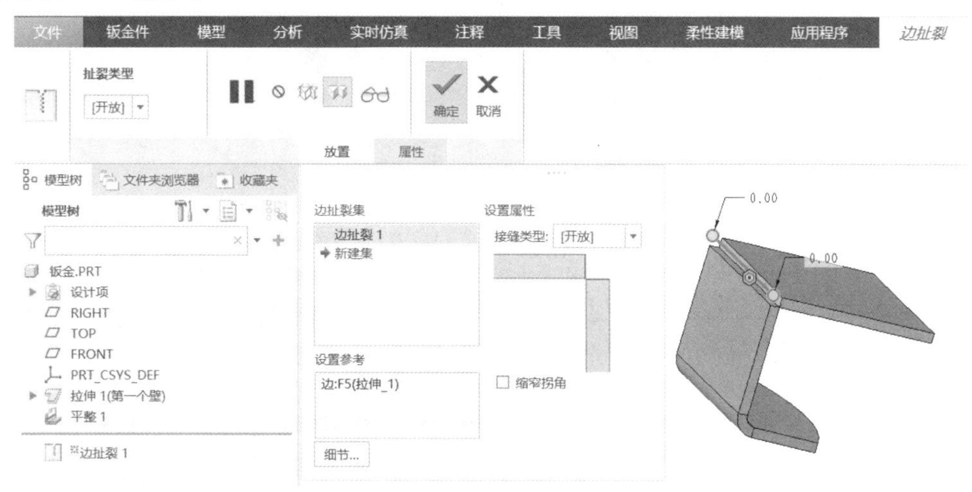

图 5-22 边扯裂基本操作

边扯裂类型还包括“盲孔”、“间隙”和“重叠”，如图 5-23 所示。

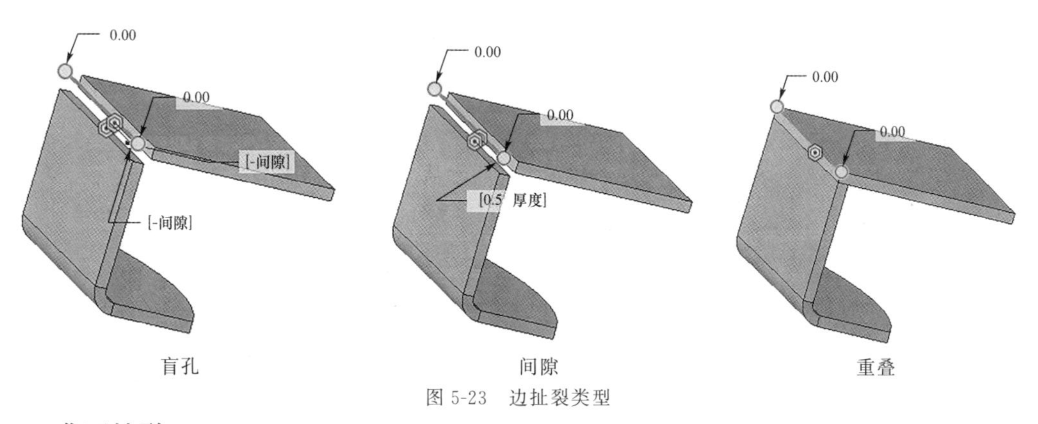

图 5-23 边扯裂类型

2. 曲面扯裂

曲面扯裂是沿着边或边链将钣金曲面移除。基本操作步骤：①单击“曲面扯裂”工具，弹出“曲面扯裂”操控板→②在图形窗口选取要扯裂的曲面(可以按 Ctrl 键多选)→③完成后单击“√”按钮，如图 5-24 所示。

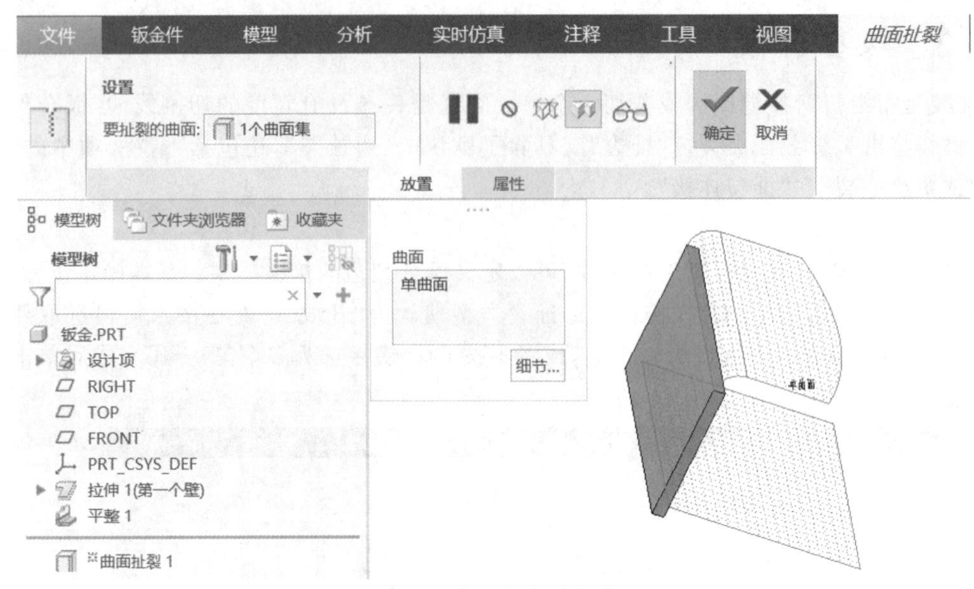

图 5-24　曲面扯裂基本操作

5.3.3　钣金延伸

可使用“延伸”工具延长现有的带有直边的平整壁，延长可按垂直于选定边或沿着边界边的方式进行，延伸形成的壁通常称为“延伸壁”。

1. 延伸基本操作

基本操作步骤：①单击“延伸”工具，弹出“延伸”操控板→②在图形窗口选取要延伸的直边→③选择延伸类型，如“沿初始曲面”，并输入延伸距离→④设置下方“延伸”栏的延伸方式→⑤单击“√”按钮完成特征创建，如图 5-25 所示。

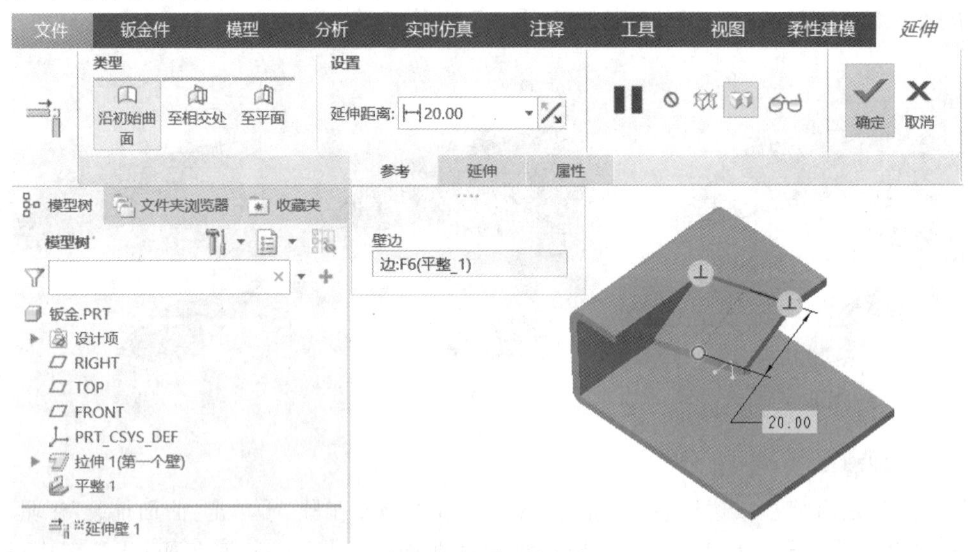

图 5-25　延伸基本操作

2. 延伸类型

延伸类型包括：“沿初始曲面”、“至相交处”和“至平面”。“沿初始曲面”按输入的距离进行延伸，并可以通过切换方向进行材料切除；“至相交处”是延伸壁与参考平面相交，即延伸整个边线至相交平面上；“至平面”是将壁延伸到参考平面，即边线上的某个位置延伸到了参考平面即可。不同延伸类型如图 5-26 所示。

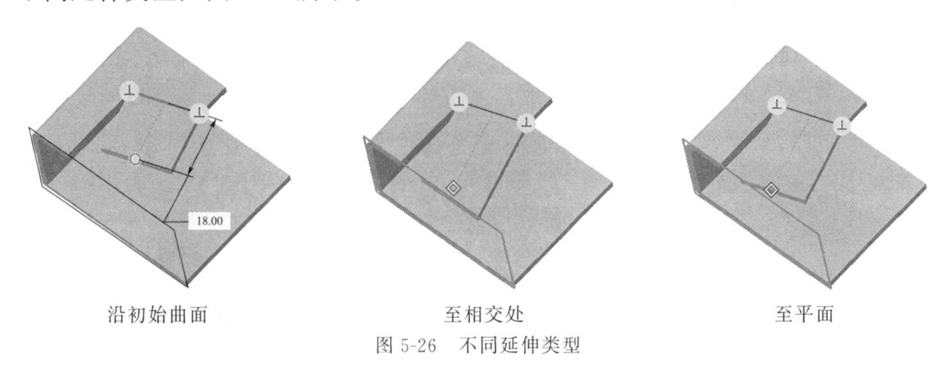

图 5-26 不同延伸类型

3. 延伸方式

在下方“延伸”栏中可设置两侧的延伸方式:“垂直于延伸的边”或“沿边界边”。两者区别如图 5-27 所示。

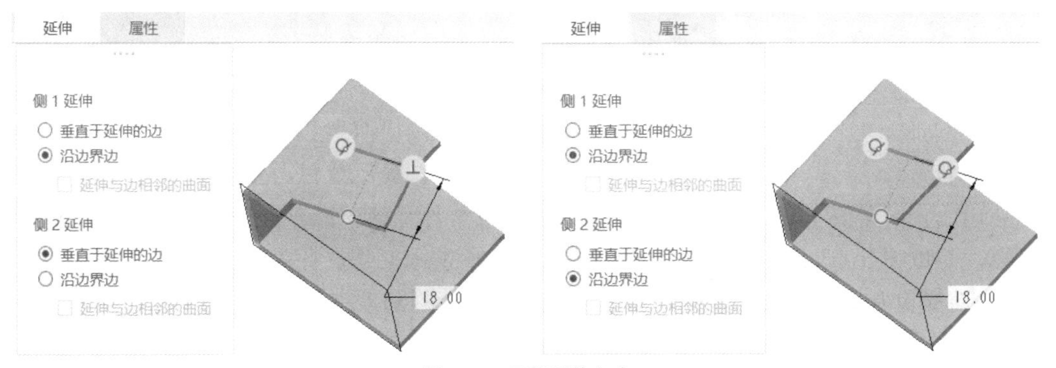

图 5-27 两侧延伸方式

5.3.4 钣金联接与合并

1. 联接

使用“联接”工具可连接一个钣金件中的两个相交壁,可以修剪壁的不相交部分以及反向相交壁的连接方向,还可在相交处添加折弯和折弯止裂槽,如图 5-28 所示。

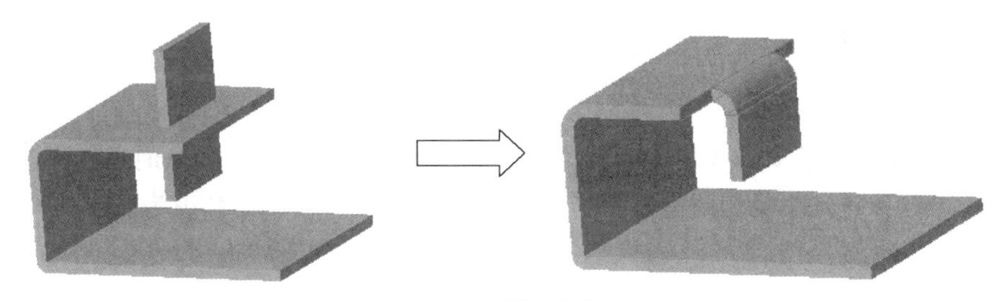

图 5-28 钣金联接

基本操作步骤:①单击“联接”工具,弹出“联接”操控板→②按住 Ctrl 键选取要联接的两个壁曲面→③切换第一壁和第二壁的连接方向,并设置折弯圆角→④在下方设置“止裂槽”及“折弯余量”等→⑤单击“√”按钮完成联接,如图 5-29 所示。

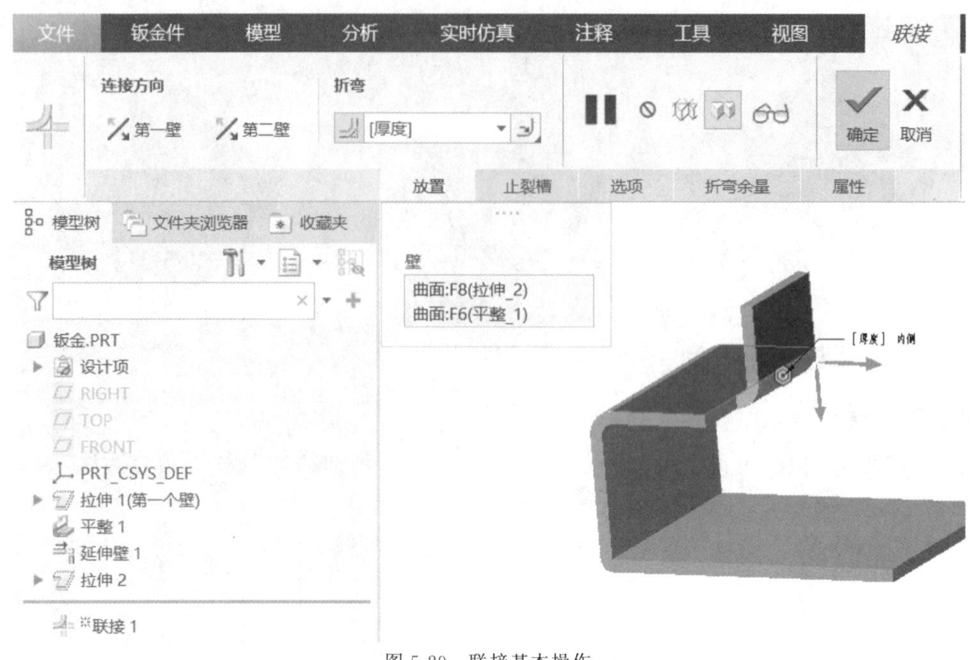

图 5-29　联接基本操作

2. 合并

使用“合并”工具可将两个或多个不同的分离钣金件几何(分离壁)合并成一个零件。合并壁时要注意以下几点：(1)第一壁的几何只能是基础壁；(2)壁彼此之间必须相切；(3)如有必要，将自动交换壁要合并的驱动侧和偏移侧，以便与最早创建的壁的驱动侧和偏移侧相匹配。

5.4　钣金展平与折弯

钣金件的弯曲壁可在创建基础壁和附加壁时形成，也可利用专门的“折弯”工具创建。而在冲压工艺设计时，一般需要将弯曲壁展平以计算钣金件的展开尺寸并进行排样设计。

5.4.1　钣金展平

使用“展平”工具可展平一个或多个弯曲曲面，如钣金件中的折弯或弯曲壁。在选择要展平的已折弯几何时，可手动选择单个几何，也可自动全选。创建展平特征时，必须定义固定的平面曲面或边。最佳方法是为所有展平特征选择同一曲面。可在零件级为所有的“展平”、“折回”和“平整形态”操作设置固定几何参考，这样可以节省时间并保持一致性。

基本操作步骤：①单击“展平”工具，弹出“展平”操控板→②“折弯选择”如果为默认的“自动”，则自动选择所有的弯曲边进行展平；如果选择“手动”，则在图形窗口选取要展平的弯曲边→③在图形窗口选取要固定的几何面→④完成后单击“√”按钮，如图 5-30 所示。

图 5-30　展平基本操作

5.4.2　钣金折弯

使用“折弯”工具可以将钣金的平面区域弯曲成某个角度或弯曲为圆弧状。

1. 折弯基本操作步骤

基本操作步骤:①单击“折弯”工具,弹出“折弯”操控板→②类型默认为“角度”→③在图形窗口选取草绘好的折弯线,或者选取一个平面后再单击“折弯线”栏下的“草绘”,进入草绘器绘制折弯线→④选择折弯区域位置类型,并设置半径和角度→⑤完成后单击“√”按钮,如图 5-31 所示。

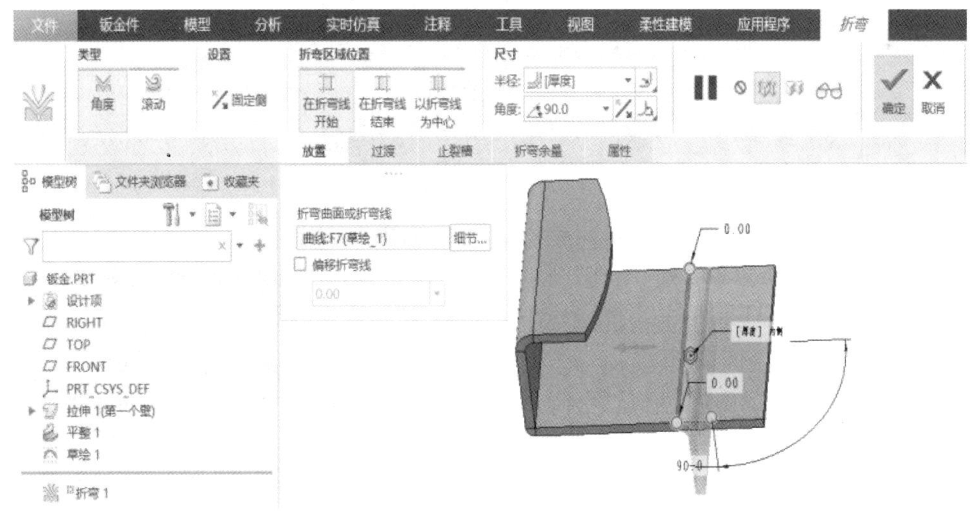

图 5-31　折弯基本操作步骤

2. 滚动折弯

当类型选取“滚动折弯”时,则创建卷弯。在创建滚动折弯时,如果材料折弯至通过自身形成自相交,则折弯将失败。所以在创建滚动折弯时,要选择合适的固定侧,并且设置足够大的弯曲半径值,如图 5-32 所示。

3. 边折弯

在“折弯”工具的下拉选项中有“边折弯”工具,该工具是在选取的钣金直角边创建圆弧弯曲角，如图 5-33 所示。

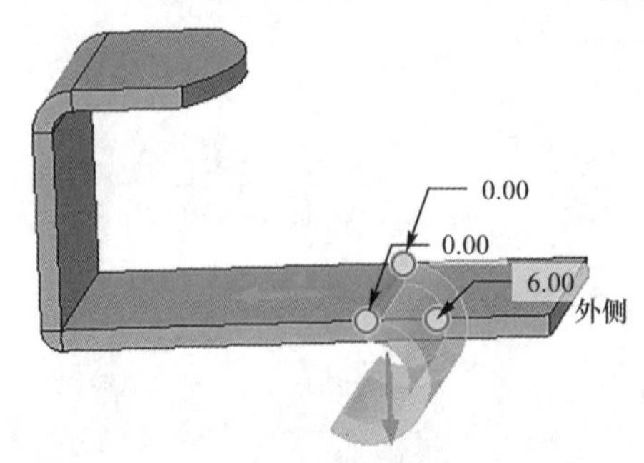

图 5-32　滚动折弯

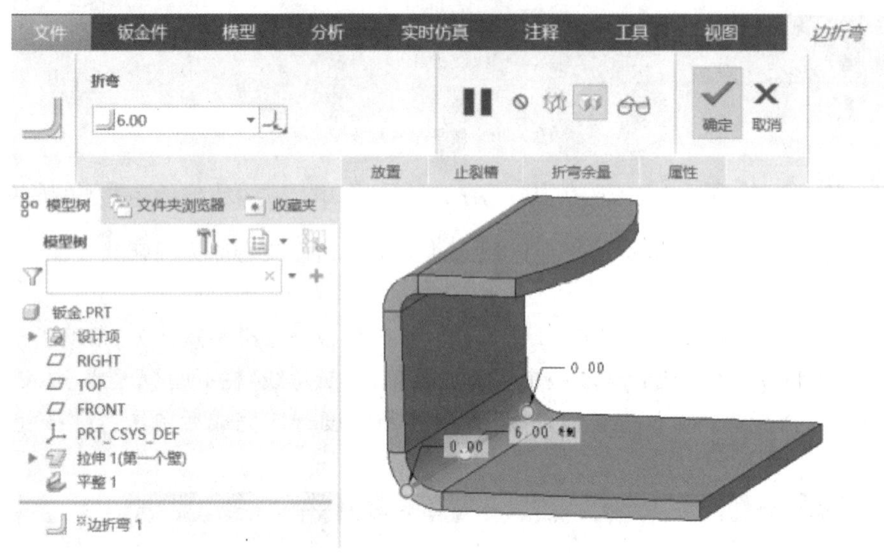

图 5-33　边折弯

5.4.3　折回与平整形态

1. 折回

折回是将展开后的钣金件再次折回弯曲。

基本操作步骤：①单击“展平”工具，弹出“展平”操控板→②“折弯选择”如果为默认的“自动”，则自动选择所有的弯曲边进行折回弯曲；如果选择“手动”，则在图形窗口选取要折回的边→③在图形窗口选取要固定的几何面→④完成后单击“√”按钮，如图 5-34 所示。

折回虽然是展平的逆操作，但如果选取的固定几何不一样，折回后的钣金件形状与展平之前有很大区别。

2. 平整状态

“平整状态”是将钣金件设置成平整状态，是一种状态设置特征。它与展平的区别在于：展平不能应用于成型特征，而平整状态可以将成型特征也设置平整状态；平整状态特征会被自动调整到新加入的特征之后，也就是当在模型上添加平整状态特征后，钣金模型会以二维展平方式显示在屏幕上，但在添加新的特征时，平整状态特征将会自动被暂时隐含，钣金模型仍显示为三维状态，有利于新的特征的三维定位和定向，而在完成新特征之后，系统又自动恢复平整状态特征，因此钣金模型又显示为二维展平的状态。系统会永远把平整状态特征放在模型树的最后。在实际钣金设计中，作为操作技巧之一，应尽早加入平整状态特征，以利于钣金的二维工程图的创建和加工制造。

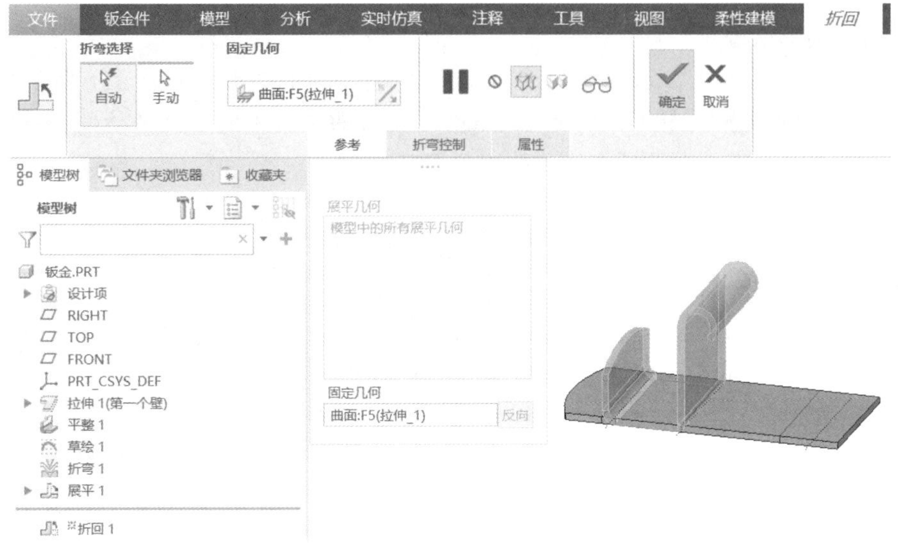

图 5-34 折回基本操作

5.5 训练案例：支撑架钣金设计

完成如图 5-35 所示支撑架的钣金设计。

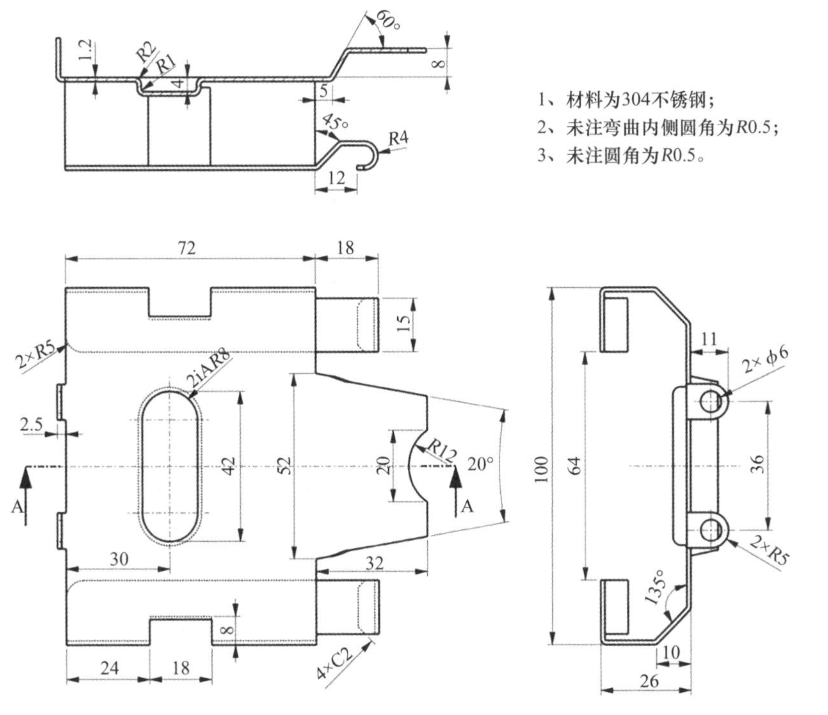

图 5-35 支撑架钣金设计

5.5.1 模型特征分析

1. 模型几何形状分析

支撑架为均匀板厚(1.2 mm)的钣金件。主体为凸形的拉伸壁,顶面上有腰形的成型凹面,顶面右侧有外形轮廓为梯形的 Z 形法兰壁,左侧有两个对称的带孔平整壁。下端壁的两侧各有一个鸭形法兰壁。两侧还有对称的矩形切口。

2. 确定模型坐标原点

因为模型底面为水平对称的图形,故坐标原点可以选择左侧对称中心位置。

3. 模型特征顺序分析

该钣金件模型所需的钣金特征主要包括:拉伸壁、平整壁、法兰壁、展平、折回、拉伸切口、镜像、倒角、倒圆角等,可参考如图 5-36 所示的基本顺序。

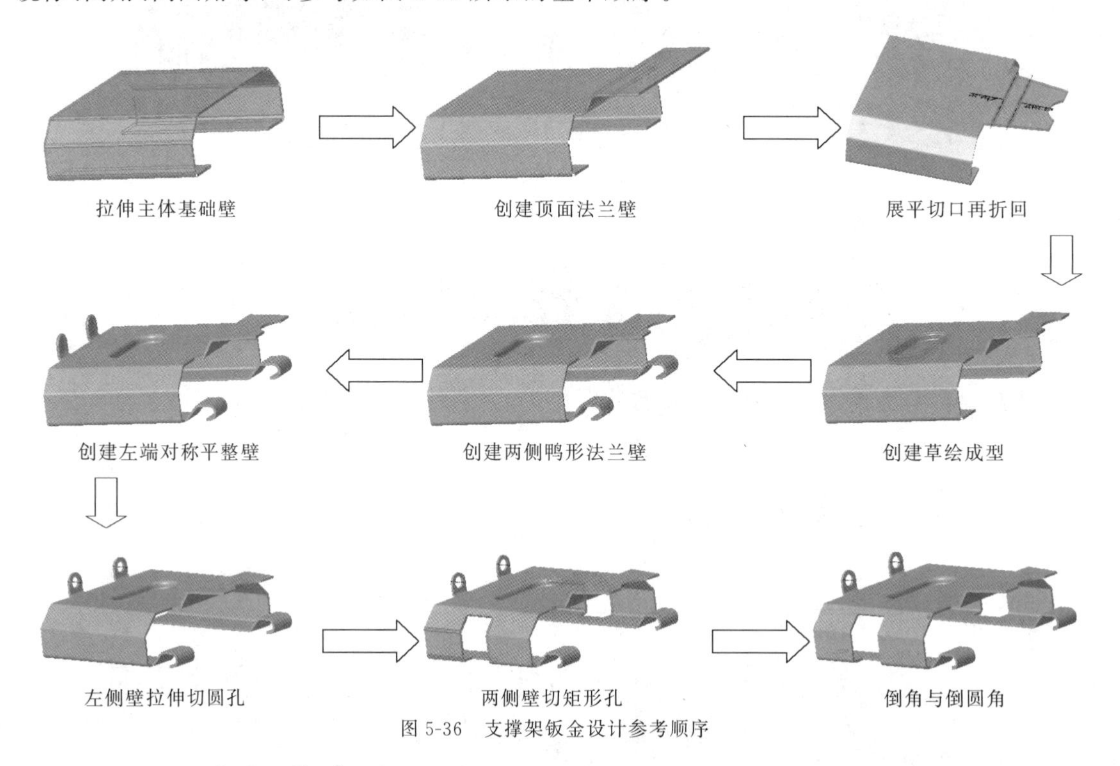

图 5-36 支撑架钣金设计参考顺序

5.5.2 具体操作步骤

步骤一:新建零件文件。

①打开 Creo Parametric 9.0 程序,并选择工作目录;

②单击"新建",新建一个名为"支撑架"的钣金零件文件,并采用公制模板;

③进入钣金模式,主要利用"钣金件"选项功能区的各类工具进行操作。

步骤二:模型属性设置。

①打开"文件"→"准备"→"模型属性",在"模型属性"设置窗口中单击"材料"项后面的"更改"按钮→双击打开"Standard_Materials_Granta_Design"文件夹→双击打开"Ferrous_Metal"(钢铁金属)文件夹→双击选择"Stainless_steel_austenitic.mtl"(奥氏体不锈钢);

②单击钣金件的"折弯余量"的"更改"按钮,在弹出的"钣金件首选项"中将"折弯余量驱动源"勾选为"分配材料",系统将自动选择折弯余量表,如图 5-37(a)所示;

③单击“折弯”选项，将折弯半径设置为“0.5”，如图 5-37(b)所示。完成后单击“钣金件首选项”设置框的“确定”。

④关闭“模型属性”设置窗口。

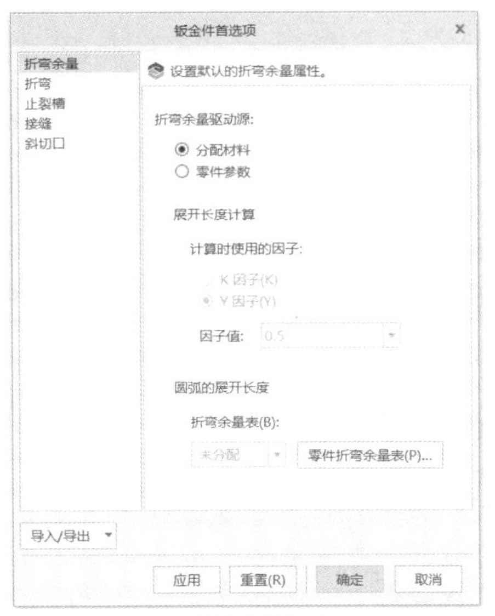

(a)折弯余量设置

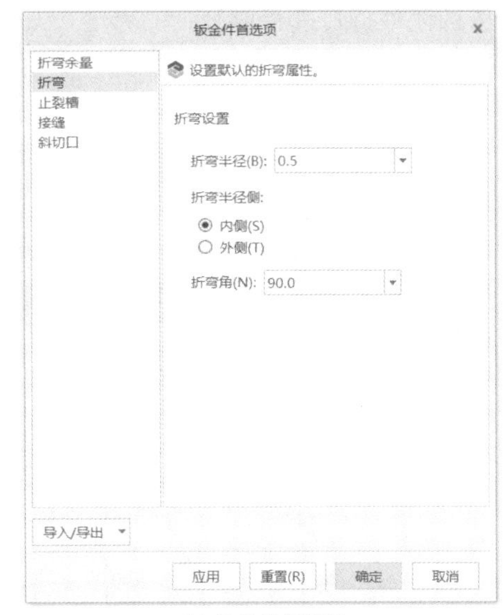

(b)折弯半径设置

图 5-37　钣金件首选项设置

步骤三：拉伸主体基础壁。

①单击“壁”命令组的“拉伸”工具，以 FRONT 基准面为草绘平面，绘制如图 5-38 所示的拉伸壁截面，完成后单击“√”按钮退出草绘；

②深度方式为默认的“可变”，并输入深度值“72”，厚度“1.2”；

③单击“选项”栏，勾选“在锐边上添加折弯”，并设置默认的内侧半径“0.5”；

④完成后单击“拉伸”操控板的“√”。

步骤四：创建顶面法兰壁。

①单击“壁”命令组的“法兰”工具，在“形状”栏设置为“用户定义”，选取顶面右侧的底边为法兰壁放置参考；

②单击下方“形状”选项栏，勾选“在锐边上添加折弯”，并单击“草绘”按钮；

③绘制如图 5-39 所示的法兰壁的侧截面，完成后单击“√”按钮退出草绘；

④单击“凸缘”操控板的“√”。

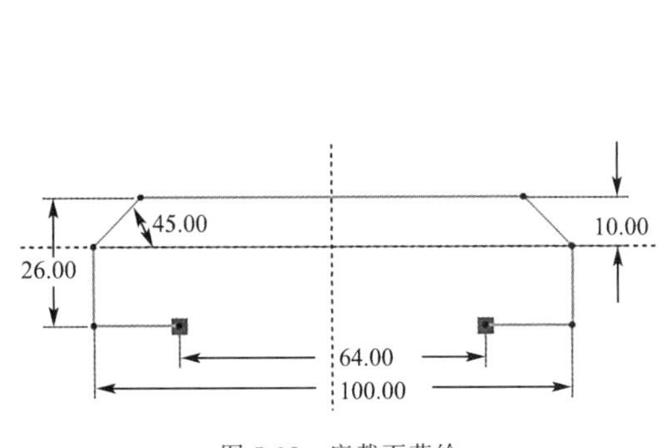

图 5-38　底截面草绘

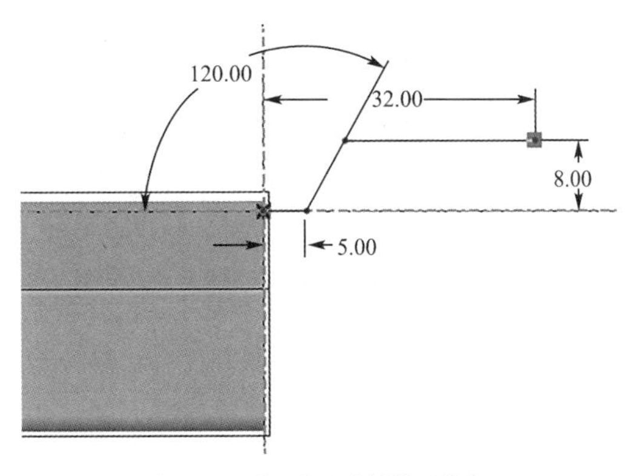

图 5-39　顶面法兰壁侧截面草绘

步骤五：展平顶面法兰壁。

①单击“折弯”命令组中的“展平”工具，在弹出的控制板中选择“手动”；

②在“参考”的“折弯几何”栏中右击自动选取的边，选择“全部移除”，按住 Ctrl 键选取顶面法兰壁的两处折弯进行展平；

③完成后单击“√”按钮退出“展平”操控板。

步骤六：顶面法兰壁切口后折回。

①单击“工程”命令组的“拉伸切口”工具，选取展平的顶面为草绘平面，绘制如图 5-40 所示的切口截面，完成后单击“√”按钮退出草绘；

②设置为默认的“垂直于曲面”和“加厚草绘”，完成后单击“√”按钮退出“拉伸切口”操控板；

③单击“折弯”命令组中的“折回”工具，选择“自动”折回，单击“√”按钮退出“折回”操控板。

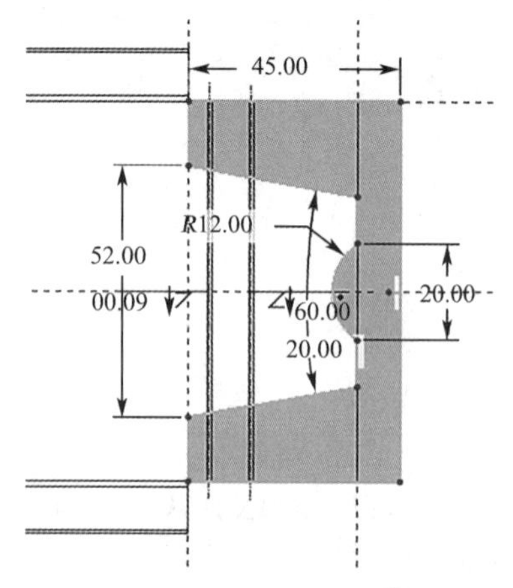

图 5-40　顶面法兰壁切口截面草绘

步骤七：创建顶面草绘成型特征。

①单击“成型”下拉选项中的“草绘成型”工具，在操控板中单击草绘“定义”，以顶面为草绘平面，绘制如图 5-41 所示成型截面，完成后单击“√”按钮退出草绘；

②设置“类型”为默认的“冲孔”，输入成型深度“4”，并调整“材料变形”方向和“加厚草绘”，完成后单击“√”按钮退出“拉伸切口”操控板；

③单击下方“选项”栏，分别勾选倒圆角锐边下的“非放置边”和“放置边”，并分别设置内侧半径“1”和外侧半径“2”，如图 5-42 所示；

④完成后单击“√”按钮退出“草绘成型”操控板。

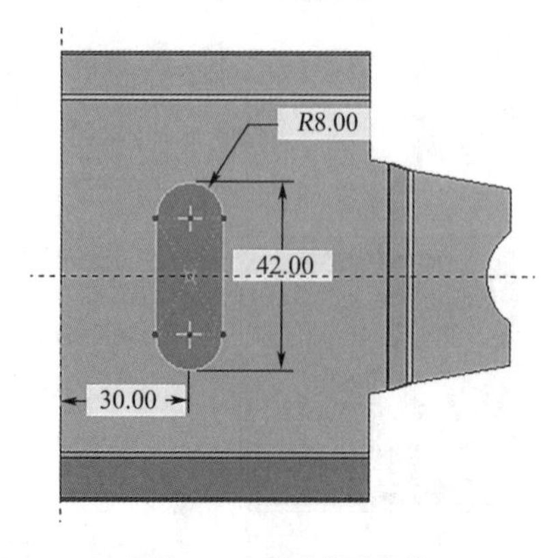

图 5-41　成型截面草绘

图 5-42　成型倒圆角锐边

步骤八：创建一侧鸭形法兰壁并镜像至另一侧。

①单击“壁”命令组的“法兰”工具，选取一侧底面边线为放置参考，并在操控板“形状”栏的下拉选项中选择“鸭形”；

②打开下方“形状”栏并单击“草绘”，修改草绘的尺寸至如图5-43所示，完成后单击“√”按钮退出草绘；

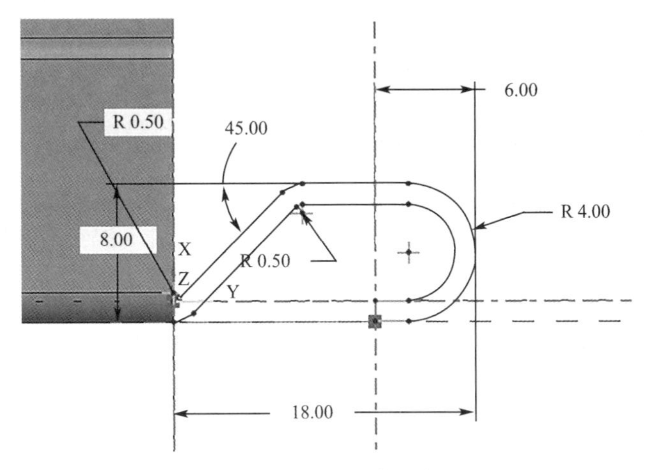

图5-43　鸭形法兰侧截面草绘

③拖动放置边的外侧控制点往中间移动一段距离，双击该距离尺寸，修改为“－1.3”，如图5-44所示；

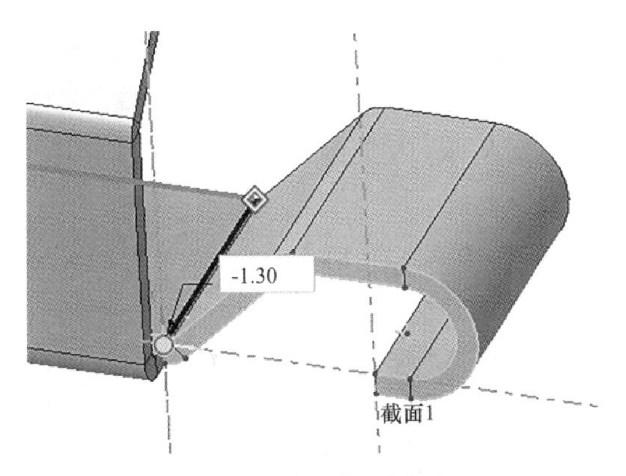

图5-44　设置法兰壁长度

④完成后单击“√”按钮退出“凸缘”操控板；

⑤选取该鸭形法兰壁特征，单击“编辑”命令组下拉选项中的“镜像”工具，以中间的“RIGHT”基准面为镜像平面将鸭形法兰壁镜像至另一侧，完成后单击“√”按钮退出。

步骤九：创建左端一个平整壁并镜像另一个。

①单击“壁”命令组的“平整”工具，选取左端底面边线为放置参考，设置弯曲内侧半径为“0.5”，弯曲角度为“90”；

②打开下方“形状”栏并单击“草绘”，修改草绘的尺寸至如图5-45所示，完成后单击“√”按钮退出草绘；

③打开下方“折弯位置”栏，选择第4种类型“测量从连接边到折弯顶点的偏移”，输入偏移距离“1.30”并调整往外方向，如图5-46所示；

④完成后单击“√”按钮退出“平整”操控板；

⑤选取该平整壁特征，单击“编辑”命令组下拉选项中的“镜像”工具，以中间的“RIGHT”基准面为镜像平面将平整壁镜像至另一侧，完成后单击“√”按钮退出。

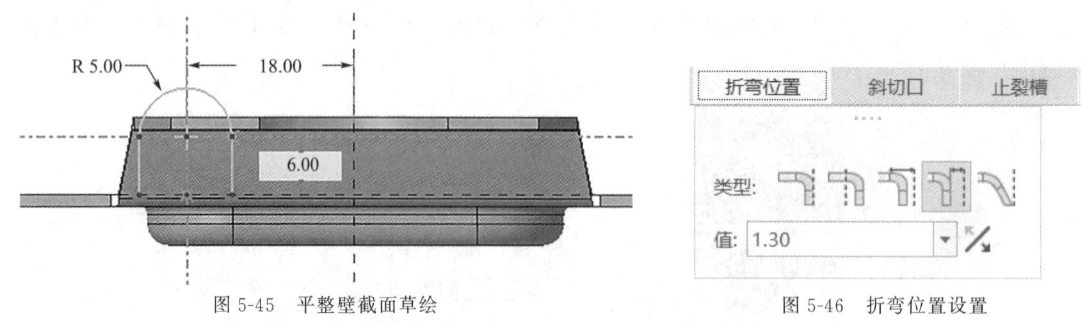

图 5-45　平整壁截面草绘　　　　图 5-46　折弯位置设置

步骤十：左端平整壁切孔。

①单击“工程”命令组的“拉伸切口”工具，选取左端平整壁侧面为草绘平面，绘制如图 5-47 所示的两个圆孔截面，完成后单击“√”按钮退出草绘；

②设置为默认的“垂直于曲面”和“加厚草绘”，完成后单击“√”按钮退出“拉伸切口”操控板。

步骤十一：拉伸切口侧面分矩形孔并镜像至另一侧。

①单击“工程”命令组的“拉伸切口”工具，选取顶面或底面为草绘平面，绘制如图 5-48 所示的矩形截面，完成后单击“√”按钮退出草绘；

②深度设置为“穿透”，设置选择“垂直于偏移曲面”和“加厚草绘”，完成后单击“√”按钮退出“拉伸切口”操控板；

③选取该切口特征，单击“编辑”命令组下拉选项中的“镜像”工具，以中间的“RIGHT”基准面为镜像平面将矩形切口镜像至另一侧，完成后单击“√”按钮退出。

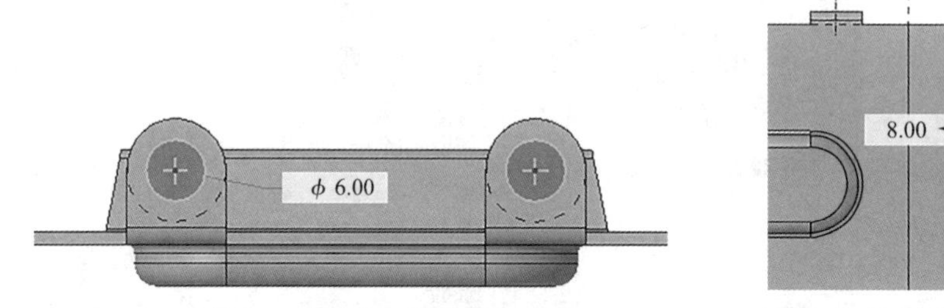

图 5-47　圆孔切口截面草绘　　　　图 5-48　矩形孔切口截面草绘

步骤十二：倒角和倒圆角。

①单击“工程”命令组的“倒角”工具，按住 Ctrl 键同时选取鸭形法兰壁下端的四个侧边倒 *D* 为“2”的“D×D”斜角，如图 5-49 所示，完成后单击操控板的“√”。

②单击“倒圆角”工具，按住 Ctrl 键同时选取下底面直角处的两个锐边，倒 *R*5 的圆角，如图 5-50 所示，完成后单击操控板的“√”。

③单击“倒圆角”工具，按住 Ctrl 键同时选取各伸出壁与主体基础壁的相交锐边，倒 *R*0.5 的圆角，完成后单击操控板的“√”。

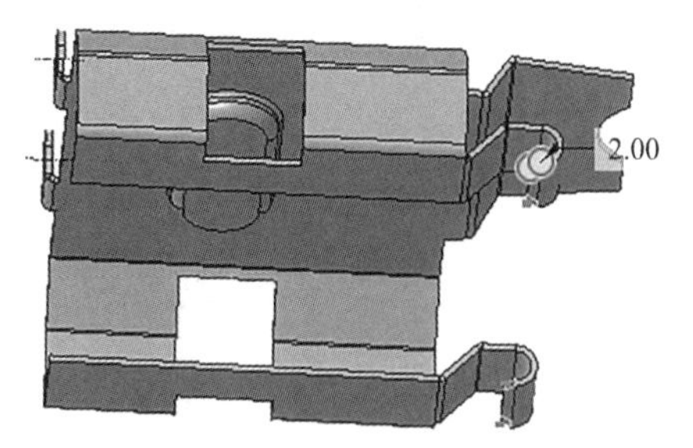

图5-49 平整壁截面草绘

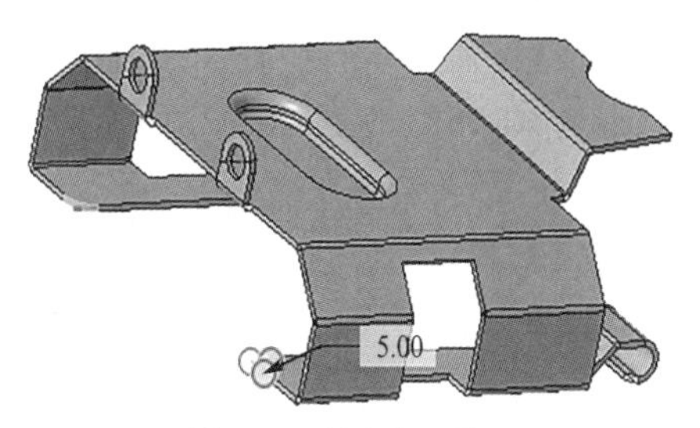

图5-50 折弯位置设置

5.6 本章小结

本章主要介绍了钣金零件的设计工作界面，各类钣金壁的创建方法与基本步骤、钣金壁的编辑以及钣金展平与折弯。钣金零件模型特征的操作编辑与实体模型相似，但也有其专门属性。读者需要重点掌握“折弯余量”、“折弯系数”、“止裂槽”、“斜切口”、“固定几何”、“平整状态”等钣金专用名词并进行合理设置。

钣金件的成型需要重点掌握，简单的成型可以直接利用“草绘成型”工具，复杂的成型一般利用凸模或凹模成型。对于有弯曲壁的钣金件，一般都通过创建平整壁或法兰壁来创建弯曲壁，很少通过弯曲平面壁来创建，这是因为尺寸不好控制。在钣金件的设计过程中，要灵活利用展平和折回，使得既能创建复杂弯曲壁，还可以保证钣金尺寸。

5.7 课后练习

一、填空题

1. 平整壁只能附着在已有钣金壁的直线边上，故属于(　　)壁。

2. 不需要其他壁就可以独立存在的钣金壁称为(　　)壁。

3. 附着在已有钣金壁的直线边上创建螺旋形扭转钣金截面是(　　)壁。

4. 钣金延伸可设置两侧的延伸方式，分别是“垂直于延伸的边”或“(　　)”。

5. 去除成型所创建的凸凹几何造型，将钣金壁恢复为平面的特征称为(　　)。

二、选择题

1. 通过绘制壁的水平封闭轮廓并加厚创建平整的壁特征称为(　　)

A. 平整壁　　B. 平面壁

C. 拉伸壁　　D. 法兰壁

2. 关于平整壁，下列说法正确的是：(　　)

A. 可以放置在直边或弯曲边上　　B. 可以创建“L”形弯曲壁

C. 可以创建“Z”形弯曲壁　　D. 可以一次创建多个平整壁

3. 关于钣金“拉伸切口”，下列说法正确的是：(　　)

A. 与实体“拉伸”移除材料完全相同

B. 拉伸截面必须是封闭图元

C. 拉伸切口截面垂直于草绘平面

D. 每次只能对一个壁进行切口

4. 对于简单形状的钣金成型，最快捷的方式是：(　　)

A. 凸模成型　　B. 凹模成型

C. 草绘成型　　D. 平整成型

5. 对于钣金设计，下列说法正确的是：(　　)

A. 钣金件的厚度只能通过第一壁设置

B、创建拉伸壁和平整壁时，可以同时定义内侧和外侧的弯曲半径

C. 创建平整壁和法兰壁时，都可以草绘定义其弯曲的侧面形状

D、展平后的钣金件再折回，则一定回复到原来的形状

三、操作训练

1. 完成如图 5-51 所示的背弯支架钣金造型练习。

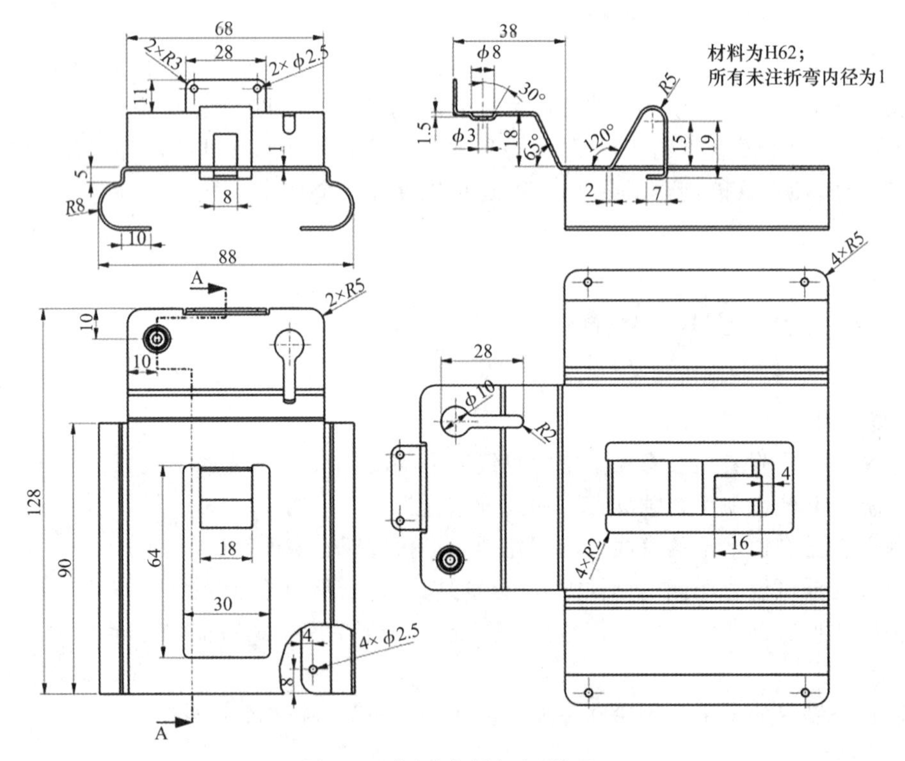

图 5-51　背弯支架钣金造型练习

2.完成如图 5-52 所示的硬盘支架钣金造型练习。

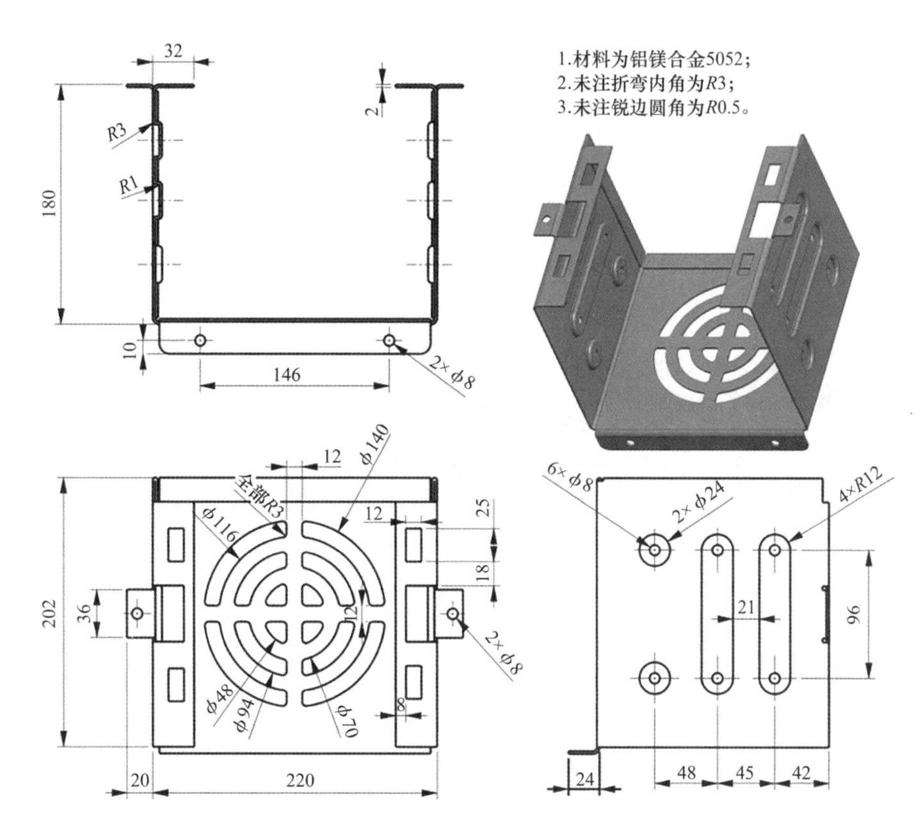

图 5-52 硬盘支架钣金造型练习

第 6 章　Creo 9.0 冲压模装配设计

大多数机械设备由许多个零部件组装而成。例如一台普通车床包括：床身、主轴箱、进给箱、溜板箱等多个部件与零件，而主轴箱部件由齿轮、轴等单个零件组装而成。一副完整的冲压模或注塑模也由各种零件按一定的位置关系装配在一起，然后通过压力机或注射机实现产品成型生产的功能。

三维装配设计是 Creo Parametric 9.0 非常重要的功能之一。如同将特征合并到零件中一样，也可以将零件合并到装配中，允许将零部件和子部件放置在一起以形成装配，由多个零件装配在一起的三维模型称为组件。

三维装配设计通常包括两种基本方法：

(1)自底而上的设计。首先完成所有组成零件的设计，将零件组装成各子部件，再将各子部件装配成整个总装结构；

(2)自顶向下的设计。首先确定产品整体的大概设计方案和轮廓，然后再逐步对组成的零部件进行细化，直到完成所有单个零件的设计。

在实际的设计过程中，一般都综合应用这两种设计方法。即把产品的主要零件部件完成基本设计并进行组装，然后在装配中再对各零部件进行不断修改和细化，并添加新的零件。

6.1　装配设计界面

在进行装配设计之前，首先在计算机中创建一个文件夹，命名为“＊＊装配设计”，选择该文件夹为工作目录，完成大部分的零件的建模并保存至该文件夹中。要保证装配组件的工作目录与所有零件的目录一致。

6.1.1　组件文件的创建

单击文件“新建”→在“新建”对话框中选择“装配”类型和默认的“设计”子类型→输入装配组

件的名称,去除“使用默认模板”勾选,并单击“确定”按钮→在“新文件选项”对话框中选择公制模板,如“mmns_asm_design_rel”,单击“确定”按钮,则完成组件文件的创建。如图 6-1 所示。

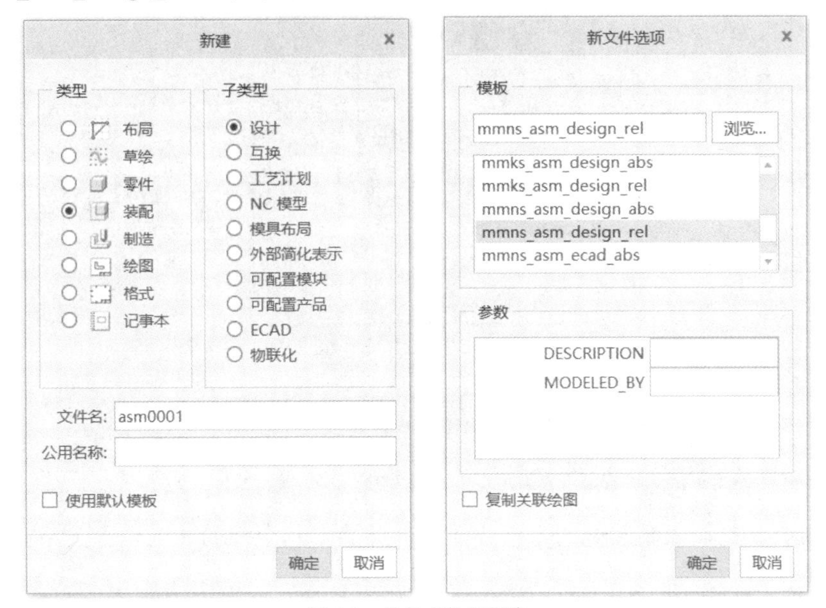

图 6-1 组件文件的创建

6.1.2 组件模式界面

在新建组件文件后,则进入组件模式工作界面。左侧为装配“模型树”,组件后缀名为“. asm”,有自动创建的组件基准坐标系“ASM_DEF_CSYS”和三个相互正交的装配基准面:“ASM_FRONT”、“ASM_TOP”和“ASM_RIGHT”,如图 6-2 所示。与零件的特征一样,完成装配后的各个元件在“模型树”中将按装配的先后顺序往下排列。

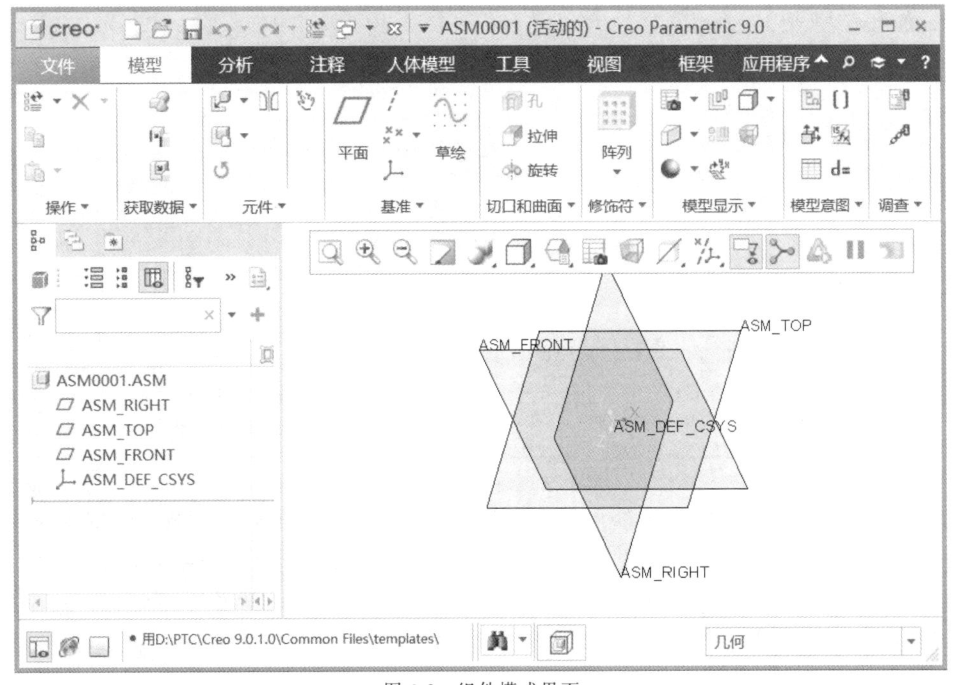

图 6-2 组件模式界面

装配操作主要通过“模型”选项功能区的“元件”命令组工具完成，主要包括“组装”、“创建”、“镜像元件”、“拖动元件”以及下拉选项的“元件操作”等，如图 6-3 所示。

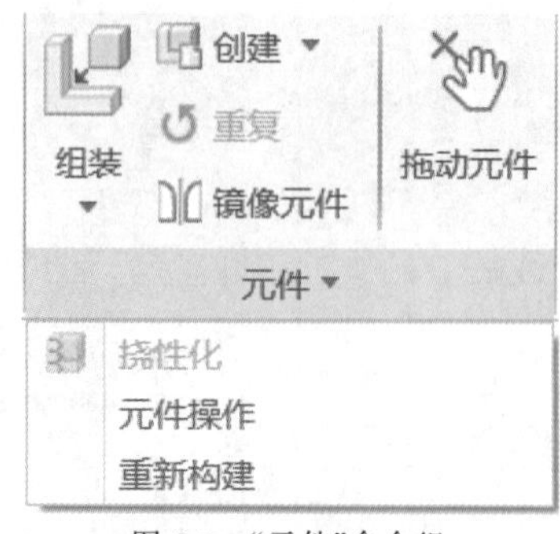

图 6-3 “元件”命令组

6.2 元件的组装

元件的组装就是调入要装配的零件或子组件并确定其合理的装配位置关系。

6.2.1 元件的调入

单击“元件”命令组的“组装”，将弹出“打开”对话框，首选的文件路径为提前设置好的工作目录路径。选择要调入的零件或子部件，单击对话框的“打开”按钮，或者直接双击要调入的零件或子部件，如图 6-4 所示。

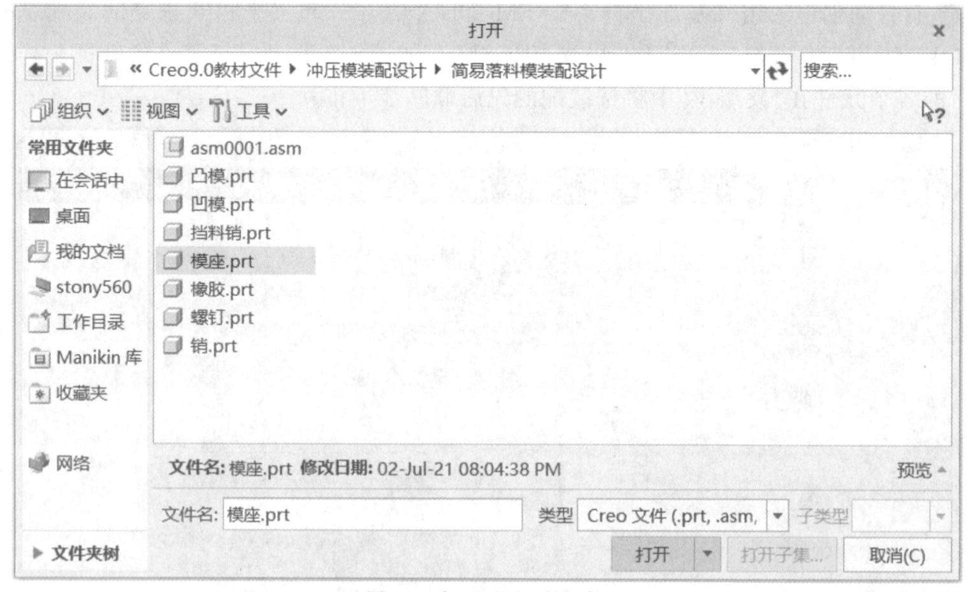

图 6-4 打开要调入的元件

元件打开后，即弹出如图 6-5 所示的“元件放置”控制板，通过该控制板来完成调入零件的装配定位。图形窗口的元件上有默认显示的“拖动器”，可以对元件进行平移和旋转，单击操控板中“显示拖动器”显示切换按钮，可以关闭或打开该拖动器。单击“单独窗口”，则在旁边弹出显示装配元件的独立窗口，在该独立窗口中，同样可以移动缩放元件模型，也可以选取创建约束的元件参考。

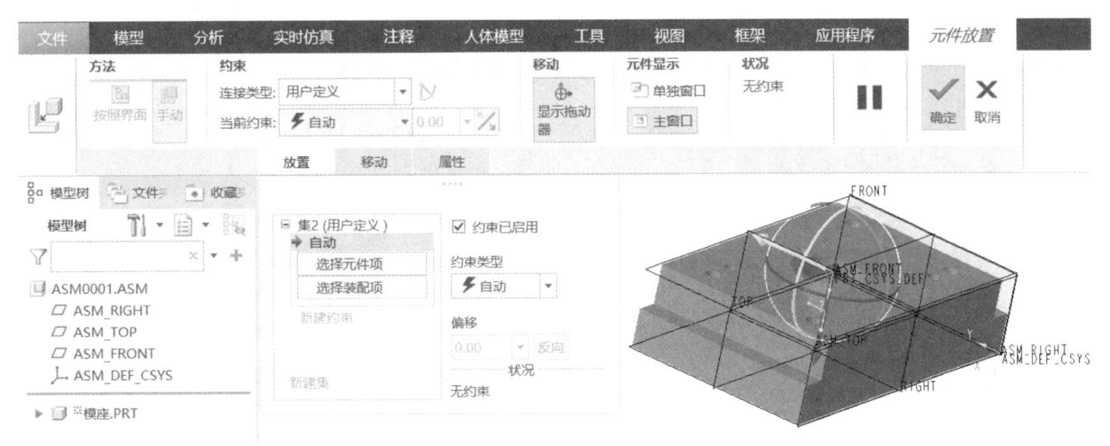

图 6-5 “元件放置”操控板

6.2.2 装配约束类型

装配约束是指通过创建装配元件的几何(面、轴、边、点等)参考(称为元件参考)与组件的基准或已有零件的几何参考(称为装配参考)之间的位置关系来确定元件的装配位置。对于新调入的元件,系统不会自动设置任何约束,其“状况”显示为“无约束”,当创建了部分约束后显示为“部分约束”,完全定位后显示为“完全约束”。

1. 约束的连接类型

Creo 装配约束的“连接类型”包括默认的“用户定义”以及下拉选项的各种“预定义”,“用户定义”与“预定义”两种连接类型可以通过后面的转换按钮进行转换,如图 6-6 所示。“用户定义”是通过用户创建各种基准或几何的约束关系(约束集)。“预定义”是创建指定运动机构类型的几何约束关系(约束集),该类型的约束可用于机构运动仿真。各类预定义连接指定的约束关系如下:

(1)“刚性”——在装配中不允许任何移动。

(2)“销”——包含旋转移动轴和平移约束。

(3)“滑块”——包含平移移动轴和旋转约束。

(4)“圆柱”——包含 360° 旋转移动轴和平移移动。

(5)“平面”——包含平面约束,允许沿着参考平面旋转和平移。

(6)“球”——包含用于 360° 移动的点对齐约束。

(7)“焊缝”——包含一个坐标系和一个偏距值,以将元件“焊接”在相对于装配的一个固定位置上。

(8)“轴承”——包含点对齐约束,允许沿直线轨迹进行旋转。

(9)“常规”——创建有两个约束的用户定义集。

(10)“6DOF”——包含一个坐标系和一个偏移值,允许在各个方向上移动。

(11)“万向”——包含零件上的坐标系和装配中的坐标系以允许绕枢轴按各个方向旋转。

(12)“槽”——包含点对齐,允许沿一条非直轨迹旋转。

2. 用户定义的约束类型

预定义连接的约束类型是指定的,用户根据指定的约束关系选取元件和组件的约束参考。而当选择用户定义连接时,用户可以在如图 6-7 所示的“当前约束”选项中选择约束类型,其默认设置为“自动”,即系统根据用户选取的约束参考自动判断并选择约束类型。对于具有偏移的约束，数值框变为可用，可以为偏移值输入一个数值。

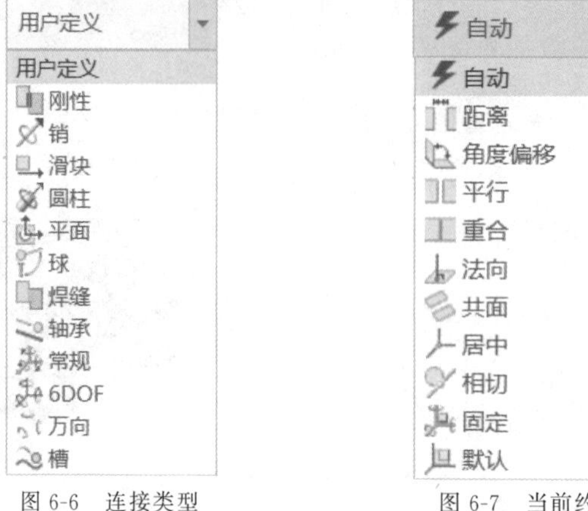

图 6-6　连接类型　　　图 6-7　当前约束

各类用户定义连接指定的约束关系如下：

(1)“自动”——选取参考后，显示列表中的可用约束；

(2)“距离”——从装配参考偏移至元件参考；

(3)“角度偏移”——以某一角度将元件定位至装配参考；

(4)“平行”——将元件参考定向为与装配参考平行；

(5)“重合”——将元件参考定位为与装配参考重合；

(6)“垂直”——将元件参考定位为与装配参考垂直；

(7)“共面”——将元件参考定位为与装配参考共面；

(8)“居中”——居中元件参考和装配参考；

(9)“相切”——定位两种不同类型的参考，使其彼此相对，接触点为切点；

(10)“固定”——将被移动或封装的元件固定到当前位置；

(11)“默认”——用默认的组件坐标原点与元件坐标原点对齐。

6.2.3　约束的创建与编辑

在创建装配约束时，一般选用默认的“自动”，在图形窗口分别单击要选取的元件约束参考和装配约束参考(当选择了其中一个参考时，光标会拉着一根虚线去选择另一个参考)，如图 6-8 所示。

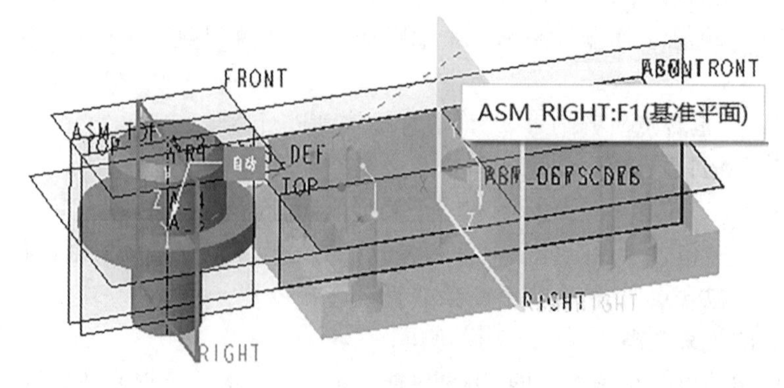

图 6-8　约束参考的选取

完成约束参考选取后，系统将自动创建一个约束（如“距离”）并显示在下方“放置”选项的左侧约束栏中，该约束下方为对应的元件参考和装配参考。右键单击该约束，可以选择“删除”或“禁用”；右键单击下方的约束参考，可以选择“移除”，然后可以重新选取新的约束参考。右侧为“约束类型”和“偏移”编辑区，可以通过下拉选项选择所需要的约束类型，如果有偏移，则在下方输入距离和切换方向。完成一个约束的定义后，如果显示状态为“部分约束”，则可以单击“新建约束”，继续在图形窗口选取新的约束参考创建新的约束。如图 6-9 所示。

图 6-9　自动创建的约束

常用的元件参考与装配参考一般分为：坐标系（原点）约束、平面与平面约束、曲面与曲面约束、曲面与平面约束、线（边）与平面约束、线（边）与线（边）约束、点与面约束、点与线（边）约束等。下面介绍模具装配设计中常用的几组约束类型。

1. 坐标系（原点）约束

在组件中装配第一个元件时，通常采用“默认”约束，即在“当前约束”栏的下拉选项中选择“默认”，则元件坐标原点与组件坐标原点完全对齐。当有用户创建的其他坐标系时，可以分别选取元件坐标系和组件坐标系为约束参考，“自动”约束会选择“重合”。一个坐标系约束就能形成完全约束，“新建约束”变成灰色，不能再创建其他约束。

2. 平面与平面约束

在装配模具的板类零件时，通常选取元件平面（基准面或实体平面）和装配平面（基准面或实体平面）为约束参考，可以选择的约束类型有：“重合”、“距离”、“角度偏移”、“平行”、“法向”。其表示的几何关系如图 6-10 所示。其中，“距离”和“角度偏移”可以输入正、负的“偏移”值，除了“法向”外，其他约束类型都可以设置“反向”。

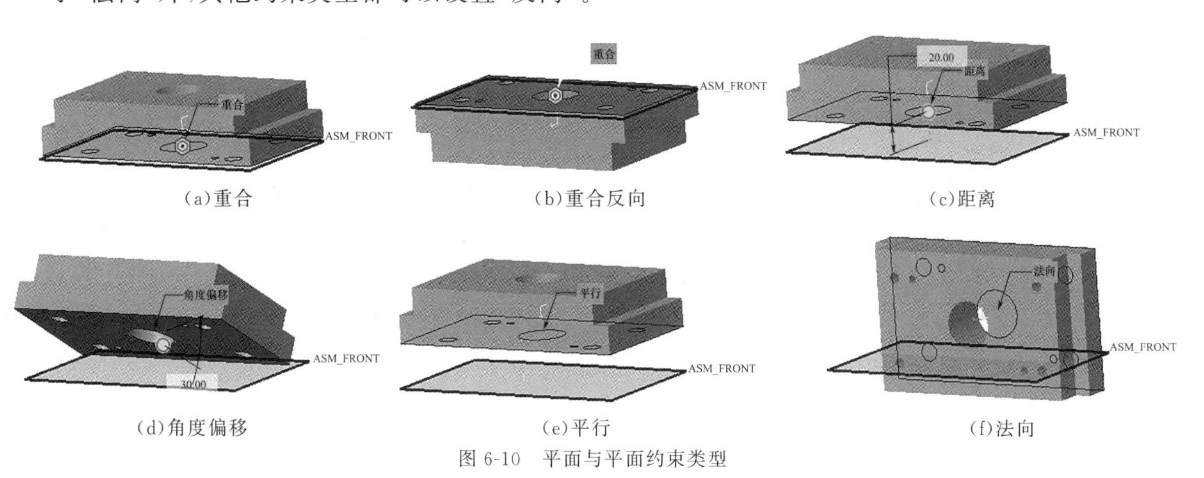

(a)重合　(b)重合反向　(c)距离

(d)角度偏移　(e)平行　(f)法向

图 6-10　平面与平面约束类型

3. 曲面与曲面约束

在装配导柱、导套、螺栓和销等回转体零件时，通常选取元件曲面（如圆柱面）和装配曲面为约束参考，可以选择的约束类型有："重合"、"平行"、"法向"、"共面"、"居中"和"相切"。各位置关系如图 6-11 所示。其中，"重合"、"平行"和"法向"可以设置"反向"。对于本装配模型，由于约束曲面为圆柱面，"共面"、"居中"和"重合"效果相同。

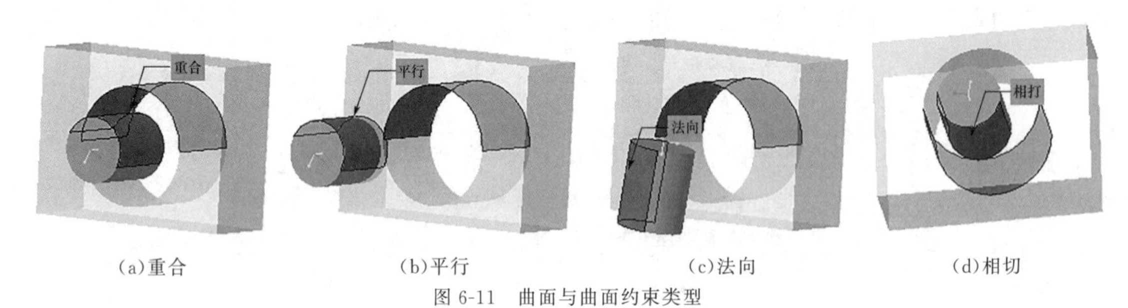

(a)重合　(b)平行　(c)法向　(d)相切

图 6-11　曲面与曲面约束类型

4. 轴线(或直边)与轴线(或直边)约束

在装配回转体零件时，也可选取元件中心轴线和装配孔中心轴线为约束参考，可以选择的约束类型有："重合"、"距离"、"角度偏移"、"平行"、"法向"和"共面"。其中，"距离"和"角度偏移"可以输入正负的"偏移"值，除了"共面"外，其他约束类型都可以设置"反向"。

5. 其他参考类型约束

其他参考类型约束主要包括：曲面与平面的"相切"、点与平面（曲面）或线的"重合"和"距离"等。

6. 约束冲突

当新建约束与已有约束关系存在冲突时，系统会提示"约束无效"，这时需要删除其中一个相冲突的约束，或者移除约束参考，重新选取新的约束参考。

7. "允许假设"约束

因为在螺栓的实际装配时，只要螺纹旋合（圆柱面重合）、螺栓头端面贴合就是完成装配。所以，Creo 将所有回转体零件的装配约束设置了默认的"允许假设"选项，如图 6-12 所示。该选项相当于添加了不允许旋转的约束，从而使约束状态达到"完全约束"。如果取消"允许假设"的勾选，则元件有了旋转的自由度。

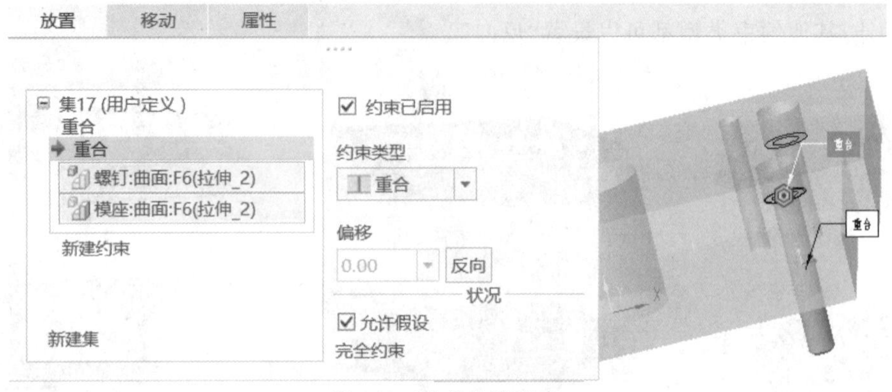

图 6-12　"允许假设"约束

6.2.4 元件的状态与移动

组件中元件存在三种装配约束状态：无约束、部分约束和完全约束。该状态不仅显示在操控板中，而且也显示在装配“模型树”中。当完成装配后，元件在模型树中显示，如果名称前面出现小的矩形框，则表示该元件为不完全约束，即为部分约束或无约束。而对于已经达到完全约束的元件，则不出现该矩形框，如图 6-13 所示。

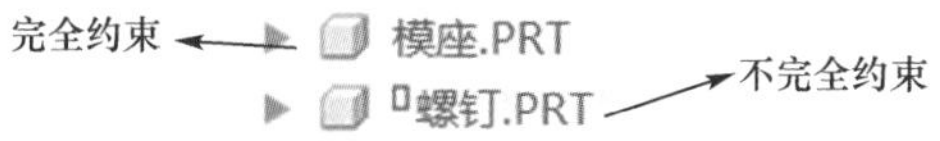

完全约束 模座.PRT
螺钉.PRT 不完全约束

图 6-13 模型树中显示元件的约束状态

当装配元件的状态是“完全约束”时，无法调用拖动器对元件进行移动。当元件的状态是“部分约束”时，可以通过拖动器对元件进行平移和旋转，但在已经被约束的自由度上无法移动。只有当元件状态是“无约束”时，拖动器具有六个自由度(三个方向的平移和三个方向的旋转)的移动功能。

在实际装配过程中，可以在创建约束之前，把装配元件移动至合适的位置和方向，以便于约束参考的选取和自动约束的创建。

在装配元件处于不完全约束时，还可以单击“元件”命令组的“拖动元件”工具，可以在元件没有约束的自由度方向拖动装配元件，以检查它的工作运动情况。

6.3 元件的编辑与创建

6.3.1 元件的编辑

元件的编辑主要包括：元件激活、元件的打开、元件的编辑定义、元件的复制和镜像、元件的布尔运算(合并、剪切和相交)。

1. 元件的激活

单击要编辑的元件，弹出的浮动工具栏如图 6-14 所示。元件的激活和元件的打开都可用来对元件进行修改，而元件编辑定义则用来重新定义其装配约束。

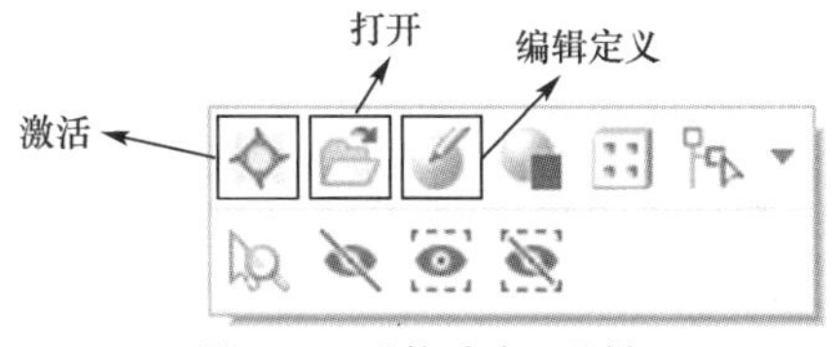

图 6-14 元件浮动工具栏

在“模型树”或图形窗口中单击元件，在弹出的浮动工具栏中单击“激活”按钮，则该元件被激活呈亮色，处于可修改和编辑状态，可以直接利用“模型”选项功能区的各工具对模型进行修改和编辑。当一个元件被激活后，组件和其他元件呈灰色，是不可进行操作。当要回到组件的激活状态时，则单击组件名称，同样在弹出的浮动工具栏中单击“激活”按钮。

如果是要修改元件已有的特征，则可以在“模型树”中直接单击元件所属的特征，在弹出的浮动工具栏中单击“编辑定义”按钮，则直接进入该元件特征的操控板进行编辑修改，这时候该元件也是处于激活状态。完成特征的编辑定义后，系统自动回到组件的激活状态。

2. 元件的打开

单击元件，在弹出的浮动工具栏中单击“打开”按钮，则会弹出新的窗口打开该元件，通过元件窗口对元件进行修改和编辑。

3. 元件的编辑定义

单击元件，在弹出的浮动工具栏中单击“编辑定义”按钮，则弹出该元件的“元件放置”操控板，从而可重新编辑元件的装配约束。

4. 元件的复制(重复装配)

当组件中要将同一零件(如螺钉)在多个位置进行重复装配时，可以应用元件的复制。选取要重复装配的元件，按“Ctrl＋C”，再按“Ctrl＋V”，在弹出的“元件放置”控制板中重新选取与元件参考对应的新装配参考。通过重复装配的元件全部为同一零件的多次装配，修改其中任何一个，其他都会跟随修改。

5. 元件的镜像

元件的镜像既可以是同一零件的镜像重复装配，也可以创建一个新的副本零件进行镜像装配。基本操作步骤：选择要镜像的元件，单击“元件”命令组的“镜像”工具，弹出如图 6-15 所示的“镜像元件”对话框，选择镜像平面后，如果选择默认的“重新使用选定的模型”则是同一元件模型的镜像装配。如果勾选“创建新模型”，则输入新零件模型的名称，这样就创建了关于镜像平面对称的新的副本零件。如果下方“镜像”选项选择“仅几何”，则镜像的新元件只复制了原模型的几何主体，没有组成特征；如果选取“具有特征的几何”，则镜像的新元件同时复制了原模型的所有组成特征。

(a)同一元件镜像装配

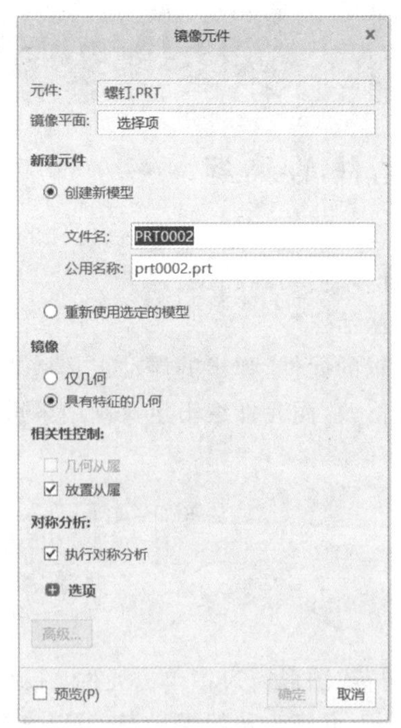

(b)新建元件镜像装配

图 6-15 “镜像元件”对话框

因为镜像的元件没有重新定义装配约束，所以它的装配关系完全取决于原元件的装配关系，原元件的装配关系修改后，镜像元件的装配关系跟随变化。

6. 元件的布尔运算

通过元件的布尔运算，可以将一个零件合并至另一个零件上(添加材料)，或者利用一个零件剪切另一个零件(移除材料,去除两个零件重叠的部分)。该操作方法在模具设计过程较为常用。

具体操作步骤:①单击“元件”命令组下拉选项的“元件操作”→②在弹出的“菜单管理”器中选取“布尔运算”→③在弹出的“布尔运算”对话框的下拉选项中选取“合并”或“剪切”→④先在图形窗口或“模型树”中选取被修改模型→④单击“修改元件”收集器的“单击此处添加项”,在图形窗口或“模型树”中选取修改元件→⑤选择运算方法:“几何”或“特征”→⑥单击对话框“确定”,完成元件的布尔运算。如图 6-16 所示。

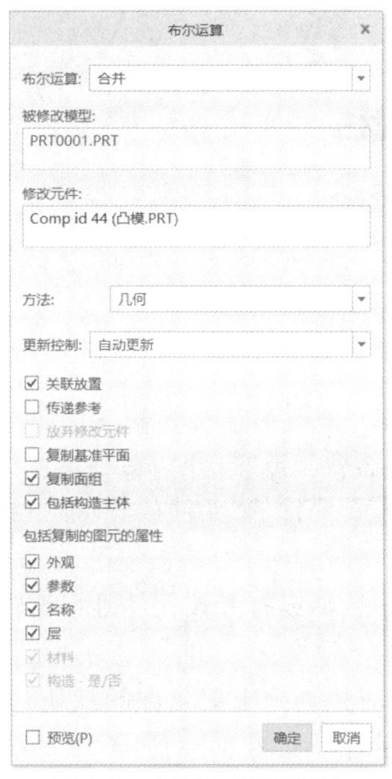

图 6-16 “布尔运算”对话框

完成布尔运算操作后,发生改变的是“被修改模型”,如图 6-17 所示。而“修改元件”不发生变化。

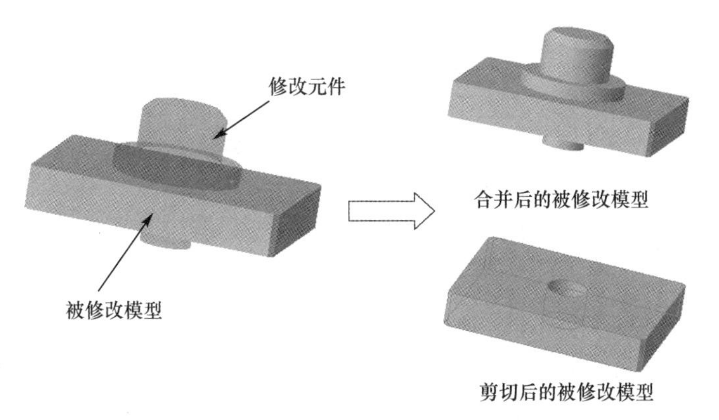

图 6-17 布尔运算后的被修改模型

6.3.2 元件的创建

通过“元件”命令组的“创建”工具,可以直接在组件模式下创建并添加新的零件。基本操作:单击元件“创建”工具,在弹出如图 6-18 所示“创建元件”对话框中,选择创建所要创建元件的类型，并输入其名称，单击“确定”按钮，然后在弹出如图 6-19 所示的“创建选项”对话框中，勾选一种元件“创建方法”后，按不同方法的步骤创建新元件。

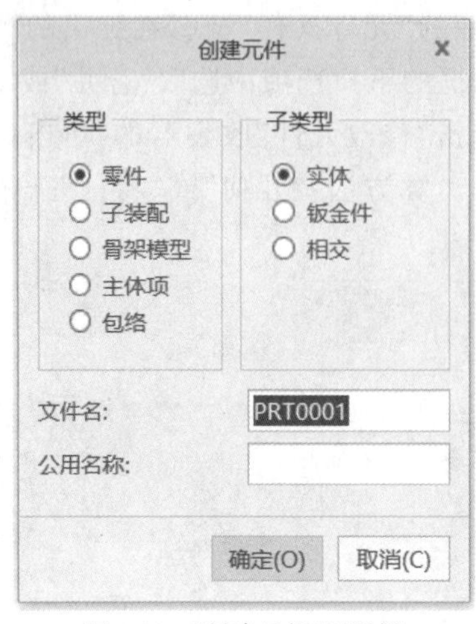

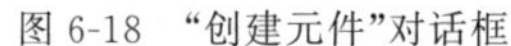
图 6-18 “创建元件”对话框

图 6-19 “创建选项”对话框

1. 从现有项复制

该方法是从现有模型中复制一个副本并将它装配到组件中。具体操作步骤：①单击“浏览”→②选择要复制元件的名称，然后单击“打开”，则选定元件的名称将出现在“复制自”文本框中→③单击“确定”按钮后，进入新元件的“元件放置”操控板→④完成零件的装配约束后单击操控板“√”按钮退出。

完成创建后，可在“模型树”中激活或打开该元件进行编辑修改。

2. 定位默认基准

该方法是在创建新元件的同时也创建出新元件的默认基准。定位基准的方法包括“三平面”、“轴垂直于平面”和“坐标系对齐”，如图 6-20 所示。

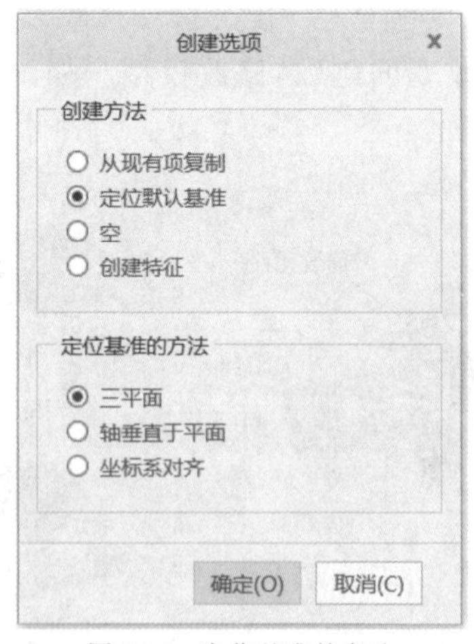

图 6-20 定位基准的方法

“三平面”是选定元件第一个特征的草绘平面和另外两个相互正交的定位参考平面。该定位基准的方法最为常用。

“轴垂直于平面”是选定元件第一个特征的草绘平面和一根垂直于该平面的轴以创建另外两个正交的定位参考平面。

“坐标系对齐”是选定元件的原点坐标系以创建它的三个基准面。

单击“确定”按钮后，装配“模型树”中添加了该元件，并且处于激活状态，可直接创建元件模型的特征。在完成元件的特征创建后，激活组件，可以对该元件的装配位置进行重新编辑定义。

3. 空

如果勾选“空”，则可以直接单击确定，在装配“模型树”中添加了一个本身没有基准的空元件，并且没有激活。如果要创建特征，则需要激活该元件后，利用组件的基准或其他元件的基准来创建特征。所创建的元件位置直接由它的特征创建位置决定，不能重新编辑它的装配位置。

4. 创建特征

选用“创建特征”方法所创建的元件也没有本身的基准，单击“确定”按钮后元件是激活状态，需要直接进行特征创建，如果不创建任何特征，则该元件不会创建。

重要提示 在组件中创建零件与单独创建零件后再装配有较大的区别。组件中创建零件可以直接参考其他元件的位置和尺寸来创建新元件，并且可以与其他元件建立位置参考和尺寸关系。但如果创建方法和参考选用不当，则会给新零件的编辑带来麻烦。一般来说，创建方法尽量选用“从现有项复制”或“定位默认基准”，这样创建的元件有自己的基准，并且可以重新编辑它的装配关系。只有当创建的元件小而简单，并且其尺寸和位置是固定依附在其他元件上时，可以采用“空”或“创建特征”的方法创建。

6.4 三维分解视图

完成三维组件的装配后，可以创建组件的三维分解视图，以清晰地表达出所有元件的形状以及它们之间的位置关系，也称为爆炸视图。分解视图可以在默分解视图的基础上编辑，也可以新建分解视图。分解视图的编辑和创建主要通过“模型显示”命令组中的相关工具，如图 6-21 所示。

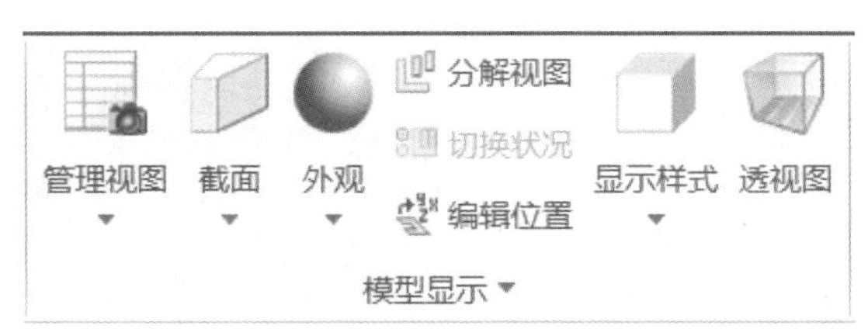

图 6-21 “模型显示”命令组

6.4.1 默认分解视图

对于三维装配组件，系统会自动创建一个默认分解视图。可以通过“分解视图”按钮和“编辑位置”工具分别切换组件分解视图和编辑分解视图中元件的位置。

1. 分解视图的切换

单击“分解视图”按钮，则图形窗口的组件变为默认的分解状态。再单击该按钮，则又切换为非分解状态。

2. 编辑默认分解视图

单击“编辑位置”工具，弹出如图 6-22 所示的“分解工具”操控板。“设置”栏的三个按钮分别有三种不同的移动方式，分别是：根据拖动器坐标轴或所选移动参考进行“平移”；根据所选移动参考进行“旋转”；在“视图平面”上移动。其中默认的“平移”和第二种“旋转”较为常用。

图 6-22 “分解工具”操控板

“平移”基本操作：在图形窗口选取要移动的元件(可以按住 Ctrl 键选取多个)，则在最后选取的元件上出现一个拖动器，如图 6-23 所示。用鼠标拖动一个方向箭头，则所选取的全部元件会沿着方向平移，拖动至合适位置后松开鼠标，然后可以继续平移其他元件。

“旋转”基本操作：在“设置”栏中单击“旋转”按钮后，在图形窗口先选取要移动的元件(可以按住 Ctrl 键选取多个)，再选取旋转的参考(轴线或直边)，则元件上出现一个旋转拖动器，如图 6-24 所示。用鼠标拖动该旋转箭头，则所选取的全部元件会沿着方向轴旋转，旋转至合适位置后松开鼠标。

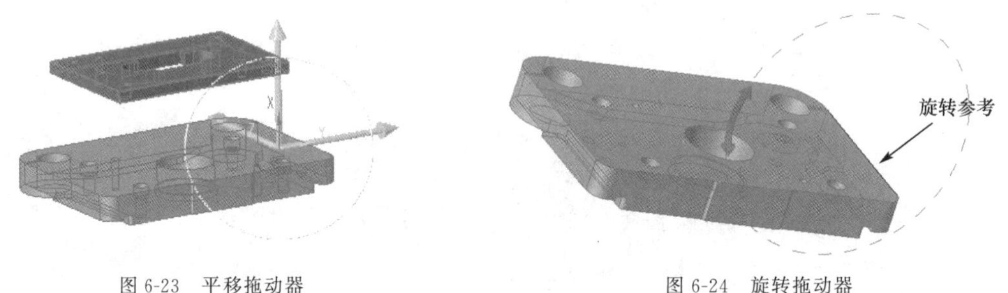

图 6-23 平移拖动器

图 6-24 旋转拖动器

6.4.2 新建分解视图

系统自动创建的默认分解视图通常不规范、不美观，不能很好地表达组件的分解状态，而且因为太过于凌乱致使编辑起来困难。所以，一般情况下都需要用户自己创建新的分解视图，从原始状态进行编辑。

1. 分解视图的创建

基本操作步骤：①单击“模型显示”命令组中的“视图管理”→②弹出“视图管理器”对话框单击“分解”选项卡，下面窗口中只有一个系统创建的“默认分解”，如图 6-25(a)所示→③单击“新建”，采用默认名“Exp0001”或输入名称→④单击中键，则创建了一个新分解视图，该视图前面有箭头表示激活状态，如图 6-25(b)所示。

(a)默认分解

(b)新建分解

图 6-25　分解视图的创建

2. 分解视图编辑的保存

在新创建的分解视图中，所有元件处于装配的初始位置，需要进行编辑移动。基本操作步骤：①选中新创建的分解视图，单击“编辑”按钮→②在下拉菜单中单击“编辑位置”，如图 6-26 所示→③进入“分解工具”操控板对各元件的位置进行编辑→④完成所有零件的位置编辑后，单击“√”按钮退出。

图 6-26　分解视图的编辑位置

这时候新的分解视图名称后面有“(＋)”，表示已经进行了编辑修改，需要进行保存。基本操作步骤：①单击“编辑”按钮，在下拉菜单中单击“保存”，如图 6-27(a)所示→②弹出“保存显示元素”对话框，在下方的“分解”保存名称栏中选择保存为原名，或者保存为“默认分解”(系统的默认分解将被替换)，如图 6-27(b)所示→③单击“确定”按钮，则完成了分解视图的保存。如果选择保存为“默认分解”，则会弹出“更新默认状态”提示框，单击提示框的“更新默认”即可。

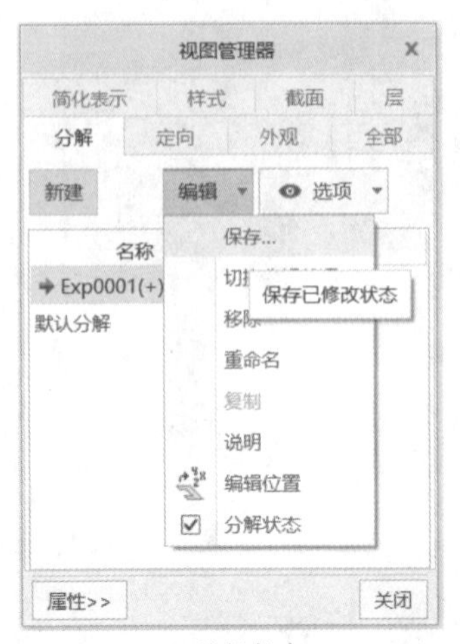

(a)编辑保存　　(b)选择保存名称

图 6-27　分解视图的保存

重要提示　在编辑装配分解视图各元件的位置时，尽量根据元件的装配关系进行移动分解。例如：所有螺钉和销钉按照其拆装方向进行移动。各元件移动的距离要适合，一般以所有元件不能被遮住 1/2 以上为标准。对于冲压模具的分解视图，一般来说，上模部分的元件往上平移，下模部分的元件往下平移，中间的小零件可往两侧对称偏移，如图 6-28 所示。

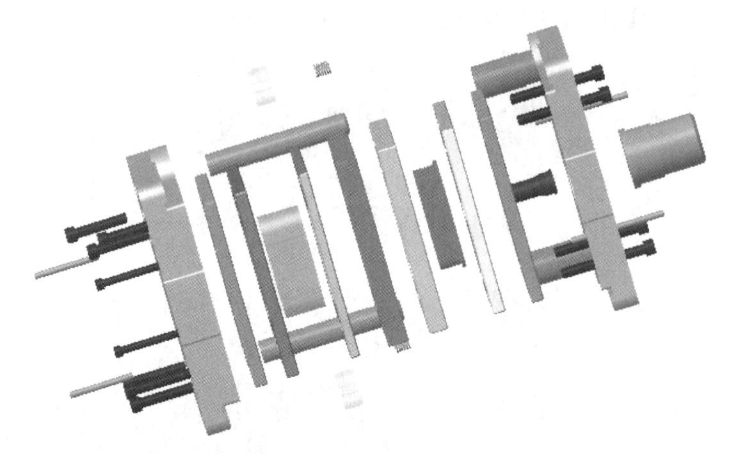

图 6-28　冲压模具的分解视图

6.5　标准零件调用

在 Creo 9.0 中可以调用标准零件，以减少重复建模时间，提高设计效率。

6.5.1　智能紧固件的安装

在 Creo 9.0 的组件文件模式中，“工具”选项卡下的“Intelligent Fastener(智能紧固件)”命令组提供了标准“螺钉”和“定位销”的安装工具及“重新组装”、“重定义”和“删除”工具。如图 6-29 所示。

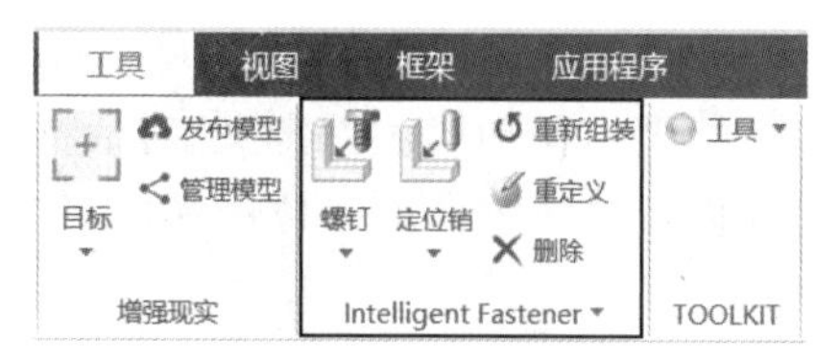

图 6-29 “Intelligent Fastener”智能紧固件命令组

1. 螺钉的安装

基本操作步骤：①在安装螺钉的位置创建好基准点（草绘基准点）或基准轴→②单击“螺钉”工具，弹出“选择参考”对话框，如图 6-30(a)所示→③分别在图形窗口选取“位置参考（点/轴）”，“螺钉头放置曲面”和“螺纹起始曲面”，单击“确定”按钮后弹出“螺钉紧固件定义”对话框→④选择螺钉标准库的“目录”、螺钉类型、螺纹大小及长度尺寸，根据需要可勾选安装垫圈或嵌件，单击“确定”按钮，如图 6-30(b)所示。

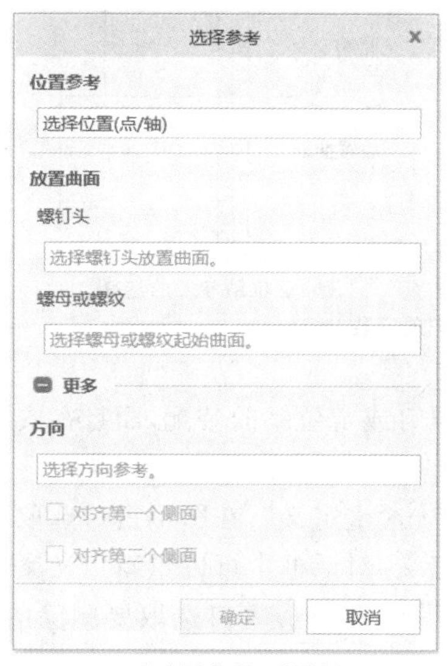

(a)“选择参考”对话框

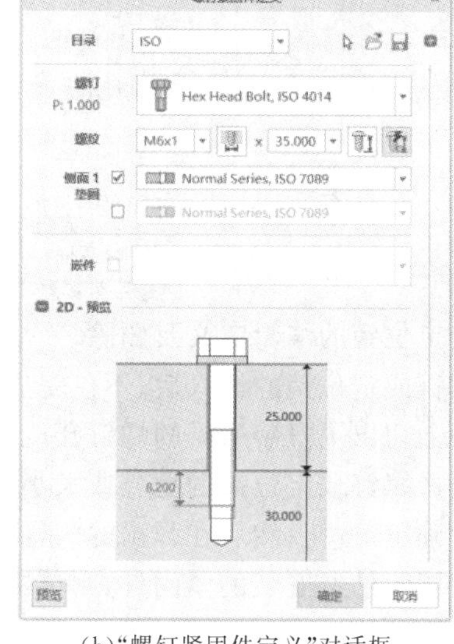

(b)“螺钉紧固件定义”对话框

图 6-30 螺钉的安装

螺钉的位置参考、螺钉头放置面、螺纹起始面的选择如图 6-31 所示。

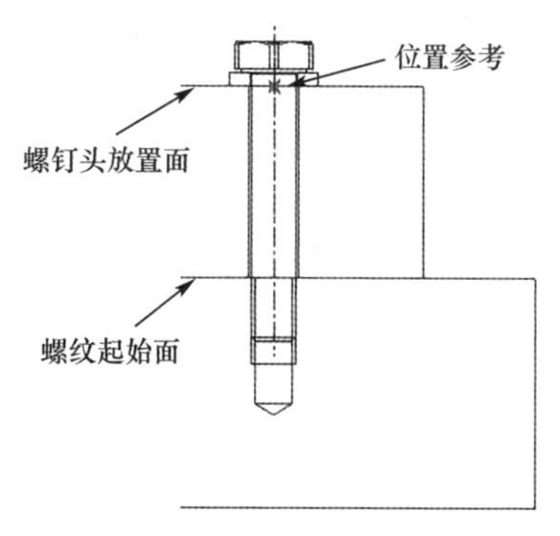

图 6-31 螺钉参考的选择

目前的智能紧固螺钉功能还不够完善，不能自动创建螺钉安装沉孔。所以，对于沉孔螺钉的安装，必须先在安装零件上切出沉孔。

2. 定位销的安装

基本操作步骤与螺钉的安装相似：①在安装螺钉的位置创建好基准点（草绘基准点）或基

准轴→②单击“定位销”工具，弹出“选择参考”对话框→③分别在图形窗口选取“位置参考”和“放置曲面”，单击“确定”按钮后弹出“定位销紧固件定义”对话框→④选择定位销标准库的“目录”、定位销类型、大小、长度尺寸以及往放置曲面一侧的深度，如图 6-32(a)所示。定位销的参考选择如图 6-32(b)所示。

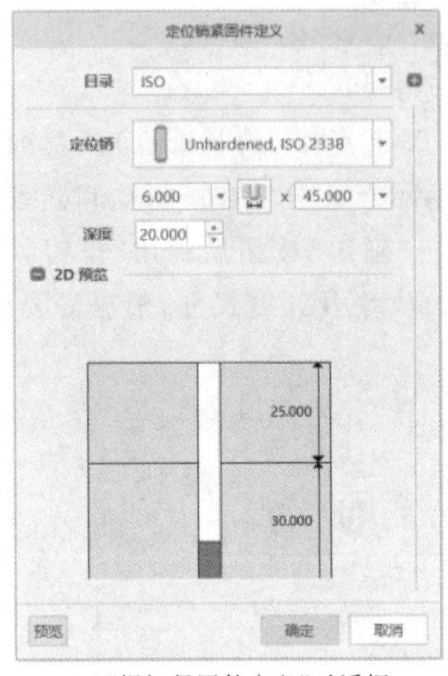

(a)“螺钉紧固件定义”对话框

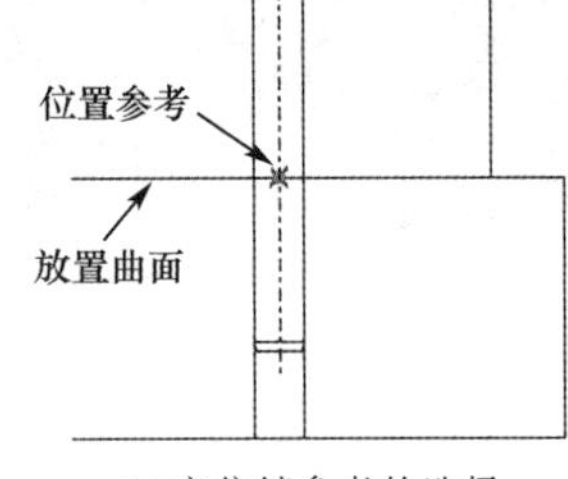

(b)定位销参考的选择

图 6-32 定位销的安装

3. 螺钉及定位销的编辑定义及删除

在标准螺钉或定位销的调入后，不仅完成了螺钉或定位销的装配，而且在安装螺钉或定位销的相关零件上切出了安装所需的螺钉孔或通孔。

要重新选择螺钉或定位销的型号或大小，则单击“重定义”，在图形窗口选取要重定义的紧固件，并单击“确定”按钮，然后在弹出的“紧固件定义”对话框中可以重新定义紧固件的型号或大小。如果要删除已经安装的紧固件，则单击“删除”，在图形窗口选取要删除的紧固件，并单击“确定”按钮。

6.5.2 PDX 级进模扩展库简介

通常，普通的单工序模、复合模和简单级进模一般可以用装配法设计，而多工位级进模结构相对复杂，各类零件较多，用普通的装配法设计会影响模具设计开发的效率。

PDX(Progressive Die Extension，扩展级进模)是 Creo 程序的一个扩展模块，专门用于多工位级进冲压模的快速设计。主要功能包括：(1)用于钣金件快速和方便地设计级进模和单工序模；(2)利用定制的解决方案来开发级进模的模具能取得更好的效果；(3)向导可指导用户完成自定义钢带布局定义、冲头模具创建以及模具组件的放置和修改；(4)文档、间隙切口和钻孔均会自动创建，能避免手动执行容易出现的错误。

目前适应挂载于 Creo 9.0 的 PDX 版本为 PDX15.0(目前尚未有简体中文汉化版)。完成 PDX15.0 的安装并完成挂载后，在 Creo 9.0 的功能选项卡中将出现“PDX”选项，如图 6-33 所示。

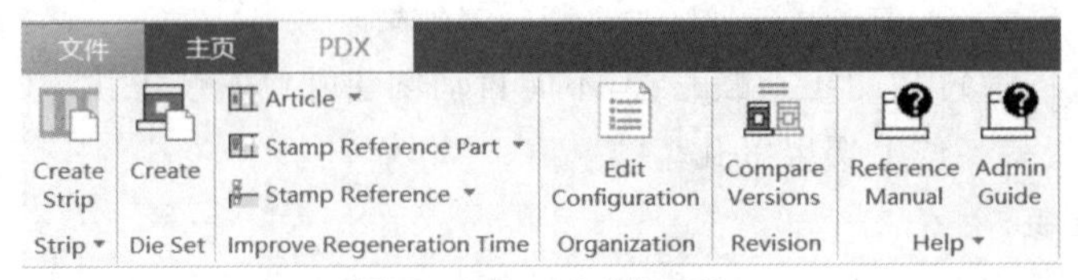

图 6-33 “PDX”功能选项

PDX 级进冲压模设计的一般步骤为:创建冲压钣金件参照→创建料带并插入和编辑各工位→通过“模具组”创建模架→通过“模具引擎”创建各冲压工作零件、导向件、其他辅助设备等→对组件和各零件进行必要的修改与编辑。

1. 建立料带

料带设计即为级进冲压的排样设计,生成的排样料带是级进模具设计的基本依据。单击“Create Strip(新建料带)”,即弹出“Strip Wizard(料带向导)”窗口,可以通过阵列多个参照工件,确定其级进步距、料带宽度、各工位工序,自动生成三维料带组件模型。如图 6-34 所示。

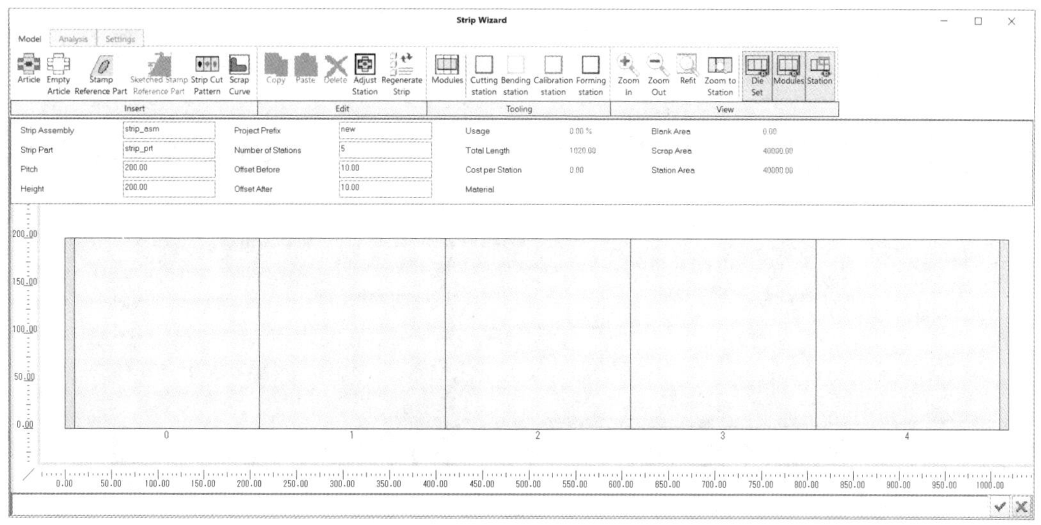

图 6-34 料带向导窗口

2. 建立模具组项目

模架尺寸及各模板尺寸位置及导柱导套等都可通过“模具组”完成。单击“Die Set(模具组)”命令组的“Create(新建)”,即弹出“Project(项目)”对话框,输入模具项目名称,单击“OK”即可创建一个模具组件文件,进入如图 6-35 所示的模具组件界面。

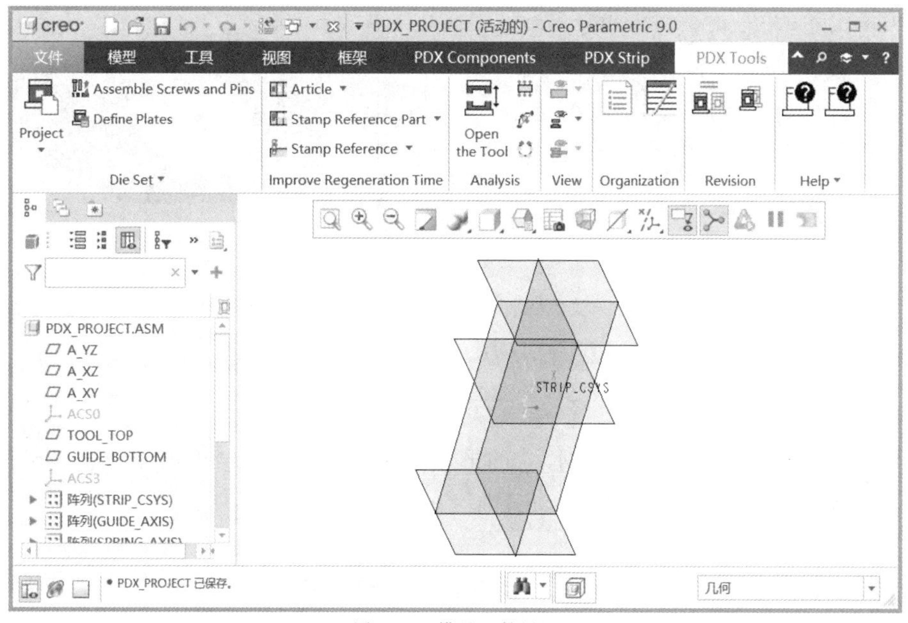

图 6-35 模具组件界面

在模具组件的工作界面，除了有普通装配文件的所有功能选项卡，还有“PDX Components(PDX 元件)”、“PDX Strip(PDX 料带)”和“PDX Tools(PDX 工具)”等三个专用功能选项。

通过“PDX Tools”选项的“Define Plates(定义板)”可以编辑各模板尺寸与位置；通过“Assemble Screws and Pins(装配螺钉和销钉)”装配自动设置的螺钉与销钉。

通过“PDX Components”选项卡功能区的“Pierce Stamp”工具可以创建冲裁工位上的凸模与凹模零件；通过“Form Stamp”工具可以创建成形工位上的凸模与凹模零件；通过“Guide”工具可以创建导柱导套等导向件；通过“Equipment”工具可以创建浮顶销、导正销、弹簧等其他装备零件；通过“Screws”命令组和“Pins”命令组的工具可以创建和编辑所需的螺钉和销钉，如图 6-36 所示。

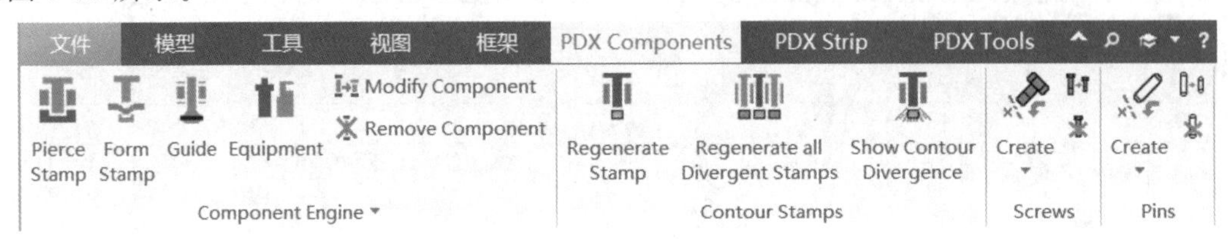

图 6-36 “PDX 元件”功能区

6.6 训练案例：单耳止动垫圈冲裁模设计

如图 6-37 所示的单耳止动垫圈，材料为 304 不锈钢，料厚为 1.2 mm，未注尺寸公差为 IT14 级，未注圆角为 $R1$。零件大批量生产。完成模具工作零件的刃口尺寸计算，并利用 Creo 软件完成整体模具结构的三维设计。

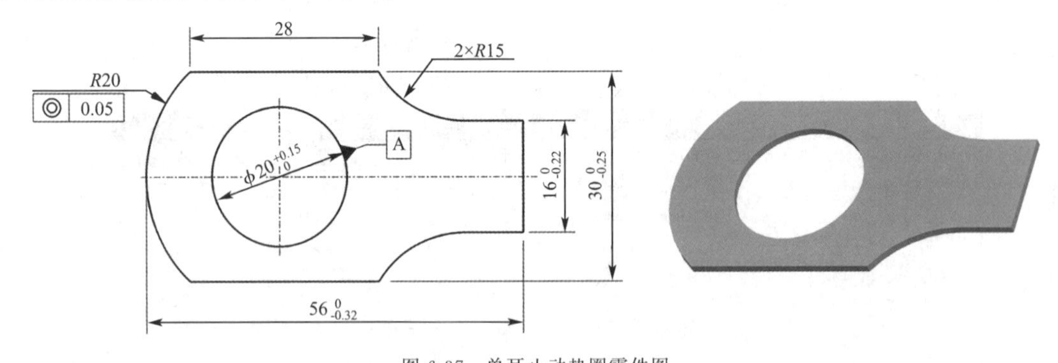

图 6-37 单耳止动垫圈零件图

6.6.1 工艺分析与计算

1. 冲压工艺方案确定

单耳止动垫圈材质为 304 不锈钢，它的形状相对简单，尺寸精度要求不高，最大尺寸为 56 mm，整体尺寸大小及材料厚度适合冲压加工。该零件有内孔，所以至少需要两个工序，即落料和冲孔。

因为冲压件为大批量生产，并且 $\phi20$ 的内孔和 $R20$ 的弧形外轮廓有同心度要求。查冲压手册可得：当制件厚度 $t=1.2$ mm 时，倒装凸凹模的最小壁厚为 3.2 mm。单耳止动垫圈零件的最小孔边距为 5 mm，所以适合采用倒装复合模结构。

2. 模架基本尺寸确定

后侧滑动导向模架能实现纵向与横向送料，适用于一般精度中小件的冲裁模。模架的尺寸取决于凹模板大小。

首先确定凹模板的厚度 H。$H=Kb$(其中 b 为凹模刃口的最大尺寸，K 为系数，查冲压手册得 $K=0.28$)。所以 $H=0.28\times56=15.68$，故凹模板设计厚度为 16 mm。

再确定凹模壁厚 C。$C=(1.5\sim2.0)H$，故取壁厚为 30 mm，所以凹模长方向尺寸 $L=56+2\times30=116$ mm；宽方向 $B=30+2\times30=90$ mm。查冲压手册，可选择 GB/T 2851—2008 的 125 mm×100 mm 的后侧滑动导向标准模架，最大闭合高度 170 mm，最小闭合高度 140 mm。

3. 模具刃口计算

(1)首先确定模具间隙，综合考虑冲裁件质量与模具寿命，采用Ⅲ类间隙(GB/T 16743—2010)，可确定模具单边最大间隙 $C_{max}=0.11t\approx0.13$ mm，最小间隙 $C_{mim}=0.08t\approx0.10$ mm。$2C_{max}-2C_{mim}=0.06$ mm。

落料以凹模为基准件，冲孔以凸模为基准件，分别计算模具刃口尺寸。

(2)落料凹模的刃口尺寸为：

$A_{56}=55.76_{0}^{+0.030}$；$A_{R20}=19.74_{0}^{+0.021}$；$A_{28}=27.74_{0}^{+0.021}$；

$A_{R15}=15.22_{-0.018}^{0}$；$A_{30}=29.81_{0}^{+0.021}$；$A_{16}=15.83_{0}^{+0.018}$。

(3)冲孔凸模的尺寸为：

$T_{\phi20}=\phi20.15_{-0.013}^{0}$

(4)凸凹模即为落料凸模和冲孔凹模，它的尺寸为：

$P_{56}=55.76-2C_{mim}=55.56_{-0.019}^{0}$；$P_{R20}=19.74-C_{mim}=19.64_{-0.013}^{0}$；

$P_{28}=27.74-2C_{mim}=27.54_{-0.013}^{0}$；$P_{R15}=15.22+C_{mim}=15.32_{0}^{+0.011}$；

$P_{30}=29.81-2C_{mim}=29.61_{-0.013}^{0}$；$A_{16}=15.83-2C_{mim}=15.63_{-0.011}^{0}$；

$P_{\phi20}=20.15+2C_{mim}=\phi20.35_{0}^{+0.021}$。

(5)间隙校核

所有刃口制造公差都满足间隙要求，即：$\delta_1+\delta_2\leqslant2C_{max}-2C_{min}$。

4. 各零件基本尺寸的确定

要初步确定各模板的厚度，以便确定模具的整体高度，以及相关零件的高度尺寸。

125 mm×100 mm 标准模架的上模座厚度为 35 mm，下模座厚度为 40 mm。

下垫板和上垫板厚度根据压力的大小设计，一般取 5～20 mm，本模具设计为 10 mm。

凸模固定板厚度一般为凹模厚度的 0.6～0.8 倍，故厚度设计为 12 mm。

凸凹模固定板厚度一般取凹模厚度的 80%～90%，故厚度设计为 13 mm。其中卸料弹簧安装座孔深度设计为 5 mm。

卸料板厚度设计为 10 mm。

卸料弹簧高度设计为 20 mm。

卸料螺钉的螺栓部分长度为：$H_{下垫板}+H_{凸凹模固定板}+H_{弹簧}+H_{卸料板}-H_{弹簧座孔}+10=58$ mm。其中 10 mm 为留在下模座中的长度。

凸凹模的厚度为：$H_{凸凹模固定板}+H_{弹簧}+H_{卸料板}-H_{弹簧座孔}-1=37$。其中 1 mm 为卸料板高出凸凹模的距离，以确保完全卸料。

推件块厚度为：$H_{凹模}+1=17$ mm。其中 1 mm 为推件块工作时突出落料凹模的距离，以确保完全推件。

空心垫板厚度设计为 15 mm。

冲孔凸模的高度设计为：$H_{凸模固定板}+H_{空心垫板}+H_{凹模板}=43$ mm。

聚氨酯推件橡胶的高度设计为 15 mm。

5. 压力中心的计算

模具的压力中心就是冲压力合力的作用点，计算压力中心是为了确定模柄的轴线安装位置，以保证模具的压力中心与压力机滑块中心重合，减少压力机滑块和模具导向零件的磨损。对于同一均匀厚度的冲裁件而言，轮廓各部分冲裁力合力的作用点即压力中心，所以压力中心即为各轮廓线的重心。在完成冲裁件三维建模后，可利用原草绘轮廓创建一个薄板加厚零件并利用 Creo 对模型的分析功能，快速得到压力中心的位置。

6.6.2 模具零件三维设计

本模具的设计采用自底而上和自顶而下相结合的设计方法，即先完成部分主要模具零件的三维建模，如上下模座、导套和导柱、落料凹模、冲孔凸模、凸凹模、卸料板、卸料弹簧、推件块等。然后即进行模具的三维装配设计，在装配过程中再根据装配尺寸要求创建其他的结构零件（如垫板、固定板、空心垫板、模柄、打杆等），而各类螺钉和销钉则可以通过智能紧固件进行安装。

在计算机中创建一个文件夹，命名为“单耳止动垫圈冲裁模设计”，进入 Creo 9.0 后，将工作目录设置为该文件夹。

步骤一：冲裁件三维设计

①新建一个零件文件，命名为“单耳止动垫圈”，并采用公制模板；

②单击“草绘”，选取 TOP 面绘制如图 6-38 所示的截面草绘；

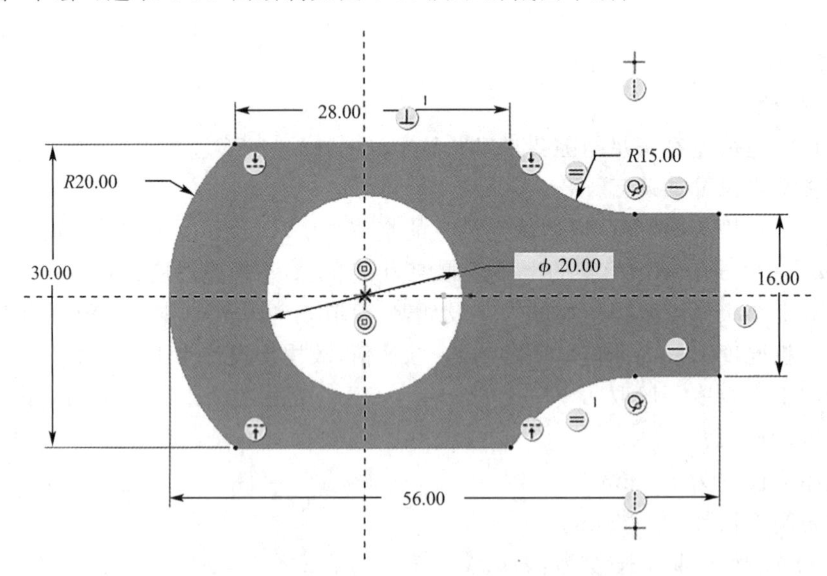

图 6-38　单耳止动垫圈截面草绘

③单击“拉伸”，选取前面所绘制的截面，往 Y 轴方向拉伸厚度“1.2”。

④通过“模型属性”设置将零件的材料设置为“STAINLESS_STEEL_AUSTENITIC（奥

氏体不锈钢)”

⑤保存该零件文件后,再保存一个副本文件为“压力中心计算”。

步骤二:压力中心的分析

①打开副本“压力中心计算”零件文件;

②对拉伸特征进行编辑定义,将“深度”方式设置为“对称”;单击“加厚草绘”,设置厚度为 0.1,单击后面的方向切换按钮,将加厚方式为调整两侧对称加厚(可先把加厚值设为较大值便于判断加厚方向,调整好加厚方向后再输入 0.1),如图 6-39 所示;

③完成后单击“√”按钮退出拉伸操控板;

④选择“分析”选项卡→单击“质量属性”工具→弹出“质量属性”对话框,单击“预览”,则分析所得的重心坐标即为压力中心位置,如图 6-40 所示。压力中心的位置在相对于默认坐标系 $X=5.47$ 的位置;

⑤完成压力中心的分析后,记住重心坐标值,然后保存并关闭该零件。

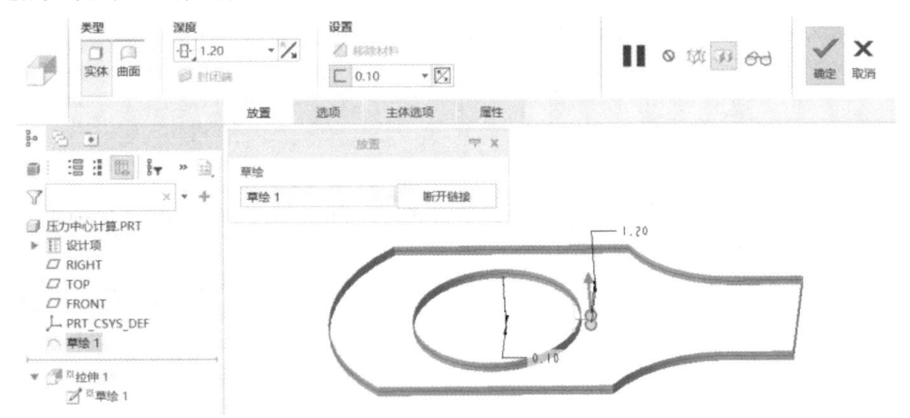

图 6-39 对称拉伸加厚草绘

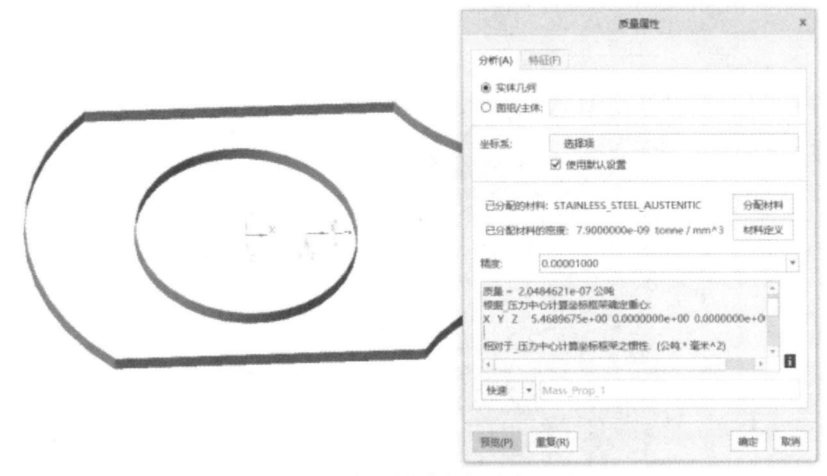

图 6-40 质量属性分析得到重心坐标

重要提示 如果直接分析冲裁件的质量属性,所得到的重心并不是冲裁压力中心,因为解析法计算压力中心的依据是:各冲裁力对坐标轴的力矩之代数和等于总冲裁力对该坐标轴的力矩,而冲裁力与冲截轮廓边长成正比,所以压力中心是冲裁轮廓边的重心。因为单纯的线条没有质量,无法测得重心,所以必须加厚成实体零件。对于加厚草绘,一定要对称加厚,且厚度值越小,计算得到的重心位置精度越高。

步骤三：排样料带三维设计

①将“单耳止动垫圈”再保存为“排样料带”的副本零件文件，然后打开该零件；

②查冲压手册得到排样的侧搭边值为 1.8 mm，正搭边值为 1.5 mm；

③对拉伸特征的截面草绘进行编辑定义，修改后的截面如图 6-41 所示（排两个工位，尽量采用相等和对齐等约束）；

④完成后单击“√”按钮退出拉伸操控板，并保存零件。

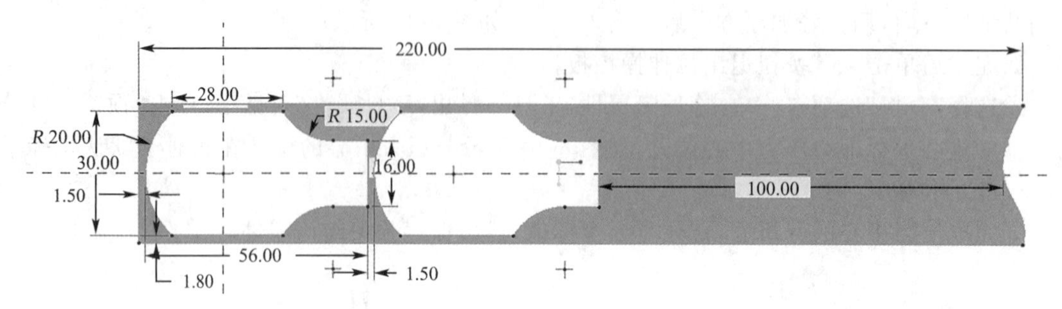

图 6-41　排样料带截面草绘

步骤四：落料凹模三维设计

①将“单耳止动垫圈”另存为“落料凹模”的副本文件，然后打开该零件；

②单击“基准面”工具，将基准面“RIGHT”往 X 方向偏移“5.47”创建一个新的基准面，并将其命名为“压力中心面”；

③对原拉伸特征的截面草绘进行编辑定义，修改后的截面如图 6-42 所示（同时选择原 RIGHT 面和“压力中心面”作为参考，矩形外轮廓关于“压力中心面”参考线对称）；往 Y 轴方向拉伸厚度“16”，完成后单击拉伸操控板的“√”。

④完成后单击保存。

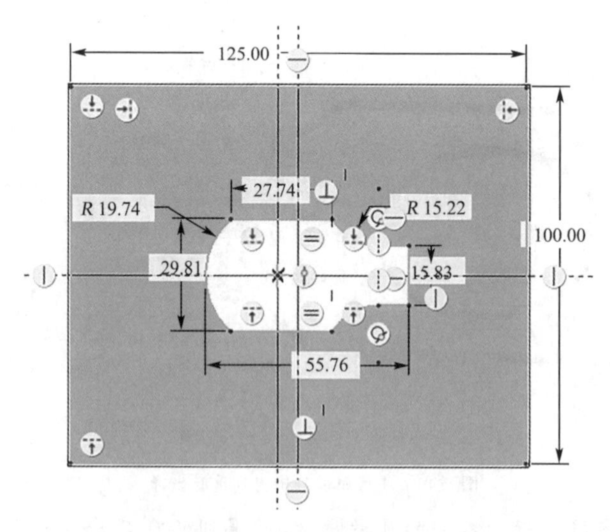

图 6-42　落料凹模截面草绘图

重要提示　因为冲压模的板类零件较多，为了便于区分和美观，可以将各板的侧边面设置成不同的颜色。有时为了清晰地表示内部结构，还可以将零件设置成半透明的显示颜色。

步骤五：冲孔凸模三维设计

冲孔凸模采用 GB/T 58261—2008 的“圆柱头直杆圆凸模”标准结构，其基本尺寸如图 6-43 所示。新建“冲孔凸模”零件文件，利用“旋转”工具创建主体特征，完成后保存零件。

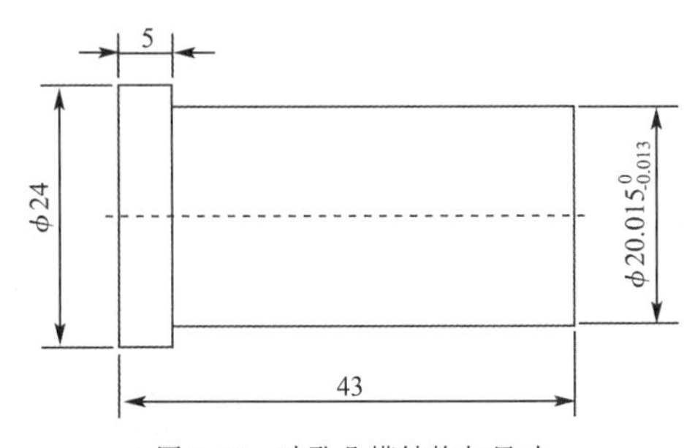

图 6-43 冲孔凸模结构与尺寸

步骤六：凸凹模三维设计

凸凹模的结构设计为凸缘式，也可以通过“单耳止动垫圈”零件模型保存副本再修改。

①打开“单耳止动垫圈”并另存为“凸凹模”的副本零件文件，然后打开该零件；

②对拉伸特征的截面草绘进行编辑，根据刃口计算结果修改后的截面如图 6-44 所示；

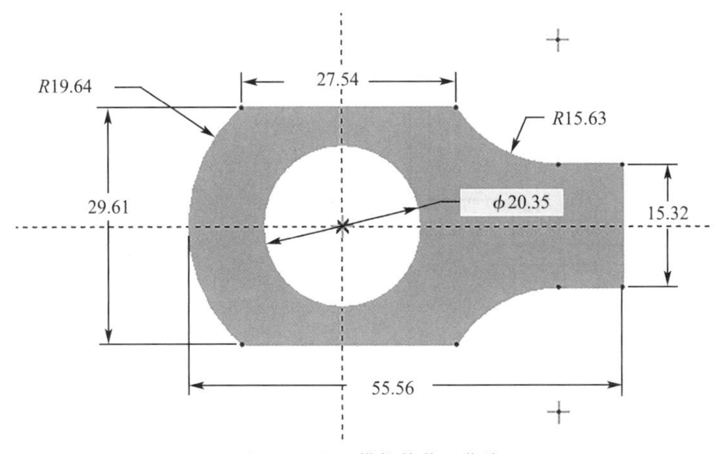

图 6-44 凸凹模拉伸截面草绘

③把拉伸厚度修改为“37”；

④拉伸固定凸缘。凸缘拉伸截面如图 6-45 所示，拉伸高度为“5”，并往回拉伸。

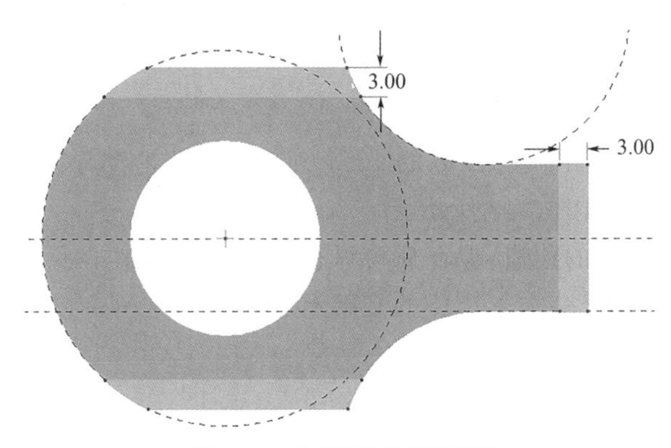

图 6-45 凸凹模拉伸截面草绘

⑤拉伸切出漏料孔，漏料孔直径为 $\phi22$，从底面拉伸切除材料，深度为“37－6＝31”(其中刃口高度为 $5t=6$ mm)。

⑥将 RIGHT 基准面往 X 轴方向偏移“5.47”创建一个新基准面“DTM1”以用于装配时确定压力中心。

⑦完成后的凸凹模的结构与尺寸如图 6-46 所示，单击保存。

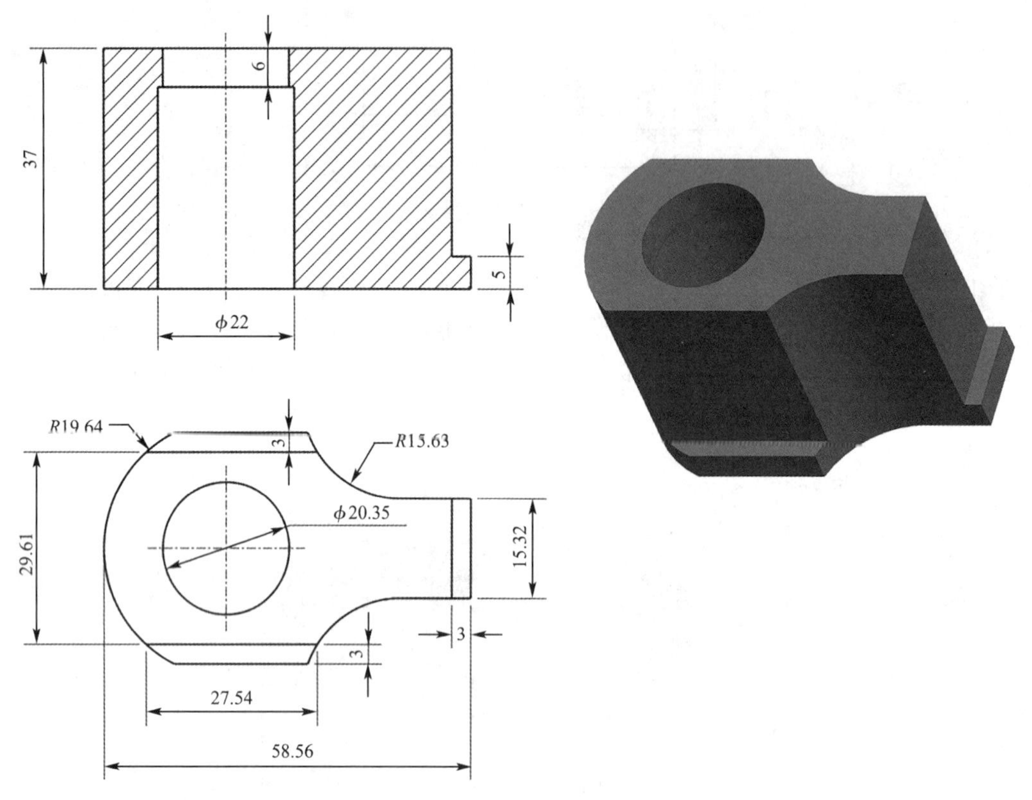

图 6-46　凸凹模结构与尺寸

重要提示　在设计模具零件的结构时，在满足使用性能的前提下要考虑零件的加工工艺性。凸缘式凸模或凸凹模便于固定，但异形凸模的凸缘不易加工，所以要综合考虑固定要求和零件的加工工艺。所以本模具的凸凹模的凸缘设置在直边上，在异形处与刃口轮廓吻合，这样既满足了安装固定的要求，又能节省材料，便于加工。

步骤七：上模座和下模座三维设计

查冲压手册可得 GB/T 2851—2008 的 125×100 的后侧滑动导向标准模架的上模座和下模座的尺寸分别如图 6-47 和图 6-48 所示。

①先完成“上模座”零件的建模，保存后再另存为“下模座”副本零件文件；

②打开“下模座”零件文件，在上模座的基础上进行修改。

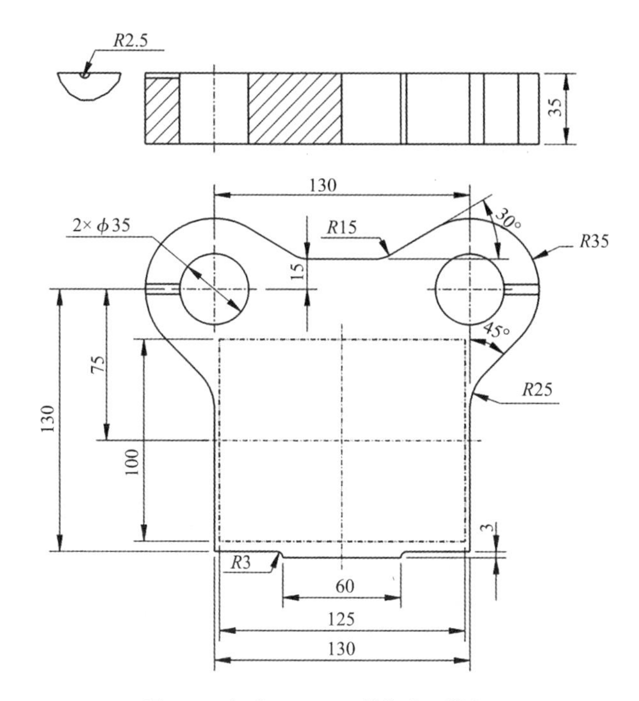

图 6-47　标准 125×100 模架的上模座

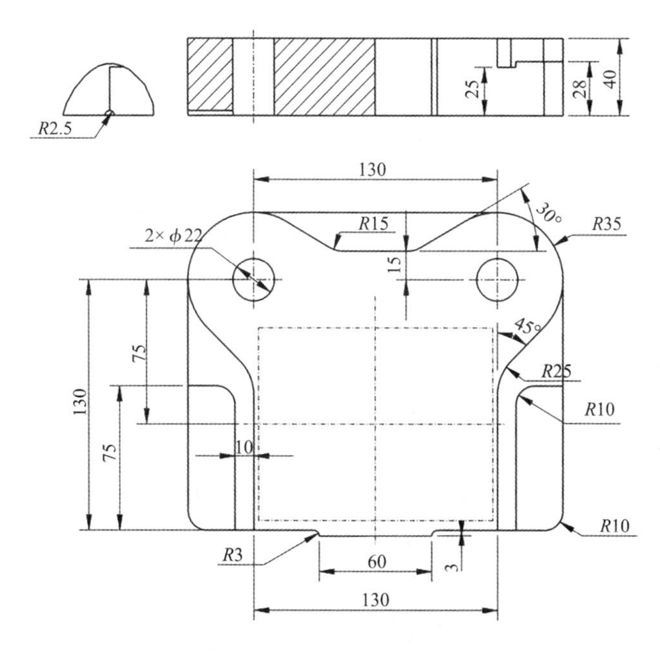

图 6-48　标准 125×100 模架的下模座

步骤八:导套和导柱三维设计

查冲压手册可得 GB/T2851—2008 的 125×100 的后侧滑动导向标准模架的导套和导柱的尺寸分别如图 6-49 和图 6-50 所示。

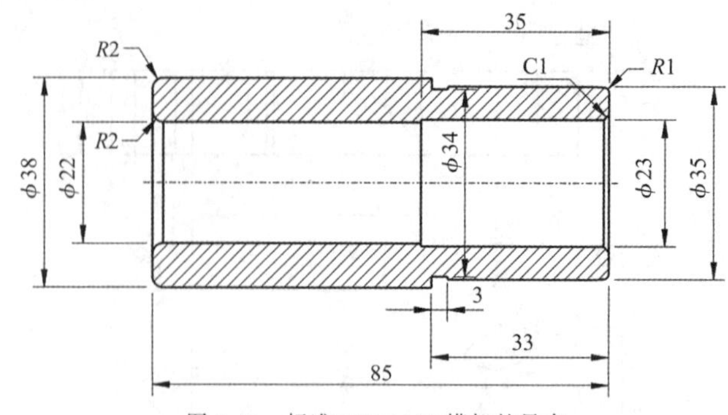

图 6-49　标准 125×100 模架的导套

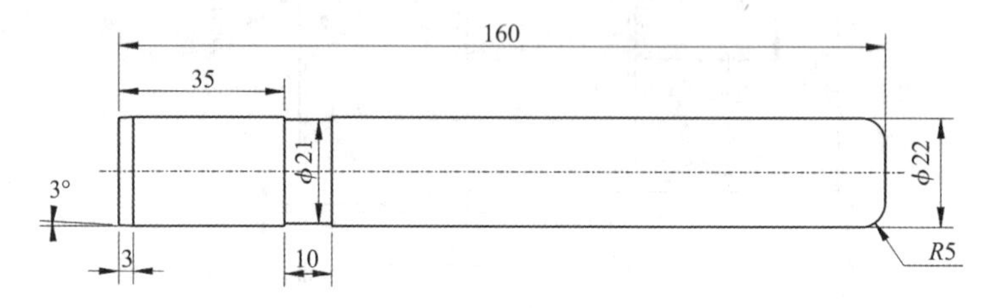

图 6-50　标准 125×100 模架的导柱

步骤九：卸料板三维设计

卸料板可以通过落料凹模的副本进行修改而创建。

①将“落料凹模”另存为“卸料板”零件文件，然后打开该文件；

②通过主体拉伸的编辑定义将板的整体厚度修改为“8”；

③在卸料板平面上创建四个 M6×1 的螺纹通孔(用于连接卸料螺钉)，孔中心的四个基准点的草绘如图 6-51 所示(以边线为中心创建一条 X 方向的中心线)；

④单击拉伸创建 3 个 $\phi4$ 的通孔(用于安装挡料销和导料销)，截面草绘图 6-52 所示，选择“移除材料”并“穿透”；

⑤完成后保存零件。

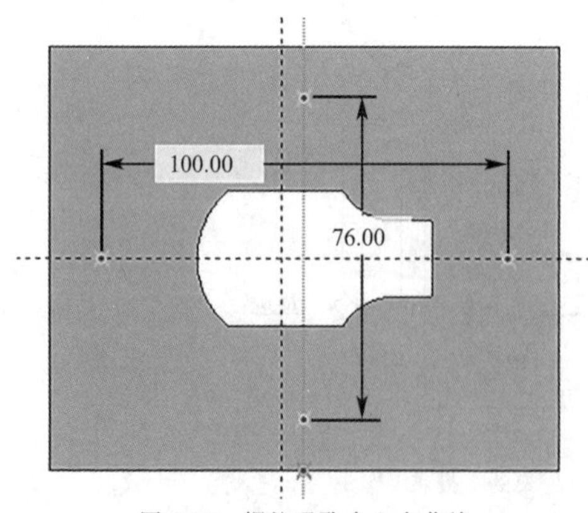

图 6-51　螺纹通孔中心点草绘

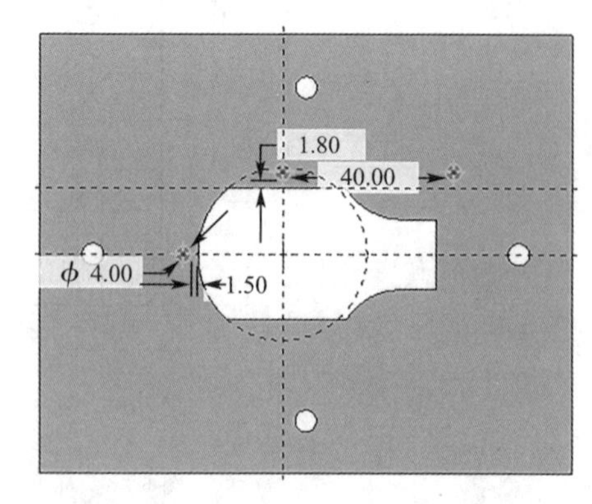

图 6-52　拉伸通孔截面草绘

步骤十：卸料弹簧三维设计

卸料弹簧采用 GB/T 1805 的圆钢丝圆柱螺旋压缩弹簧。通过螺旋扫描创建，因为两端要并紧，可通过设置两端较小的间距，中间较大的间距创建。最后需要将上下两端切平。

①新建“卸料弹簧”的零件文件；

②单击螺钉扫描，草绘的螺旋轮廓直径为“12”，高度为“20”，如图 6-53 所示；

③旋转截面草绘为“ϕ2.5”的圆；

④通过“添加间距”，将起点和终点的间距设置为“1”，中间“10”位置的间距设置为“6”，如图6-54；

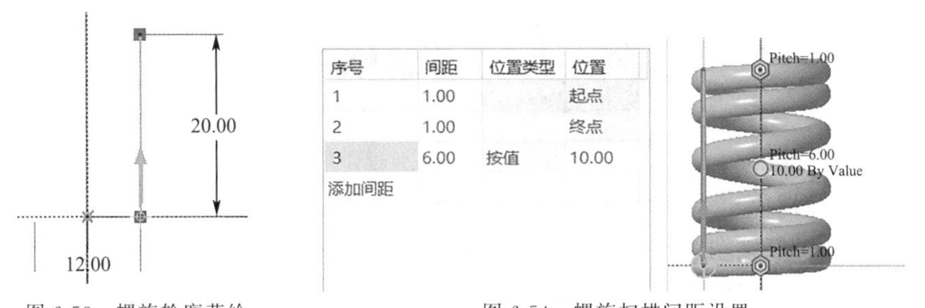

图6-53 螺旋轮廓草绘

图6-54 螺旋扫描间距设置

⑤将起点位置的基准面往上偏移“20”创建一个新基准面，单击“实体化”工具，利用上下两端的基准面将弹簧两端切平，如图6-55所示。

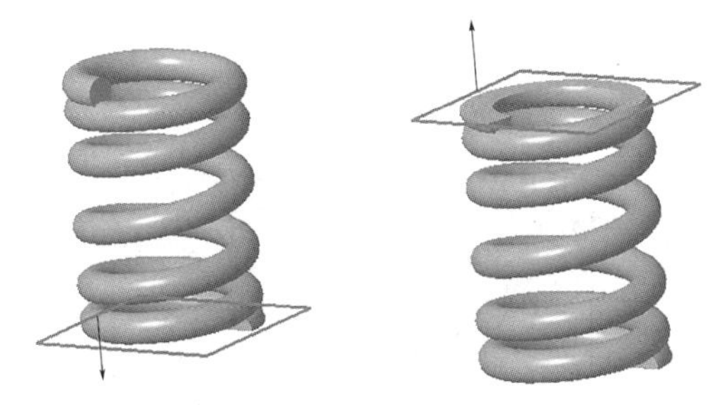

图6-55 利用基准面将上下两端切平

⑥单击“基准轴”工具，在“FRONT”基准面和RIGHT基准面相交处创建一根轴线（弹簧的中心线），用后面的装配定位，完成后保存零件。

步骤十一：卸料螺钉三维设计

智能紧固件中没有标准卸料螺钉，所以需要自行创建。采用JB/T 7650.6—2008的M6圆柱头内六角卸料螺钉，其结构与尺寸如图6-56所示。

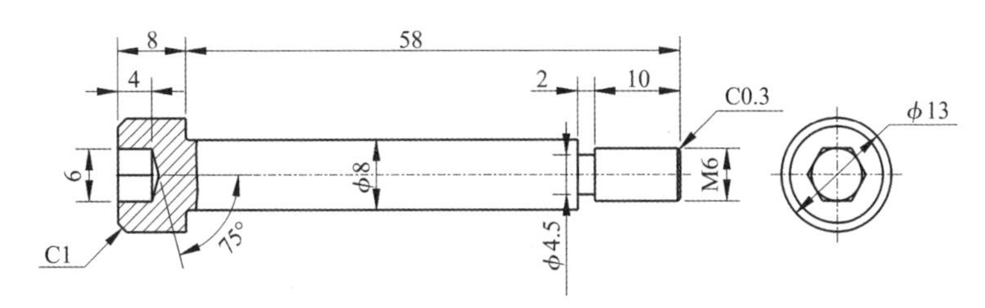

图6-56 卸料螺钉结构与尺寸

步骤十一：推件块三维设计

推件块的创建可以通过“凸凹模”的另存副本文件进行修改。

①将“凸凹模”另存为“推件块”副本零件，然后打开该零件；

②通过编辑定义将主体截面草绘中的圆孔直径修改为“ϕ21”，拉伸深度修改为“17”；

③通过编辑定义将凸缘拉伸深度修改为“5”；

④将原来的漏料孔切口拉伸特征删除。

完成后的推件块如图6-57所示。

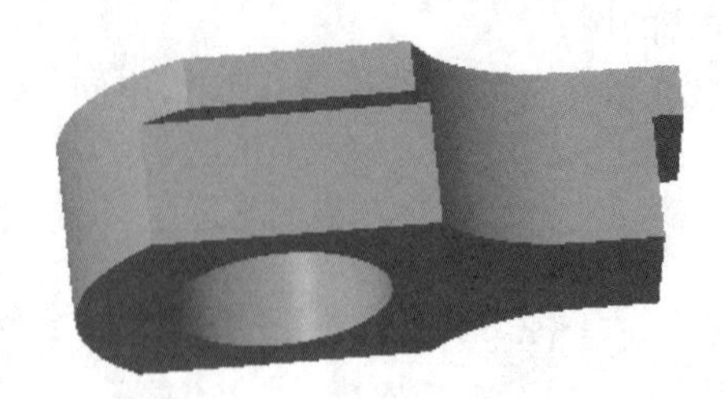

图 6-57　推件块三维设计

步骤十二:推件橡胶三维设计

①新建“推件橡胶”零件文件,并采用公制模板;

②单击拉伸,以“TOP”面为草绘面,绘制如图 6-58 所示拉伸截面;

③设置拉伸高度为“15”,朝 Y 轴方向拉伸;

④完成后保存零件。

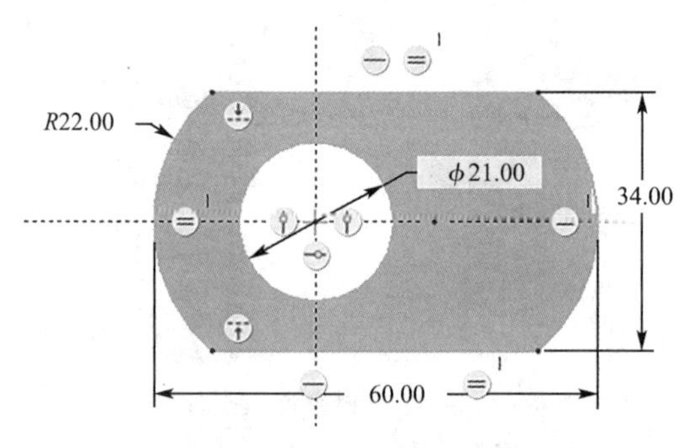

图 6-58　推件橡胶拉伸截面

步骤十三:挡料销三维设计

挡料销同时作为侧面的导料销使用。

新建“挡料销”零件文件,并采用公制模板,单击旋转,以“FRONT”面为草绘面,绘制如图 6-59 所示旋转截面,完成后保存零件。

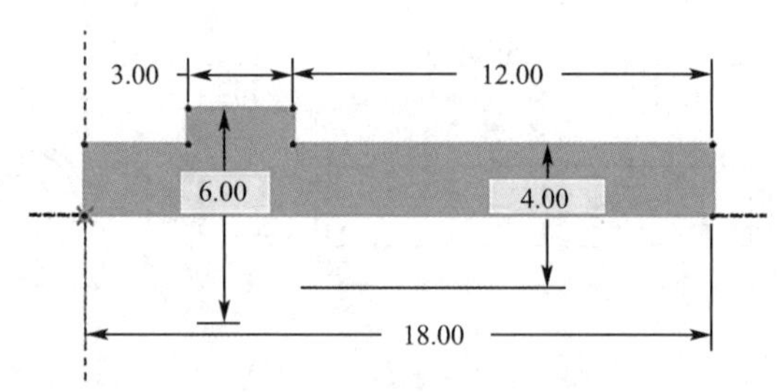

图 6-59　挡料销旋转截面

步骤十四:挡料销弹簧三维设计

将“卸料弹簧”另存为“挡料销弹簧”零件文件并打开。

①单击螺旋扫描,选择“编辑定义”,将螺旋轮廓修改为“5”,高度为“15”;将截面草绘圆的直径修改为“ϕ1”。

②在“间距”选项栏中,将起点和终点的间距设置为“0.3”,中间“7.5”位置的间距设置为“4”;

③通过编辑定义将偏移基准面的偏移距离修改为“15”,完成后保存零件。

步骤十五：模柄三维设计

本模具的模柄采用 GB/T 7646.1—2008 的标准压入式模柄，其尺寸与结构如图 6-60 所示。利用旋转创建主体特征，再倒 C1 的角。防转销孔在装配时进行创建。

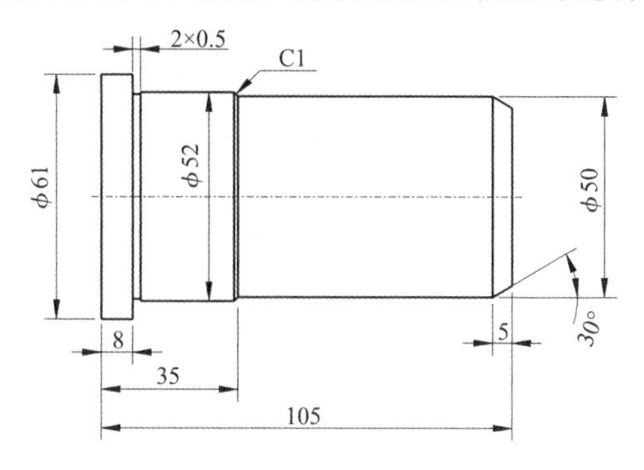

图 6-60 标准模柄结构与尺寸

6.6.3 下模三维装配设计

步骤一：新建组件，命名为“下模部分”，并采用公制模板。

步骤二：装配下模座。单击元件“组装”，调入下模座零件，采用“默认”约束，即下模座的基准坐标与组件基准坐标重合。

步骤三：装配两个导柱。

①单击元件“组装”，调入导柱，创建两个约束：(1)导柱圆柱面与下模座导柱孔圆柱面“重合”；(2)导柱 $\phi 21$ 的下凸缘面与下模座的顶面“重合”，如图 6-61 所示；

②通过复制或镜像完成另一个导柱的安装。

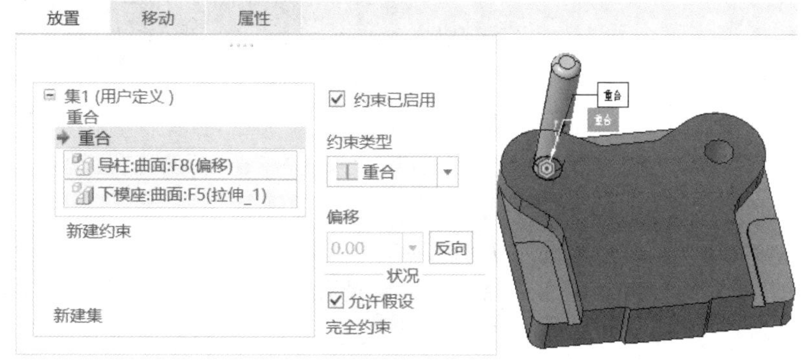

图 6-61 导柱的装配约束

步骤四：在组件中创建下垫板。

①单击元件“创建”，创建名为“下垫板”的零件，采用“三平面”的“定位默认基准”的方法创建，在图形窗口选择下模座的顶面及另外两个方向的基准平面为参考；

②单击“拉伸”工具，以与下模座的顶面重合的基准面为草绘面，利用“中心矩形”工具绘制如图 6-62 所示截面；

③拉伸深度设置为“10”，并朝上方拉伸；

④完成后单击“保存”，并激活组件。

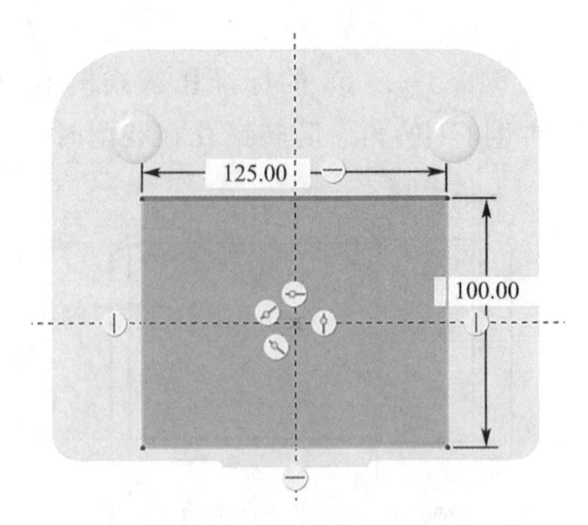

图 6-62　下垫板拉伸截面

步骤五：装配凸凹模。

将下模座和两个导柱隐藏。单击元件“组装”，调入“凸凹模”元件，利用三个面进行约束：(1)凸凹模底面与下垫板的顶面“重合”；(2)凸凹模的“FRONT”面与组件的“FRONT”面“重合”；(3)凸凹模的“DTM1”面与组件的“RIGHT”面“重合”，如图 6-63 所示。

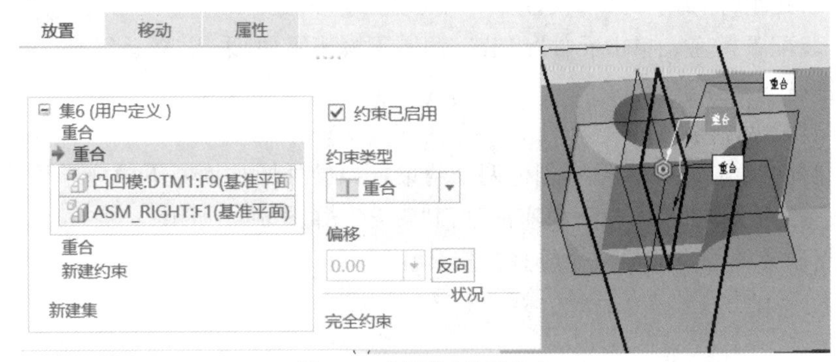

图 6-63　凸凹模的装配约束

步骤六：在组件中创建凸凹模固定板。

①单击元件“创建”，创建名为“下垫板”的零件，采用“三平面”的“定位默认基准”的方法创建，在图形窗口选择下垫板的顶面及另外两个方向的基准平面为参考；

②单击“拉伸”工具，以与下垫板的顶面重合的基准面为草绘面，绘制如图 6-64 所示的拉伸截面(外形用定位板轮廓投影，内孔用凸凹模外轮廓投影)，拉伸高度设置为“13”，并朝上方拉伸；

③创建弹簧安装座孔。单击“拉伸”工具，以顶面为草绘面绘制如图 6-65 所示截面，拉伸深度设置为“5”，并单击“移除材料”；

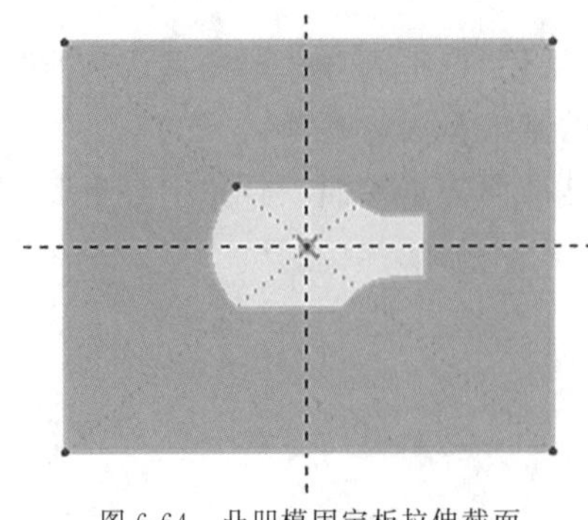

图 6-64　凸凹模固定板拉伸截面

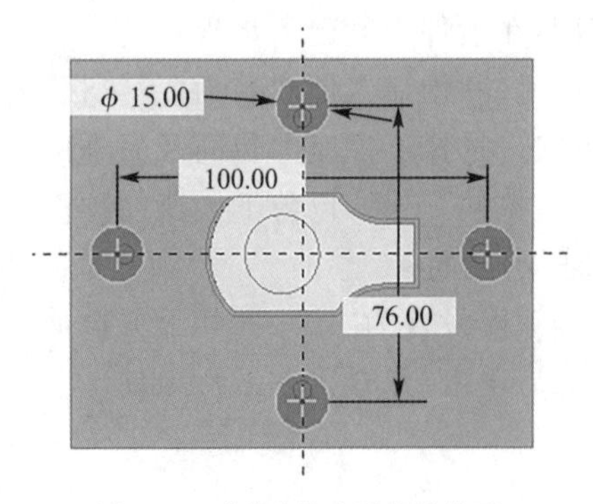

图 6-65　弹簧安装座孔拉伸截面

④创建凸凹模固定凸缘切口。隐藏下模座及下垫板零件，单击“拉伸”工具，以凸凹模固定板的下底面为草绘面绘制如图 6-66 所示截面（凸缘切口比凸凹模凸缘宽 1 mm），拉伸深度设置为“5”，并单击“移除材料”，往实体方向拉伸切口；

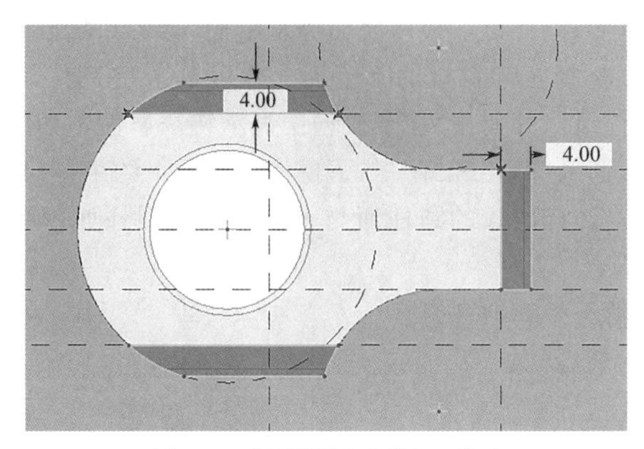

图 6-66 凸凹模固定凸缘切口截面

⑤完成后单击“保存”，并激活组件。

步骤七：装配四个卸料弹簧。

①单击元件“组装”，调入“卸料弹簧”元件，创建两个约束：(1)弹簧底面与固定板的安装孔平面“重合”；(2)弹簧中心轴与安装孔中心轴“重合”。如图 6-67 所示；

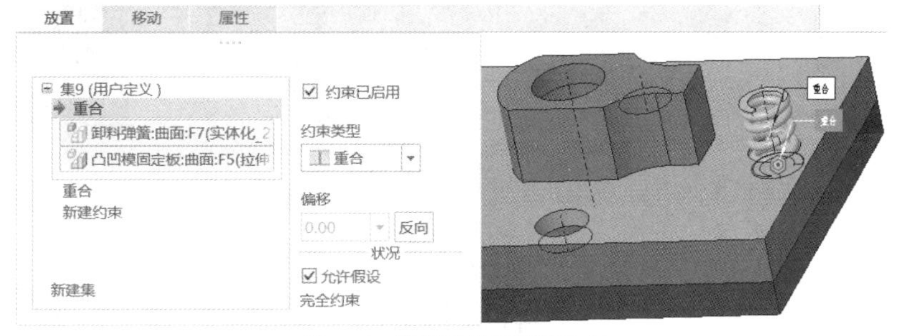

图 6-67 卸料弹簧的装配约束

②通过复制完成另外三个卸料弹簧的安装。

步骤八：装配卸料板。

单击元件“组装”，调入“卸料板”，与卸料弹簧建立三个约束：(1)卸料板底面与卸料弹簧顶面重合；(2)卸料板的 X 方向螺纹孔中心轴与对应的弹簧中心轴“重合”；(3)卸料板的 Z 方向的螺纹孔中心轴与对应的弹簧中心轴“重合”，也可以选择卸料板的“FRONT”面与组件的“FRONT”面重合，如图 6-68 所示。

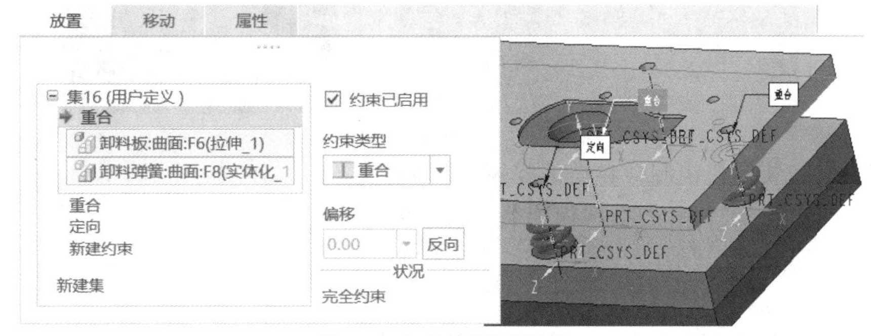

图 6-68 卸料板的装配约束

步骤九：安装卸料螺钉。

①首先激活下模座，在其底面通过参考卸料板的螺纹孔位置，拉伸切出四个“$\phi15$”的沉孔，深度为“30”；

②激活组件，单击拉伸，同样以下模座底面为草绘面，参考卸料板的螺纹孔位置，拉伸切出四个“$\phi8.5$”的通孔，深度选择至卸料板的下平面。然后单击“相交”选项栏，取消“自动更新”勾选，设置显示级为“零件级”，并勾选“在子模型中显示特征属性”，如图 6-69 所示；

③单击元件“组装”，调入“卸料螺钉”，与下模座建立两个约束：(1)卸料螺钉的头部凸缘与下模座沉孔凸缘“重合”；(2)卸料板的圆柱面与下模座沉孔圆柱面“重合”，如图 6-70 所示（剖面示意图）；

④通过复制安装其他三处卸料螺钉。

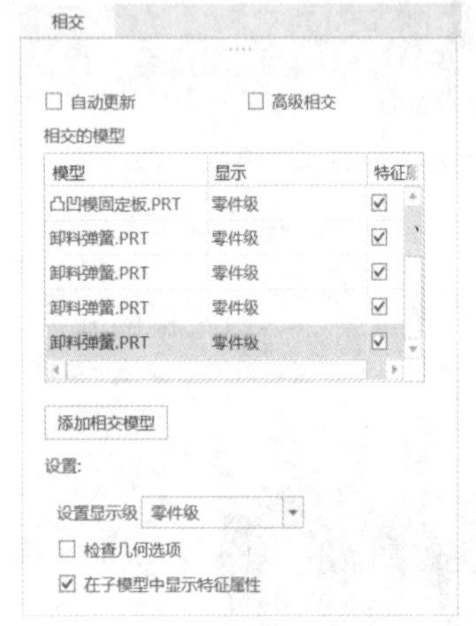

图 6-69　组件拉伸的相交设置

图 6-70　卸料螺钉的装配约束

步骤十：安装挡料销及导料销。

①单击元件“组装”，调入“挡料销”元件，创建两个约束：(1)挡料销的上凸缘面与卸料板的下平面“重合”；(2)挡料销的圆柱面与卸料板上的销孔圆柱面“重合”，如图 6-71 所示；

②通过复制安装侧面的两个导料销。

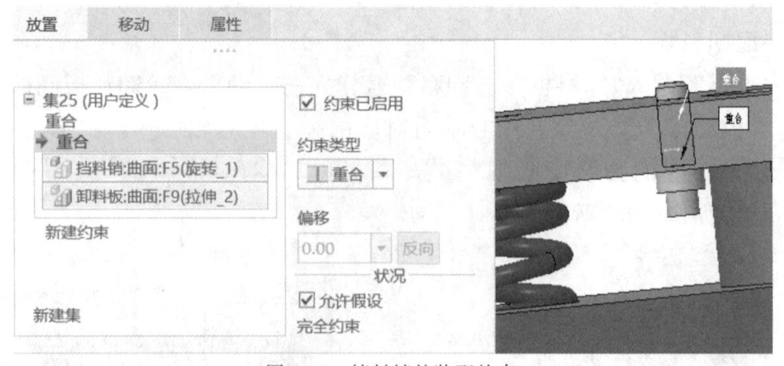

图 6-71　挡料销的装配约束

步骤十一：安装挡料销和导料销的弹簧。

①单击元件“组装”，调入“挡料销弹簧”元件，创建两个约束：(1)弹簧上端平面与挡料销的下凸缘面“重合”；(2)弹簧的中心轴与挡料销的中心轴“重合”，如图 6-72 所示；

②通过复制安装两个导料销的弹簧；

③激活凸凹模固定板，在凸凹模固定板上平面的三个弹簧安装处切出三个“$\phi6.5$”的弹簧

座孔，深度为“3”，如图 6-73 所示（可隐藏卸料板）。

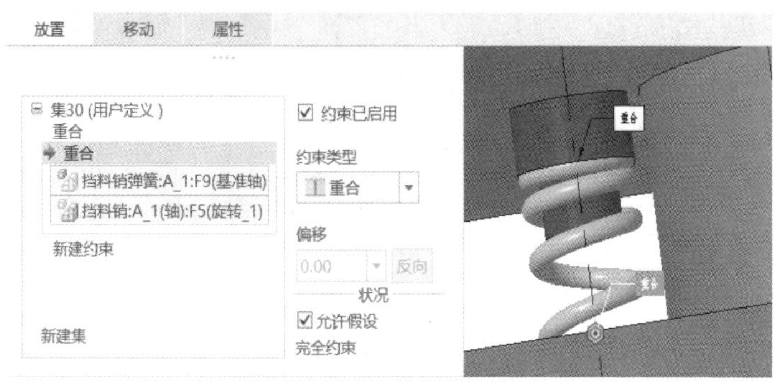

图 6-72　挡料销弹簧的装配约束

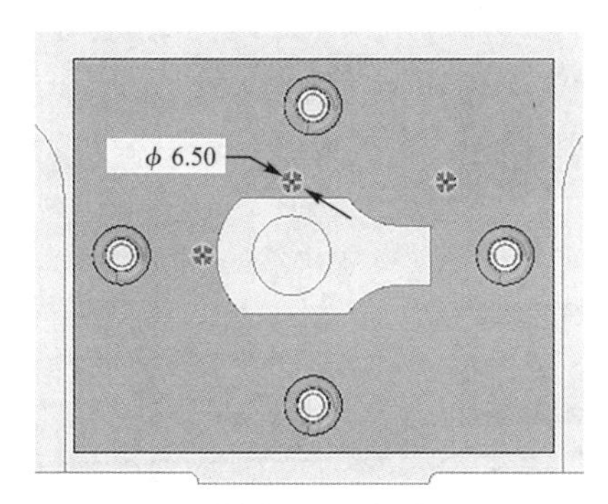

图 6-73　弹簧安装座孔拉伸切口截面

步骤十二：安装排样带料。

单击“组装”，调入“排样带料”，创建四个约束：(1)带料的底面与卸料板的顶面“重合”；(2)第一个工位冲口的直边面与挡料销圆柱面“相切”；(3)带料的侧面与第一个导料销圆柱面“相切”；(4)带料的侧面与第二个导料销圆柱面也“相切”，如图 6-74 所示。

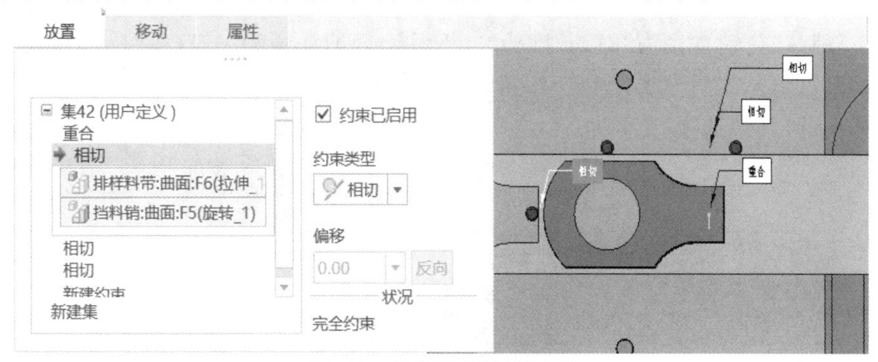

图 6-74　排样带料的装配约束

步骤十三：安装智能紧固螺钉。

①单击“草绘”，以凸凹模固定板顶面为草绘面，绘制如图 6-75 所示的四个紧固螺钉安装基准点；

②激活下模座，以下模座底面为草绘面，以四个基准点的投影位置为圆心，拉伸切出四个“ϕ14”的螺钉沉孔，深度为“8”；

③选择“工具”功能选项卡，单击“螺钉”工具，选择绘制的基准点为“位置参考”，选择下模座沉孔底面为“螺钉头放置曲面”，选择凸凹模固定板底面为“螺纹起始曲面”，单击“确定”按钮。在弹出的“螺钉紧固件定义”对话框中选择“mm-ISO”目录下“Hexalobular Socket Head

Cap(内六角螺钉头)"类型的"ISO 14579—8.8"螺钉,螺钉型号为"M8",长度为"55",然后单击"确定"按钮,如图 6-76 所示;

④在弹出的"其他选项"提示框后,选择"在所有实例上组装紧固件",并单击"确定"按钮。

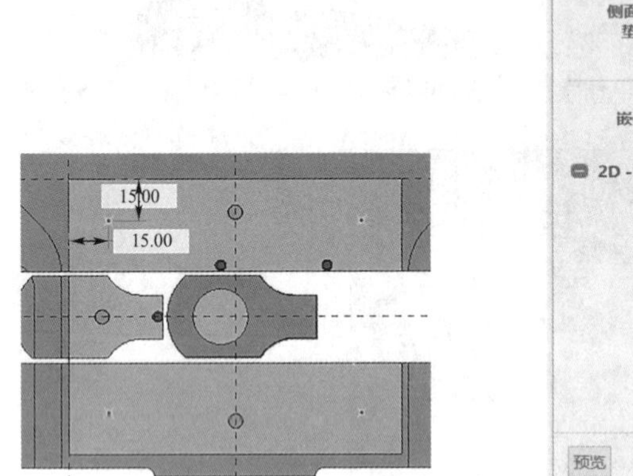

图 6-75　紧固螺钉安装基准点草绘

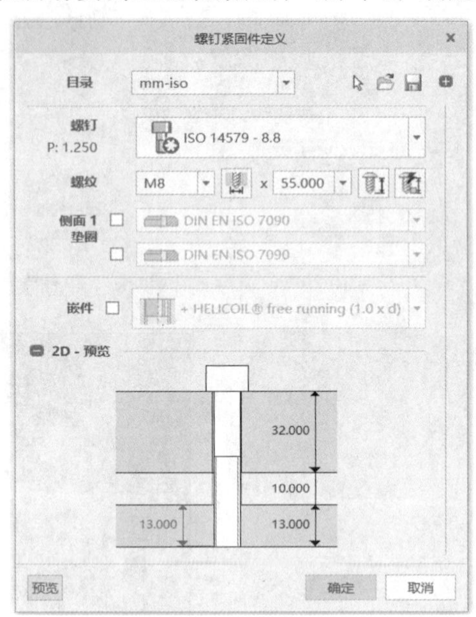

图 6-76　螺钉类型与尺寸

步骤十四:安装智能销钉。

①单击"草绘",以凸凹模固定板顶面为草绘面,绘制如图 6-77 所示的 2 个定位销安装基准点;

②单击"定位销"工具,选择绘制的基准点为"位置参考",选择下模座的顶面为"放置曲面",单击"确定"按钮。在弹出的"定位销紧固件定义"对话框中选择"mm-ISO"目录下的"ISO 2338-m6-St"销,定位销直径为"8",长度为"60",往上面的深度为"37"(下垫板的厚度值加凸凹模固定板的厚度值),然后单击"确定"按钮,如图 6-78 所示;

③在弹出的"其他选项"提示框后,选择"在所有实例上组装紧固件",并单击"确定"按钮。

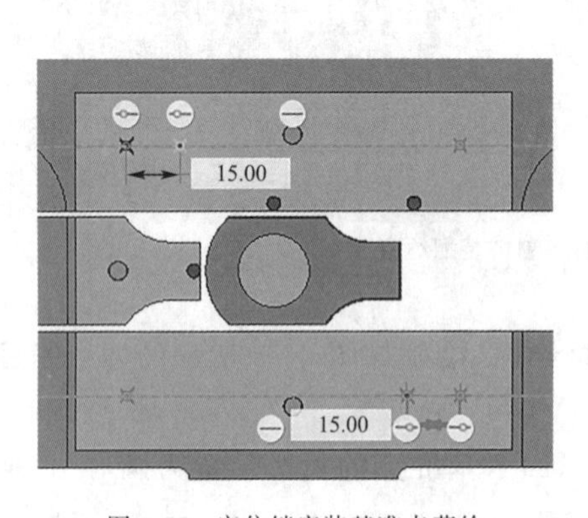

图 6-77　定位销安装基准点草绘

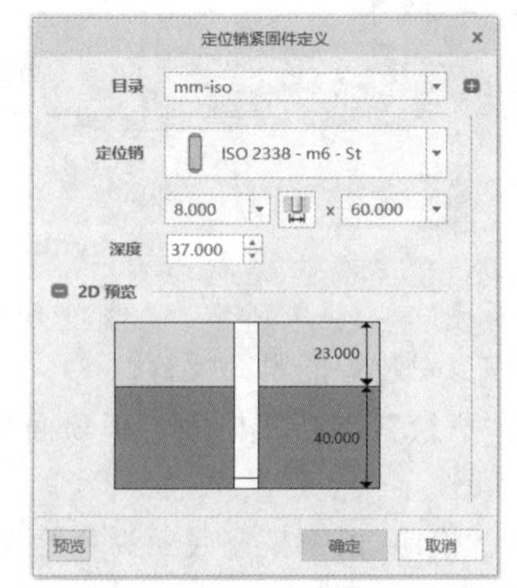

图 6-78　定位销类型与尺寸

至此,完成模具下模部分的三维装配设计,如图 6-79 所示。

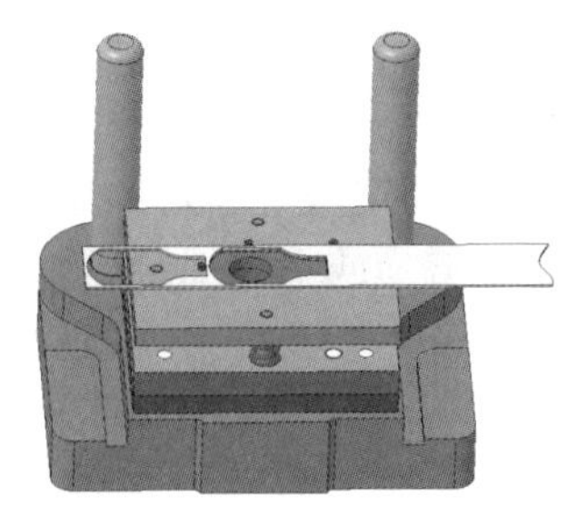

图 6-79　完成装配设计后的下模

6.6.4　上模三维装配设计

步骤一：新建组件，命名为“上模部分”，并采用公制模板。

步骤二：装配上模座。单击元件“组装”，调入上模座，采用“默认”约束，即上模座的基准坐标与组件基准坐标重合。

步骤三：装配两个导套。

①单击元件“组装”，调入导套，创建两个约束：导套圆柱面与上模座导套孔圆柱面“重合”；导套的凸缘面与上模座的底面“重合”，如图 6-80 所示；

②通过复制或镜像完成另一个导套的安装。

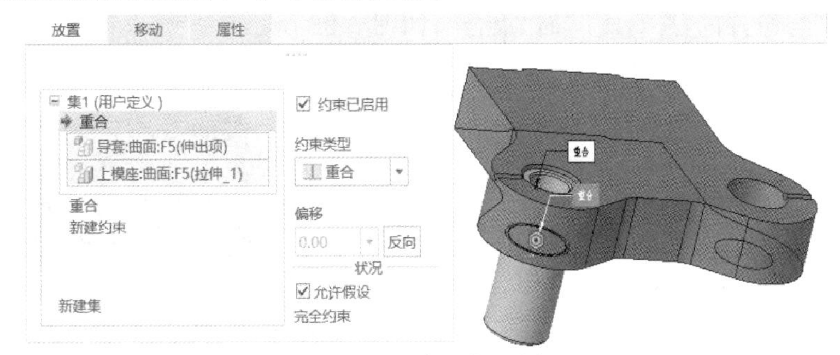

图 6-80　导套的装配约束

步骤四：在组件中创建上垫板。

①单击元件“创建”，创建名为“上垫板”的零件，采用“三平面”的“定位默认基准”的方法创建，在图形窗口选择上模座的底面及另外两个方向的基准平面为参考；

②单击“拉伸”工具，以与上模座底面重合的基准面为草绘面，利用“中心矩形”工具绘制如图 6-81 所示截面，拉伸深度设置为“10”；

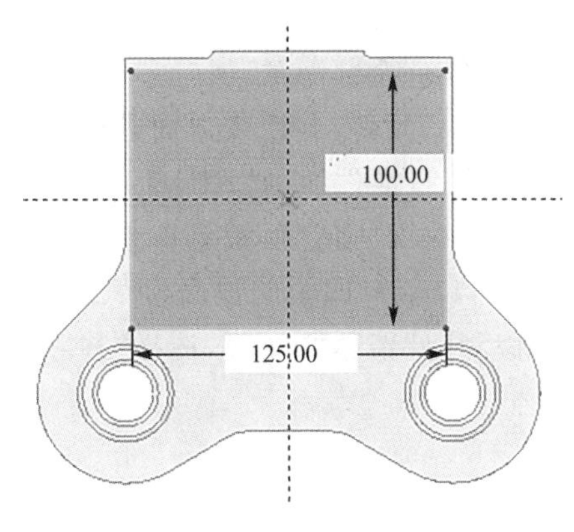

图 6-81　上垫板拉伸截面

③完成后单击“保存”，并激活组件。

步骤五：在组件中创建凸模固定板。

①单击元件“创建”，创建名为“凸模固定板”的零件，采用“三平面”的“定位默认基准”的方法创建，在图形窗口选择垫板的底面及另外两个方向的基准平面为参考；

②单击“拉伸”工具，以与垫板底面重合的基准面为草绘面，绘制与上垫板一样的截面，拉伸深度设置为“12”；

③完成后单击“保存”，并激活组件。

步骤六：在组件中创建空心垫板。

①单击元件“创建”，创建名为“空心垫板”的零件，采用“三平面”的“定位默认基准”的方法创建，在图形窗口选择凸模固定板的底面及另外两个方向的基准平面为参考；

②单击“拉伸”工具，以与凸模固定板底面重合的基准面为草绘面，绘制与上垫板一样的截面，拉伸深度设置为“15”；

③完成后单击“保存”，并激活组件。

步骤七：装配落料凹模。

单击元件“组装”，调入“落料凹模”元件，利用三个面进行约束：(1)落料凹模的顶面与空心垫板的底面“重合”；(2)落料凹模的“FRONT”面与组件的“FRONT”面“重合”；(3)落料凹模的“压力中心面”与组件的“RIGHT”面“重合”，如图 6-82 所示。

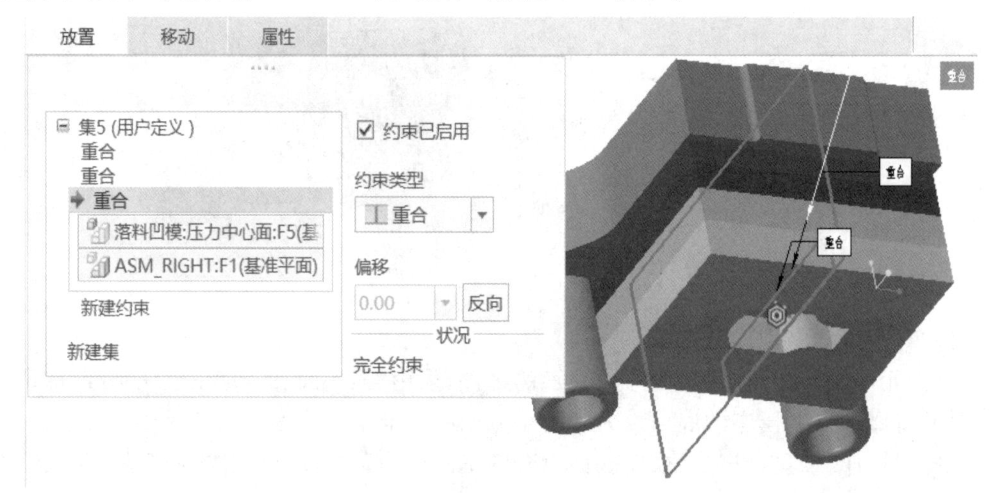

图 6-82　落料凹模的装配约束

步骤八：装配推件块，并在落料凹模上切出凸缘台阶。

①将除了落料凹模之外的其他零件全部隐藏。

②单击元件“组装”，调入“推件块”元件，利用三个面进行约束：(1)推件块的“FRONT”面与落料凹模的“FRONT”面“重合”；(2)推件块的“RIGHT”面与落料凹模的“RIGHT”面“重合”；(3)推件块的顶面与落料凹模的顶面“重合”，如图 6-83 所示。

③激活落料凹模，单击“拉伸”，以落料凹模的顶面为草绘面，绘制如图 6-84 所示截面(通过“偏移”工具将推件块凸缘轮廓环往外偏移“0.5”)，选择“移除材料”，往实体方向切口，深度为“5”。

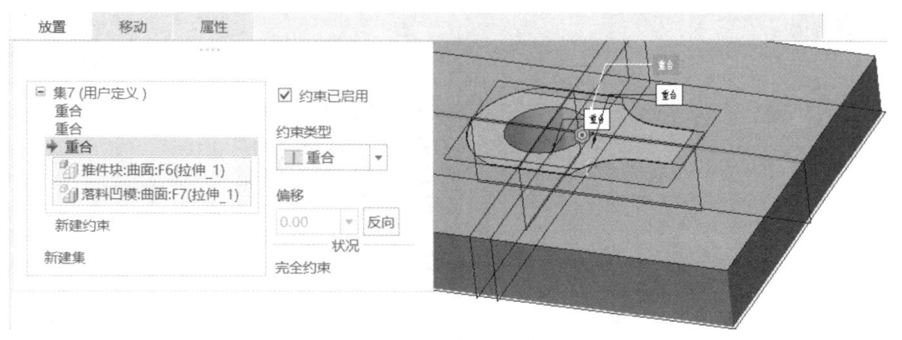

图 6-83　推件块的装配约束

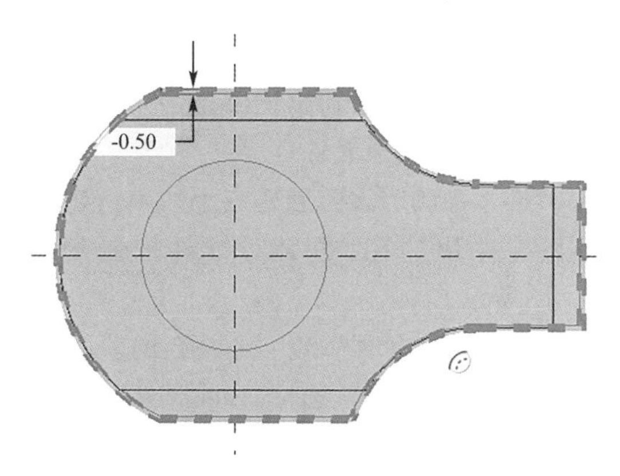

图 6-84　凸缘切口截面

重要提示 对于有间隙的安装凸缘，不能简单地采用“布尔运算”进行切除。这里的推件块要保证灵活运动，与落料凹模的凸缘有较大的间隙，所以采用偏移进行拉伸切口。

步骤九：装配冲孔凸模，并在凸模固定板上切出安装孔。

①激活组件，显示凸模固定板元件。

②单击元件“组装”，调入“冲孔凸模”元件，创建两个约束：(1)冲孔凸模的顶面与凸模固定板的顶面“重合”；(2)冲孔凸模的圆柱面与推件块的内孔圆柱面“重合”，如图 6-85 所示。

③激活凸模固定板，单击“旋转”，以组件的“FRONT”面为草绘面，绘制如图 6-86 所示旋转截面，选择“移除材料”，旋转角度为“360”。

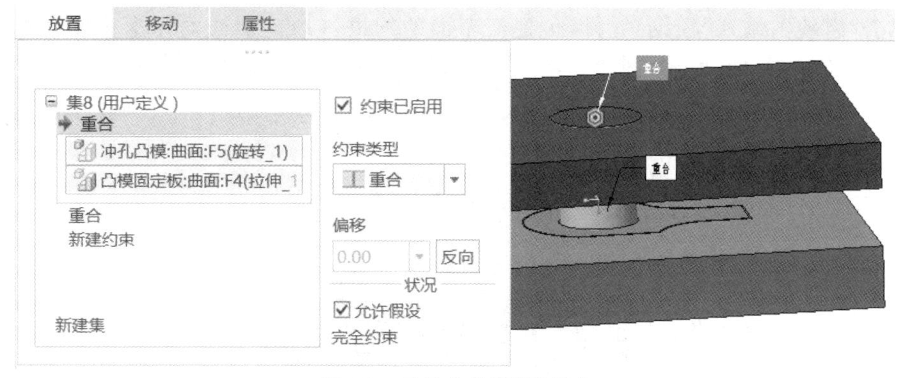

图 6-85　冲孔凸模的装配约束

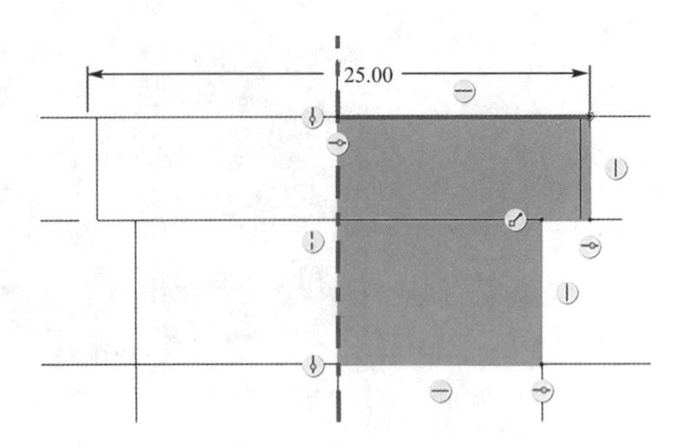

图 6-86　凸模固定板旋转切口截面

步骤十：装配推件橡胶，并在空心垫板上切出让位孔。

①激活组件，隐藏除推件块以外的其他元件；

②单击元件"组装"，调入"推件橡胶"元件，创建三个约束：推件橡胶的底面与推件块的顶面"重合"；推件橡胶的孔与推件块的孔"重合"；推件橡胶的"FRONT"面与推件块的"FRONT"面"重合"，如图 6-87 所示；

③显示空心垫板并将其激活，单击"拉伸"，以空心垫板的顶面为草绘面，草绘截面通过"偏移"工具将推件橡胶的外轮廓环往外偏移"1"，选择"移除材料"并往实体方向拉伸穿透。

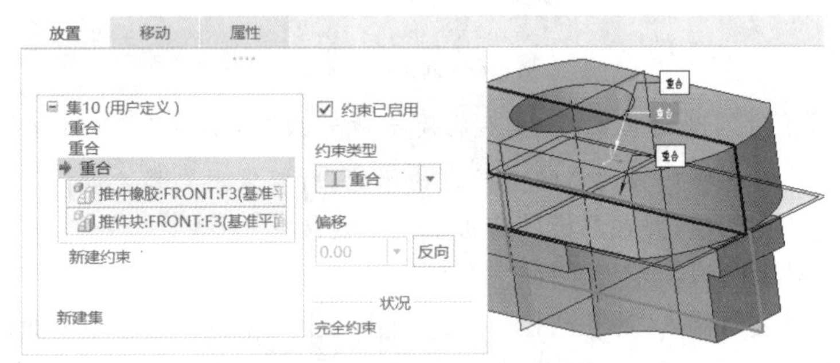

图 6-87　推件橡胶的装配约束

步骤十一：装配模柄，并在上模座上切出安装孔。

①激活组件，显示上模座，将其他元件全部隐藏；

②单击"组装"，调入"模柄"元件，创建三个面的约束：(1)模柄底面与上模座底面"重合"；(2)两个元件的"FRONT"面"重合"；(3)两个元件的"RIGHT"面"重合"；

③激活上模座，单击"旋转"，以"FRONT"面为草绘面，绘制如图 6-88 所示旋转截面，选择"移除材料"，旋转角度为"360"。

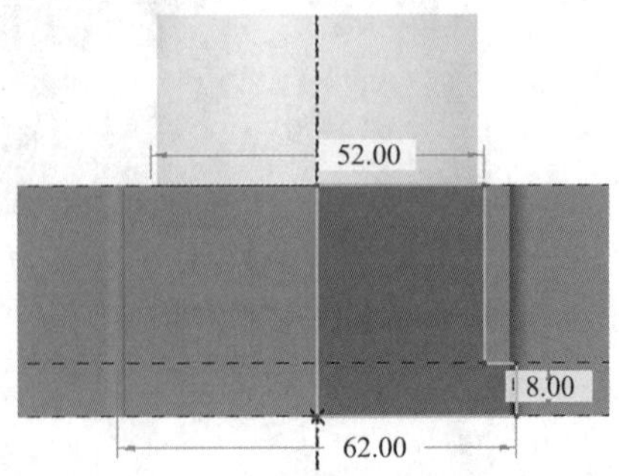

图 6-88　上模座模柄安装孔旋转切口截面

步骤十二：利用智能紧固件安装模柄防转销。

①单击“草绘”，以上模座的底面为草绘面，绘制如图 6-89 所示的防转销安装基准点；

②单击“工具”选项卡下的智能紧固件“定位销”工具，选择绘制的基准点为“位置参考”，选择下模座的顶面为“放置曲面”，单击“确定”按钮。在弹出的“定位销紧固件定义”对话框中选择“mm-ISO”目录下的“ISO 2338-m6-St”销，定位销直径为“8”，长度为“30”，往下面的深度为“30”，然后单击“确定”按钮，如图 6-90 所示；

③装入的防转销只在上模座上切出了孔，而模柄上没有。因为销钉底面有倒角，所以不适合用布尔运算切除。所以激活模柄，参考防转销的轮廓，利用拉伸切出模柄上的防转销安装孔。

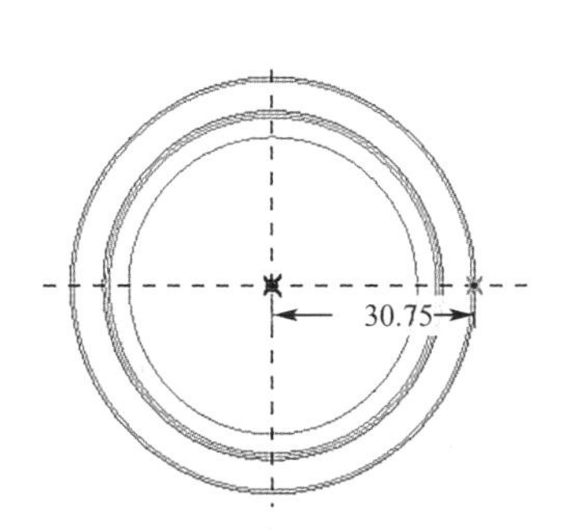

图 6-89　防转销安装基准点

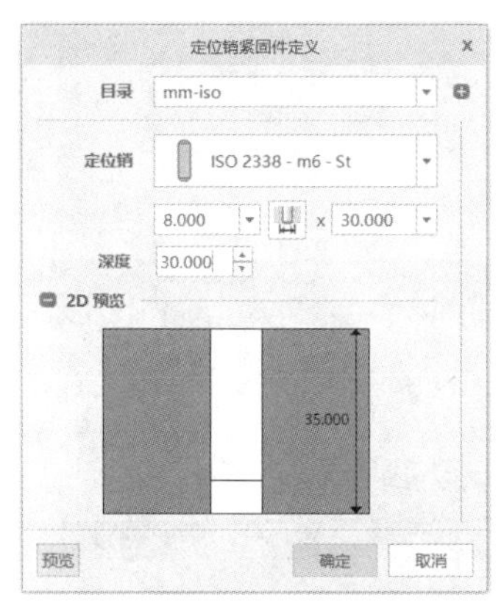

图 6-90　防转销类型与尺寸

步骤十三：安装上模的紧固螺钉。

①选择“视图”选项卡，单击“可见性”命令组“显示”下拉选项中的“全部取消隐藏”；

②单击“草绘”，以上模座顶面为草绘面，绘制如图 6-91 所示的四个基准点；

③激活上模座，以上模座顶面为草绘面，以四个基准点的为圆心，拉伸切出四个“ϕ14”的螺钉沉孔，深度为“8”；

④选择“工具”功能选项卡，单击“螺钉”工具，选择绘制的基准点为“位置参考”，选择上模座沉孔底面为“螺钉头放置曲面”，选择落料凹模顶面为“螺纹起始曲面”，单击“确定”按钮。在弹出的“螺钉紧固件定义”对话框中选择“mm-ISO”目录下“Hexalobular Socket Head Cap(内六角螺钉头)”类型的“ISO 14579—8.8”螺钉，螺钉型号为“M8”，长度为“80”，然后单击“确定”按钮；

⑤在弹出的“其他选项”提示框后，选择“在所有实例上组装紧固件”，并单击“确定”按钮。

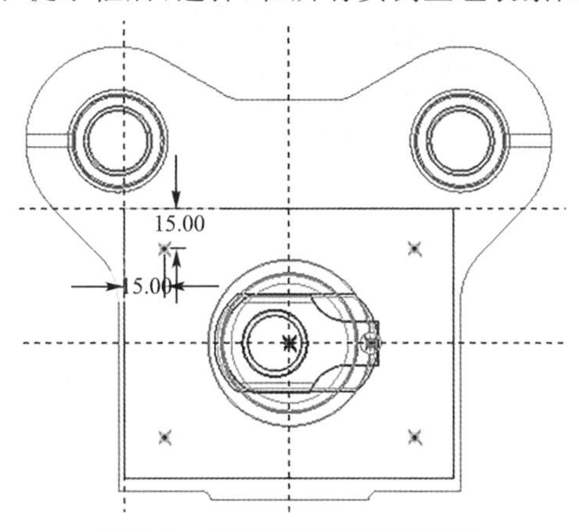

图 6-91　紧固螺钉安装基准点草绘

步骤十四:安装上模定位销。

①单击“草绘”,在上模座顶面绘制如图 6-92 所示的 2 个定位销安装基准点;

②单击“定位销”工具,选择绘制的基准点为“位置参考”,选择下模座的底面为“放置曲面”,单击“确定”按钮。在弹出的“定位销紧固件定义”对话框中选择“mm-ISO”目录下的“ISO 2338-m6-St”销,定位销直径为“8”,长度为“80”,往上面的深度为“30”,然后单击“确定”按钮,如图 6-93 所示;

③在弹出的“其他选项”提示框后,选择“在所有实例上组装紧固件”,并单击“确定”按钮。

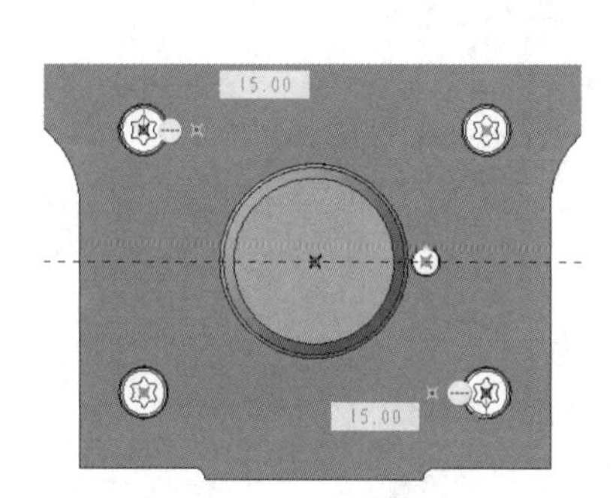

图 6-92　定位销安装基准点草绘

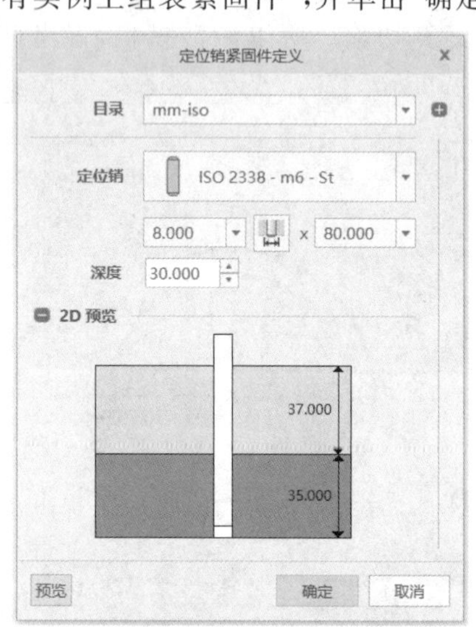

图 6-93　定位销类型与尺寸

至此,完成模具上模部分的三维装配设计,如图 6-94 所示。

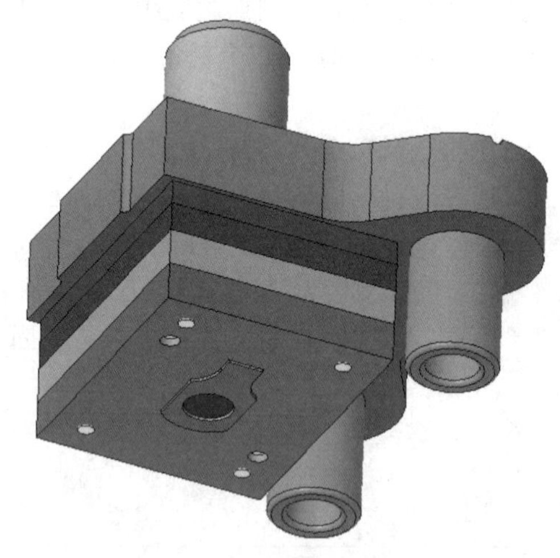

图 6-94　完成装配设计后的上模

6.6.5　模具整体三维装配

步骤一:新建组件,命名为“模具总装”,并采用公制模板。

步骤二:装配下模。单击“组装”,调入“下模部分”组件,采用“默认”约束。

步骤三:装配上模。单击“组装”,调入“上模部分”组件,创建三个约束:(1)上模部分的落料凹模底面与下模部分的卸料板顶面“距离”偏移为“10”;(2)上模部分的左侧导套圆柱面与下模部分的左侧导柱圆柱面"重合";(3)上模部分的右侧导套圆柱面与下模部分的右侧导柱圆柱面"重合";如图 6-95 所示。

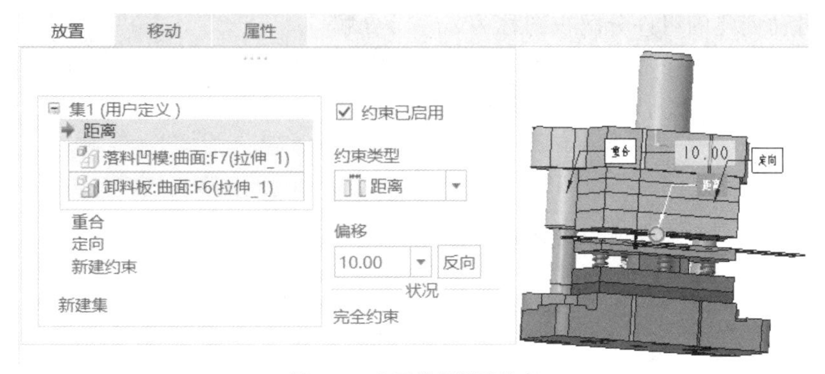

图 6-95　上下模的装配约束

6.7　本章小结

冲压模的装配设计与其他机械装备的装配设计相同,利用 Creo Parametric 的组件装配功能模块实现。一般来说,单工序冲压模、复合冲压模和简单级进模的设计以自底而上为主,而多工位复杂级进模通常以自顶而下为主,并在 Creo Parametric 的组件装配基础上借助专门的 PDX 拓展模块进行排样设计及各模具元件的调用。

本章首先介绍了 Creo Parametric 9.0 的装配设计界面,然后重点介绍了"元件的组装"、"元件的编辑与创建"、"三维分解视图"及"标准零件调用"。其中,元件的组装、编辑和创建是最重要和最基础的操作,读者必须熟练掌握各类装配约束的含义及其创建与编辑操作。因为在装配过程中,需要根据装配要求创建新元件或对元件进行修改编辑,所以读者还要熟练掌握在组件模式下如何创建新元件和修改已经装配的元件。对于标准零件的调用,本章重点介绍了智能紧固件的安装,基于应用范围和教材篇幅考虑对 PDX 拓展模块只做了简单介绍。

本章最后的训练案例为"单耳止动垫圈复合冲裁模设计",该案例不仅仅是介绍软件的应用,更注重的是分析了冲压模的一般设计思路和方法,在设计过程中,要树立标准意识,各零部件尽量采用相关的国家标准结构与尺寸。同时,为了提高三维设计的效率,应该灵活应用零件的另存副本来创建新的零件,并且掌握在组件中如何快速创建元件。

6.8　课后练习

一、填空题

1. 装配约束的"连接类型"包括"用户定义"和"(　　)"。

2. 用户定义的约束中,将装配的元件坐标原点与组件坐标原点对齐的约束是(　　)。

3. 元件在组件中的约束状态包括:(　　)、(　　)和(　　)。

4. 当装配元件的状态是(　　)时,无法调用拖动器对元件进行移动。

5. 将一个元件合并至另一个元件上，或者利用一个元件剪切另一个元件的操作称为元件的（　　）。

6. 系统自动创建的组件分解视图称为（　　）分解。

二、选择题

1. 下列约束中，属于预定义连接类型的约束是：（　　）

A. 圆柱　　B. 重合

C. 平行　　D. 垂直

2. 修改元件的装配约束应该单击该元件并选择（　　）

A. 激活　　B. 打开

C. 编辑定义　　D. 隐含

3. 要在组件中创建或修改元件的特征应该单击该元件并选择（　　）

A. 激活　　B. 打开

C. 编辑定义　　D. 隐含

4. 将装配元件的一个平面进行重合约束后，则该元件还剩几个自由度（　　）

A. 5 个　　B. 4 个

C. 3 个　　D. 2 个

5. “允许假设”约束一般是约束元件的（　　）

A. 平移　　B. 旋转

C. 平移或旋转　　D. 编辑

6. 关于 Creo 组件的装配设计，下列说法正确的是：（　　）

A. 组件只能调入已经创建好的零件，而不能在组件中直接创建新的零件

B. 组件只能调入零件，而不能调入另一个组件

C. 组件既能调入和装配零件和另一组件，也能直接创建新的零件

D. 调入的零件如果不设置任何约束，则无法完成装配操作

三、操作训练

如图 6-96 所示电机连接片，材料为 H62 黄铜，料厚：1.5 mm，未注尺寸公差 IT12。零件大批量生产。完成模具工作零件的刃口尺寸计算，并利用 Creo 软件完成整体模具结构的三维设计（提示：可采用弹性卸料和刚性推件的倒装复合模结构）。

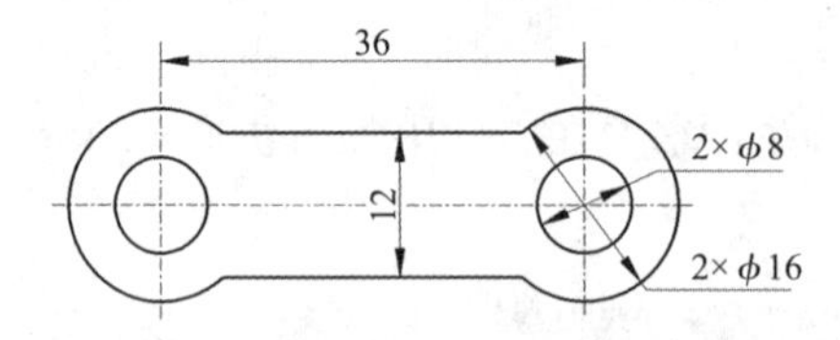

图 6-96　电机连接片

第 7 章　Creo 9.0 注塑模分模设计

注塑模、压铸模等型腔模具的设计与冲压模的设计有较大的区别，型腔模具的三维设计是依据成型工艺和成型产品的三维模型，通过分型拆模，获得模具的型腔、型芯、滑块、镶块等成型部件，与标准模架和其他标准或非标准零件进行三维装配。在型腔模的三维设计中，分模是关键步骤，分模所创建的成型部件数字模型可通过后续的数控编程与加工得到实际的模具成型部件。

Creo Parametric 提供了专门的"制造-模具型腔"设计环境用于型腔模具的分模操作，该环境下的分模主要以分型面法和体积块法为主。这两种方法的实质原理和基本步骤相同，只是模具元件的生成方式不同，分型面法是通过创建开放曲面或封闭曲面来分割毛坯工件，从而得到各模具元件。而体积块法是构建封闭曲面并进行实体化来创建模具元件。本章以分型面法为主介绍注塑模具分模设计的一般步骤与原理。

分模的基本操作步骤如下：

(1)设置工作目录，创建分模文件，进入模具型腔设计环境；

(2)调入参考模型，定位或装配参考的制件模型并进行型腔布局；

(3)创建工件，即用自动或手动方法创建用于拆分模具元件的毛坯工件；

(4)设置收缩，即设置参考模型的收缩率，以补偿由于收缩造成的尺寸差；

(5)设计分型面，即创建分割工件的主分型面及分割体积块的分割曲面；

(6)分割体积块，即利用各分割面将毛坯工件分割成各模具元件体积块；

(7)抽取模具元件，通过元件抽取将各体积块标识变成实体模具元件；

(8)创建流道和浇口等浇注通道；

(9)创建铸模，生成一个包括浇注系统的铸模零件；

(10)开模仿真，即创建所有模具元件开模状态的分解视图。

7.1　分模设计界面

在进行分模设计之前，首先在计算机中创建一个文件夹，命名为"＊＊分模设计"，完成注塑产品(制件)的三维造型并将其模型放置在该文件夹下,并选择该文件夹为工作目录。

7.1.1 分模文件的创建

单击文件"新建"→在"新建"对话框中选择"制造"类型和"模具型腔"子类型→输入分模文件的名称,如"＊＊分模",去除"使用默认模板"勾选,并单击"确定"按钮→在"新文件选项"对话框中选择公制模板,如"mmns_mfg_mold_rel",单击"确定"按钮,则完成分模文件的创建。如图 7-1 所示。

图 7-1 分模文件的创建

7.1.2 模具型腔工作界面

在新建分模文件后,则进入模具型腔工作界面,如图 7-2 所示。工作界面的功能选项卡第一个即为"模具",分模操作主要通过该选项卡功能区的工具和命令完成。左侧为模具各特征和元件的"模型树",文件后缀名也是".asm"。图形窗口也有自动创建的基准坐标系"MOLD_DEF_CSYS"和三个相互正交的模具基准面:"MAIN_PARTING_PLN"面、"MOLD_FRONT"面和"MOLD_RIGHT"面,"MAIN_PARTING_PLN"是指模具的分割平面(主分型面),即型腔和型芯从这个面分开,有一个双箭头"拖拉方向(开模方向)"垂直于"MAIN_PARTING_PLN"面。

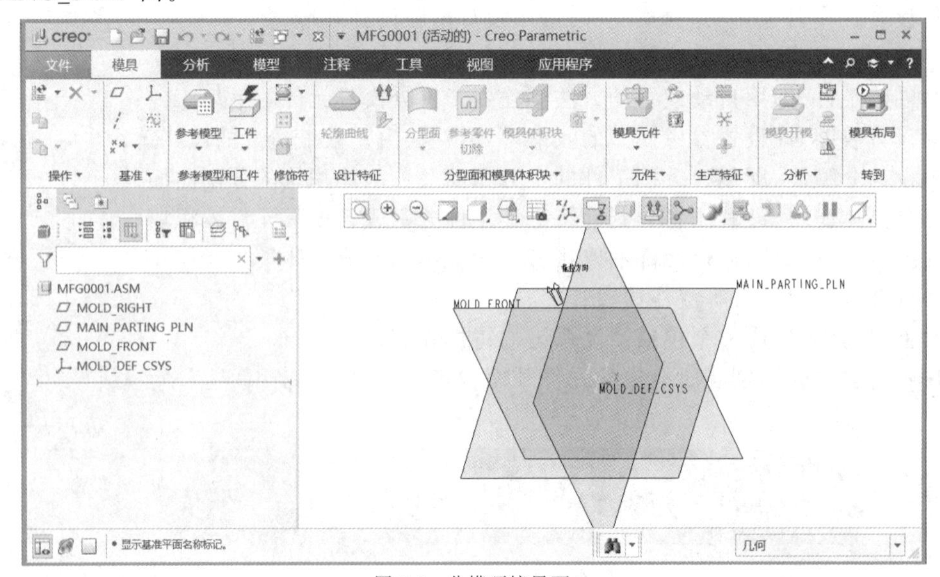

图 7-2 分模环境界面

7.2 调入参考模型

分模设计的第一步是通过“参考模型”工具调入参考模型，包括默认的“定位参考模型”、“组装参考模型”、“创建参考模型”和“镜像参考模型”，如图7-3所示。

图7-3 “参考模型”工具

7.2.1 定位参考模型

定位参考模型是最常用的方式。基本操作步骤：①单击“参考模型”工具→②弹出“打开”对话框，选择要调入的产品模型，并单击“打开”→③弹出如图7-4所示的“创建参考模型”对话框，选择参考模型类型，单击“确定”按钮→④进入如图7-4(b)所示“模具布局”对话框，通过该对放框可对调入的参考模型的起点和方向进行重新定位，并设置单型腔和多型腔不同的布局方式和尺寸，可以单击“预览”观察图形窗口中参考模型的位置情况→⑤完成设置后单击“确定”按钮即完成了定位参考模型操作，左侧“模型树”中将添加阵列的参考模型，通过对该阵列的编辑定义可重新定义参考模型的布局方式。

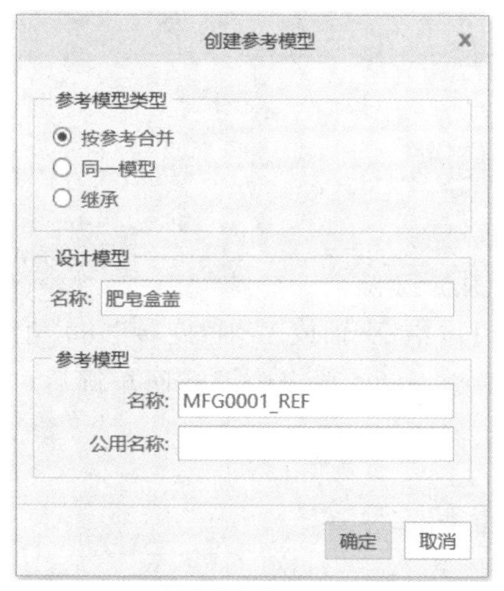

(a)“创建参考模型”对话框

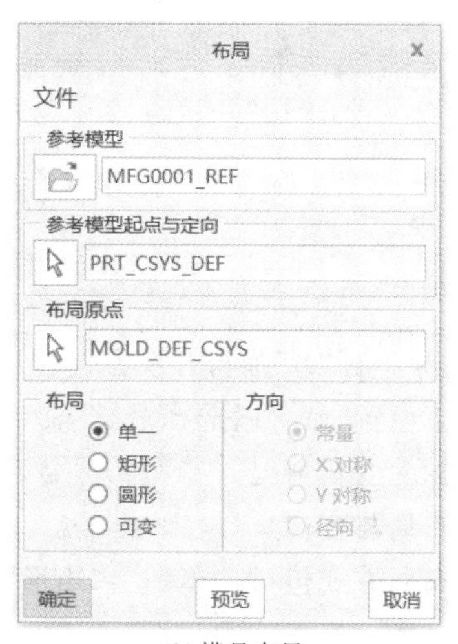

(b)模具布局

图7-4

1. 参考模型类型

参考模型类型有三种：“按参考合并”、“同一模型”和“继承”。“按参考合并”是指以打开的原始模型为基础主体复制一个不含特征的副本作为参考模型，原模型的所有特征在参考模型中合并成了“外部合并标识”，它的默认名为“分模文件名_REF”，用户可以修改其名称；“同一模型”是指直接使用原始模型作为参考模型；“继承”与“按参考合并”相似，不同之处在于参考模型复制了原始模型的所有特征，可以直接进行特征编辑。一般情况下使用“按参考合并”或“继承”，这是因为调入的参考模型在后面会设置收缩率，它的尺寸会有相应改变，如果直接用“同一模型”，则会使产品模型的原始尺寸发生变化。

2. 参考模型起点与定向

参考模型起点与定向是指要将参考模型的参考坐标原点（“REF_ORIGIN”）设置在正确的位置和方向上，即保证分割平面（坐标原点所在平面）在参考模型合适的分型位置，且 Z 方向与模型的开模方向一致。如果制件建模已经确定好了位置则不需要调整（详细见“3.6.1”），否则需要单击“模型起点与定向”对参考模型的起点与定向进行重新调整。

基本操作步骤：①单击“模型起点与定向”→②弹出显示模型目前定位坐标的单独窗口和菜单管理器→③单击菜单管理器“获得坐标系类型”下的“动态”→④弹出“参考模型方向”对话框，在该对话框中可以使用“旋转”和“平移”等操作调整参考坐标系的位置和方向，如图 7-5 所示，完成后单对话框“确定”。

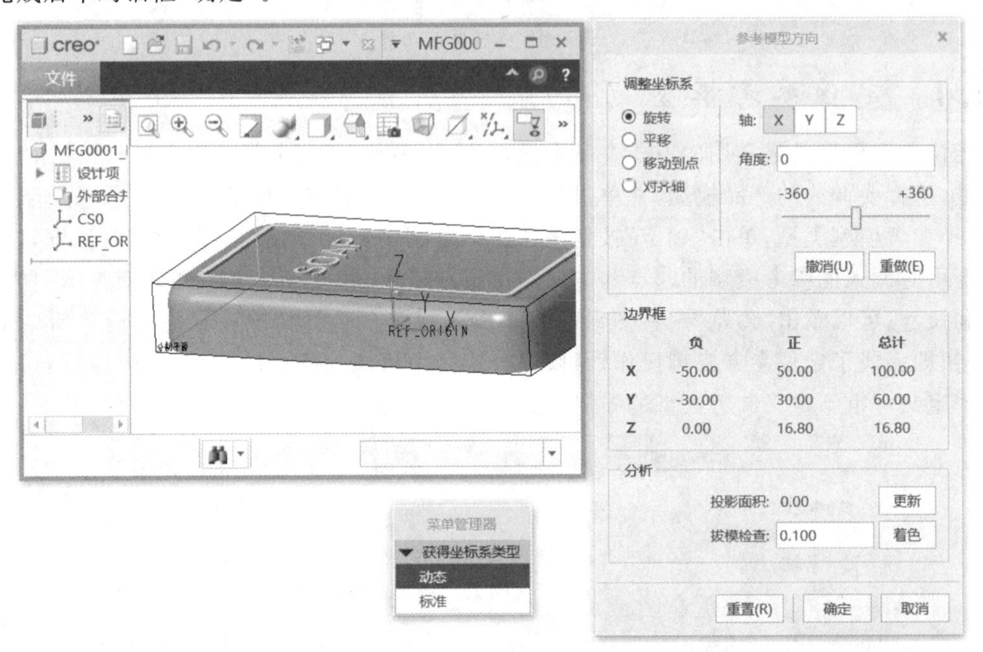

图 7-5　模型起点与定向

例如：如果坐标“Z”轴与开模方向相反，则可以沿 X 轴或 Y 轴“旋转”180 角度；如果要调整坐标的上下位置，则可以选择沿 Z 轴“平移”一段距离，单击中键或回车键后可观察模型窗口中参考坐标的变化情况。

3. 模型布局与方向

模型的布局方式包括：“单一”、“矩形”、“圆形”和“可变”。

“单一”是指一模一腔的布局。

“矩形”是指按矩形方式阵列的多型腔布局，型腔个数为 X 方向个数乘以 Y 方向的个数，各方向的“增量”即为阵列距离，系统会自动计算模型大小并显示一个模型相连的初始增量，只需在该增量基础上添加型腔壁厚和分流道预留尺寸即可，并且可以通过输入负值来改变阵列方向，如图 7-6 所示。方向“常量”是指模型的坐标方向一致。因为要求所有注塑件的浇口位置一致，所以要根据浇口位置设置模型关于布局原点坐标“X 对称”或“Y 对称”，可通过“预览”进行观察，如图 7-7 所示。

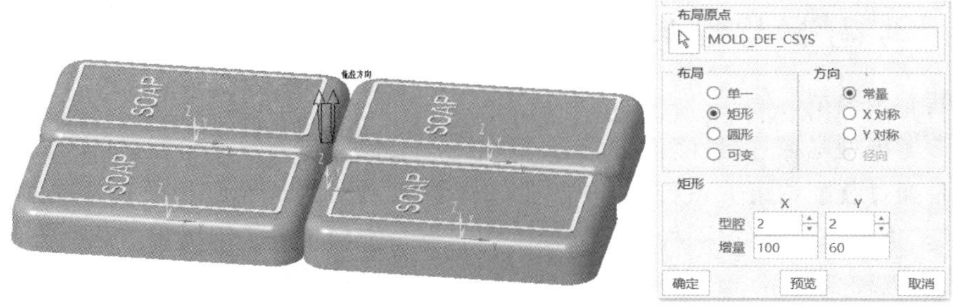

图 7-6　矩形布局

(a)X 对称

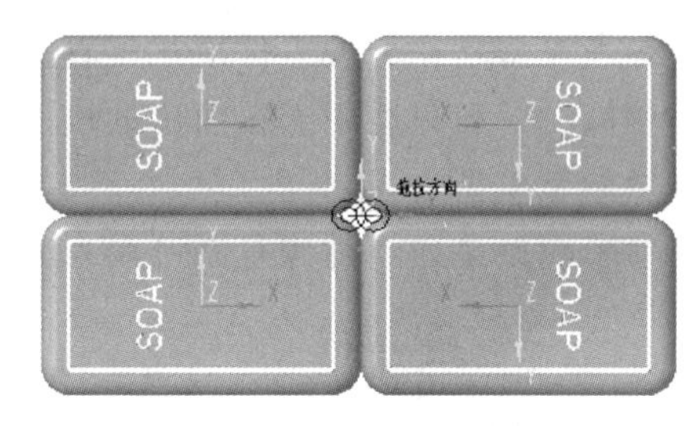

(b)Y 对称

图 7-7　矩形对称布局

“圆形”是指按圆形方式阵列的多型腔布局，可以输入型腔个数、阵列半径、起始角度和角度增量。同样要考虑浇口位置一致，所以方向通常设置为“径向”，如图 7-8 所示。

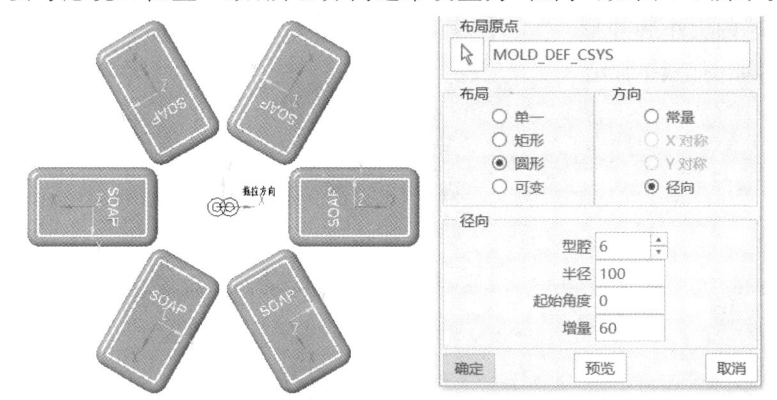

图 7-8　圆形径向布局

“可变”是指在“矩形”或“圆形”布局的基础上，通过修改每个位置的模型在 $X—Y$ 平面上的旋转角度及 X 和 Y 方向的偏移距离来获得所需要的布局方式，如图 7-9 所示。

图 7-9　可变布局

7.2.2 其他方式的参考模型

1. 组装参考模型

组装参考模型是通过组件装配方式直接调入产品模型作为参考模型，每次只能装配一个，它的定位是通过装配约束关系控制，一般是选择参考模型的基准面和模具基准面之间的“重合”或“距离”进行约束定位，同样要保证模型的起点与定向正确。因为用组装法来调入参考模型不方便，所以较少使用。

2. 创建参考模型

创建参考模型是在分模组件模式下直接创建模型零件，其操作方法与装配组件模式下创建新元件相同。一般只适用于很简单的模型。

3. 镜像参考模型

镜像参考模型是通过镜像复制已调入或已创建的参考模型从而设置一模多腔。

7.3 创建工件

工件是用以分割模具的原始毛坯，是所有模具元件的整个初始体积块，它的大小和形状决定了型腔和型芯的大小和外形。“工件”工具包括默认的“自动工件”、“组装工件”、“创建工件”和“镜像工件”，如图 7-10 所示。

图 7-10 “工件”工具

7.3.1 自动工件

自动工件是最常用的创建工件方式。基本操作步骤：①单击“工件”工具，弹出“自动工件”对话框→②在图形窗口选择模具坐标“MOLD_DEF_CSYS”作为“模具原点”→③选择工件的基本形状，默认为“矩形工件”→④输入“统一偏移”值，并按回车，则系统自动计算工件在各方向的偏移尺寸及整体尺寸，并出现在下方的数值栏中，同时在图形窗口出现工件的线框轮廓，如图 7-11 所示，可以单击“预览”观察工件模型→⑤完成设置后单击“确定”按钮完成工件创建，默认设置为绿色半透明的实体几何。

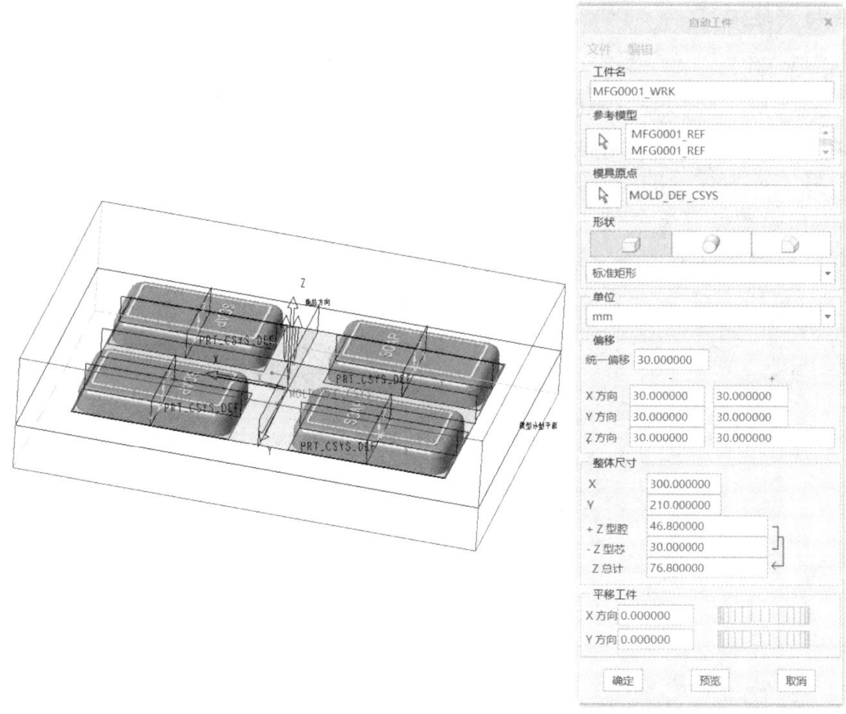

图 7-11 自动工件设置

1. 工件形状

工件形状包括“创建矩形工件”、“创建圆形工件”和“创建自定义工件”。单击形状的下拉标识，前两个分别为“标准矩形”和“标准倒圆角(圆形)”，后面全部为自定义的工件，如图 7-12 所示。例如：“BLOCK_XY_FLANGES”为上下面在 X 方向和 Y 方向都有凸缘的矩形工件的；而“BLOCK_CHAMF_X_TOP_FLANGES”为竖边有倒角，上面在 X 方向有凸缘的矩形工件。

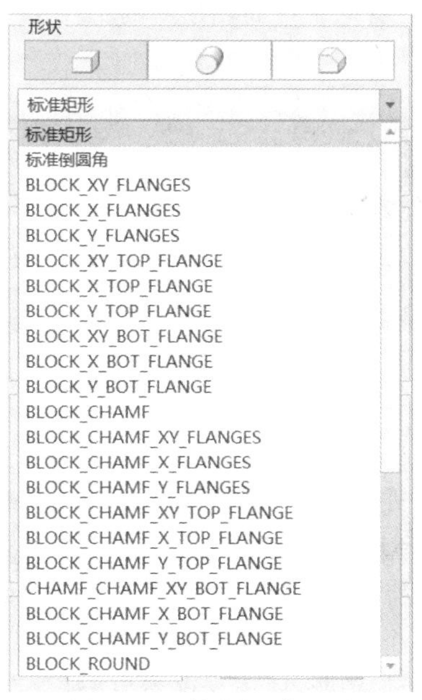

图 7-12 工件形状下拉选项

2. 偏移与整体尺寸

偏移是指在参考模型的尺寸基础上往外偏移形成工件的外形尺寸。X 方向和 Y 方向的偏移尺寸即为型腔在该方向的边缘壁厚；$+Z$ 方向的偏移尺寸为型腔的底厚；$-Z$ 方向的依据尺寸为型芯的底厚；而一模多腔的型腔中间壁厚在前面的布局偏移中设置。“统一偏移”是将各方向的偏移设置为统一的值。工件整体尺寸即为各方向上偏移后自动计算所得的整体尺寸，通常要将其调整设置为整数。

注塑模具型腔各壁厚可参考表 7-1 所示的经验值。

表 7-1　　型腔壁厚经验值(单位：mm)

塑件最大尺寸	型腔深度	边缘壁厚	型腔中间壁厚	型腔底厚	型芯底厚
≤200	≤20	15～20	15～20	15～25	20～25
	20～30	20～25	20～25	20～25	20～25
	30～40	30～35	25～30	25～30	25～30
	>40	35～50	30～40	25～30	25～30
>200	≤30	30～40	25～30	25～30	30～40
	>30	40～50	30～40	25～30	30～40

7.3.2　其他方式的工件

1. 组装工件

组装工件是通过组件装配方式直接形成一个工件模型，并通过约束来约定它的位置。

2. 创建工件

创建工件即用户直接创建工件，其操作方法与装配组件模式下创建新元件相同，通过该方式可以创建结构相对复杂的工件。

3. 镜像工件

镜像工件是通过镜像复制已有的工件而创建新的工件。

7.4　设置收缩

因为注塑件在成型后会有一定的收缩，所有要在分模时设置收缩率(按比例增大参考模型和型腔)，以保证注塑成型后抵消制件的尺寸收缩。

7.4.1　按比例收缩

按比例收缩是打开参考模型，参考某个坐标系对模型零件按比例进行收缩，整体形状比例不会变形，是默认的收缩设置方式。完成设置后，只在参考模型的模型树中添加一个“收缩标识”特征，而基础模型(产品源模型)不发生变化。

基本操作步骤：①单击“ 收缩”工具→②在图形窗口选择要设置收缩的参考模型(对于一模多腔的同一参考模型，任选一个即可)，即弹出“按比例收缩”对话框→③在图形窗口参考模型的基准坐标→④在“收缩率”数值框中输入收缩率→⑤完成后单击“√”按钮，如图 7-13 所示.

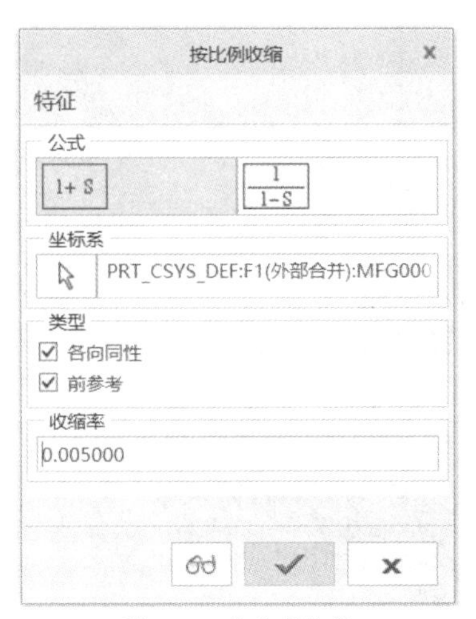

图 7-13　按比例收缩

1. 收缩公式

收缩公式"1＋S"是默认收缩公式，如输入收缩率"0.005"，则所有尺寸都变为原来尺寸的"1.005"倍。如采用公式"1/1－S"，则所有尺寸都变为原来尺寸的"1/0.995"倍。两者略有差别。

2. 各塑料的收缩率

根据不同的注塑条件，塑料的收缩率有一定范围，如果厂家没有指定，就取中间值。表 7-2 为常用工程塑料的收缩率。

表 7-2　　常用工程塑料的收缩率

塑料种类	收缩率(%)	塑料种类	收缩率(%)
聚乙烯(PE)	1.5～5.0	聚酰胺(PA)	0.6～2.5
聚氯乙烯(PVC)	软质 1.5～2.5；硬质 0.6～1.0	聚甲基丙烯酸甲酯(PMMA)	0.2～0.8
聚苯乙烯(PS)	0.4～0.7	聚甲醛(POM)	1.5～3.5
聚丙烯(PP)	1～2.5	聚碳酸脂(PC)	0.2～0.5
ABS	0.3～0.8	聚四氟乙烯(PTFE)	0.5～2.5

7.4.2　按尺寸收缩

按尺寸收缩是打开基础模型(产品源模型)，对基础模型的各个特征尺寸设置不同的收缩率，可能导致注塑件整体变形。完成设置后，将在基础模型的模型树中添加一个"按尺寸收缩标识"特征。

基本操作步骤：①单击" 按尺寸收缩"工具→②在图形窗口选择要设置收缩的参考模型，即弹出"按尺寸收缩"对话框→③一般要取消"更改设计零件尺寸"的勾选→④单击"将选定尺寸插入表中"→⑤在"模型树"中单击特征，则会显示特征的相关尺寸，单击该尺寸就插入表中，可以单独设置"比率"并显示"最终值"，如图 7-14 所示。

图 7-14 按尺寸收缩

7.5 设计分型面

在注塑模具中，打开模具取出塑料制品的界面称为分型面，它是定模和动模在合模状态下的接触面或瓣合式模具的瓣合面。而在 Creo 的分模设计中，分型面是将工件或模具零件分割成模具体积块的分割面，具有更广泛的意义。它不仅仅局限于对动、定模的分割，对于模板中的组合件和镶件同样可以采用分型面进行分割。

为了区分实际分型面和其他体积块分割面，后面将分割定模和动模的分型面称为主分型面，而分割其他模具元件的分型面称为镶件分割面。模具的主分型面和镶件体积块的分割面都是通过“分型面”工具来创建。单击“分型面”工具，进入“分型面”选项卡，功能区包括了各类创建分型面工具，如图 7-15 所示。分型面的创建与编辑方法与普通曲面的创建和编辑相类似。

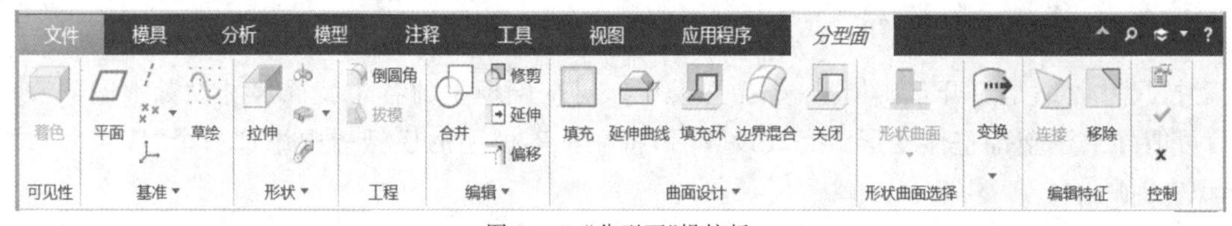

图 7-15 “分型面”操控板

7.5.1 主分型面的创建

主分型面是将工件切分为定模型腔和动模型芯的主分割面，该分割面通常为完整切割工件的开放曲面。主要创建方法包括手动创建、裙边曲面和阴影曲面。

1. 手动创建

手动创建是指通过拉伸、复制模型参考几何、合并、延伸等常规曲面创建和编辑方法来创建主分型面，该方法最为常用，虽然相对烦琐，但可以根据设计者的意图来创建任何复杂分型面，而且便于修改编辑。设计分型面时必须满足以下两个基本条件：(1)开放的分型面必须与要分割的工件或体积块完全相交。(2)分型面不能自身相交,否则分型面将无法生成。

第一种基本操作步骤:①单击“分型面”工具→②单击“形状”命令栏的“拉伸”工具→③以工件的侧面为草绘平面,根据模型轮廓绘制线条,并参考工件的两端面,拉伸至工件的另一侧,保证该面完整贯穿工件,如图 7-16 所示,完成后单击“拉伸”操控板的“√”→④隐藏工件和拉伸分型面,根据分模要求复制参考模型的外表面或内表面(可用种子面和边界面),如图 7-17 所示→⑤将拉伸面和复制面合并,如图 7-18 所示→⑥完成后单击“控制”命令组的“√”,退出“分型面”模式。

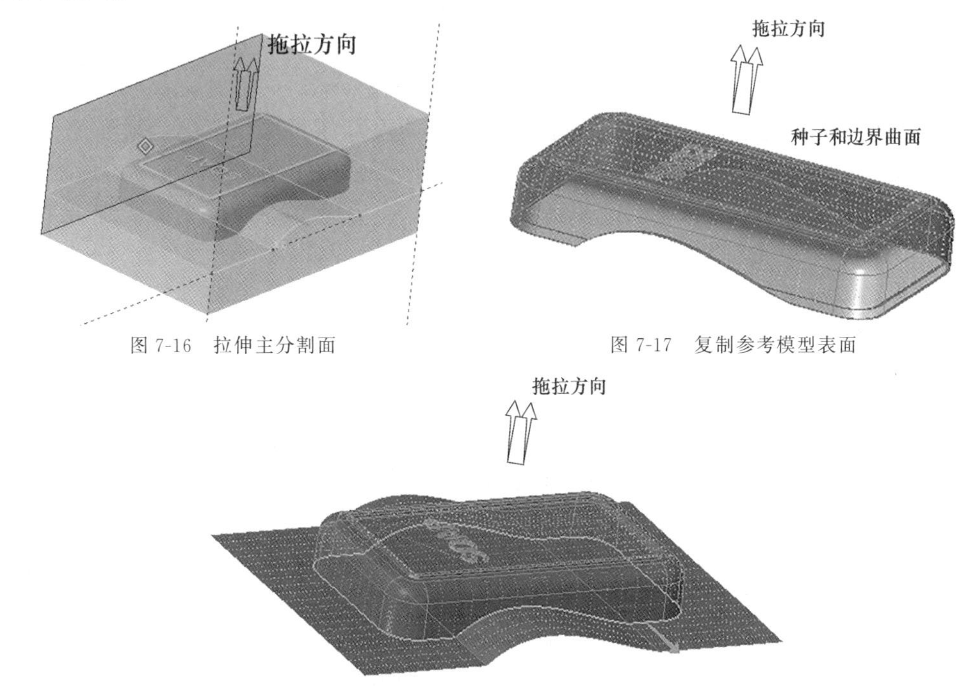

图 7-16 拉伸主分割面

图 7-17 复制参考模型表面

图 7-18 拉伸面与复制面合并

第二种基本操作步骤:①单击“分型面”工具→②单击“形状”命令栏的“拉伸”工具,在侧面在“MAIN_PARTING_PLN”参考线位置绘制一条直线,拉伸一个贯穿工件的分型平面,如图 7-19 所示→③复制参考模型的外表面(不能是内表面,否则无法开模)→④将复制面的侧面缺口部分通过延伸至分型平面,如图 7-20 所示→⑤将拉伸面和复制面合并,如图 7-21 所示→⑥完成后单击“控制”命令组的“√”,退出“分型面”选项卡。如果参考模型底边与分型平面是平齐的,则不需要延伸。

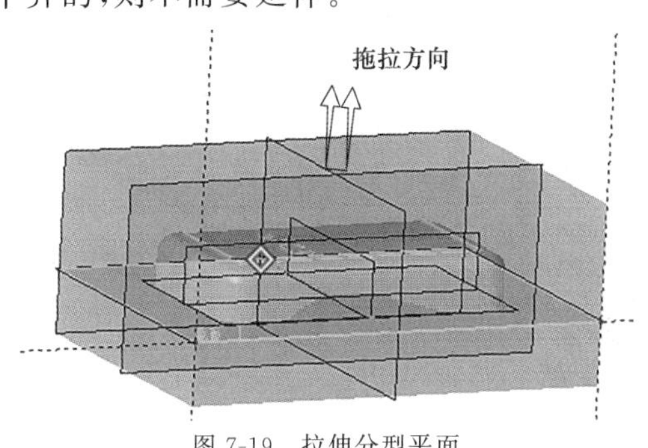

图 7-19 拉伸分型平面

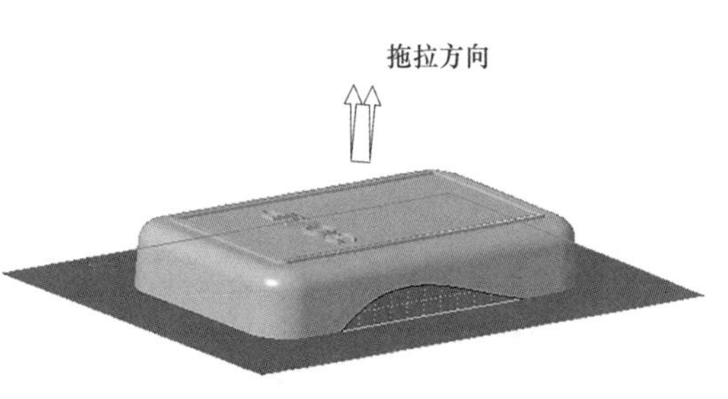

图 7-20 延伸复制面的侧边至平面

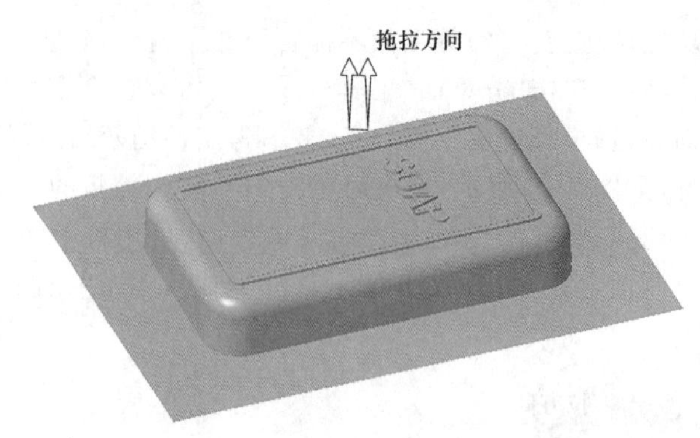

图 7-21　拉伸面与延伸后的复制面合并

以上两种操作最后设计的分型面不同,分割出来的模具体积块也不同。对于第一种主分型面,由于工件的整体分割是沿参考模型侧面轮廓,利于充型时的排气,但加工难度较大;第二种主分型面则相反,加工难度小,但不利于排气。所以,主分型面的设计一般要综合考虑注塑成型要求和模具零件的加工工艺要求。

重要提示　如果是一模多腔,要复制每一个模型的表面比较麻烦,可以先单独打开参考模型,在其外表面或内表面复制一个几何面组,则分模文件中的所有参考模型都有该几何面组。在复制每个模型的表面时,将"筛选器"设置为"面组",则可直接复制已有的几何面组作为复制分型面,从而提升效率。在分型的操作过程中,要注意"筛选器"的设置,以方便快速选取对象。例如,在合并分型面时,要设为"面组",在延伸面的连线时,要设为"几何"。

2. 裙边曲面

裙边曲面是通过参考模型的曲线(如侧面轮廓曲线)往工件边界延伸的自动创建主分型面的方法。主要用于分型侧面轮廓不规则或两侧轮廓不一致的模型。

基本操作步骤:①单击"设计特征"命令组的"轮廓曲线"工具→②弹出"轮廓曲线"操控板→③检查自动创建的轮廓曲线是否符合要求,单击"√"按钮完成侧面轮廓曲线的创建,如图 7-22 所示→④单击"分型面"工具→⑤单击"曲面设计"命令组下拉选项中的"裙边曲面"工具→⑥弹出"裙边曲面"设置框,当只有一个参考模型时,前面几项元素将自动定义,直接跳至"曲线定义",并弹出"菜单管理器",在图形窗口选择模型的轮廓曲线,如图 7-23 所示→⑦单击"菜单管理器"的"完成"→⑧单击"裙边曲面"设置框的"确定",创建的分型面如图 7-24 所示。

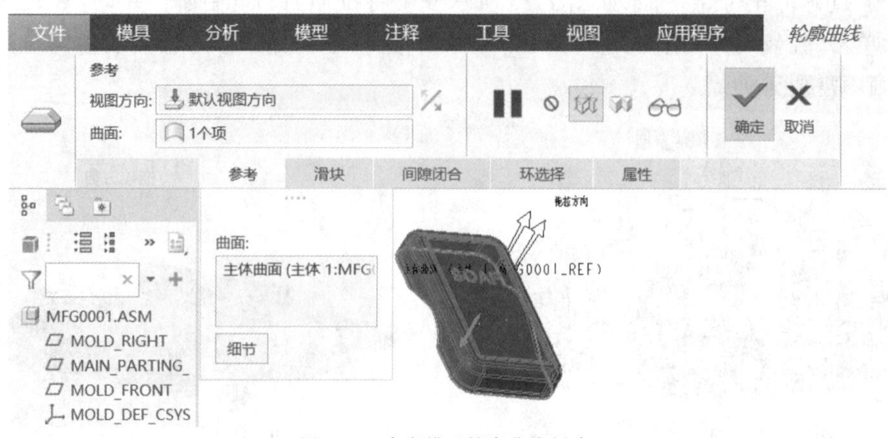

图 7-22　参考模型轮廓曲线创建

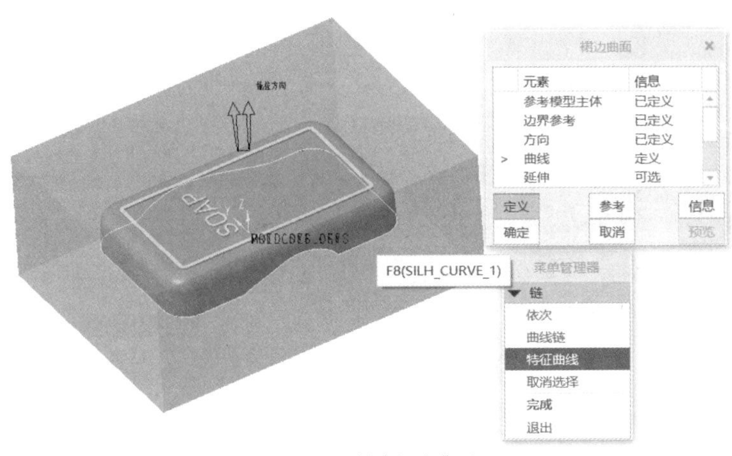

图 7-23 创建裙边曲面

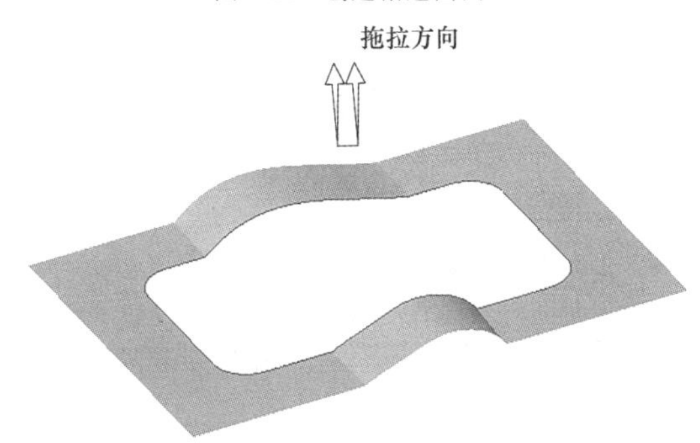

图 7-24 完成创建后的裙边曲面

3. 阴影曲面

阴影曲面是通过参考模型在主分割平面(切断平面)的投影而自动创建主分型面的方法，常用于简单参考模型的主分型面创建。

基本操作步骤：①单击“分型面”工具→②单击“曲面设计”命令组下拉选项中的“阴影曲面”工具，弹出“阴影曲面”设置框、定义“菜单管理器”及对象“选择”框，如图 7-25 所示→③首先在图形区选取所有参考模型为“阴影主体”(一模多腔的参考模型可按住 Ctrl 键多选)，完成后单击“选择”框的“确定”，再单击“菜单管理”器的“完成参考”→④在图形窗口选取“MAIN_PARTING_PLN”为“切断平面”(“关闭平面”)，并单击“菜单管理器”下“加入删除参考”的“完成/返回”，如图 7-26 所示→⑤单击“阴影曲面”设置框的“确定”，即完成阴影曲面的创建，所创建的分型面如图 7-27 所示。

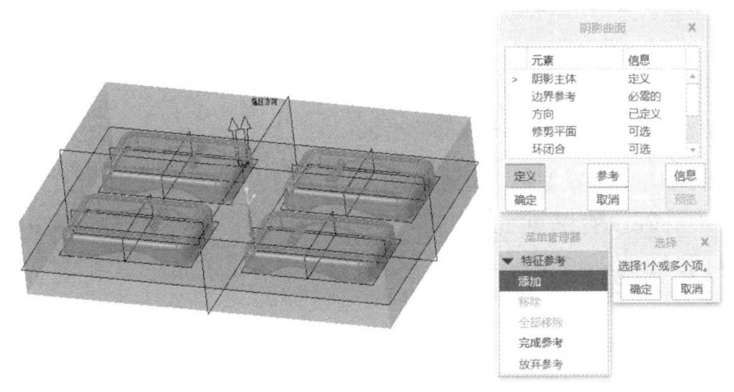

图 7-25 选取所有参考模型为“阴影主体”

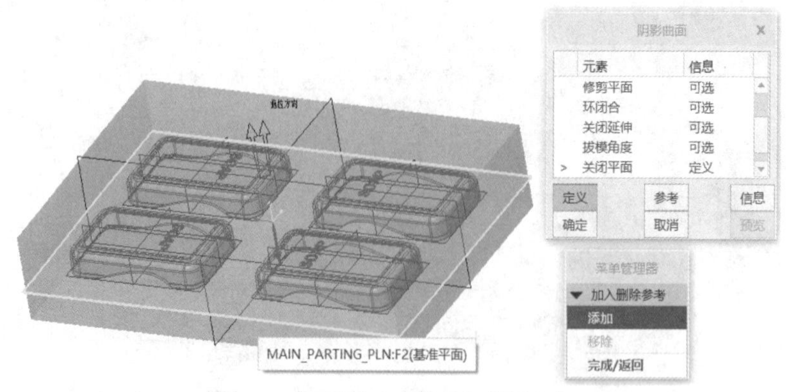

图 7-26　选取所有参考模型为“阴影主体”

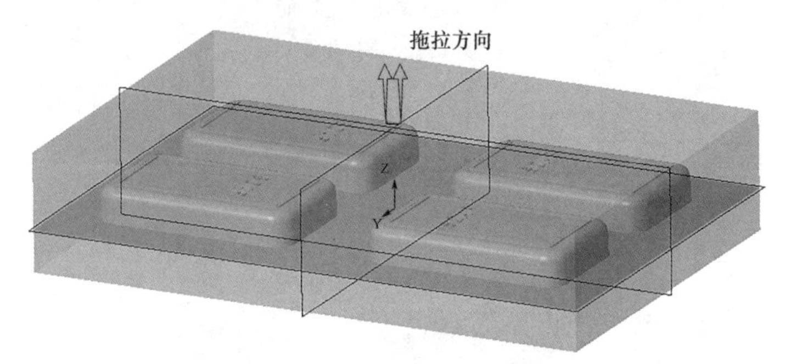

图 7-27　阴影曲面所创建的主分型面

重要提示　创建阴影曲面时，必须取消工件的遮蔽或隐藏。利用阴影曲面创建主分型面虽然快捷，但设计者无法控制延伸的方向，无法排除失败的段。所以，该方法只适用于形状简单规则的参考模型，创建后需要检查其是否满足分模要求。当不能使用阴影曲面时，则通过拉伸、复制和合并来手动创建。

7.5.2　镶件分割面的创建

主分型面是将工件一分为二，形成定模侧的凹模和动模侧的凸模，很多时候还需要从凹模或凸模中分割出侧抽芯、侧滑块、小型芯（俗称镶针）等镶件，这时候需要创建镶件分割面。镶件分割面的创建通常是参考模型的特征，在需要分割出镶件的部位通过拉伸、旋转、延伸和合并等方式创建封闭的镶件分割曲面。这种封闭曲面既能从工件或其他元件中分割出模具体积块，也能直接实体化生成模具体积块。

例如，图 7-28 所示注塑件模型，两侧端的腰形孔需要抽出侧芯，中间的两个圆柱孔的型芯也需要单独抽出，以便于模具零件的加工。

1. 圆柱小型芯分割面创建

基本操作步骤：①单击“分型面”选项功能区的“旋转”工具→②以孔中心轴线所在基准面为草绘平面（如果中心轴没有基准面，则需要创建基准面），参考孔的轮廓边线绘制如图 7-29 所示旋转截面（可同时把小型芯的凸缘部分绘制出来）→③完成后单击“控制”命令组的“√”，退出“分型面”选项卡。

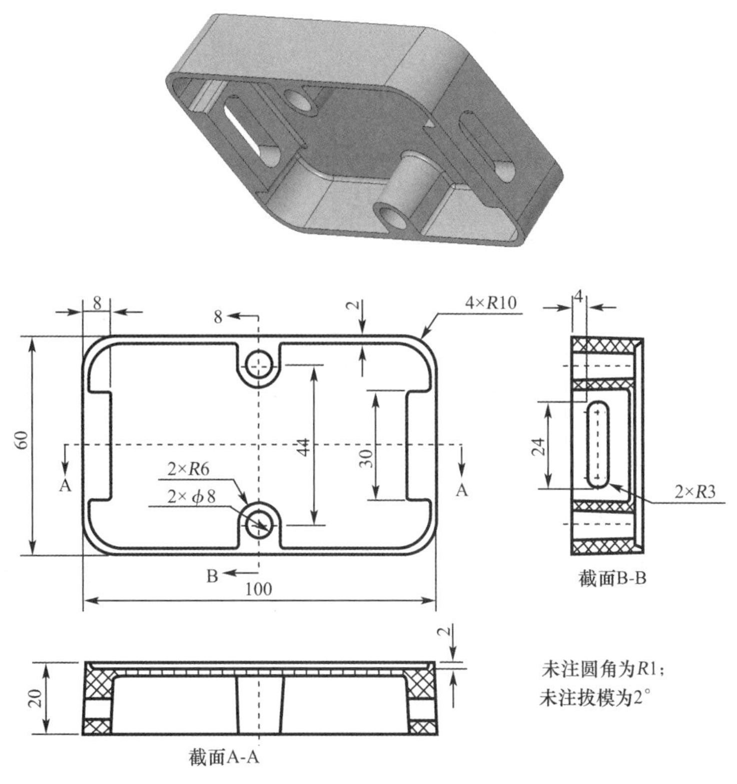

图 7-28 需要进行镶件分割的注塑模型

采用同样方法创建另一侧小型芯分割面，或者在“模型树”中选择已创建的旋转分型面并单击，在浮动工具栏中单击“镜像”工具标识，以中心对称基准面为镜像平面，将其镜像至另一个圆柱孔所在位置，完成后如图 7-30 所示。

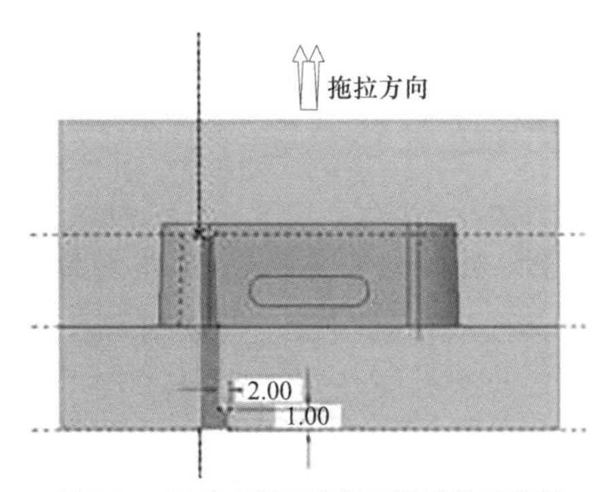

图 7-29 圆柱小型芯分割面旋转截面绘制

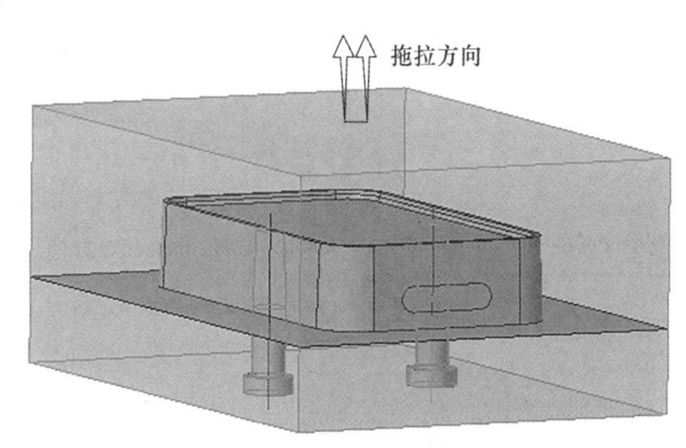

图 7-30 圆柱小型芯分割面的镜像

2. 侧抽芯分割面的创建

侧抽芯被分割出来后必须在动模侧，以便随着动模移动而实现侧向抽芯动作。

基本操作步骤：①单击“分型面”选项功能区的“拉伸”工具→②以工件的侧端面为草绘面，参考腰形孔轮廓绘制拉伸截面，并拉伸至模型的内侧凸台面截止（因为模型的大多数几何面都有拔模斜度，所以草绘面只能选择没有斜度的工件表面或基准面），同时在“选项”栏下勾选“封闭端”，如图 7-31 所示→③再单击“拉伸”工具，同样以工件的侧端面为草绘面，绘制如图 7-32(a)的凸缘拉伸截面，并拉伸至模型的外侧面截止，同样选择“封闭端”，如图 7-32(b)→④将两个拉伸分型面进行合并，如图 7-33 所示。

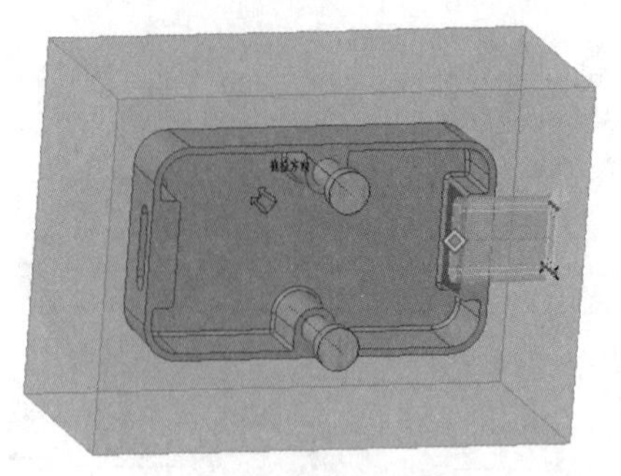

图 7-31　拉伸侧芯分割面

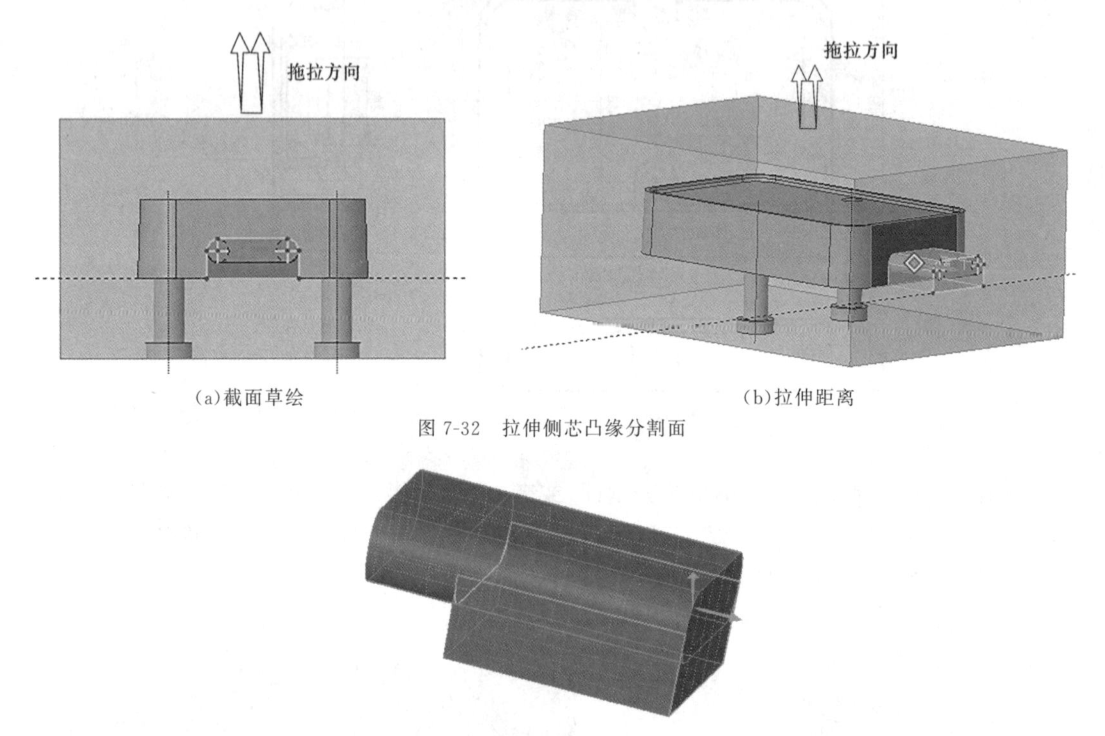

(a)截面草绘　　(b)拉伸距离

图 7-32　拉伸侧芯凸缘分割面

图 7-33　两个拉伸分割面的合并

重要提示　如果侧抽孔(凹槽)在主分型面上方,即位于定模凹模一侧,必须在工件上添加凸缘,且凸缘下方要伸至主分型面或主分型面的下方,这样可以保证侧抽芯在分割后位于动模侧。

7.5.3　分类曲面

"分型面"工具下拉选项中还有一个"分类曲面"工具,它是按照拔模方向的正负斜度将参考模型的曲面进行分类并创建相应的面组。

基本操作步骤:①单击"分类曲面",进入"分类曲面"操控板→②将筛选器设置为"主体",并在图形区选择参考模型,则参考模型上所有曲面进行了自动分类和着色→③点击"区域"选项栏,模型上曲面被分类为四个面组:"型腔_1"、"型芯_1"、"滑块_1"和"滑块_2"→④单击单击"√"按钮完成切除曲面分类操作,如图 7-34 所示。

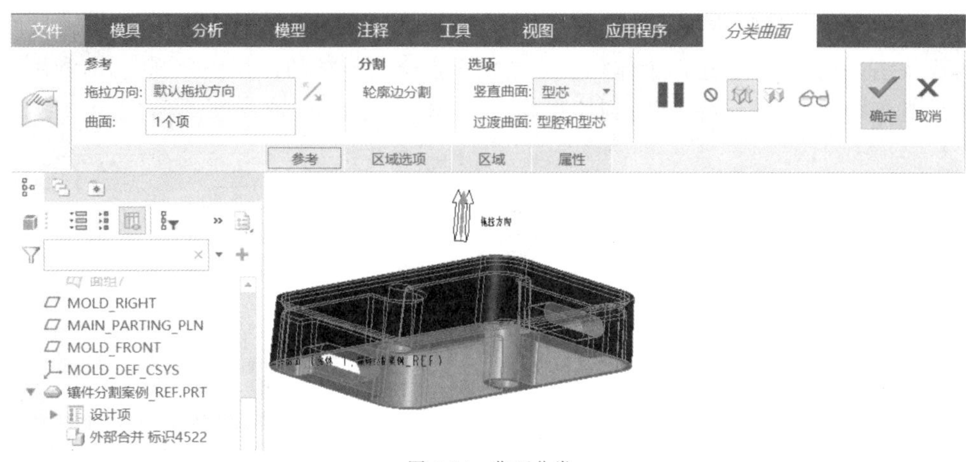

图 7-34　曲面分类

7.6　分割体积块与抽取元件

完成主分型面和各镶件分割面的创建后，即可进行模具体积块的分割和元件抽取。

7.6.1　参考零件切除

在进行体积块分割之前，需要利用参考模型在工件中切出成型的空腔（相当于布尔运算的剪切）。操作步骤很简单：①单击“参考零件切除”工具，弹出“参考零件切除”操控板→②分别选取工件主体和参考零件主体（如果工件名称中有“_WRK”，参考模型名称中有“_REF”，则系统能自动判断并选取）→③单击“√”按钮完成切除，如图 7-35 所示。

在完成参考零件切除后，形成了一个“参考零件切除”的面组特征，该特征是进行体积块分割的初始面组。

图 7-35　参考零件切除

7.6.2　体积块分割

Creo Parametric 9.0 的“模具体积块”工具包括“模具体积块（创建体积块）”、“形状体积块”和“体积块分割”，如图 7-36 所示。“模具体积块”是利用各类实体形状特征或曲面特征实体化来创建体积块;“形状体积块”是通过使用已分类曲面和分型面来成形体积块。这两者都属于体积块法,每次只能创建一个体积块。这里重点介绍传统的体积块分割法,即利用已创建的分型面对工件毛坯进行分割而得到体积块。

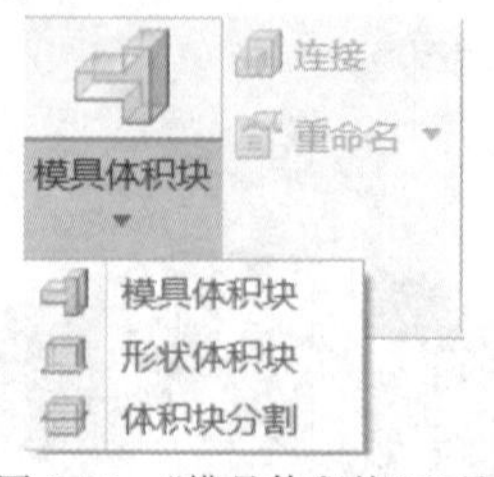

图 7-36 “模具体积块”工具

体积块的分割顺序与各分割面的形状和位置有关。通常第一次分割是将工件分割为两体积块,后面则每次从其中已经分出的体积块中分割出一个体积块。以上一节的参考模型为例,共有五个分割面:主分型面、两个侧芯分割面、两个小型芯分割面,最后需要把工件分成六个模具体积块:凹模、凸模、侧芯 1、侧芯 2、小型芯 1 和小型芯 2。

因为两个侧芯的分割面与主分型面相交,所以必须在主分型面分割之前先将其单独分割出来;而两个小型芯分割面没有和主分型面相交,全部位于主分型面下方的型芯侧,可以在主分型面分割之前分割出来,也可以在主分型面分割之后从凸模中单独分割出来。所以基本分割顺序为:①将工件分割为侧芯 1、侧芯 2 和凹模→②从凹模中分割出小型芯 1 和小型芯 2 型芯→③从凹模中分割出凸模。

1. 第一次分割

第一分割是将“参考零件切除”后的工件分成侧芯 1、侧芯 2 和凹模,其中凹模是两个侧芯抽出后所剩下的体积块,需要继续分割出其他体积块。

操作步骤:①单击“体积块分割”工具→②在“体积块分割”操控板中,“分割结果”选择默认的“模具体积块”,“体积块输出”选择默认的“单独体积块”→③在图形窗口选择“参考零件切除”后的工件为被分割的模具体积块,再单击分割曲面收集器“单击此处添加项”,按住 Ctrl 键同时选择两个侧芯分割面,如图 7-37 所示→④打开“岛”选项栏,可看到两个侧芯分割面将工件分割成为 3 个“岛”,“岛_3”为剩余部分,“岛_4”和“岛_5”为两个侧芯,如图 7-38 所示,完成后单击操控板的“√”完成第一次分割。

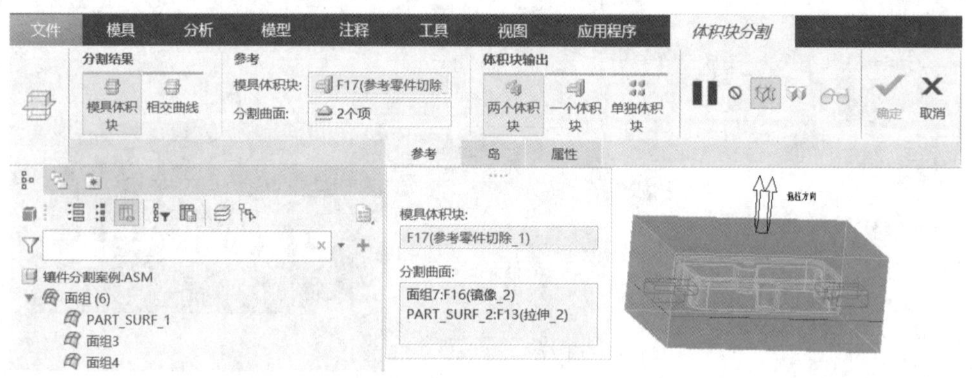

图 7-37 第一次分割的模具体积块和分割曲面

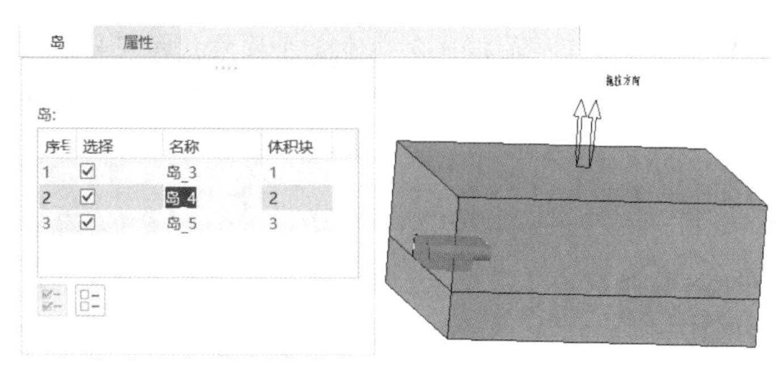

图 7-38 第一次分割"岛"的选取

2. 第二次分割

第二次分割是从剩余的"岛_3"中将两个小型芯单独分割出来。

操作步骤:①单击"体积块分割"工具→②在"体积块分割"操控板中,"体积块输出"仍然选择的"单独体积块"→③在"模型树"中选择"岛_3-模具体积块"为被分割的模具体积块,再单击分割曲面收集器"单击此处添加项",选择另一个侧芯分割面→④打开"岛"选项,取消"岛_6"的勾选(因为剩下部分就是原来的"岛_3"体积块,不需要再生成新体积块),"岛_7"和"岛_8"为两个小型芯,如图 7-39 所示,完成后单击操控板的"√"完成第二次分割。

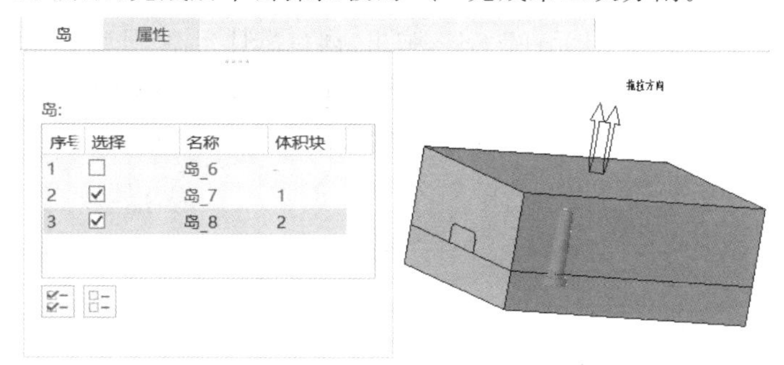

图 7-39 第二次分割"岛"的选取

3. 第三次分割

所有镶件全部分割出来,最后是从剩余的"岛_3"中将凸模分割出来,剩下的"岛_3"即是凹模。

操作步骤:①单击"体积块分割"工具→②在"体积块分割"操控板中,"体积块输出"选择的"一个体积块"→③在"模型树"中选择"岛_3-模具体积"为被分割的模具体积块,再单击分割曲面收集器"单击此处添加项",选择主分型面为"分割曲面"→④打开"岛"选项,取消"岛_1"的勾选,"岛_2"即为凸模,如图 7-40 所示,完成后单击操控板的"√"完成第三次分割。

图 7-40 第三次分割

重要提示 体积块分割时的“岛”是指被分割面分开后的独立部分，只有当“体积输出块”为“单独体积块”时可以同时选择所有的“岛”，而“两个体积块”或“一个体积块”时，则不能同时选择所有的“岛”。

7.6.3 模具元件的抽取

分割形成的体积块需要抽取后才会变成实体模具元件。将体积块抽取成模具元件的工具为“模具元件”默认的“型腔镶块”工具，“模具元件”工具还包括下拉选项中的“组装模具元件”、“创建模具元件”和“镜像模具元件”等，如图 7-41 所示。

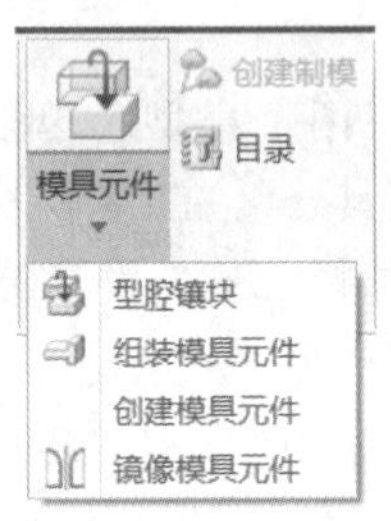

图 7-41 “模具元件”工具

基本操作步骤：①单击“模具元件”工具，弹出“创建模具元件”对话框→②在下方列表中选取要抽取的体积块，或单击“全选”标记按钮选取全部体积块→③单击“高级”卜拉标识，选择各模具体积块，并在下方“名称”栏输入对应的模具元件名称→④完成后单击“确定”按钮，如图 7-42 所示。抽取后的模具元件件出现在“模型树”中。

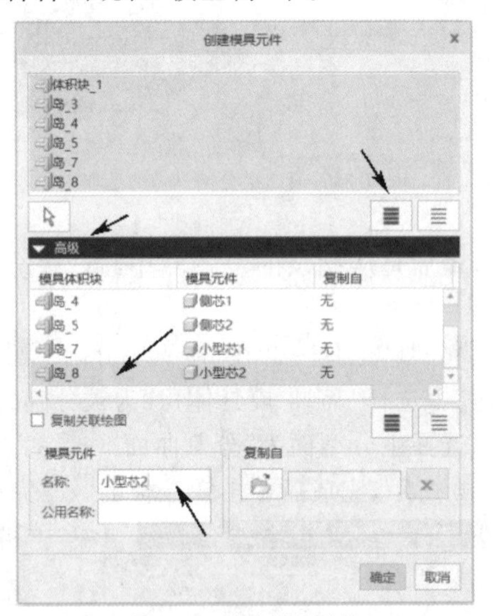

图 7-42 抽取模具元件

7.7 设计浇注系统

在进行铸模仿真之前，必须完成浇注系统的创建。浇注系统通过包括主流道、分流道和浇口，可以通过拉伸或旋转等切口特征创建。分流道通常使用专门的“流道”工具进行创建。

7.7.1 主流道的设计

主流道是连接注射机喷嘴与公流道的一段通道，通常和注射机喷嘴在同一轴线上，断面为圆形，带有一定的锥度。热塑性塑料的主流道，一般在主流道衬套内，主流道衬套做成单独镶件，镶在定模板上，主流道衬套一般根据模架大小选用标准件。一些小型模具也可直接在模板上开设主流道，而不使用主流道衬套，其基本尺寸参数如图7-43所示。如果是采用主流道衬套，则只需在凹模上切出主流道衬套安装孔即可，常用的标准主流道衬套外径尺寸有 ϕ20 mm和 ϕ36 mm。

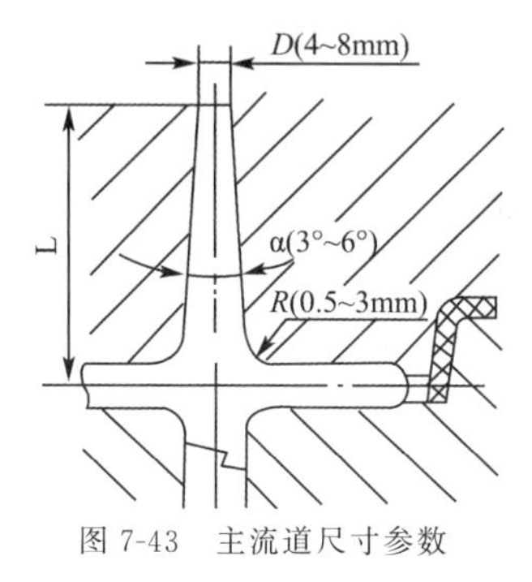

图7-43 主流道尺寸参数

7.7.2 分流道的设计

1. 分流道的分布形式

分流道的分布形式取决于型腔布局，常见的形式有"O"形、"H"形、"X"形和"S"形，如图7-44所示。

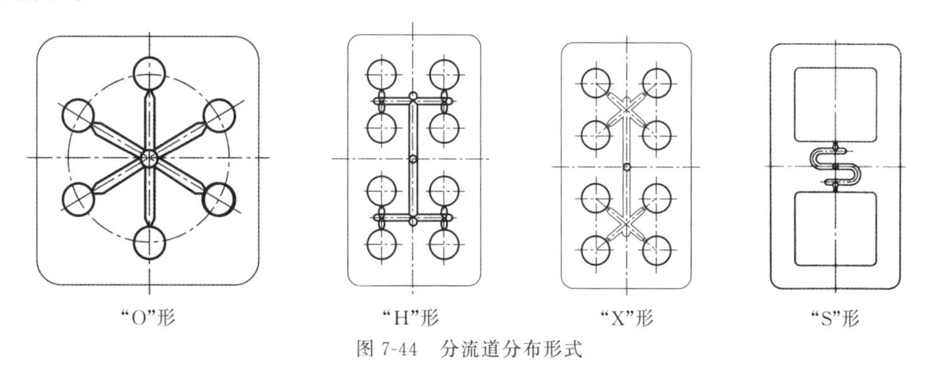

图7-44 分流道分布形式

2. 分流道的截面与尺寸

分流道的截面形状主要有圆形("倒圆角")、梯形、圆角梯形、半圆形("半倒圆角")、矩形和正六边形，如图7-45。

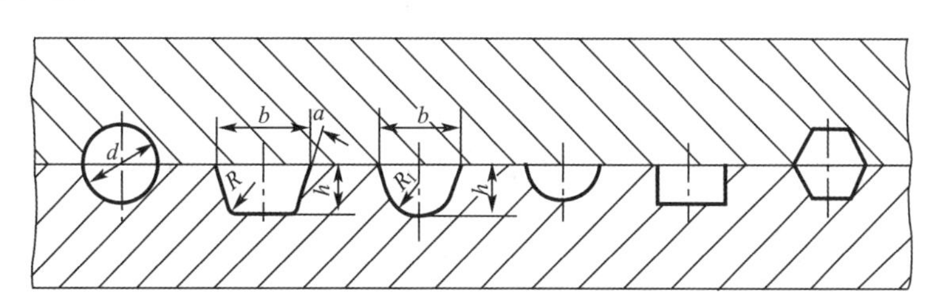

图7-45 分流道的截面形状

在面积相同情况下，截面周长越小，则分流道的比表面积越小，熔体流动阻力越小，流道效率越高。故流道效率从高到低的排列顺序依次是：圆形→圆角梯形→正六角形→梯形→矩形→半圆形。但流道加工从易到难的排列顺序依次是：矩形→梯形→半圆形→圆角梯形→正六角形→圆形。综合考虑流道效率和加工难易程度，一般选用圆形、梯形和圆角梯形。制件的质量及投影面积越大，壁厚越大时，分流道截面面积应设计得大些，反之则设计得小些。常见截面分流道的参数设计如下。

（1）圆形截面。圆形截面的优点是：比表面积最小，阻力也小，广泛应用于侧浇口模具中。其缺点是：需同时开设在凹、凸模上，且要互相吻合，故加工制造难度较大。圆形截面分流道直径为 $\phi3\sim\phi10$mm。对于常见的 1.5～2.5mm 壁厚的塑料制件，直径一般选用 $\phi4\sim\phi6$mm。

（2）梯形截面。梯形的优点是：在模具的单侧加工，较省时，主要应用于有推板的二板模，分流道只能做在凹模上。其缺点是：相对圆形截面而言，有较大的表面积，加大了熔体与分流道的摩擦力及温度损失。梯形截面分流道的形状及设计参数如图 7-46 所示。

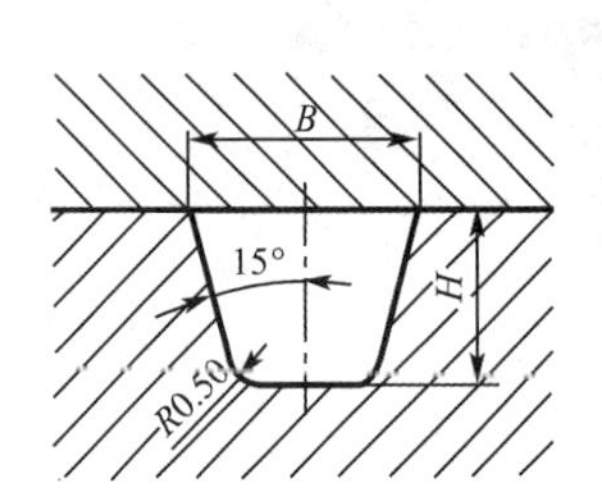

序号	*B*	*H*
1	3.00	2.50
2	4.00	3.00
3	5.00	4.00
4	6.00	5.00
5	8.00	6.00

图 7-46　梯形截面形状及参数

（3）圆角梯形截面。圆角梯形截面分流道是梯形截面的改良，其流动效率低于圆形与正六边形，但加工容易，比圆形容易脱模，故圆角梯形截面分流道具有优良的综合性能。圆角梯形截面的形状与设计参数如图 7-47 所示。高度 H 与圆形直径相等。

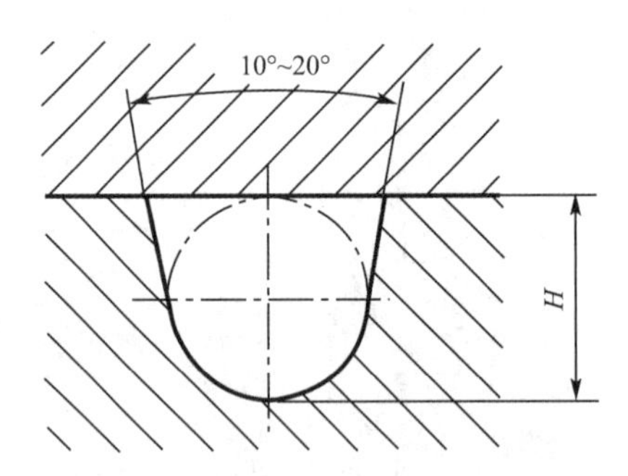

图 7-47　圆角梯形截面形状及参数

3. 分流道的创建

Creo 分模时的流道创建相当于在组件下创建切口特征并设置与要切口的元件相交。

具体操作步骤：①单击“生产特征”命令组中的“流道”工具，弹出“流道”对话框及相关的“菜单管理器”，如图 7-48 所示→②在“菜单管理器”中选择流道截面形状→③在弹出的截面尺寸框中输入尺寸数值并单击“√”按钮→④选择在主分型面上绘制流道的流动路径，完成后单击“√”按钮退出草绘模式→⑤在弹出如图 7-49 所示的“相交元件”对话框中，单击“自动添加”后再设置相交的模具元件及“显示级”，并单击“确定”按钮→⑥所有元素被定义后，单击“流道”对话框的“确定”按钮，完成流道的创建。

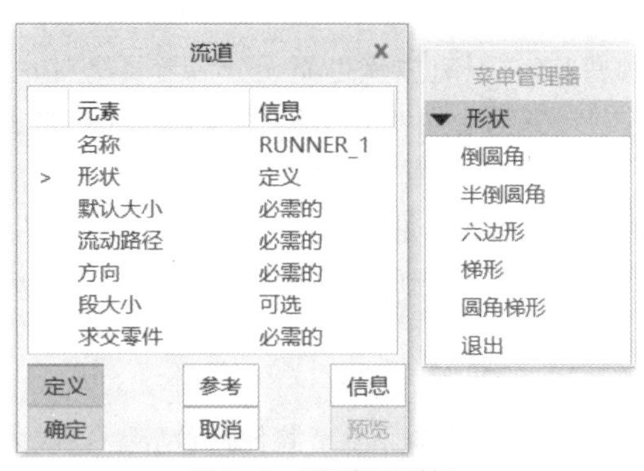

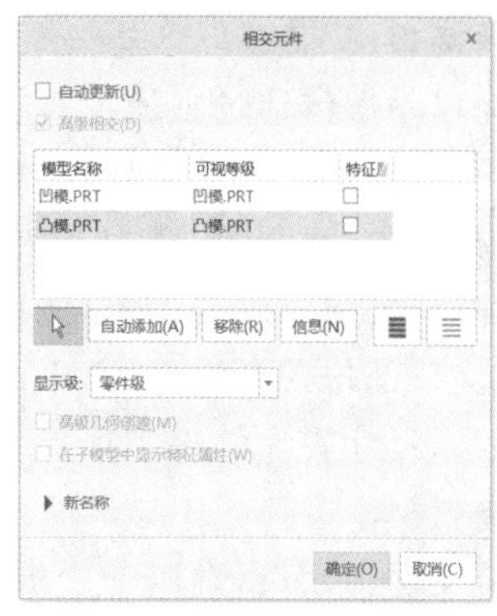

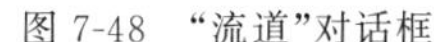
图 7-48 “流道”对话框

图 7-49 “相交元件”对话框

7.7.3 浇口的设计

浇口是连接分流道与型腔之间的一段细短通道，是浇注系统的最后部分，其作用是使塑料以较快的速度进入并充满型腔。它能很快冷却封闭，防止型腔内还未冷却的熔体倒流。设计时须考虑产品尺寸、截面积尺寸、模具结构、成型条件及塑料性能。浇口应尽量短小，与产品分离容易，不造成明显痕迹。浇口形式很多，主要包括侧浇口、直接浇口、点浇口、潜伏式浇口、扇形浇口、爪形浇口、环形浇口、薄片浇口等。

1. 侧浇口

侧浇口又称普通浇口，或大水口，熔体从侧面进入模具型腔，是浇口中最简单又最常用的浇口。如图 7-50 所示为侧面进料、端面进料等两种常见形式的侧浇口，其中侧面进料较常用，而端面进料用于侧面为曲面，或侧表面质量要求高，而端面较平整且允许浇口痕的制件。端面进料的侧浇口也称为搭接式浇口。侧浇口的优点是可以根据塑件的形状特征选择其位置，它截面形状简单，浇口的加工和修整方便，浇口位置选择灵活；缺点是浇口去除麻烦，易留痕迹，压力损失大、壳形件排气不便、易产生熔接痕。它是应用较广泛的一种浇口形式，普遍用于小型塑件的多型腔两板式注塑模，且对各种塑料的成型适应性均较强。

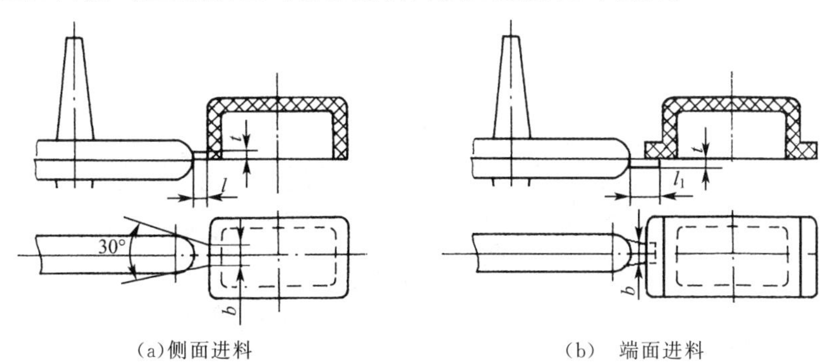

(a)侧面进料　　(b) 端面进料

图 7-50 侧浇口

侧浇口的截面通常为矩形，其主要设计参数长(l)、宽(b)、厚(t)的经验值可参阅表 7-1。

表 7-1　侧浇口设计参数

塑件大小	塑件质量/g	长 l/mm	宽 b/mm	厚 t/mm
小	≤40	0.5～0.8	1.0～2.0	0.25～0.50
中	40～200	0.8～1.2	2.0～3.0	0.50～1.0
大	≥200	1.2～2.0	3.0～4.0	1.0～1.2

2. 直接浇口

直接浇口是熔体通过主流道直接进入型腔，它只有主流道而无分流道及浇口，主流道和浇口合二为一，故也称主流道浇口，其根部直径不超过制件壁厚的两倍。它的优点是无分流道及浇口，流道凝料少；流程短，压力及热量损失少，有利于排气，成型容易，模具结构紧凑，制造方便；缺点是浇口去除困难，有明显浇口痕迹；浇口部位热量集中，型腔封口迟，易产生气孔和缩孔等缺陷；浇口部位残余应力大，平而浅的制件易产生翘曲或扭曲变形。只适用于成型单型腔的外形及壁厚尺寸较大的深腔桶形、盒形及壳形制件。

3. 点浇口

点浇口又称细水口，常用于三板模的浇注系统，熔体可由型腔任何位置一点或多点地进入型腔。点浇口截面通常为圆形，其结构及参数设计如图 7-51 所示。

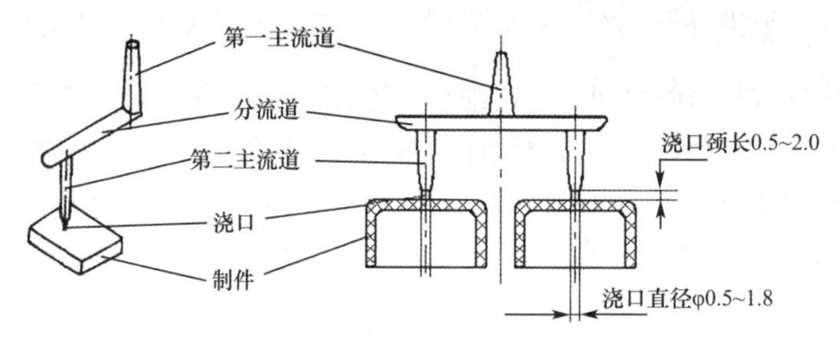

图 7-51　点浇口

点浇口的优点是位置有较大的自由度，方便多点进料；分流道在流道板和定模板之间，不受型腔、型芯的阻碍；浇口可自行脱落，留痕小；缺点是总体流道较长，注射压力损失较大，流道凝料多，相对于侧浇口模，点浇口模具结构较复杂，制作成本较大。点浇口主要应用于多点进料的大型制品或避免成型变形的制件，以及一模多腔且分型面处不允许有浇口痕的制件；生产批量大，自动化程度高而采用三板注塑模的制件。

4. 浇口的创建

浇口的创建一般是激活或单独打开凹模或凸模零件，通过拉伸或旋转切口进行创建。如图 7-52 所示为在凹模上通过旋转切口创建的直接浇口（主流道浇口）。

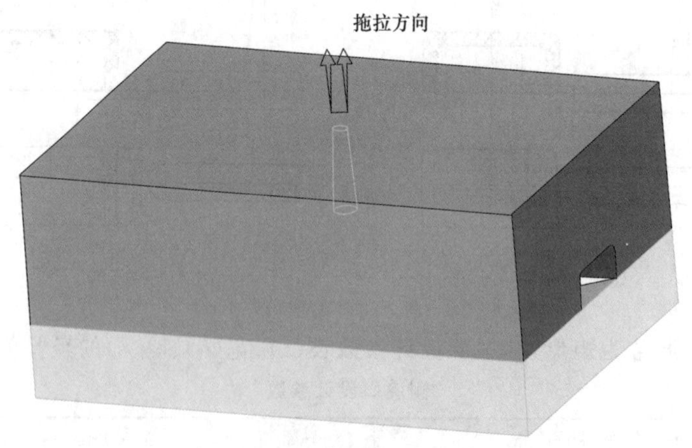

图 7-52　旋转切口创建直接浇口

7.8 铸模与开模仿真

7.8.1 铸模仿真

铸模仿真是利用已完成的模具零件进行充型仿真，并形成包含浇注凝料系统的充型模型。基本操作步骤：①单击“元件”命令组中的“创建制模”工具→②在弹出的命名框中输入铸模零件的名称并单击“√”按钮→③在弹出的“公用名称”框后，输入公用名或不输入直接单击“√”按钮，即完成铸模零件的创建。

7.8.2 开模仿真

开模仿真是将模具元件移动打开以检查分模效果，类似于创建组件的分解视图。基本操作步骤：①单击“分析”命令组中的“模具开模”工具→②在弹出“菜单管理器”选择“定义步骤”→③选择“定义移动”→④在弹出“选择”框后，在图形窗口选择要移动的元件，并单击“选择”框的“确定”→⑤在图形窗口选择一条直边或轴线作为移动方向的参考→⑥在弹出的位移数值框中输入沿箭头方向移动的距离值（如果要往反方向移动则输入负值），然后单击“√”按钮（或按回车），如图 7-53 所示→⑦单击“定义步骤”下的“完成”→⑧重复以上操作，选择其他元件朝它的开模方向移动一段距离。全部完成后，可将参考模型、工件及各个分型面组隐藏，图形窗口的开模效果如图 7-54 所示。

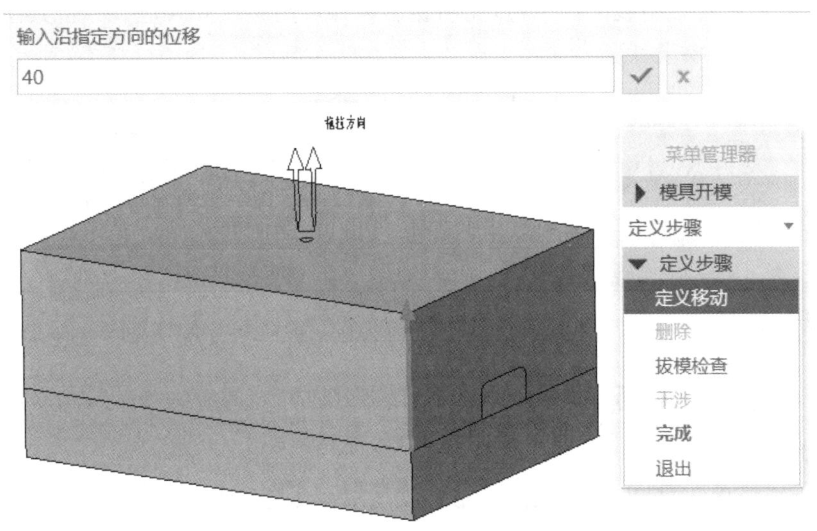

图 7-53　定义元件的移动方向和距离

在创建了开模仿真后，只要单击“模具开模”，组件则进入开模状态。还可以通过“菜单管理器”的删除开模移动、修改移动尺寸、开模动作重新排序以及用动画演示模具分解，如图 7-55 所示。

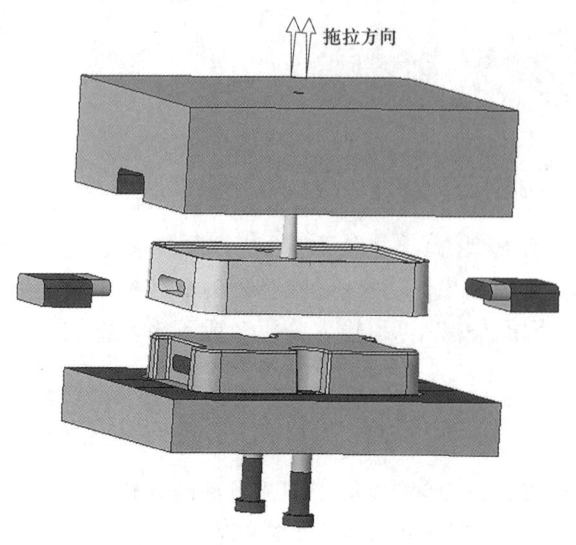

图 7-54 完成全部元件移动后的开模效果

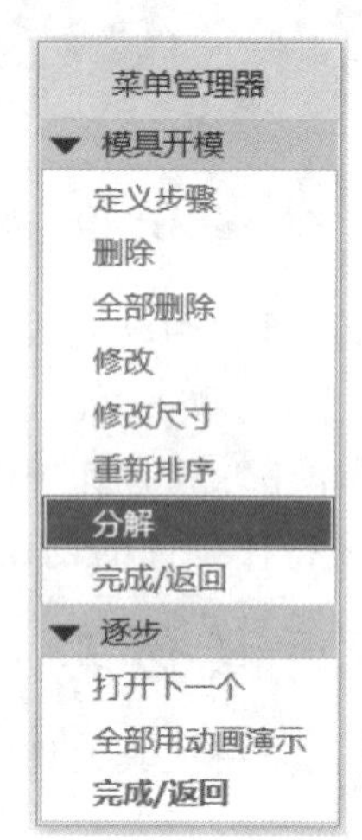

图 7-55 完成开模定义后的菜单管理器

7.9 训练案例：散热盖一模四腔分模设计

利用教材第 3 章所完成的散热盖为参考模型，如图 7-56。塑件材料为 ABS，大批量生产，要求表面光洁，不得有影响装配的飞边，无明显影响外观的皱纹和气泡。分析其注塑成型工艺并完成一模四腔的分模设计。

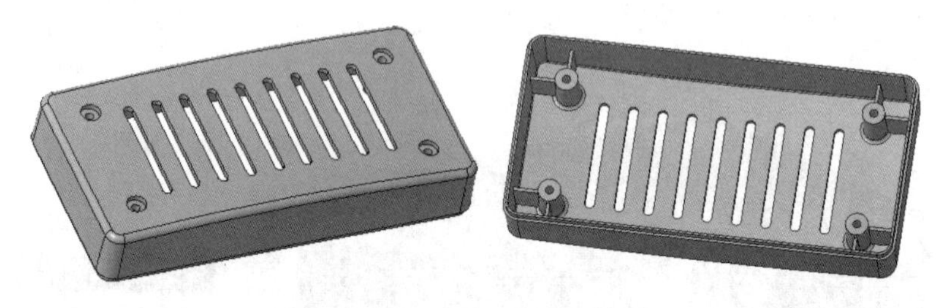

图 7-56 散热盖零件模型

7.9.1 工艺分析与计算

1. 型腔布局

散热盖为矩形件，一模四腔可采用矩形布局方式，因其最大尺寸为 120 mm，型腔深度为 18，所以型腔壁厚可以统一采用 20 mm。

2. 浇注系统

塑件壁厚为 1.6 mm，通过质量属性分析得到塑件质量为 21.62 克。所以，主流道采用外径为 ϕ20 mm 的主流道套标准件。分流道采用圆形截面，一次分流道的半径采用 ϕ6 mm，二次分流道采用 ϕ4 mm。浇口采用 0.8 mm(长)×1.5 mm(宽)×0.5 mm(厚)的侧浇口。考虑到塑件形状及顶部腰形孔的方向，浇口适合设置在塑件的长侧边。

3. 成型镶件

为了简化模具结构，M3 的螺钉孔在注塑时只成型底孔，螺纹通过后续再加工。塑件顶部 4 个 $\phi6$ mm 的沉孔在凹模侧，因为高度小，不需要设置单独的型芯镶件。4 个 M3 的螺钉底孔在凸模侧，高度为 12，需要单独设置镶针。由于主分型下方有止口，在凸模中会形成宽度为 1.2 mm，深度为 2 mm 的凹槽，为了便于模具加工，需要将凸模整体从凸模板中分离出来成为单独的凸模镶件。

7.9.2 具体操作步骤

步骤一：文件准备

①新建文件夹，命名为“散热盖注塑模设计”，并将散热盖三维模型复制至该文件夹中；

②打开 Creo 9.0，将工作目录选择至该文件夹；

③单击“新建”，新建一个名为“散热盖分模”的“制造-模具型腔”文件，并采用公制模板。

步骤二：定位参考模型

①单击“定位参考模型”工具，选择“散热盖”模型并打开，“参考模型类型”选择默认的“按参考合并”，单击“确定”按钮；

②在“布局”对话框中，首先单击“预览”，检查参考模型的起点与定向是否需要调整；

③选择 2×2 的“矩形”布局方式，将 X 方向的增量在原来“120”的基础上增加“20”的壁厚，调整为“140”；将 Y 方向的增量在原来“60”的基础上增加“20”的壁厚和“20”和流道设置预留空位，调整为“100”，如图 7-57 所示。（因为参考模型本身在 X 和 Y 方向对称，所以无须设置对称）

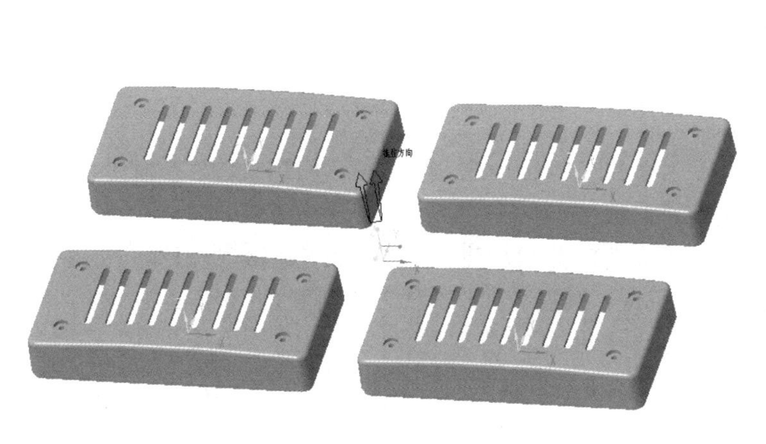

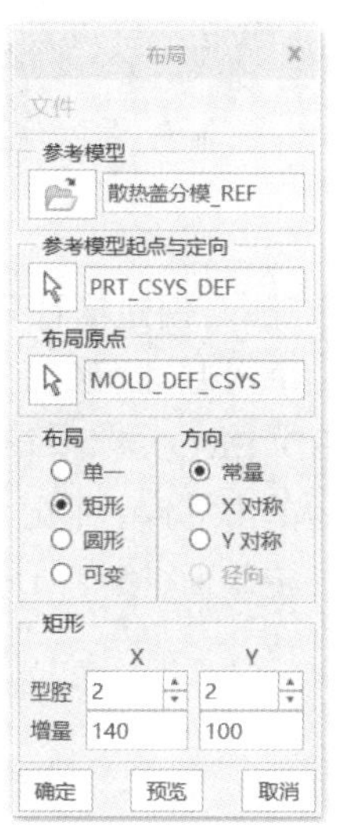

图 7-57 布局设置

步骤三：创建自动工件

①单击“自动工件”工具，选择分模组件默认坐标为“模具原点”；

②工件形状采用默认的“矩形”，在“统一偏移”栏中输入“20”并按回车，如图 7-58 所示；

③检查模具整体尺寸是否为整数，单击“确定”按钮完成工件创建。

步骤四：设置收缩

设置“按比例收缩”，选择一个参考模型的基准坐标，输入收缩率“0.005”后单击“√”按钮。

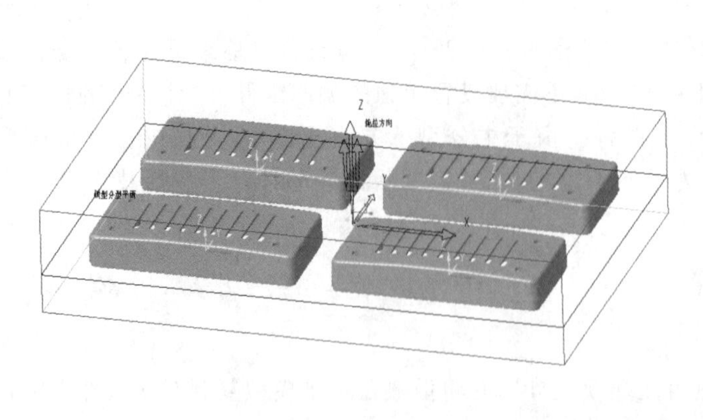

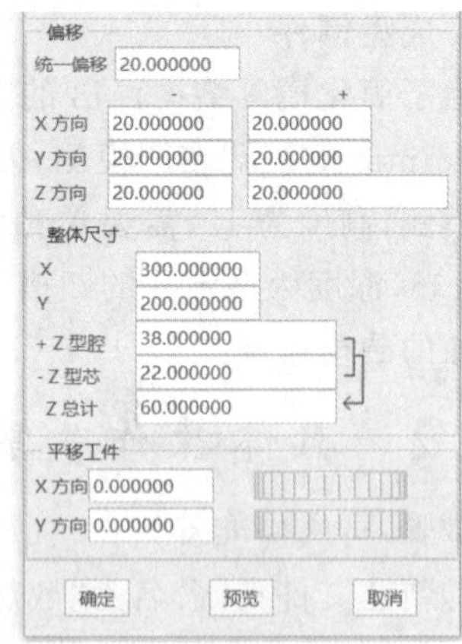

图 7-58 自动工件设置

步骤五:创建主分型面

主分型面可利用“阴影曲面”创建。创建面的主分型面如图 7-59 所示。如果不满足要求，则需要通过手动创建。

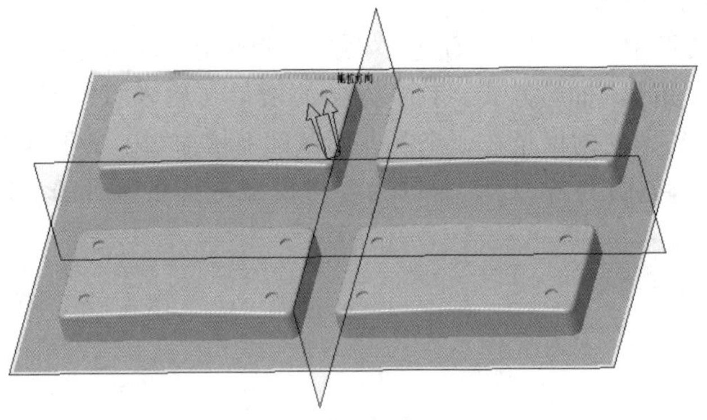

图 7-59 阴影曲面创建主分型面

步骤六:创建镶针分割面

①单击基准“平面”工具,选择其中一个参考模型的一处螺钉孔中心轴线创建一个与“MOLD_FRONT”平行的基准面；

②单击“分型面”选项中的“旋转”工具,以创建的基准面为草绘面,参照螺钉孔边线绘制镶针的旋转截面(镶针凸缘单边宽度为 1,高度为 4),如图 7-60 所示；

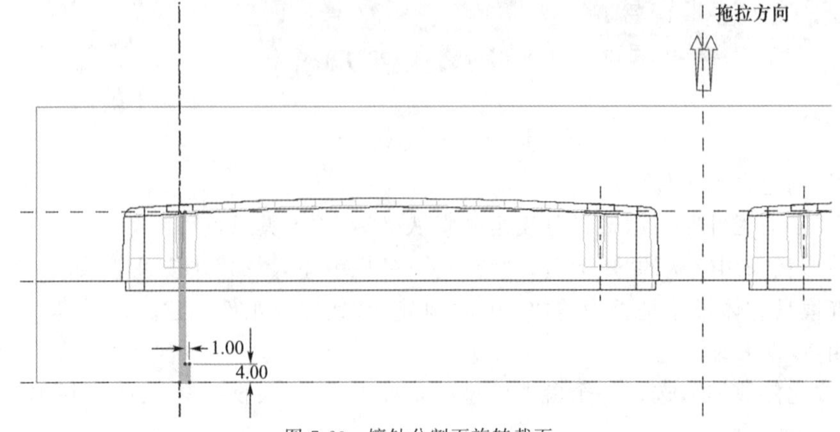

图 7-60 镶针分割面旋转截面

③完成旋转分割面创建后，单击“控制”命令组的“√”退出“分型面”功能选项；

④在“模型树”中选中创建的分割面并右击，在弹出的浮动工具栏中选择“镜像”工具标识，先利用参考模型的基准面镜像至另一侧，再同时选中这个分割面通过另一个基准面镜像至另一端。同理，再分别利用两个方向的模具基准面镜像至另外一个模型的螺钉孔上。（也可先测量螺钉孔的距离，通过“方向”阵列创建其他分割面）

⑤完成的 16 个镶针分割面如图 7-61 所示。

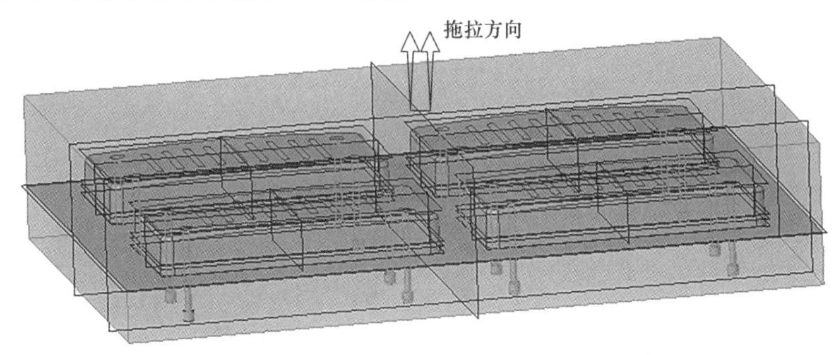

图 7-61　通过多次镜像创建的 16 个镶针分割面

步骤七：创建凸模镶块分割面

①单击“分型面”选项中的“拉伸”工具，以工件的底面为草绘面，将四个各模型的止口轮廓环投影至草绘平面，如图 7-62 所示，选择拉伸至工件的顶面，并在“选项”栏中选择“封闭端”，完成后单击“√”按钮退出拉伸；

②再单击“拉伸”工具，同样以工件的底面为草绘面，绘制四个凸模镶块的凸缘矩形截面（宽度方向参考止口边，长度方向两端各伸出“4”），如图 7-63 所示，往工件顶面方向拉伸“5”，并选择“封闭端”，完成后单击“√”按钮退出拉伸；

③将两次拉伸的分割面进行合并，注意观察并调整合并方向，合并效果如图 7-64 所示。

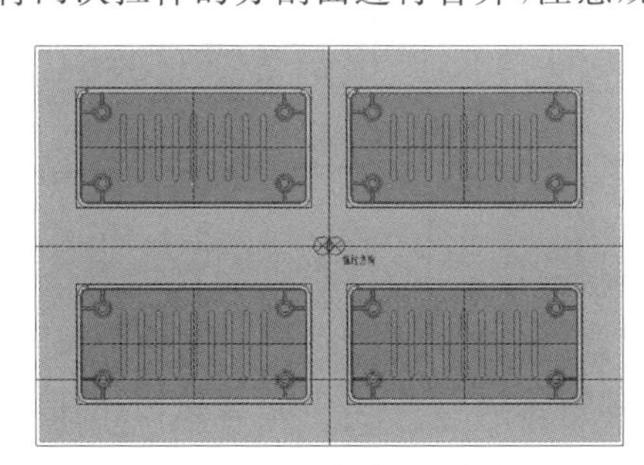

图 7-62　止口轮廓投影草绘

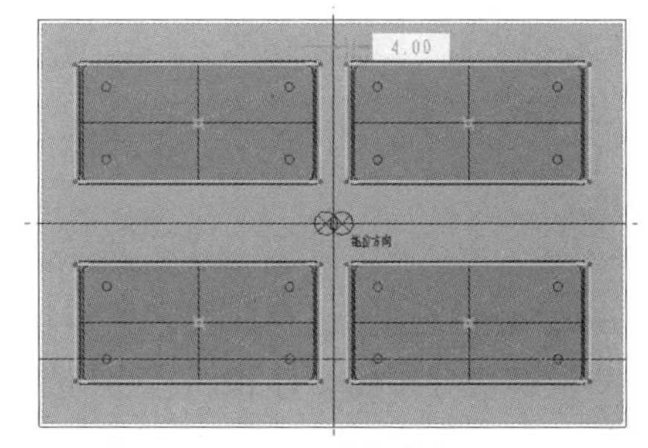

图 7-63　凸缘拉伸草绘

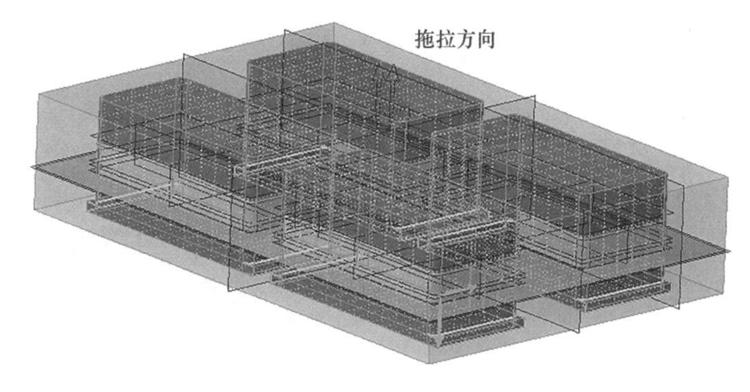

图 7-64　两个拉伸分割面的合并

步骤八：分割模具体积块

①单击“参考零件切除”工具，“工件主体”被自动选取，勾选“参考零件主体”下方的“包括全部”，则自动选取了四个参考模型，单击“√”按钮完成切除；

②单击“体积块分割”工具，“模具体积块”选取工件，单击分割曲面收集器“单击此处添加项”，选取主分型面为分割面。打开“岛”选项栏，取消“岛_2”的勾选，并将第一个体积块命名为“凹模”，第二个体积块命名为“凸模板”，如图 7-65 所示，完成后单“√”；

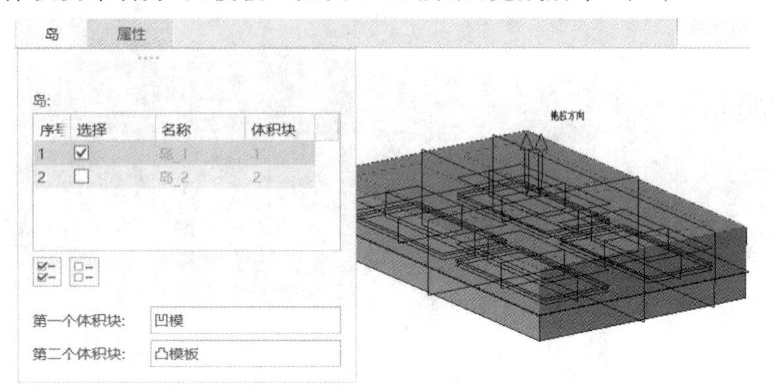

图 7-65　主分型面分割的岛设置

③单击“体积块分割”工具，“模具体积块”选取“凸模板”，在图形窗口或“模型树”的“面组”栏中按住 Ctrl 键选取 16 个镶针分割面，“体积块输出”选择“一个体积块”。打开“岛”选项栏，取消最上面的“岛_3”的勾选，并将体积块命名为“镶针””，如图 7-66 所示，完成后单“√”；

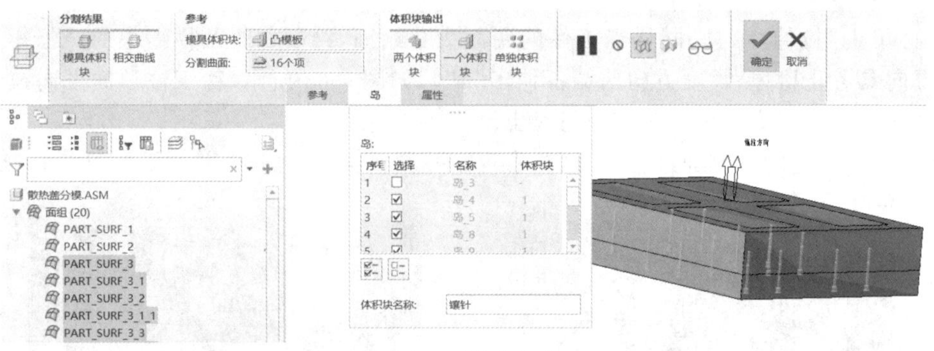

图 7-66　镶针的分割

④单击“体积块分割”工具，“模具体积块”选取“凸模板”，在图形窗口或“模型树”的“面组”栏中选取凸模镶块分割面，“体积块输出”选择“单独体积块”。打开“岛”选项栏，取消最上面的“岛_6”的勾选，如图 7-67 所示，完成后单“√”。

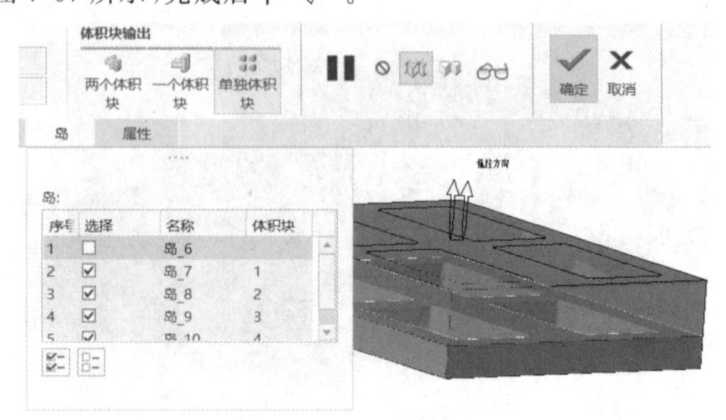

图 7-67　凸模镶块的分割

重要提示 分割 16 个镶针时，选择“一个体积块”是将 16 个镶针分割成为一个整体，如果要分割为 16 个单独的体积块，则可以在“体积块输出”中选择“单独体积块”。分割凸模镶块时是选择“单独体积块”，则输出了四个单独的体积块。

步骤九：模具元件抽取

①单击“模具元件”工具，弹出“创建模具元件”对话框，在下方列表中单击“全选”标记按钮选取全部体积块；

②单击“高级”下拉标识，将单独分割的“岛_7”至“岛_10”分别命名为“凸模镶块 1”至“凸模镶块 4”，如图 7-68 所示，完成后单击“确定”按钮。

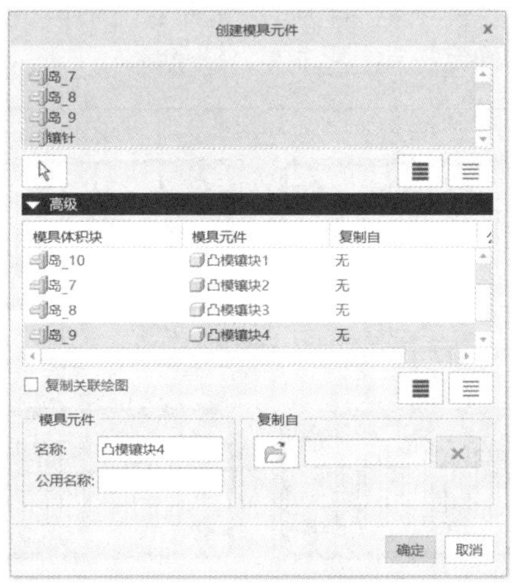

图 7-68 模具元件抽取

步骤十：创建一次分流道

①单击“生产特征”命令组中的“流道”工具，选择“倒圆角”截面形状，输入流道直径值“6”并回车；

②选择“MAIN_PARTING_PLN”面为草绘平面，绘制如图 7-69 所示的一次分流道路径（绘制在中间参考线上，并且左右对称，其中“9”为一次分流道的冷料长度，一般为截面直径的 1.5 倍），单击“√”按钮退出草绘模式；

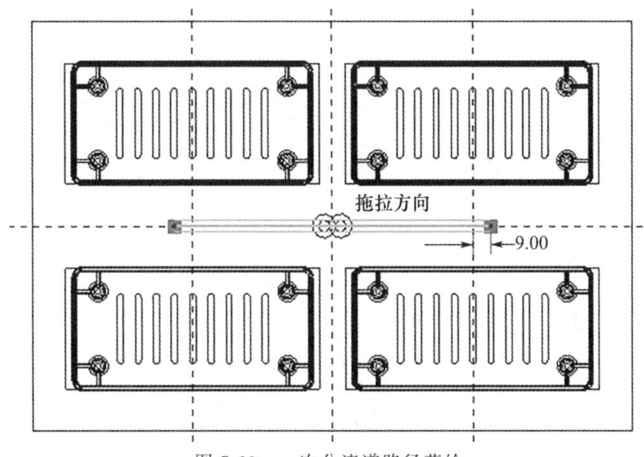

图 7-69 一次分流道路径草绘

③在弹出的“相交元件”对话框中，单击“自动添加”后，将除“凹模”和“凸模板”之外的元件移除，再单击“全选”标识，并将“显示级”设置为“零件级”，单击“确定”按钮；

④单击“流道”对话框的“确定”。

步骤十一：创建二次分流道

①单击“生产特征”命令组中的“流道”工具，选择“倒圆角”截面形状，输入流道直径值“4”并回车；

②同样选择“MAIN_PARTING_PLN”面为草绘平面，绘制如图 7-70 所示的两条二次分流道路径(线条上下对称，其中“2.8”为二次分流道端至型腔边的距离，一般为截面半径加浇口长度，绘制一条后镜像至另一边)，单击“√”按钮退出草绘模式；

③在弹出的“相交元件”对话框中，单击“自动添加”后，将除“凹模”和“凸模板”之外的元件移除，再单击“全选”标识，并将“显示级”设置为“零件级”，单击“确定”按钮；

④单击“流道”对话框的“确定”。

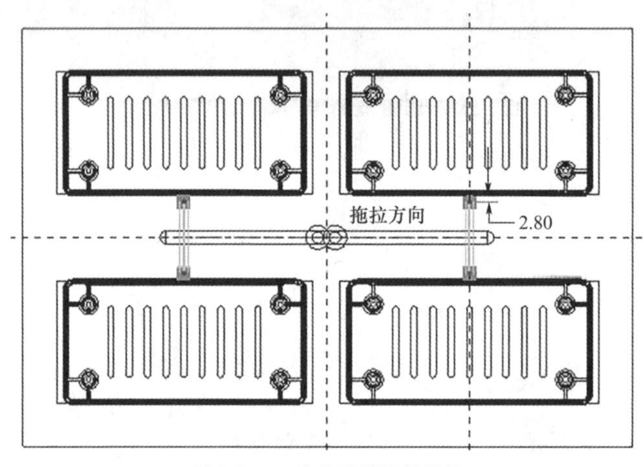

图 7-70 二次分流道路径草绘

步骤十二：创建浇口

从模型侧面进料，所以侧浇口创建在凹模上。

①单独打开凹模零件，单击“拉伸”工具，以凹模的分型面为草绘平面，绘制如图 7-71 所示的两个对称的中心矩形截面(因为凹模零件是体积块抽取生成的，没有基准面，所以需要参考流道边线中心点及流道圆弧中心以构造中心线，矩形宽度为浇口宽度“1.5”，长度则为切过凹模型腔边即可)

②设置拉伸深度为“0.5”，往实体方向拉伸并选择“移除材料”，完成后单击“√”按钮。

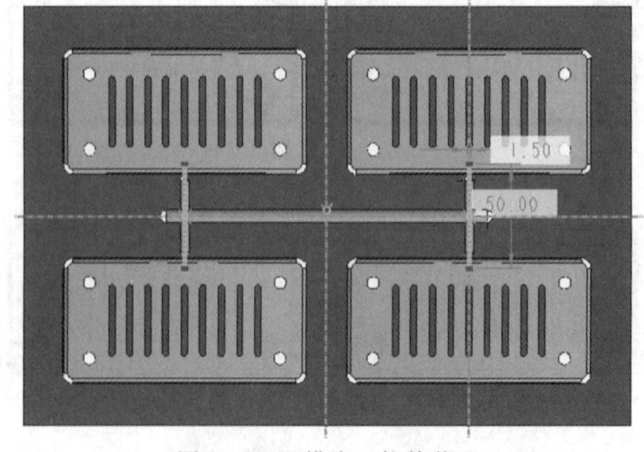

图 7-71 凹模浇口拉伸截面

步骤十三：创建主流道衬套口

①单独打开凹模零件，单击“拉伸”工具，以凹模的分型面为草绘平面，绘制如图 7-72 所示

圆形截面(同样找到凹模的中心点)

②设置拉伸深度为“穿透”,往实体方向拉伸并选择“移除材料”,完成后单击“√”按钮。

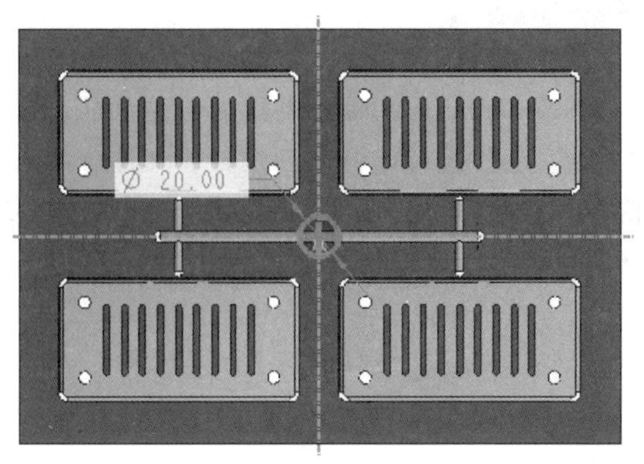

图 7-72　主流道衬套口拉伸截面

步骤十四:铸模仿真

关闭凹模零件,回到分模组件,单击“创建制模”,输入制模零件名称“散热盖铸模”后单击“√”按钮或回车。打开铸模零件检查,如图 7-73 所示,可设置另外的颜色。

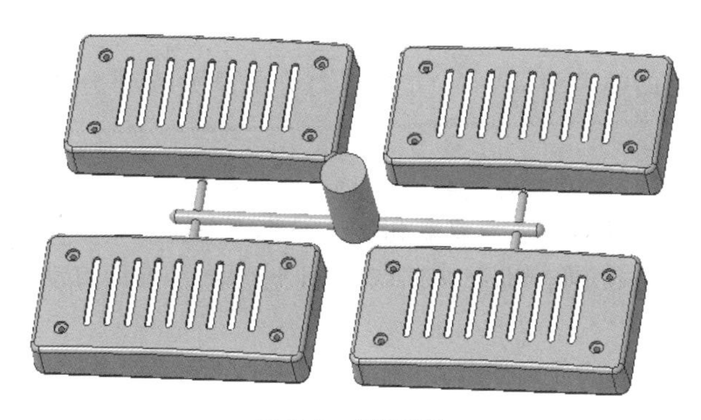

图 7-73　铸模零件

步骤十五:开模仿真

单击“分析”命令组中的“模具开模”工具,通过“定义步骤”的“定义移动”,将“凹模”往上方(拖拉方向)移动“50”,将“凸模板”往下方移动“20”,将四个凸模镶块往下方移动“70”,将镶针往下移动“100”,如图 7-74 所示。

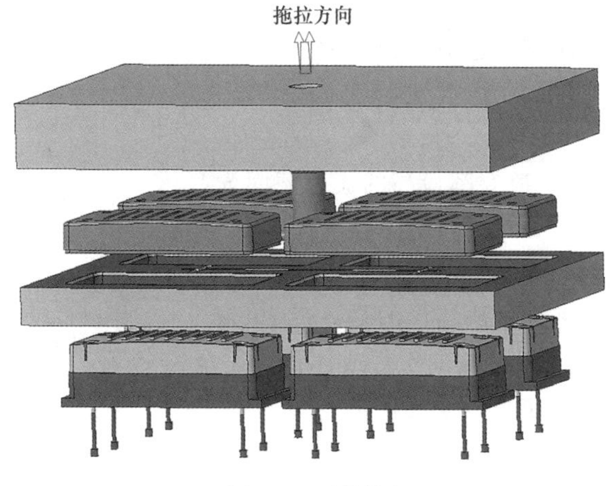

图 7-74　开模仿真

7.10 本章小结

本章主要介绍了 Creo Parametric 9.0 型腔模具的分型面法分模设计的一般流程和操作要点。分模设计一般流程为:工艺分析与计算→创建分模文件→调入参考模型,并进行型腔布局→创建建工件→设置收缩→设计各个分型面(分割面)→分割体积块→抽取模具元件→创建流道和浇口等浇注通道→创建铸模→开模仿真。重点在于掌握分型面的设计方法与分割体积块的顺序。

在实际的设计过程中,需要掌握注塑模具的成型工艺、模具结构及模具零件的加工工艺,才能完成合理的分模设计。

7.11 课后练习

一、填空题

1. 在创建参考模型的类型中,(　　)是指以打开的原始模型为基础主体复制一个不含特征的副本作为参考模型。

2. 用于拆分模具元件的几何实体毛坯称为(　　)。

3. 两种设置收缩的方式为(　　)收缩和(　　)收缩。

4. 通过参考模型的曲线(如侧面轮廓曲线)往工件边界延伸而自动创建主分型面的方法称为(　　)。

5. Creo 体积块分割时,被分割面分开后的所有独立部分称为(　　)。

二、选择题

1. 在设置"参照模型的起点与定向"时,下列说法正确的是:(　　)

A. 调入的参照模型都必须重新设置"参照模型的起点与定向"

B. 模具的起点是指模型坐标原点的位置

C. 参照模型坐标的 X 轴应该指向开模方向

D. 开模方向可以通过坐标"平移"进行动态调整

2. 在分割模具体积块时需要选取的分割曲面为:(　　)

A. 几何　　　　B. 特征

C. 面组　　　　D. 主体

3. 熔体流动阻力最小,流道效率最高的流道截面为:(　　)

A. 倒圆角　　　　B. 半倒圆角

C. 梯形　　　　D. 圆角梯形

4. 关于 Creo 分型面,下列说法错误的是:(　　)

A. 开放的分型面必须与要分割的工件或体积块完全相交

B. 分型面可以是开放的也可以是封闭的

C. 分型面不能自相交

D. 镶件的分割面必须是封闭的

5. 关于模具体积块的分割，下列说法正确的是：(   )

A. 必须先用主分型面分割出凸模和凹模

B. 必须先分割出所有镶件

C. 与主分型面相交的镶件分割面必须先于主分型面分割之前进行分割

D. 分割顺序不影响模具体积块的形状

三、冲压模三维设计操作练习

1. 完成如图 7-75 所示端盖零件的三维造型及一模一腔的主流道浇口模具的分模设计。

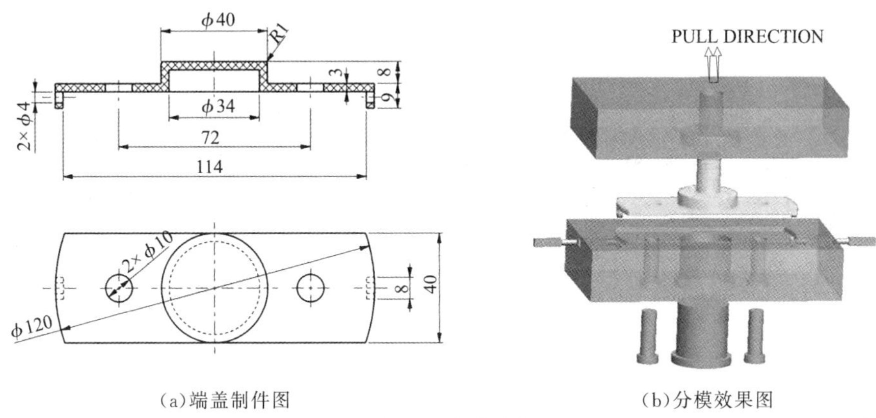

(a)端盖制件图　　(b)分模效果图

图 7-75　端盖分模

2. 完成如图 7-76 所示内扣盒零件的三维造型及一模两腔的点浇口三板模的分模设计。

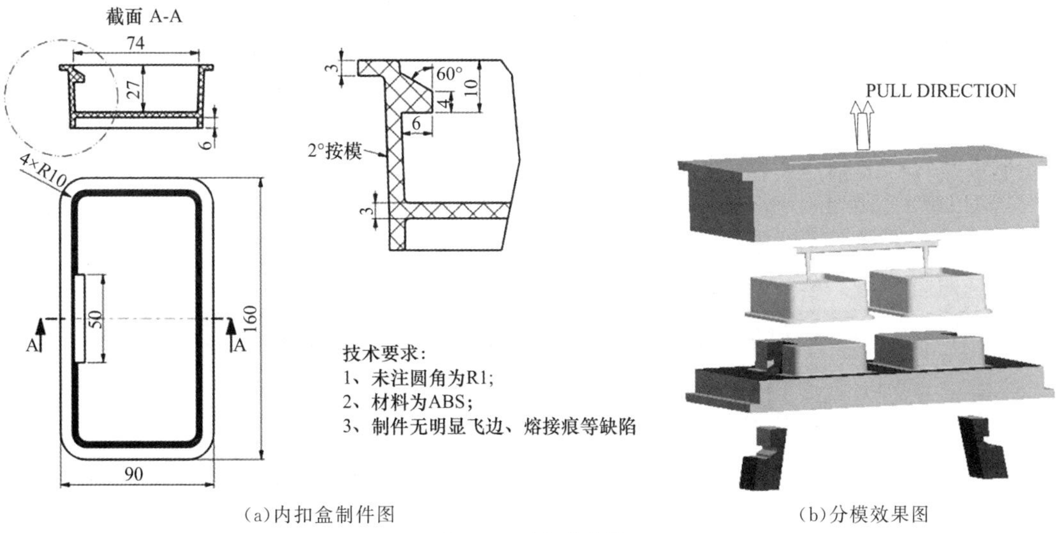

(a)内扣盒制件图　　(b)分模效果图

图 7-76　内扣盒分模

第 8 章　EMX 15.0 注塑模整体设计

微课8

模具专家系统扩展 Expert Moldbase Extension，简称为 EMX，它是 Creo (PRO/E)软件的模具设计外挂，是 PTC 公司合作伙伴 BUW 公司的产品。EMX 可以使设计师直接调用公司的模架，节省模具设计开发周期，节约成本，减少工作量。EMX 允许用户在熟悉的 2D 环境中创建模架布局，并自动生成 3D 模型以利用 3D 设计的优势。2D 流程驱动的 GUI 将引导用户实现最佳设计，并在模架开发过程中自动更新。用户可以从标准组件目录(DME、HASCO、FUTABA、PROGRESSIVE、STARK 等)或定制组件中进行选择。生成的 3D 模型随后用于开模期间的干涉检查，以及自动生成可交付成果，例如生产细节图和 BOM。

PTCEMX 经历了不断升级的各种版本，目前 EMX 15.0 是一款适用于 Creo 9.0 的最新版本。在完成 EMX 15.0 的安装后，在 Creo 9.0 的功能选项卡中将出现“EMX”选项，其功能区各工具如图 8-1 所示。

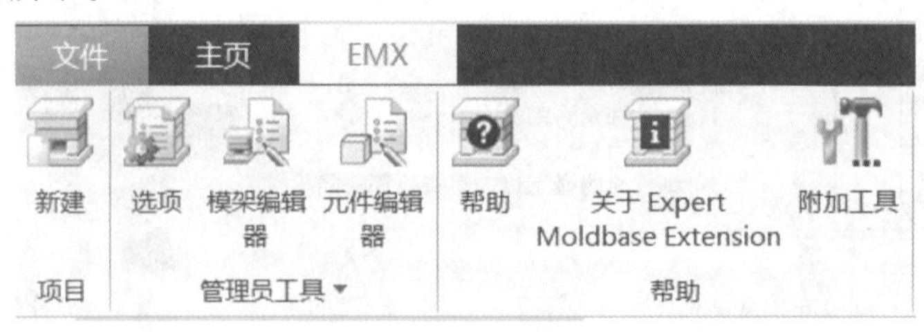

图 8-1　“EMX”功能选项

通常在完成注塑模具分模设计之后再进行 EMX 注塑模整体设计，EMX 注塑模整体设计的基本操作步骤如下：

(1)EMX 项目新建，即建立 EMX 的组件文件并进入 EMX 的应用模式；

(2)装配分模组件(成型镶件)并对元件进行分类；

(3)选择并调入标准模架，设置各模板厚度；

(4)定位环、主流道衬套等浇注系统元件的调入；

(5)顶杆等顶出系统元件的调入；

(6)侧抽芯或斜顶机构的调入；

(7)冷却系统的创建与调入;

(8)模具元件的完善。

8.1 EMX项目新建与管理

EMX模架装配称为项目,在创建模架设计时,必须为模架元件定义常规参数和数据。

8.1.1 EMX项目新建

在新建EMX项目之前,同样需要设置好工作目录,使创建的EMX项目文件与分模文件在同一工作目录下。

单击"EMX"或"EMX制造模式"选项功能区中的"项目-新建",弹出"项目"对话框。在"项目名称"栏中输入模具整体装配设计项目的名称,"前缀"和"后缀"可以选用默认或输入通配符,用作装配中所有零件的前缀和后缀名。在"选项"下,可将测量单位设置为"毫米"或"英寸"。在"模板"(Templates)下,单击"浏览"到模板目录。选择以前设计的EMX装配或接受EMX默认模板。如果不使用EMX默认模板,则以前设计的EMX装配的文件将复制到当前工作目录,然后使用新的项目名称、前缀和后缀重命名。如果使用EMX默认模板,则勾选"复制绘图"可创建绘图,而选中"复制报告"可创建报告。在"项目参数"区域中,勾选"添加本地项目参数",可以为新项目创建一组特定于项目的参数,模架装配的所有元件将继承这些参数及其值。要添加或编辑参数值,可以双击参数的"默认值"列,然后键入值。

一般情况下,只需要输入项目名称,其他采用默认设置,取消"添加本地项目参数"复选框的勾选,然后单击"确定"按钮,如图8-2所示。

图8-2 EMX项目新建

8.1.2 EMX 项目管理

创建 EMX 项目后，即创建了一个名称为项目名称的组件文件，并进入装配界面模式，如图 8-3 所示。EMX 组件文件在装配中自动添加“MACHINE. PRT”(机床)和“SKELETON. PRT”(框架)两个元件。机床可以定义注射机的型号与尺寸，框架则提供了模架的基准坐标和三个基准平面，三个基准平面分别为“MOLDBASE_X_Z”、“MOLDBASE_Y_Z”和“MOLDBASE_X_Y”，其中“MOLDBASE_X_Y”为模架的分型面，如图 8-3 所示。

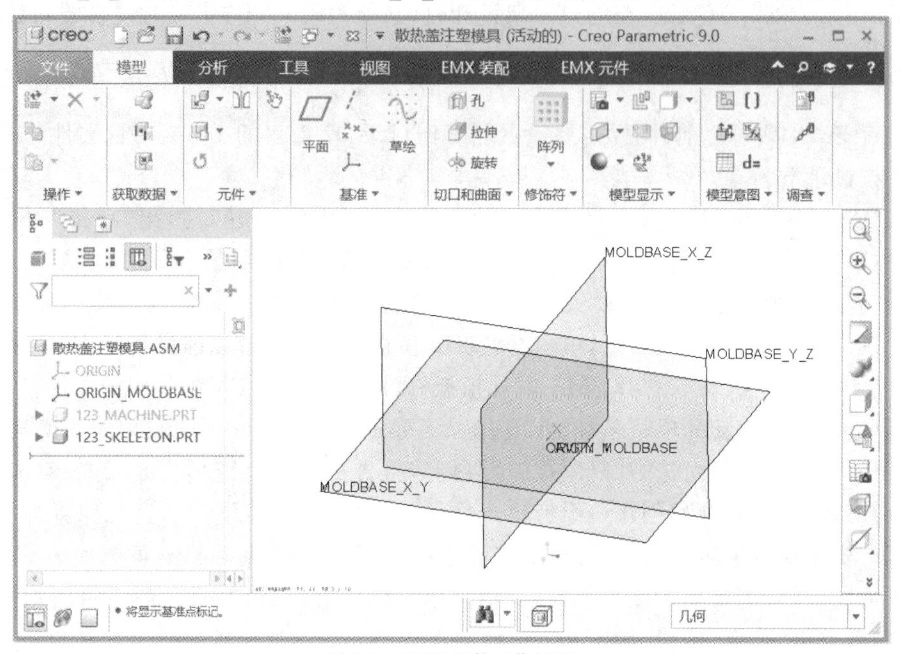

图 8-3　EMX 组件工作界面

在 EMX 组件工作界面下，除了可以使用普通组件模式下的相关命令和工具，还添加了“EMX 装配”和“EMX 元件”等两个选项卡。“EMX 装配”功能选项卡主要进行模架的调入与编辑，如图 8-4 所示；“EMX 元件”功能选项卡主要进行各类模具元件的调入与编辑，如图 8-5 所示。

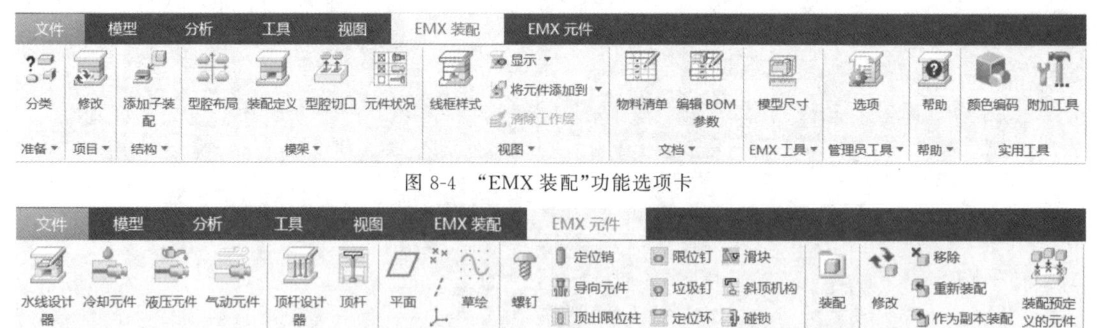

图 8-4　“EMX 装配”功能选项卡

图 8-5　“EMX 元件”功能选项卡

8.2 分模组件的装配

将分模组件(模具镶件)调入 EMX 装配,可以直接利用“模型”选项功能区的“组装”命令,也可以利用“EMX 装配”选项功能区的“型腔布局”命令载入。

8.2.1 分模组件的组装

单击“模型”选项功能区的“组装”,将完成的分模组件调入 EMX 组件进行装配,可采用“用户定义”的“默认”约束,即分模组件的坐标原点与 EMX 组件的原点对齐。装配后,分模组件的“MAIN_PARTING_PLN”与 EMX 组件的“MOLDBASE_X_Y”重合;分模组件的“MOLD_FRONT”与 EMX 组件的“MOLDBASE_Y_Z”重合;分模组件的“MOLD_RIGHT”与 EMX 组件的“MOLDBASE_X_Z”重合,如图 8-6 所示。

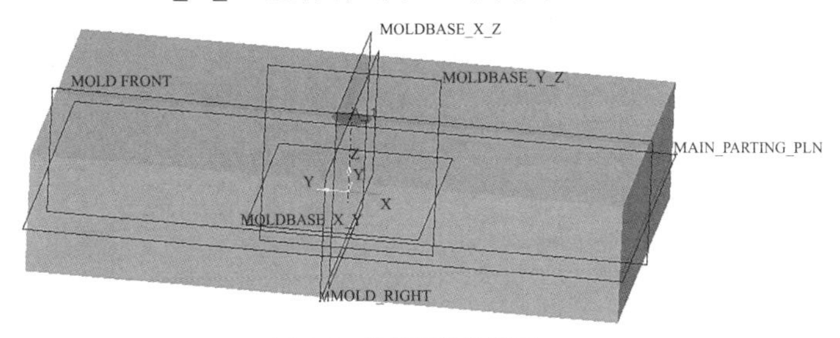

图 8-6 分模组件的安装

8.2.2 型腔布局

“EMX 装配”选项功能区的“型腔布局”→弹出“型腔”对话框→单击“载入镶件装配”,在文件夹中选择要载入的分模组件并单击“打开”→单击“确定”按钮则完成了分模组件的载入。

通过“型腔布局”载入分模组件,还可以进行多个成型镶件的阵列布局,如图 8-7 所示。一般来说,大多数的注塑多型腔模具是设计成整体镶件,在分模设计时进行多型腔布局。有时候,根据成型产品要求和制造厂家的实际生产情况,也可以在分模时设计为单型腔镶件,在模架中通过“型腔布局”而形成多型腔模具结构。

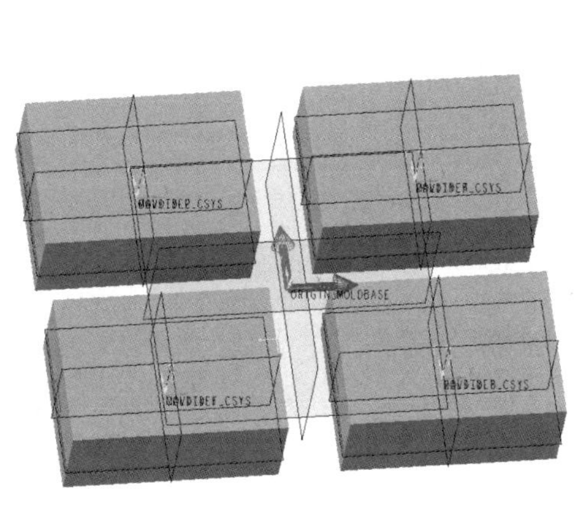

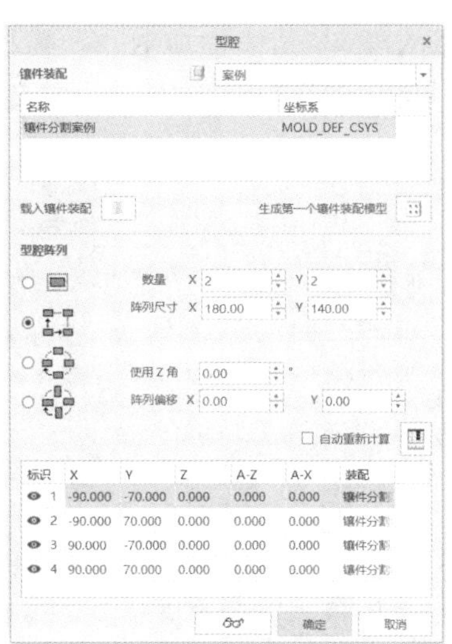

图 8-7 型腔阵列布局

8.2.3 元件的分类

元件的分类是将调入的元件按其在模具成型过程中的作用进行分类。基本操作步骤：①单击“EMX 装配”功能选项下的“分类”工具→②在弹出的分类对话框中检查各元件的“模型类型”，并通过后面选项标识调整所属的“模型类型”→③完成后单击“确定”按钮，如图 8-8 所示。

图 8-8 元件分类

8.3 模架定义

在“EMX 装配”功能选项下，有“模架”命令组，包括：“型腔布局”、“装配定义”、“型腔切口”、“元件状况”以及溢出选项中的“定义主轴偏移”和“机床”等定义工具，如图 8-9 所示。

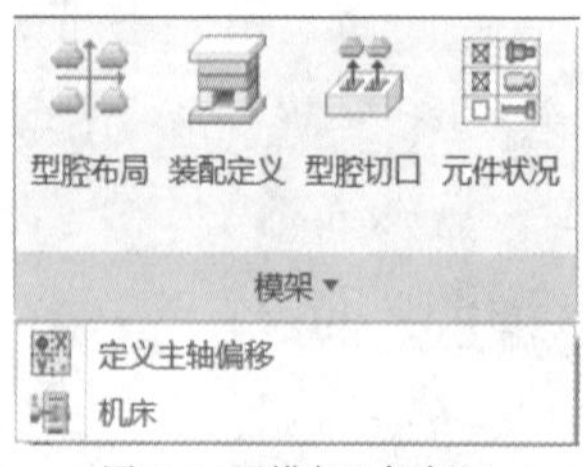

图 8-9 “模架”命令组

8.3.1 模架装配定义

模架的“装配定义”是定义标准模架的类型和尺寸并载入模架。

基本操作步骤：①单击“装配定义”，弹出“模架定义”对话框→②首先选择标准模架厂商和类型→③在“尺寸栏”通过下拉选项选择模架的基本尺寸（宽×长），如图 8-10 所示→④单击

“从文件载入装配定义”，弹出“载入 EMX 装配”对话框→⑤选择模架类型，单击“从文件载入装配定义”，并单击“确定”按钮，如图 8-11 所示。完成操作后，图形窗口将自动调入模架元件并将自动更新。

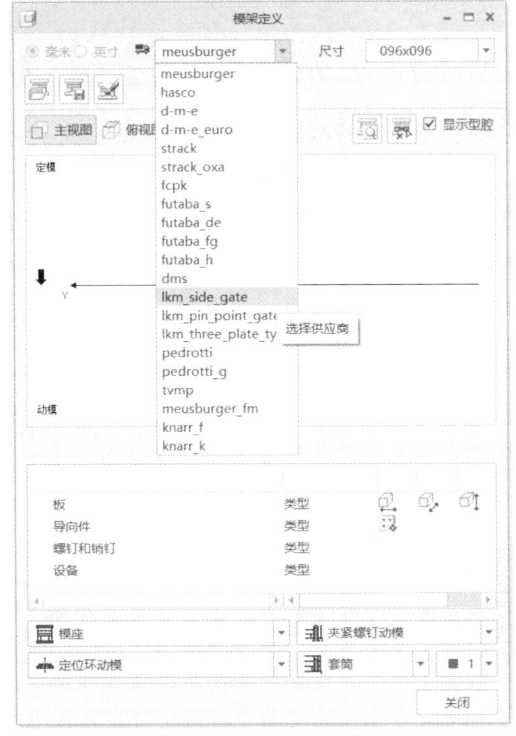

图 8-10 模架初始定义

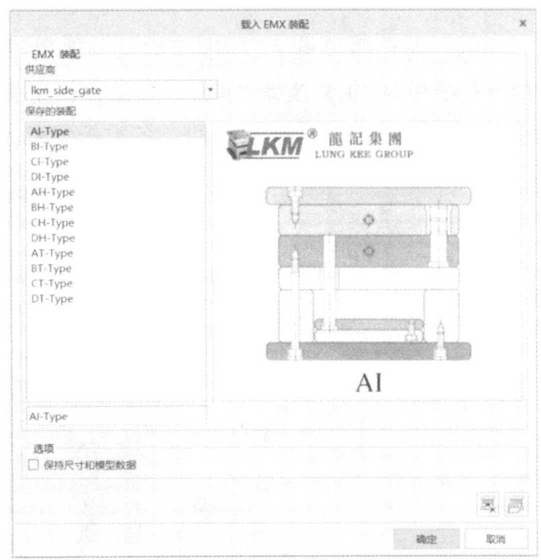

图 8-11 载入 EXM 装配

1. 标准模架厂商

世界四大模架制造商包括：“hasco”（德国哈斯科）、“futaba ”（日本富得巴）、“lkm”（中国龙记）、d-m-e（美国 DME）。此外还有“meusburger”（欧洲梅斯伯格）和“strack”（德国斯脱克）等模具标准件厂商。国内大多数采用 lkm 和 futaba 标准模架。

2. 模架主要类型

龙记模架包括三种类型：“lkm_side_gate”（侧浇口二板模）、“lkm_pin_point_gate”（点浇口三板模）和“lkm_three_plate_type”（简易三板模）。其中：“lkm_side_gate”主要包括“AI_Type”（有垫板无推板的工字模架）、“BI_Type”（有垫板有推板的工字模架）、“CI_Type”（无垫板无推板的工字模架）和“DI_Type”（无垫板有推板的工字模架），此外还有“AH_Type”、“BH_Type”、“CH_Type”和“DH_Type”等无面板模架以及“AT_Type”、“BT_Type”、“CT_Type”和“DT_Type”等直身模架。“lkm_pin_point_gate”主要包括 DAI 型（有垫板无推板）、DBI 型（有垫板有推板）和 DCI 型（无垫板无推板）。

富得巴模架包括“futaba_s”（大水口两板模）、“futaba_de”（小水口三板模）和“futaba_fg”（简易三板模）。其中“futaba_s”也包括“SA_Type”（有垫板无推板）、“SB_Type”（有垫板有推板）、“SC_Type”（无垫板无推板）和“SD_Type”（无垫板有推板）。

3. 模架基本尺寸

模架的尺寸取决于模仁镶件（分模工件）的大小。如果模仁镶件宽度 $B \leqslant 150$ mm，则可确定该模具为小型模具，模架的长宽（A、B 板的长宽）分别在模仁镶件长和宽的基础上加

100 mm。如果 150<模仁镶件宽度 $B \leqslant 250$ mm，则该模具为中型模具，模架的长宽分别在模仁镶件长和宽的基础上加 120 mm。如果模仁镶件宽度 $B \geqslant 250$ mm，则该模具为大型模具，模架的长宽分别在模仁镶件长和宽的基础上加 140 mm。然后选取尺寸相近的标准模架。如果有侧抽，则在侧抽的方向再加 80～120 mm。

8.3.2 模架元件定义

载入标准模架后，需要根据模仁镶件和制件的大小高度对各模板及导向件的高度进行修改定义。

例如，龙记两板模 AI 标准模架的元件主要包括：模座面板（JT 板）、定模板（A 板）、动模板（B 板）、垫板（U 板）、支承块（C 板）、顶杆固定板（E 板）、顶杆基板（F 板）、模座底面（JL 板）等模板，还包括导套导柱等导向件及各类螺钉和销钉，如图 8-12 所示。

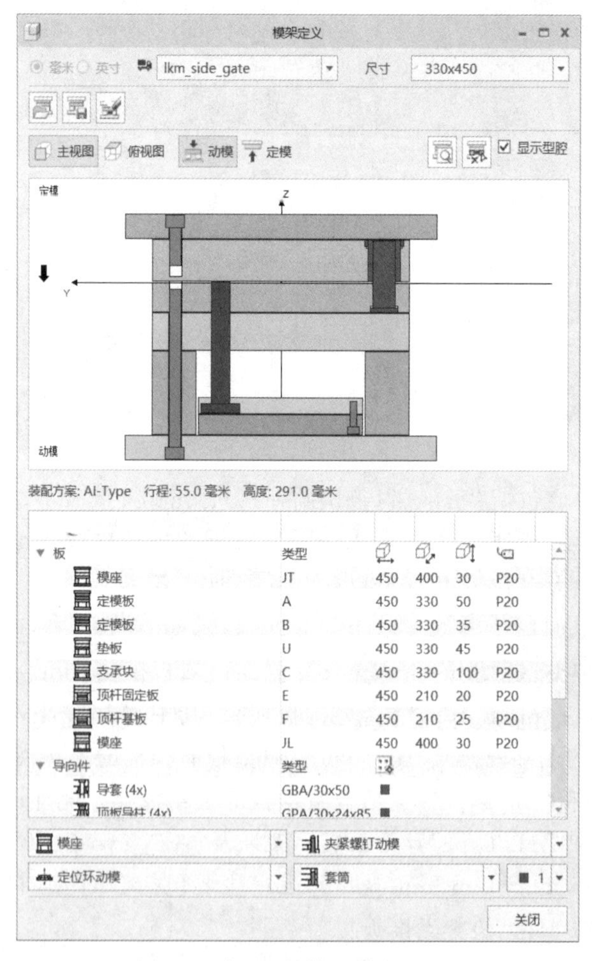

图 8-12 龙记两板模 AI 模架的元件

在“模架定义”主视图的图形区或下方的列表中，双击模架元件，则弹出该元件的尺寸参数定义对话框，可以通过该对话框对元件的尺寸进行定义修改。例如，双击“模架定义”主视图图形区或下方列表中的 A 板（该元件变为红亮），同时弹出“板”定义对话框，可以设置它的厚度值及板间隙等，如图 8-13 所示。由于各模板的长度和宽度是由模架尺寸定义，所以一般不能单独设置。

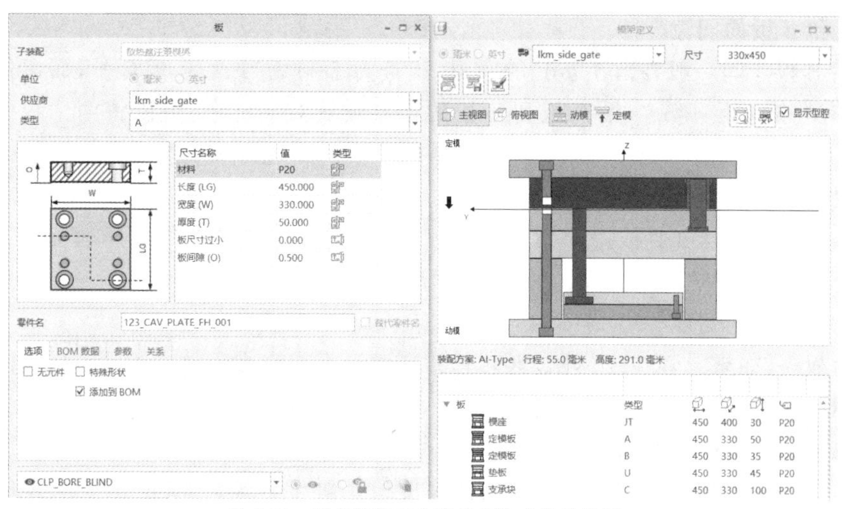

图 8-13 双击模架元件弹出参数定义对话框

1. A 板(定模板)和 B 板(动模板)的厚度

A 板和 B 板的厚度取决于模仁镶件的厚度及安装方式。模仁镶件的安装方式通常包括螺钉固定式和凸缘固定式。

模仁镶件的螺钉固定式如图 8-14 所示。定模镶件和动模镶件分别镶嵌在 A 板和 B 板中并采用螺钉固定。一般来说,A 板厚度要稍小,以减小主流道长度,而 B 板的厚度应稍取大些,以增强模具的强度和刚度。对于中小型模具,A 板的厚度值 $A=a+25\sim35$ mm(其中 a 为定模镶件安装切口深度);B 板的厚度值 $B=b+35\sim50$ mm(其中 b 为动模镶件安装切口深度)。对于大型模具,$A=a+30\sim40$ mm,$B=b+50\sim60$ mm。当无面板时,A 板厚度要适当取大一些。

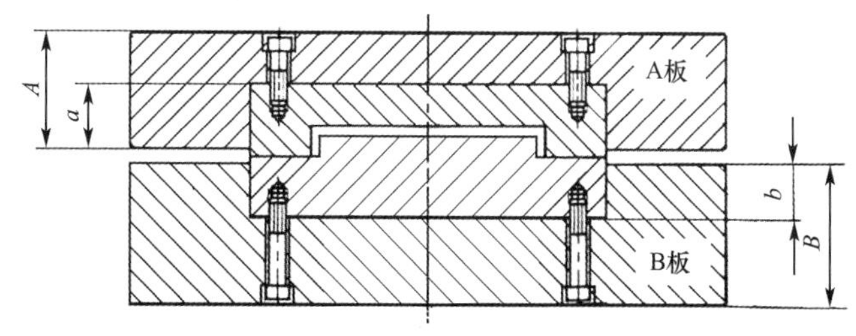

图 8-14 模仁镶件的螺钉固定式

模仁镶件的凸缘固定式如图 8-15 所示。A 板的厚度为定模镶件高度,但一般不小于 30 mm;B 板的厚度为动模镶件高度,一般不小于 40 mm。凸缘固定式的优点是模结构更为紧凑;缺点是冷却水道要穿过镶件与 A 板、B 板的安装面,为了防止漏水需要安装密封圈,加工与装配难度稍大。

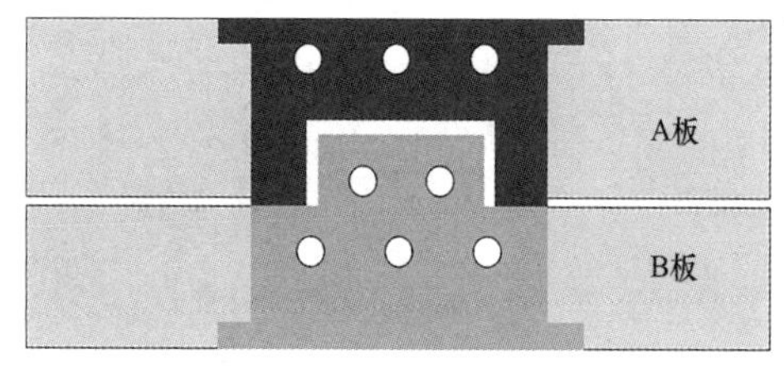

图 8-15 模仁镶件的凸缘固定式

2. A 板和 B 板的间隙

A 板和 B 板之间一般要留 1 mm 的间隙，这是为了避免当 A、B 板合紧，而模仁没合紧的情况，同时有利于型腔排气。在 A 板和 B 板的参数设置对话框中，可以将两个板的间隙分别都设置为 0.5 mm。

3. 垫块 C 板的高度

C 板(垫块)的高度需要根据产品顶出高度、顶杆固定板(E 板)和顶杆基板(F 板)的厚度来确定。垫块的高度 $H_C = H_{\text{顶出高度}} + H_E + H_F + 5 \sim 10$ mm。

4. 导套和导柱的高度

对于两板模，如果导套在定模侧，则导套的高度等于或略小于 A 板厚度，导柱的高度等于或略小于 A 板厚度加上 B 板厚度。

5. 其他模板及紧固件的尺寸

其他模板一般可直接采用标准模架默认厚度值。对于各螺钉紧固件，在调整的模板厚度后进行相应的调整。回程杆和顶杆等元件会随着模板厚度变化自动调整，以保证头部在指定的分型面位置。

6. 导向件及紧固件的阵列数据设置

定模或动模侧的导向件及紧固件可以在俯视图中查看并修改调整。双击“模架定义”俯视图图形区或下方列表中的元件，则弹出元件的阵列数据设置定义框，可以重新设置其数量及阵列尺寸，并勾选“自动重新计算”，完成后单击“确定”按钮，如图 8-16 所示。

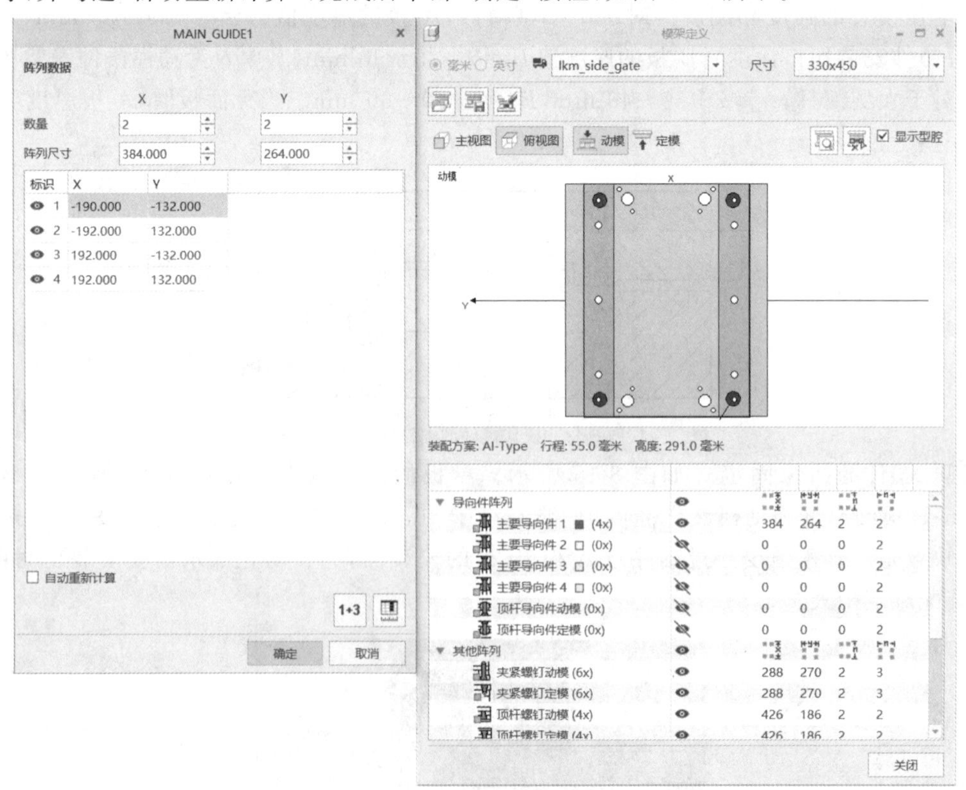

图 8-16　元件阵列数据设置

 8.4 模具元件的安装

除了标准模架的基本元件，还需要添加并设置其他模具元件，如浇注系统元件、止动系统元件、顶出系统元件、冷却系统元件等。如果模具需要侧抽芯，则还有侧抽或斜顶机构。

8.4.1 浇注系统元件

浇注系统元件一般包括定位环、主流道衬套及拉料杆。

1. 定位环及主流道衬套调入

在“模架定义”对话框下方左侧第二栏的元件添加栏中选择并单击“定位环定模”或“主流道衬套”，如图 8-17 所示，在弹出相应的元件设置对话框中可选择元件供应商及相关尺寸，完成后单击“关闭”按钮。

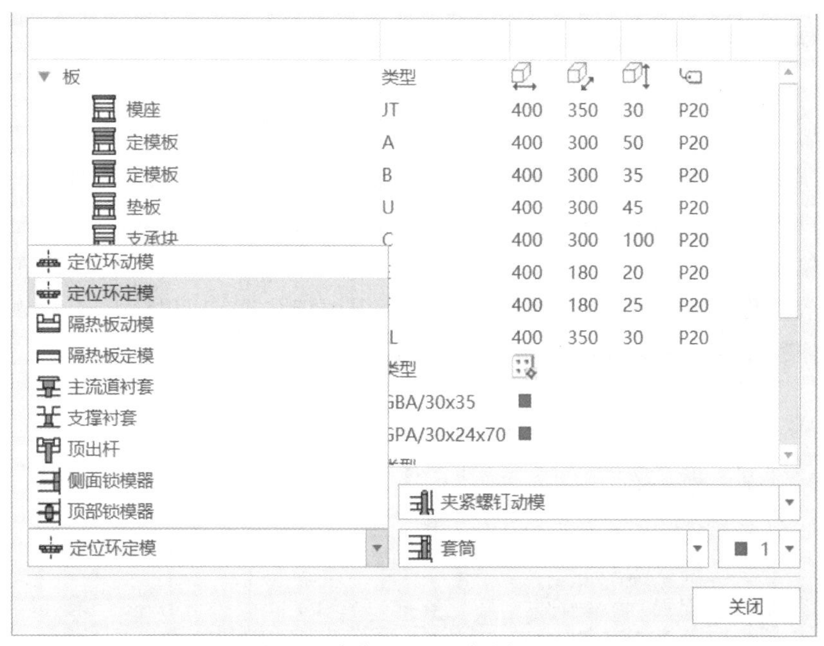

图 8-17 定位环和注流道衬套添加栏

主流道衬套的上端与定位环紧靠，下端与分型面齐平，故其长度值＝定模座板厚度(H_{JT})＋A 板厚度(H_A)－浇品套头部厚度－定位环偏移(镶入定模座板深度)。

2. 拉料杆

拉料杆一般应用于侧浇口浇注系统的主流道底部，其作用是开模时将主流道的凝料拉出主流道，确保流道凝料和制件留在动模侧。拉料杆头部形状有 Z 形、球头形、倒锥形、菌形及圆锥头形等。主流道冷料穴(料头)一般设置在拉料杆顶部，拉料杆的直径及冷料穴的长度一般取 5～8 mm。

在“模架定义”对话框下方右侧第一栏的元件添加栏中选择并单击“料头拉料杆”，如图 8-18 所示，在弹出相应的元件设置对话框中可选择元件供应商及相关尺寸，完成后单击“关闭”按钮。调入拉料杆之后，需要打开或激活拉料杆在该零件顶部创建勾形切口。

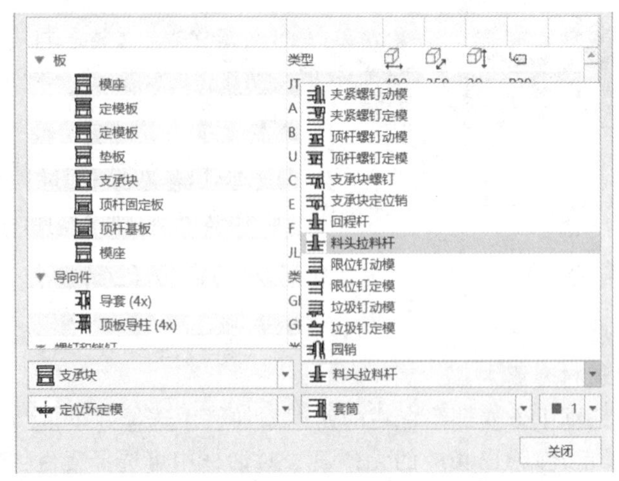

图 8-18 拉料杆添加栏

8.4.2 止动系统元件

止动系统元件主要是限位钉，它的作用是使推杆板及动模底板之间有一定的空隙，防止因模板变形或者杆板与动模底板之间落入垃圾而使推杆板不能准确复位，限位钉俗称垃圾钉。在如图 8-18 所示的添加栏中选择并单击“限位钉动模”或“垃圾钉动模”，在弹出相应的元件设置对话框中可选择元件供应商及相关尺寸，完成后单击“关闭”按钮。

然后在俯视图下方元件列表中找到调入的“止动系统动模”元件并双击，在阵列数据表中重新设置其数量及阵列尺寸。一般情况下，可以将限位钉设置在回程杆下方，所以它的阵列数据可以参照回程杆默认的阵列数据，如图 8-19 所示。

装配方案: AI-Type 行程: 55.0 毫米 高度: 291.0 毫米

顶杆导向件动模 (0x)		0	0	0	2
顶杆导向件定模 (0x)		0	0	0	2
其他阵列					
夹紧螺钉动模 (6x)		238	240	2	3
夹紧螺钉定模 (6x)		238	240	2	3
顶杆螺钉动模 (4x)		376	156	2	2
顶杆螺钉定模 (4x)		376	156	2	2
支承块螺钉 (4x)		334	240	2	2
支承块定位销 (0x)		0	0	0	2
回程杆 (4x)		340	134	2	2
止动系统动模 (4x)		340	134	2	2
止动系统定模 (0x)		0	0	0	2
侧面锁模器 (0x)		400	300	0	2

关闭

图 8-19 止动系统限位钉的阵列

8.4.3 脱模系统元件

在注塑模中，将冷却固化后的塑料制品及浇注凝料从模具中安全无损坏地推出的机构称为脱模系统，也称顶出机构或推出机构。受制品材料及形状的影响，制品的顶出方法多种多样。按动力来源可分为手动脱模系统、机动脱模系统、液压和气动脱模系统，按模具结构特征分为一次脱模系统、定模脱模系统、二次或多次脱模系统等，按顶出元件形状可分为顶杆顶出、推管顶出和推板顶出。

1. 顶杆推出

顶杆包括圆顶杆、扁顶杆及异形顶杆。其中圆顶杆推出时运动阻力小，推出动作灵活可靠，损坏后便于更换，因此在生产中广泛应用。圆顶杆脱模系统是整个脱模系统中最简单、最常用的一种形式。圆顶杆与顶杆孔都易于加工，因此已被作为标准件广泛使用。圆顶杆有无托顶杆和有托顶杆两种，顶杆固定在顶杆固定板上，开模后，注射机顶棍推动顶杆底板，由顶杆推出制品。

在 EMX 中，顶杆一般通过“EMX 元件”选项功能区的“顶杆”工具来设置，如图 8-20 所示。通常的设计方法为：先在顶杆头部所在基准面绘制顶杆安装基准点，再单击“顶杆”，弹出“顶杆”设置对话框，选择顶杆类型及尺寸，并选择安装基准点，完成后单击“确定”按钮，如图 8-21 所示。

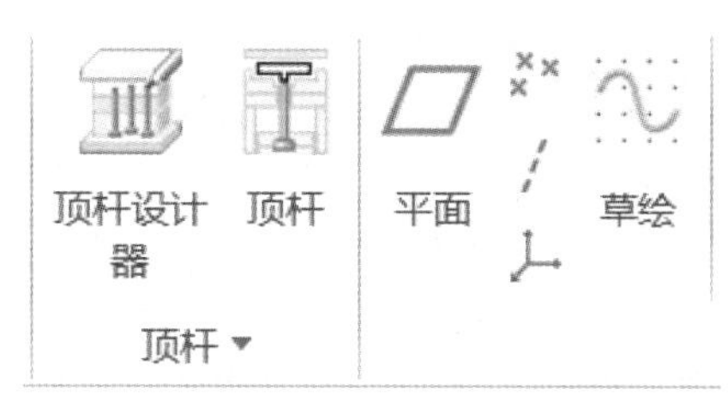

图 8-20 “顶杆”工具

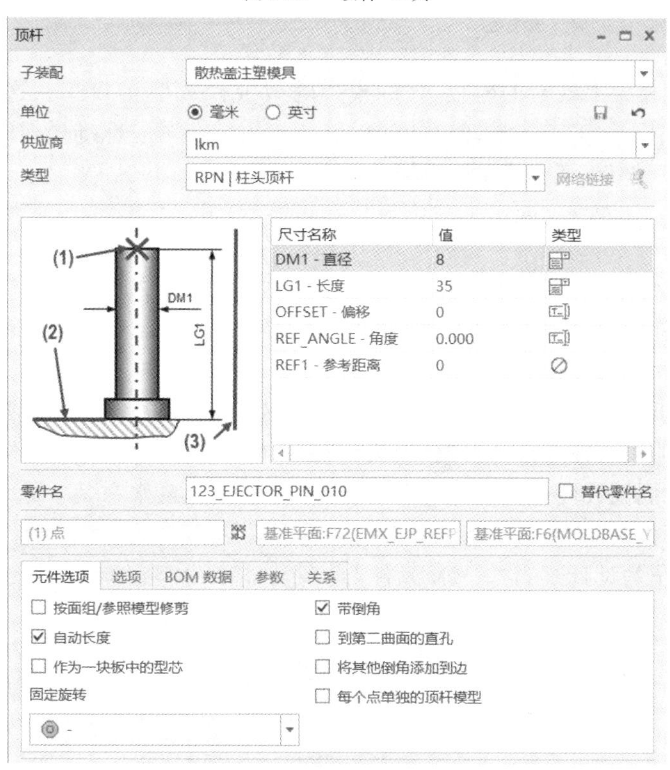

图 8-21 顶杆设置对话框

在推出空间允许条件下，圆顶杆直径应尽量取大些，这样脱模力大而平稳。常用的圆顶杆的直径取 $\phi 4 \sim \phi 6$ mm，除非特殊情况，否则避免使用 $\phi 1.5$ mm 以下的顶杆。制品特别大时可用 $\phi 12$ mm 或更大的顶杆。直身圆顶杆规格：顶杆直径×顶杆长度，如 $\phi 5 \times 120$ mm。

2. 推管顶出

推管也称司筒，是一种空心顶杆，它适用于细长螺柱、环形或筒形塑件制品。而用于细长螺柱的推出最多。其特点是：因周边与制品接触，推出制品的力量较大且均匀，制品不易变形，也不会留下明显的推出痕迹；但推管制造与装配麻烦，成本高。

3. 推板顶出

推板推出是在型芯根部（注塑件外形侧壁）安装一与它密切配合的推板（也称推件板或脱模板），推板通过复位杆或顶杆固定在顶杆板上，以与开模相同的方向将制品推离型芯。推板推出常用于薄壁容器、壳体及表面不允许带有顶出痕迹的制品。其主要优点是推出脱模力大而均匀，运动平稳，不需要另设复位装置，缺点是模具结构相对复杂，制造成本高，对于非圆形的复杂制品，推板与型芯的配合部分加工困难。

推板顶出常用的两种结构形式为整体式推板和埋入式推板，如图 8-22 所示。

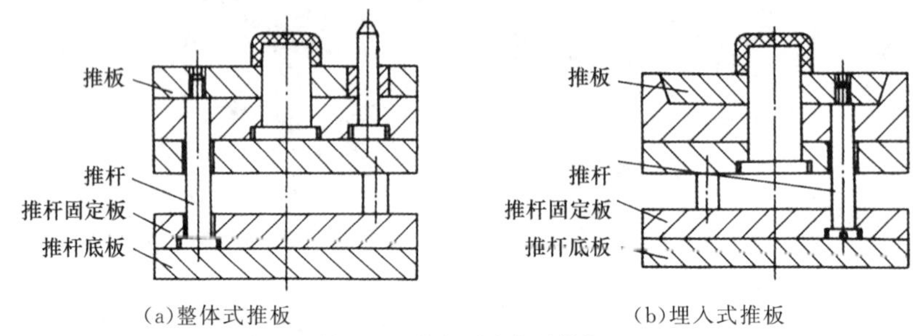

图 8-22　推板顶出常用结构

整体式推板为模架上既有的模板，该种模架的型号有 B 型和 D 型。这种结构简单，模架为外购标准件，减少了加工工作量，制造方便，最为常用。在调取标准模架时要选择有推板的模架，如“BI_Type”或“DI_Type”龙记模架。

8.4.4 冷却系统元件

在塑料注射成型中，注入模腔中熔体的温度一般在 200～300 ℃，熔体在模腔中成型、冷却、固化成制品，当制品从模具中取出时，温度一般在 60 ℃左右，熔体释放的热量都传递给了模具。为保证正常生产，使模具的温度始终控制在合理的范围内，大多数模具需要设置冷却系统，它适用于黏度低、流动性好的塑料，如 PE、PP、PS、ABS、POM 等。模具可以用水、压缩空气和冷凝水冷却，但用水冷却最为普遍，因为的热容量大，传热系数大，成本低廉。所谓水冷，即在模具成型镶件周围或内部开设冷却管道回路，使水或冷凝水在其中循环，带走热量，并在合适位置安装水管接头（喷嘴）、水管塞及密封环等元件。

EMX 冷却系统的设计通过“EMX 元件”选项功能区的“流体元件”命令组进行创建，如图 8-23 所示。

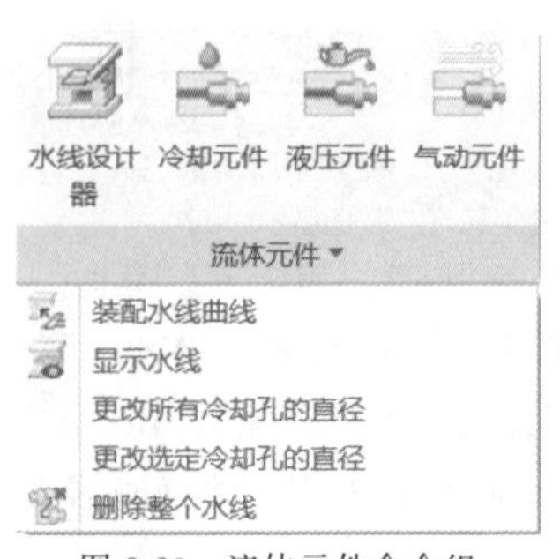

图 8-23　流体元件命令组

1. EMX 水线设计

在创建冷却系统之前，需要定义水线(冷却水孔的路径曲线)。水线可以通过草绘器在创建的平面上自行绘制，还可以通过“水线设计器”或“装配水线曲线”进行定义。

(1)直通串联水线

直通串联水线是最简单的一种冷却水回路，是在模板或成型镶件上直接钻对通孔，利用软管将直通的水道连接起来，这种单层的冷却回路通常用于冷却要求不高、制件形状简单、型腔较浅的模具型腔及型芯的冷却。

直通串联水线的一种方式是将水道设置在 A 板和 B 板中，如图 8-24 所示。这种冷却方式便于模具的加工和安装，但冷却水道离型腔较远，冷却效果较差，只用于制件尺寸较小、内模镶件壁薄的模具，水孔到内模镶件的距离为 5～10 mm。

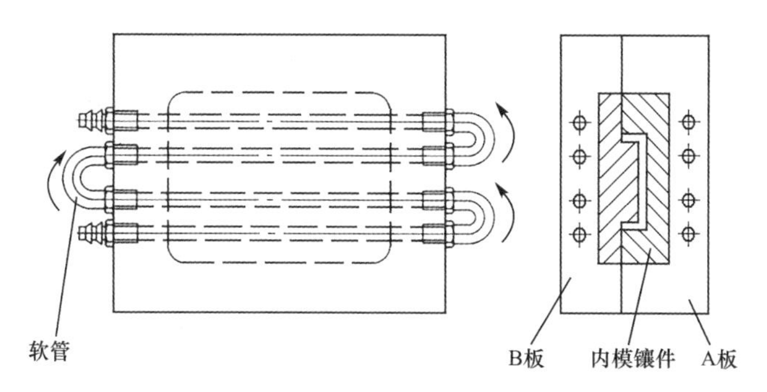

图 8-24　开在模板中的直通水线

直通串联水线的另一种方式是将水路设置在内模镶件中，如图 8-25 所示。这种回路的冷却效果不受离内模镶件的壁厚影响，冷却水离型腔近，但在内模镶件和模板之间要安装密封圈，加工和装配相对较复杂。

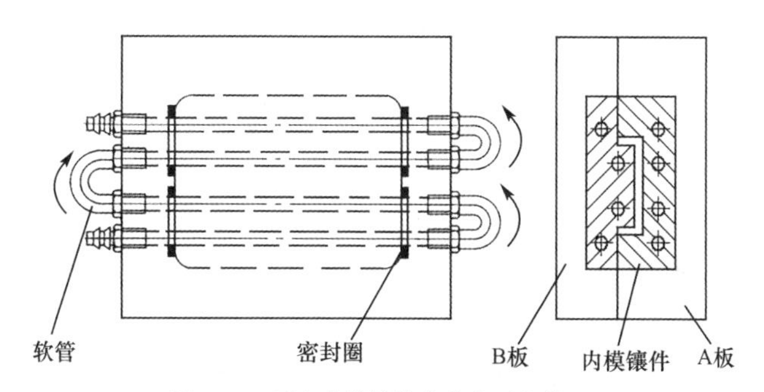

图 8-25　开在内模镶件中的直通水线

直通串联水线的缺点是水流在出入口处温差大，使模具温度分布不均，通常可通过改变冷却水道排列形式、减小冷却回路长度来降低出入口水流的温差。如图 8-26 所示大型注射模冷却方式中，采用图 8-26(b)所示的横排方式相对于图 8-26(a)所示的纵排方式的冷却效果要好。

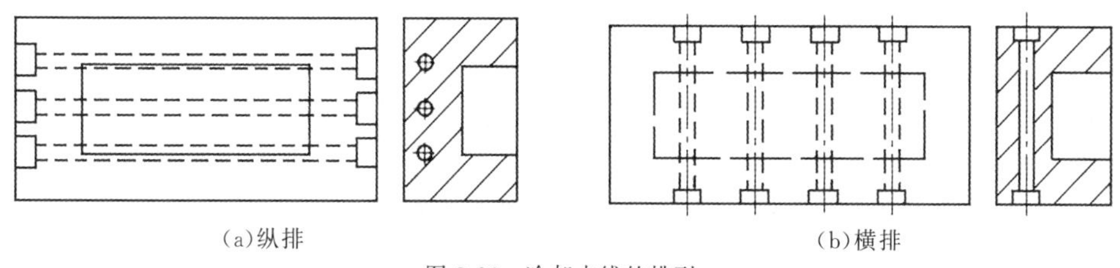

(a)纵排　　(b)横排

图 8-26　冷却水线的排列

(2)“井”字并联水线

串联水线的水流在出入口的温差较大,采用并联回路可得到更好的冷却效果。并联回路是从入口至出口,设置多条水线,以缩短冷却回路的长度。

图 8-27 所示在内模镶件里开设的“井”字并联回路,可避免设置外部接头,冷却水线之间采用内部钻孔的方法连通,非出入口均用管塞堵住,出入口可设在同侧或对角侧。

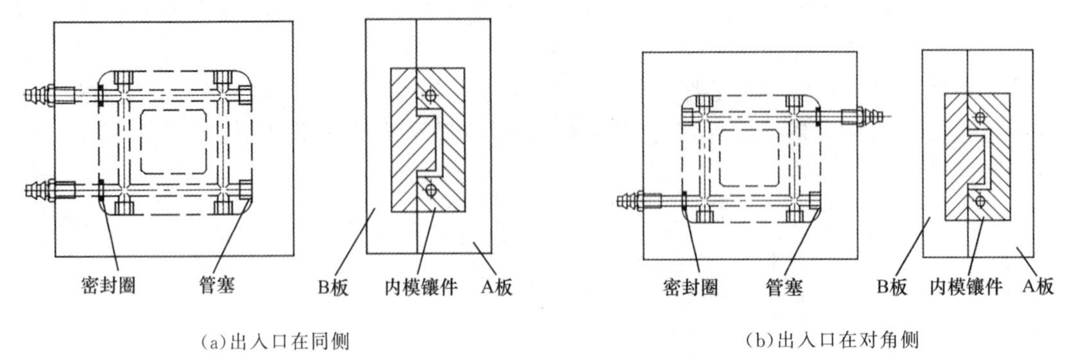

(a)出入口在同侧　　(b)出入口在对角侧

图 8-27　内模镶件中的“井”字水线

如果内模镶件尺寸较小,“井”字水线也可开设在模板内,如图 8-28 所示。

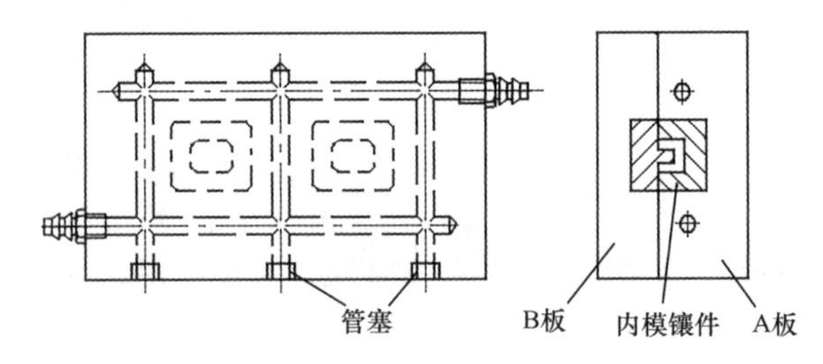

图 8-28　模板中的“井”字回路

2. 冷却水孔直径设计

根据牛顿冷却定律,冷却水孔的直径越大,冷却效果越好。但事实上,冷却水孔的直径太大会导致水的流动出现层流,降低冷却效果,因此冷却水孔直径不能太大。冷却水孔的直径一般为 5～13 mm,无论多大的模具,水孔直径也不能大于 14 mm。冷却水孔直径通常凭经验根据模具大小确定,具体数据见表 8-1 所示。常用的水孔直径规格为 5 mm、6 mm、8 mm、10 mm 和 12 mm。

表 8-1　　根据模具大小确定冷却管道直径

模宽/mm	冷却管道直径/mm	模宽/mm	冷却管道直径/mm
200 以下	5	400～500	8～10
200～300	6	大于 500	10～13
300～400	6～8		

3. 冷却水孔创建与喷嘴安装

完成了冷却水线创建之后,即可创建水孔和喷嘴等元件。

基本操作步骤:①单击“冷却元件”工具,弹出如图 8-29 所示“冷却元件”设置对话框→②选择供应商及元件类型及其尺寸→③单击“(1)曲线|轴|点”,在图形区选取绘制好的水线曲线→④在图形区选取元件放置曲面→⑤单击对话框“确定”或鼠标中键→⑥继续分别选取曲线和元件安装曲面→⑦完成所有冷却水孔创建与喷嘴安装后,单击鼠标中键,弹出“冷却元件”

设置对话框，单击右上角“×”将其关闭。

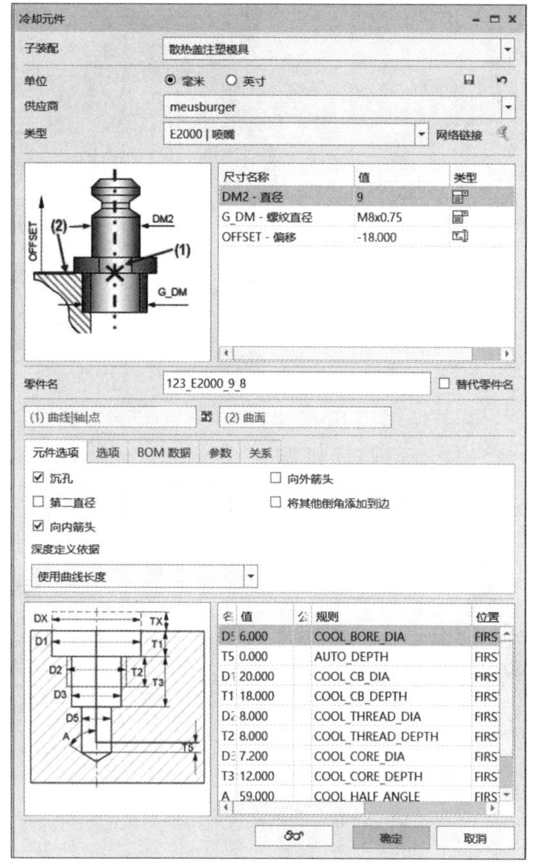

图 8-29 “冷却元件”设置对话框

8.4.5 侧抽机构元件

当制品上存在与开模方向不一致的凹凸结构，并且无法强制脱模时，一般需要采用侧向分型或抽芯机构。按抽芯与分型的动力来源可分为手动、机动、液压或气动三种抽芯机构。机动抽芯机构按其结构特点，主要包括斜导柱滑块侧抽机构和斜顶侧抽机构。在“EXM 元件”选项的“元件”命令组，有“滑块”工具和“斜顶机构”工具分别用于斜导柱滑块侧抽机构和斜顶侧抽机构元件的设置，如图 8-30 所示。

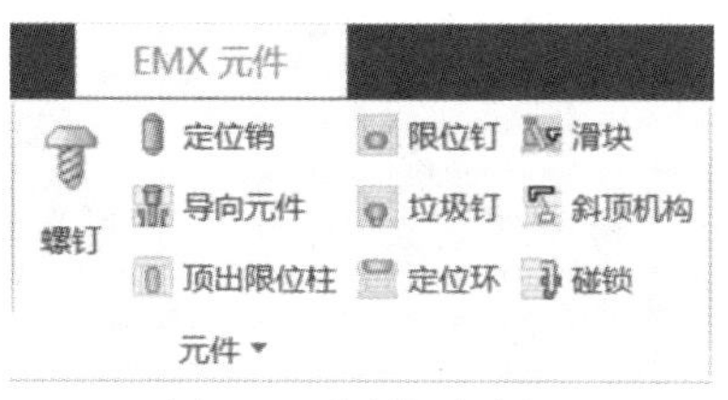

图 8-30 “元件”命令组

1. 斜导柱滑块侧抽机构

斜导柱侧抽芯利用成型后的开模动作，使斜导柱与侧抽滑块产生相对运动，滑块在斜导柱的作用下一边沿开模方向运动，一边沿侧向运动，其中沿侧向运动使模具的侧向成型零件脱离塑件倒勾。斜导柱侧抽芯包括动模外侧抽芯和动模内侧抽芯，其中外侧抽芯机构最常用，其模具结构及开模过程如图 8-31 所示。

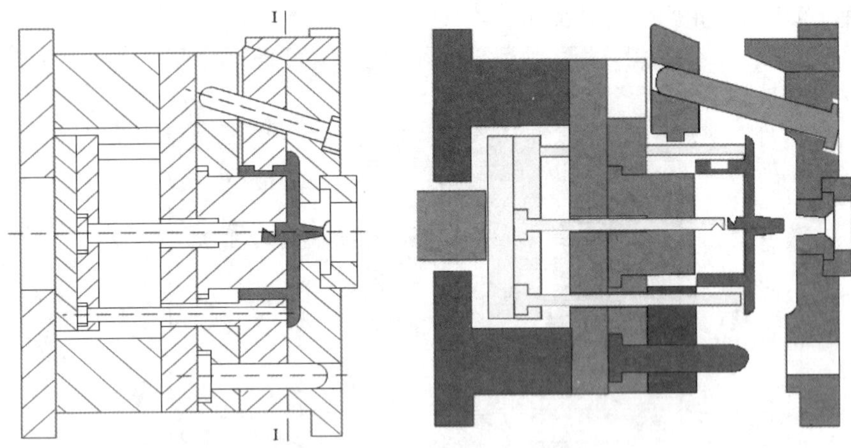

图 8-31　斜导柱外侧抽芯模具结构及开模过程

在 EMX 调入并安装斜导柱滑块侧抽机构前，必须创建好基准坐标，用于滑块侧抽机构的定位。该定位基准坐标的 Z 轴朝向开模方向，X 轴朝向侧抽方向，如图 8-32 所示。

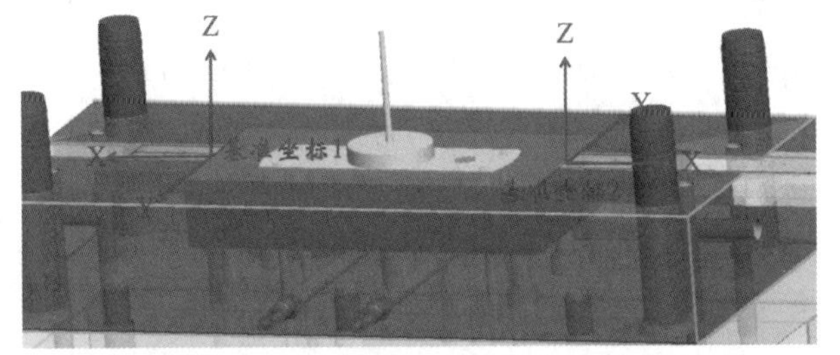

图 8-32　斜导柱侧抽机构的定位基准坐标

完成了定位基准坐标创建后，即可调入斜导柱侧抽机构元件。基本操作步骤：①单击“滑块”工具，弹出如图 8-33 所示“滑块”对话框→②选择供应商及元件类型及其尺寸→③单击“(1)坐标系”，在图形区选取创建好的基准坐标→④单击对话框“确定”按钮完成斜导柱滑块机构的创建。

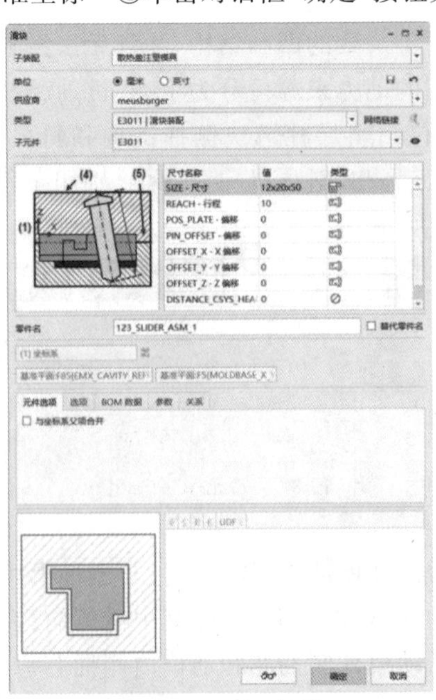

图 8-33　“滑块”对话框

往下拖动滑条，可以修改斜导柱的倾角值及其长度值。斜导柱的倾角 α 一般取 15°～25°，常用 18°或 20°；斜导柱的长度 L 取决于侧抽距离 S 和倾角 α。一般规定侧抽芯距 S＝制品侧向凹凸深度＋2～5 mm(安全距离)。斜导柱的大小和数量主要根据侧抽滑块的宽度确定，一般当滑块宽度大于 100 mm 时考虑安装两根斜导柱。斜导柱直径一般根据经验确定，可参考表 8-2。

表 8-2　　斜导柱的直径经验确定表　　mm

滑块宽度	20～30	30～50	50～150	＞150
斜导柱直径	6～10	10～12	12～16	16～24

完成 EMX“滑块”机构安装后，将自动安装斜导柱、滑块、压板、耐磨条等零件，且会利用自动曲面在相应的模板上切出滑槽和让位槽。

斜导柱滑块机构安装后，需要将侧型芯与滑块进行连接。侧型芯滑块有整体式和组合式，采用组合式时侧型芯在滑块上的固定方式有堵头固定、螺钉固定、压板固定、横销固定等方式，如图 8-34 所示。

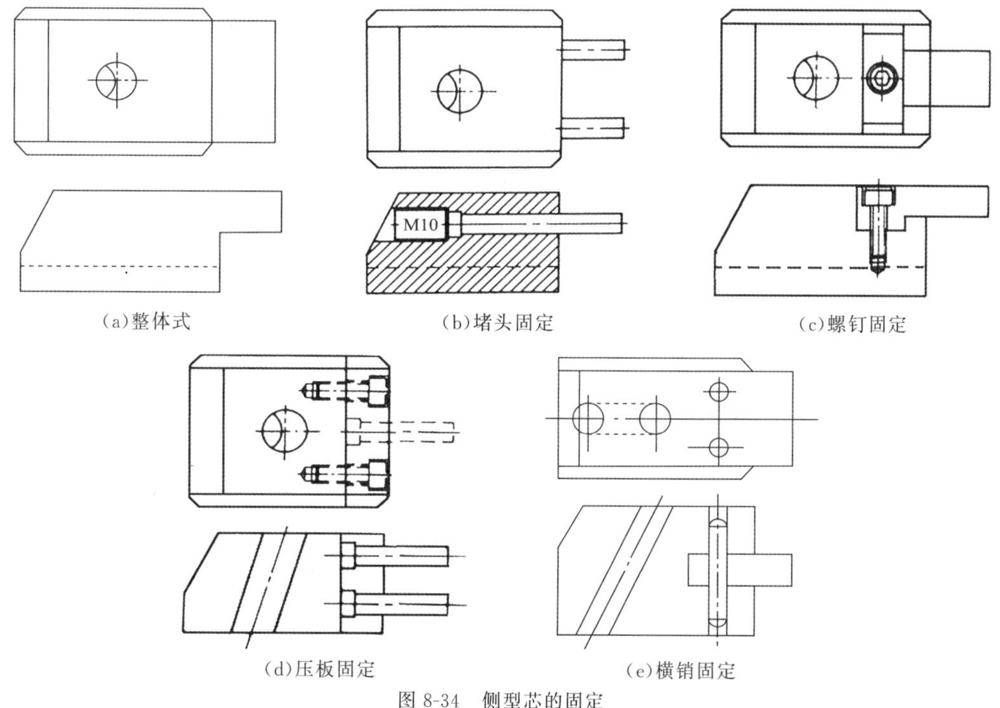

(a)整体式　(b)堵头固定　(c)螺钉固定

(d)压板固定　(e)横销固定

图 8-34　侧型芯的固定

整体式结构适用于型芯较大，强度较好的场合；堵头固定适用于圆形小型芯；螺钉固定适用于异形型芯；压板固定适用于固定多型芯。

2. 斜顶侧抽机构

斜顶是常见的侧向抽芯机构之一，常用于制件内侧面存在凹陷或凸起结构，强行推出会损坏制件的场合。它将侧向凹凸部分的成型镶件固定在推杆板上，在推出过程中，成型镶件做斜向运动，斜向运动分解为一个垂直运动和一个侧向运动，侧向运动即实现侧向抽芯，如图 8-35 所示。

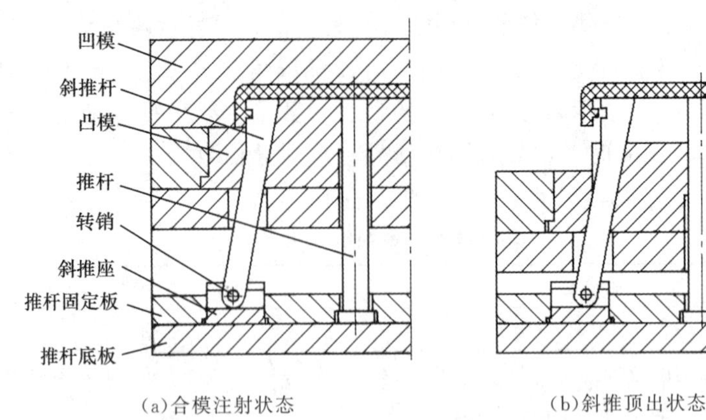

(a)合模注射状态　　(b)斜推顶出状态

图 8-35　斜顶侧抽机构的工作原理

在 EMX 调入并安装斜顶机构前，同样必须创建好基准坐标，用于斜顶机构的定位。同样，该定位基准坐标的 Z 轴朝向开模方向，X 轴朝向斜顶侧抽方向。

完成了定位基准坐标创建后，即可调入斜顶机构元件。基本操作步骤：①单击“斜顶机构”工具，弹出如图 8-36 所示“斜顶机构”对话框→②选择供应商及元件类型及其尺寸→③单击“(1)坐标系”，在图形区选取创建好的基准坐标，并可调整默认元件安装的基准平面→④单击对话框“确定”按钮完成斜顶机构的创建。

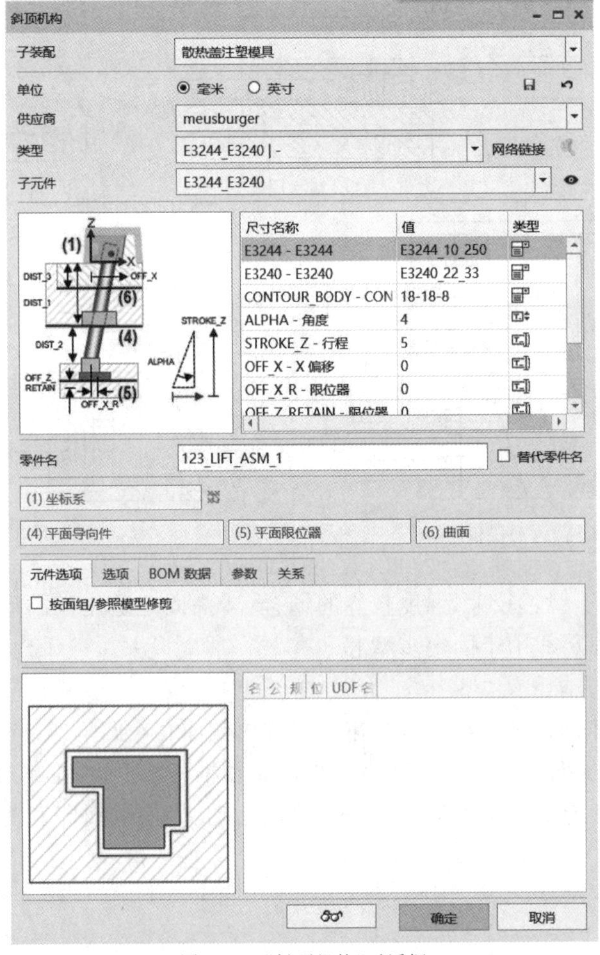

图 8-36　“斜顶机构”对话框

斜推杆的倾斜角度取决于侧向抽芯距离和推杆板推出的距离 H。斜推杆的倾斜角不能太大,否则,在推出过程中斜推杆会受到较大的扭矩力作用,从而导致斜推杆磨损,甚至卡死和断裂。倾斜角 α 一般为 3°～15°,最常用为 8°～10°。

斜顶杆的结构设计要保证斜推杆复位可靠。斜顶杆较常用的复位方式有台阶复位、碰穿孔复位,如图 8-37 所示。其中台阶复位较为常用,特别是对于细长的斜推杆,可在台阶处整体将斜推杆尺寸加粗,既可进行台阶复位,又可提高斜推杆的强度。

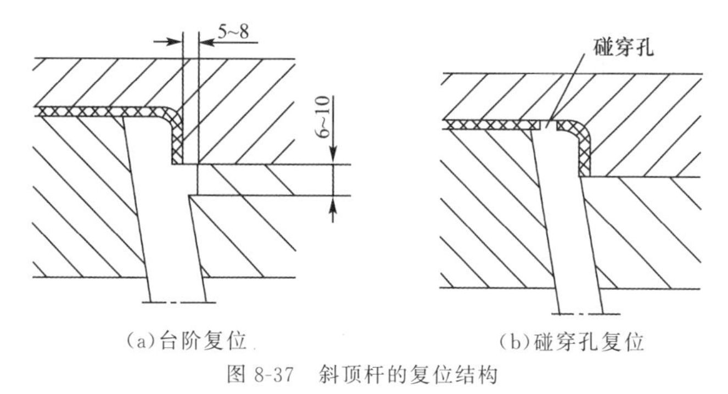

(a)台阶复位　　(b)碰穿孔复位

图 8-37　斜顶杆的复位结构

8.5 训练案例:散热盖注塑模整体设计

以教材第 7 章所完成的散热盖分模设计为基础,利用 EMX 完成注塑模具的整体设计。

8.5.1 模具结构方案确定

1. 模架类型

本模具适合采用龙记二板模架"lkm_side_gate"。分模组件的模仁镶件宽度为 200 mm,长度为 300 mm,则该模具为中型模具,模架的长宽分别在模仁镶件长和宽的基础上加 120 mm,初步确定为 320 mm×420 mm。

2. 镶件安装方式

模仁镶件的安装方式采用螺钉固定式。凹模和凸模的高度分别为 38 mm 和 22 mm,故 A 板和 B 板的厚度初步确定为 70 mm。

3. 脱模系统

塑件壁厚为 1.6 mm,可采用顶杆顶出。对于注塑模具的顶杆,如果顶面是平面,则可以一次进行安装,即同一根形状与尺寸一致的顶杆进行重复装配。如果顶面是弧面或其他不规则形状,则各位置的顶杆形状与尺寸不一致,需要分别安装并对其顶面进行修改。

对于本模具,由于制件顶面为弧面,各处的顶杆长度及顶部形状不一致,需要多次安装。考虑制推出的平稳性,在每个制件上设置 6 根对称位置的顶杆。

4. 冷却系统

采用开在 A 板和 B 板中的直通串联水线进行冷却。

8.5.2 具体操作步骤

步骤一：文件准备

①打开 Crea Parametric 9.0，将工作目录选择至“散热盖注塑模设计”文件夹；

②单击“EMX”选项功能区中的“项目”命令组的“新建”工具，在弹出“项目”对话框的“项目名称”栏中输入“散热盖注塑模具”，并单击“确定”按钮。

步骤二：调取模架

①单击“装配定义”，弹出“模架定义”对话框，选择“lkm_side_gate”标准模架；

②在“尺寸”下拉选项栏中选取“330×450”。

③单击“从文件载入装配定义”按钮，弹出“载入 EMX 装配”对话框选择“lkm_side_gate”的“AI-Type”模架，勾选“保持尺寸和模型数据”，单击“从文件载入装配定义”按钮，并单击“确定”按钮，如图 8-38 所示。

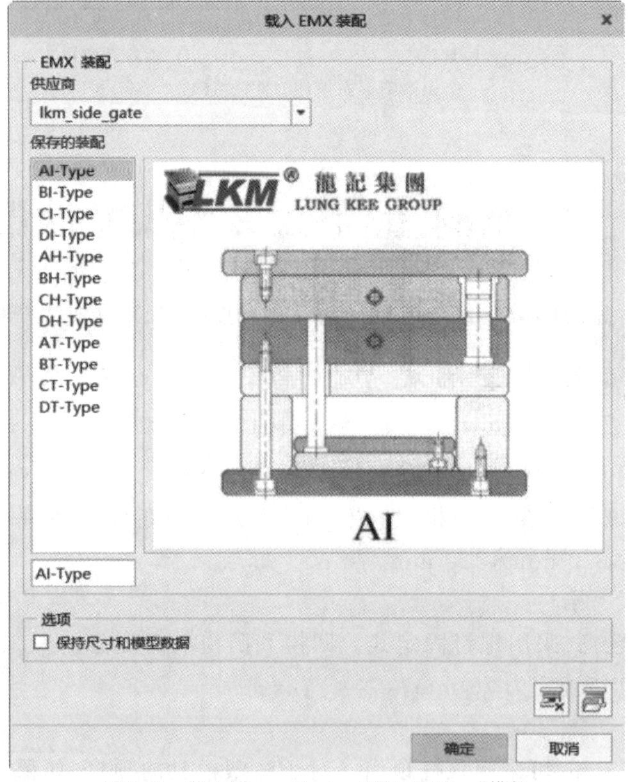

图 8-38 载入“lkm_side_gate”的“AI-Type”模架

步骤三：调整模板厚度及基本元件尺寸

①单击“模架定义”主视图的 A 板，弹出“模架定义”对话框，在“厚度”数值框下拉选项中选取“70”，在“板间隙”数值框中输入“0.5”，如图 8-39 所示，完成后单击鼠标中键或对话框的“确定”按钮。

②同理，将 B 板的“厚度”设置为“70”，“板间隙”输入“0.5”；将垫板（U 板）的“厚度”设置为“100”；将顶杆基板（F 板）的“板间隙”输入“4”（留出限位钉高度）。

③将导套的长度值调整为“70”；导柱的长度值调整为“130”。

④将回程杆的直径值调整为“20”；动模夹紧螺钉的长度值调整为“190”；定模夹紧螺钉的长度调整为“45”。

⑤利用“展开偏移”将回程杆顶部切短 4 mm。

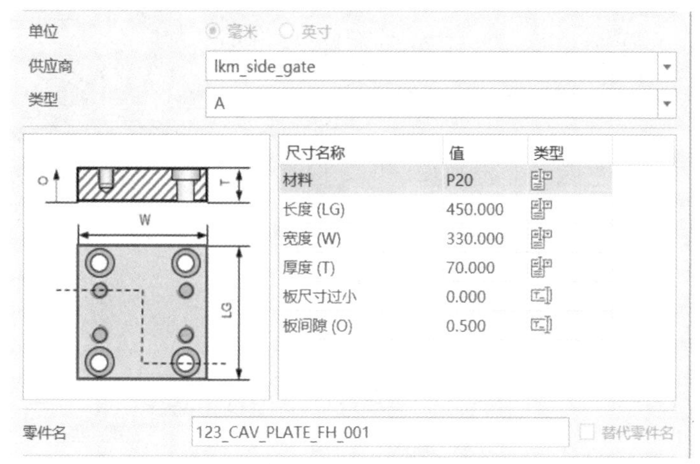

图 8-39 “A”板的设置

步骤四:安装定位环

①在“模架定义”对话框下方左侧第二栏的元件添加栏中选择并单击“定位环定模”。

②在弹出的“定位环”设置对话框中选择“lkm”的“LR|-”类型的定位环,并选择“直径”值为“120”,如图 8-40 所示。

③完成后单击鼠标中键或对话框的“确定”按钮。

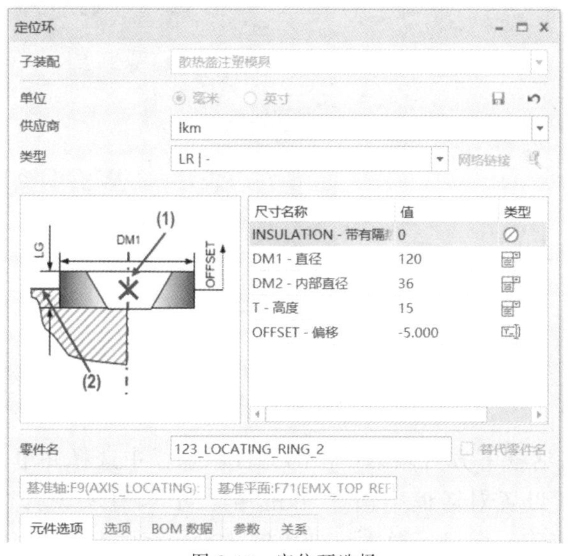

图 8-40 定位环选择

步骤五:安装主流道衬套

①在“模架定义”对话框下方左侧第二栏的元件添加栏中选择并单击“主流道衬套”。

②在弹出的“主流道衬套”设置对话框中选择“misumi”的“SJAC|-”类型,并选择“D_2-直径”值为“20”、“D_1-内部直径”值为“5”、“L-长度”值为“80”,“OFFSEJ-偏移值”为“−5”,如图 8-41 所示,完成后单击鼠标中键或对话框的“确定”按钮。

③将主流道衬套加长。在模具图形窗口中找到调入的主流道衬套零件并打开,单击“偏移”,选取主流道衬套零件的底面进行“展开”偏移,偏移距离为“5.5”,如图 8-42 所示。使主流道衬套的底面刚好与分型面齐平。

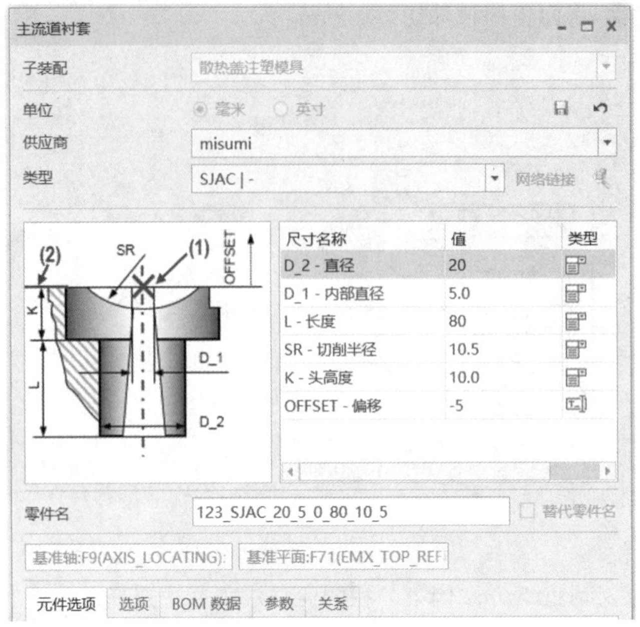

图 8-41 主流道衬套选择

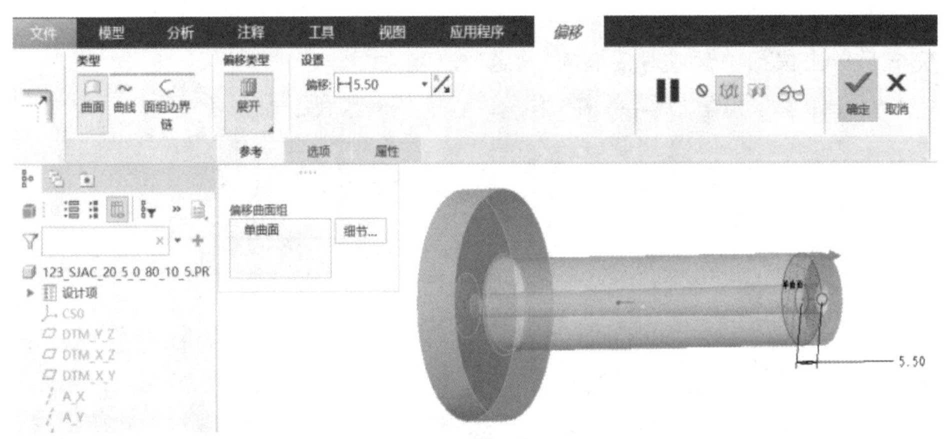

图 8-42 利用“偏移”加长主流道衬套

步骤六:安装拉料杆

①在“模架定义”对话框下方右侧第一栏的元件添加栏中选择并单击“料头拉料杆”;

②在弹出的“顶杆”设置对话框中选择“lkm”的“RPN|柱头顶杆”类型,并选择“DM1-直径”值为“8”,如图 8-43 所示,完成后单击鼠标中键或对话框的“确定”按钮;

③利用“展开偏移”将拉料杆顶部切短 4 mm;

④拉料杆切出“Z 形”冷料井。在模具图形窗口中找到调入的拉料杆并打开,单击“拉伸”,以“$X-Z$”面为草绘面在拉料杆的顶部绘制如图 8-44 所示拉伸截面,单击“移除材料”,往两侧的深度都设置为“穿透”。

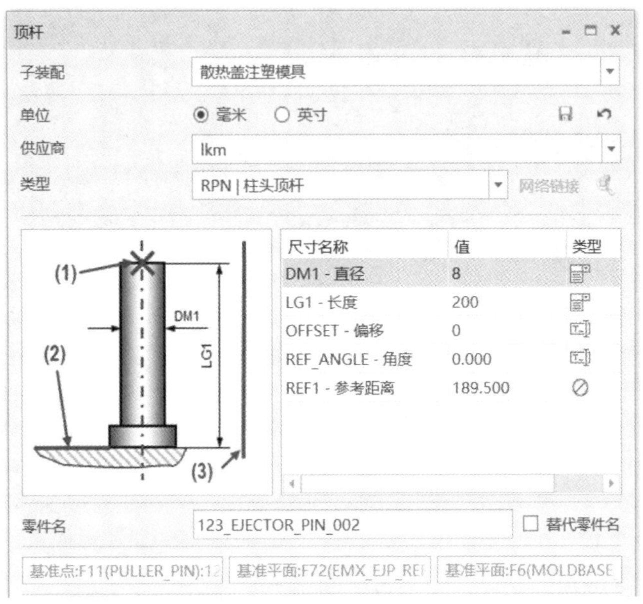

图 8-43　拉料杆选择

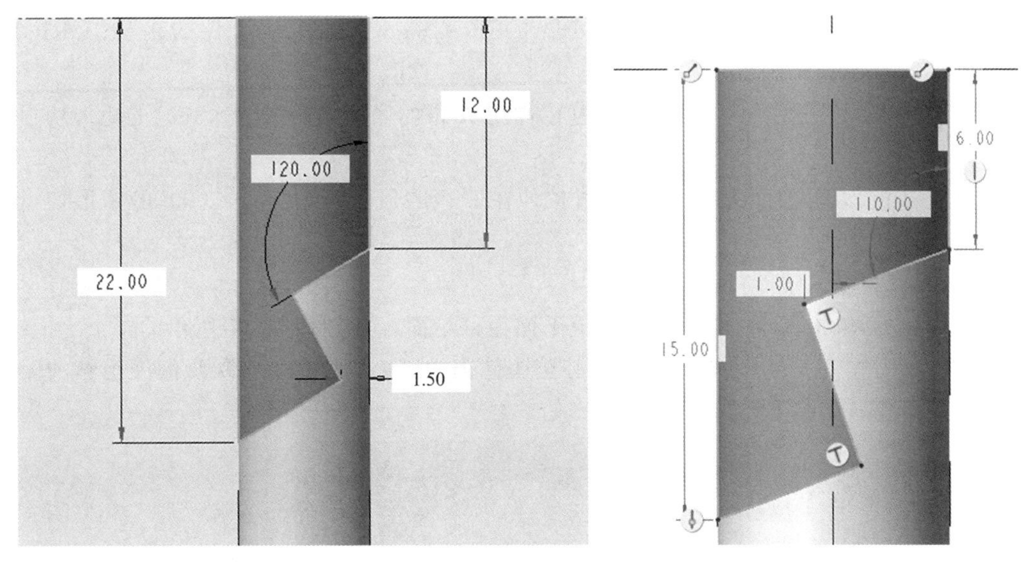

图 8-44　拉料杆顶部拉伸草绘

步骤七:安装限位钉

①在“模架定义”对话框下方右侧第一栏的元件添加栏中选择并单击“限位钉动模”;

②在弹出的“限位钉”设置对话框中选择默认的“meusburger”的“E1500-1 限位钉/螺钉”类型,尺寸采取默认值;

③单击基准平面,重新选取模具底板(JL 板)的顶面为基准面,如图 8-45 所示;

④在俯视图下方元件列表中找到调入的“止动系统动模”元件并双击,在阵列数据表中重新设置 X 方向阵列尺寸为“390”,Y 方向阵列尺寸为“154”,如图 8-46 所示。

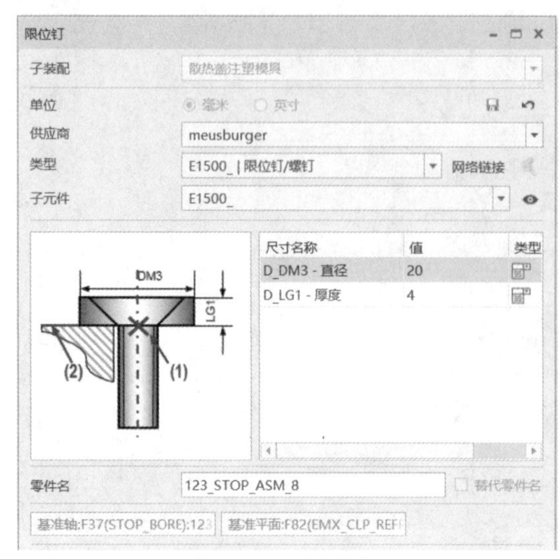

图 8-45　限位钉选择

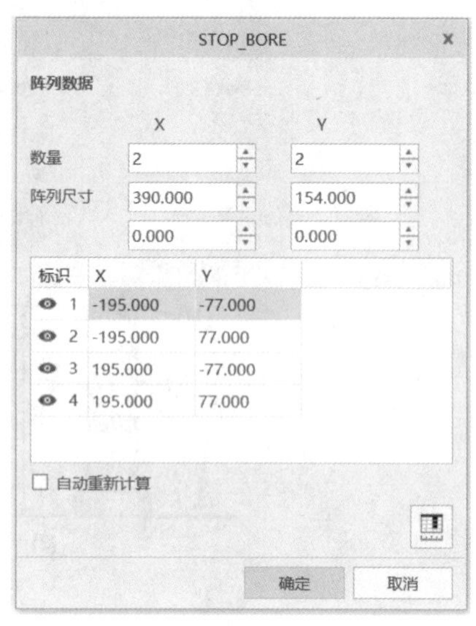

图 8-46　限位钉的阵列尺寸

步骤八:安装模仁镶件

①在"模型"选项下,单击功能区的"组装"工具,调入分模组件进行安装,采用"用户定义"的"默认"约束,即分模组件的坐标"MOLD_DEF_CSYS"与 EMX 组件的坐标"ORIGIN_MOLDBASE"重合;

②激活 A 板,以分型面为草绘面,通过拉伸在 A 板的底面切出"200×300"的矩形切口,深度为"38";

③激活 B 板,以分型面为草绘面,通过拉伸在 B 板的顶面切出"200×300"的矩形切口,深度为"22"。

步骤九:安装模仁镶件紧固螺钉

①隐藏面板,单击草绘工具,以 A 板上平面为草绘面,绘制如图 8-47 所示的 4 个定模镶件(凹模元件)紧固螺钉安装基准点(螺钉中心至镶件边的距离为 16 mm,既要保证足够的距离,又要防止螺钉孔与型腔干涉);

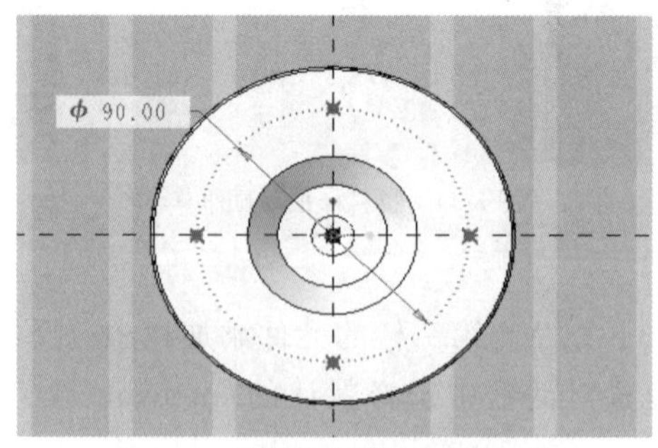

图 8-47　定模镶件螺钉基准点绘制

②单击"EMX 元件"选项功能区的"螺钉"工具,弹出"螺钉"设置对话框,选择"lkm"的"SHCS|内六角带帽螺钉","DN-直径"选取"10","LG-长度"为"35",勾选"沉孔"和"盲孔",如图 8-48 所示。再在下方的螺钉孔尺寸栏中将"T4"值修改为"12"、"T5"值修改为"18"(螺钉钻孔深度);

③单击"(1)点|轴",在图形区选取绘制的基准点,再选取 A 板顶面为螺钉头"曲面",选取定模镶件顶面为"螺纹曲面",完成后单击鼠标中键;

④以同样的方式安装动模镶件的 4 个紧固螺钉，螺钉长度为“45”，其他相同。

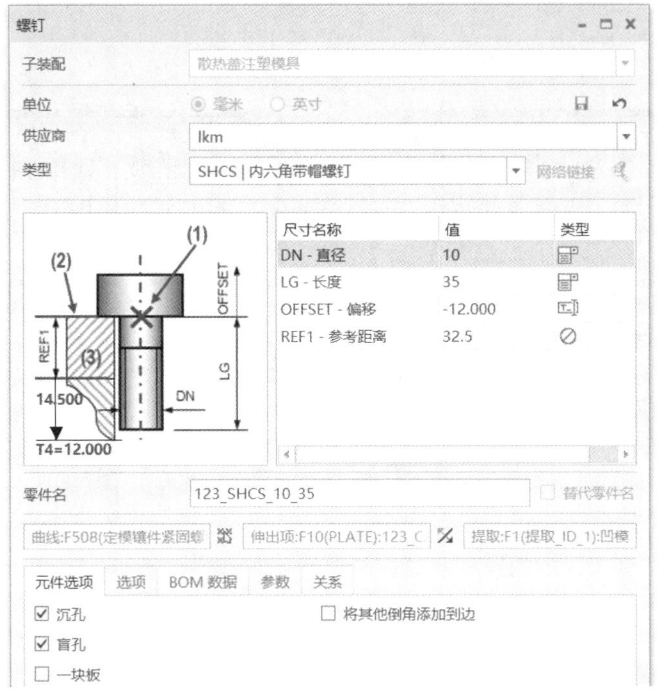

图 8-48　螺钉规格的选取

步骤十：安装顶杆

①隐藏定位环、主流道衬套、面板、A 板、凹模及铸模零件；

②在“模型”选项下，复制四个凸模的顶部弧面为顶杆修剪参考曲面，如图 8-49 所示。

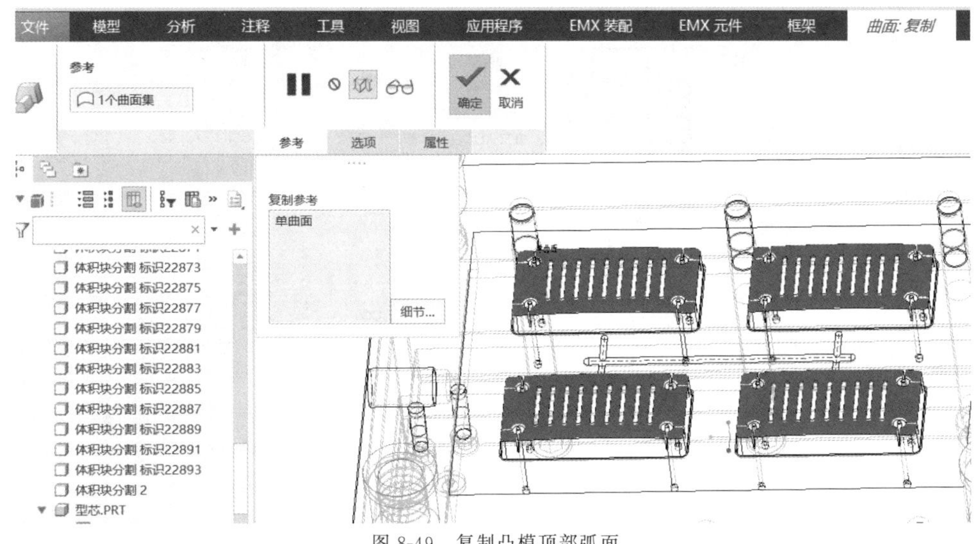

图 8-49　复制凸模顶部弧面

③以主分型面为草绘面，绘制顶杆如图 8-50 所示的 24 个安装基准点（参照每个小型芯的圆心位置及每个参考模型的中心对称平面）；

④单击“EMX 元件”选项功能区的“顶杆”工具，弹出“顶杆”设置对话框，选择“meusburger”的“E1710|柱头顶杆”，“DMI-直径”选择“5”，“固定旋转”下拉选项选择“Rotfix1

(防转方式 1)”,勾选下方的“按面组/参照模型修剪”、“带倒角”和“每个点单独的顶杆模型”,如图 8-51 所示;

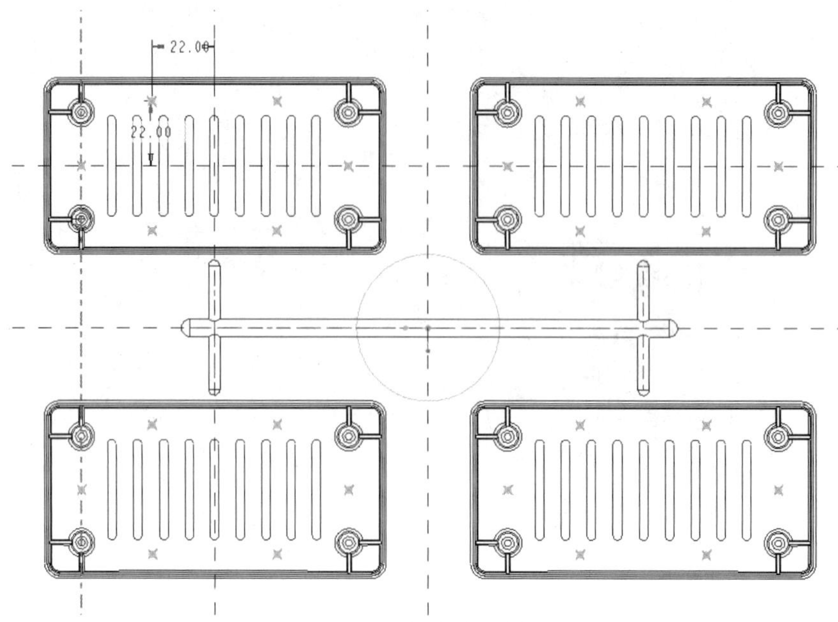

图 8-50　顶杆基准点草绘

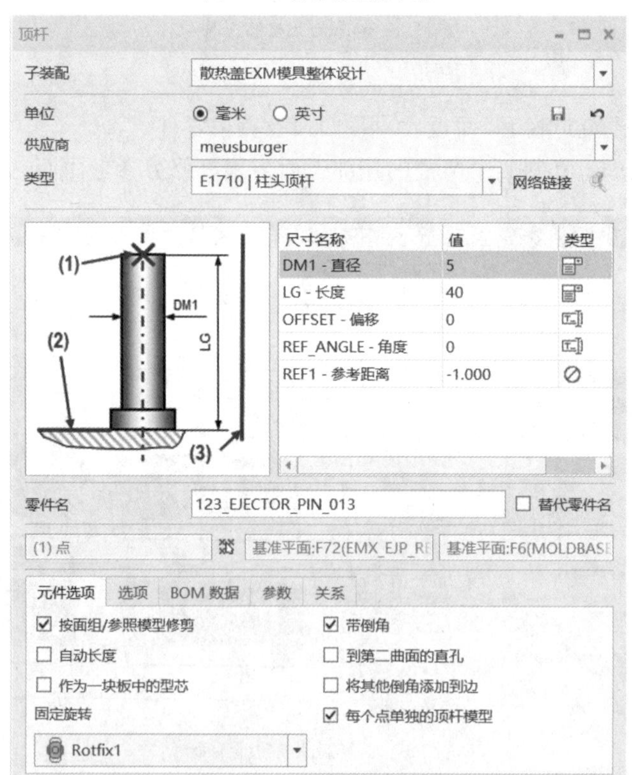

图 8-51　顶杆 1 的选择与设置

⑤单击“点”,在模具图形窗口选取绘制的任意一个基准点,单击中键,然后根据提示选取复制的凸模顶部弧面为修剪参考面,完成第 1 根顶杆创建,继续选择该弧面为其他顶杆的修剪参考面,直至完成所有顶杆的安装,如图 8-52 所示。

图 8-52 完成所有顶杆安装后

重要提示 因为模具的制件顶面为弧面，各顶杆的长度和形状各不相同，所以需要勾选“按面组/参照模型修剪”和“每个点单独的顶杆模型”，并复制凸模的顶面弧面作为每根顶杆的修剪参考。如果制件顶面为平面，则所有顶杆可以为同一根顶杆，则不需要勾选需要勾选“按面组/参照模型修剪”和“每个点单独的顶杆模型”。

步骤十二：安装冷却系统

①通过A板上顶面往下偏移“16”创建一个基准面，在该基准面上绘制如图8-53所示的6根水线；

②通过B板下底面往上偏移“26”创建一个基准面，在该基准面上绘制如图8-54所示的2根水线(要避开顶杆孔)；

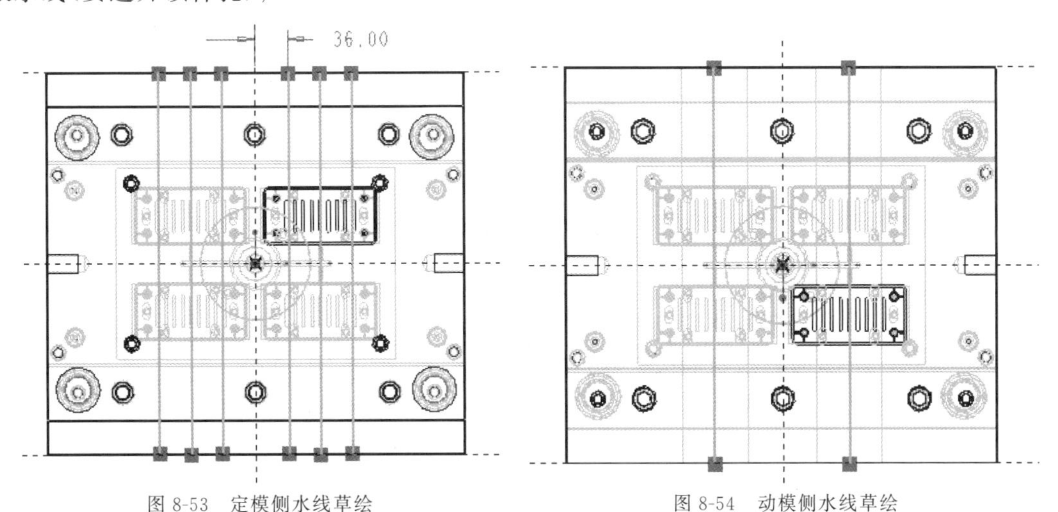

图 8-53 定模侧水线草绘　　图 8-54 动模侧水线草绘

③单击“EMX元件”选项功能区的“冷却元件”工具，选择“misumi”的“KPM|喷嘴”，“NOM_DM-直径”值为“9”，取消“沉孔”与“向内箭头”的勾选，如图8-55所示；

④单击“(1)曲线|轴|点”，在图形区选取一条曲线，再选取与该曲线垂直的A板或B板端面为“曲面”，单击中键；

⑤在图形区选取另一条曲线，再选取与该曲线垂直的A板或B板端面为“曲面”，单击中键；

⑥重复以上操作，将 A 板和 B 板的 8 根水线的两端都安装喷嘴。

完成所有冷却喷嘴安装后如图 8-56 所示。

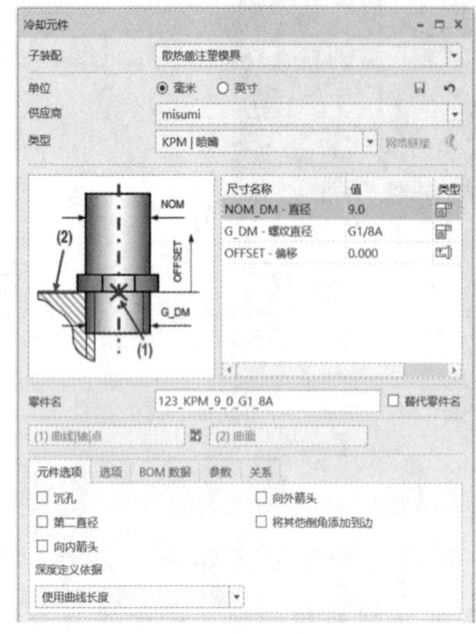

图 8-55　冷却元件设置

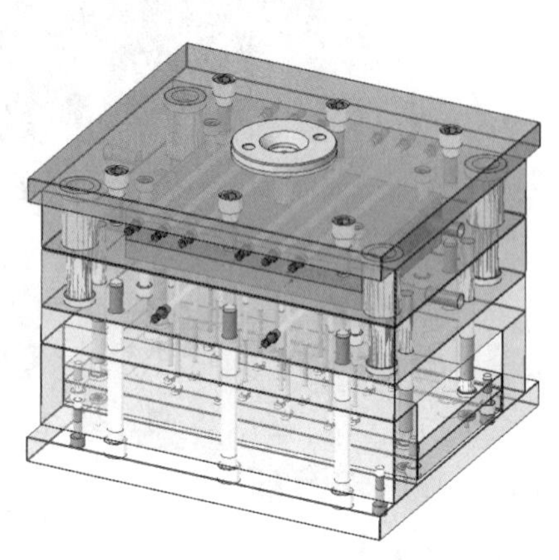

图 8-56　完成所有冷却喷嘴安装后的模具

步骤十三：修改底板与主流道衬套

①激活底板，通过拉伸在其中心切出 ϕ60mm 的顶棍孔；

②激活主流道衬套，单击“拉伸”工具，以垂直一次分流道的模架基准面为草绘面，在主流道衬套底部参考主流道截面绘制如图 8-57 所示拉伸截面，选择“移除材料”，往两侧的深度都为“穿透”。

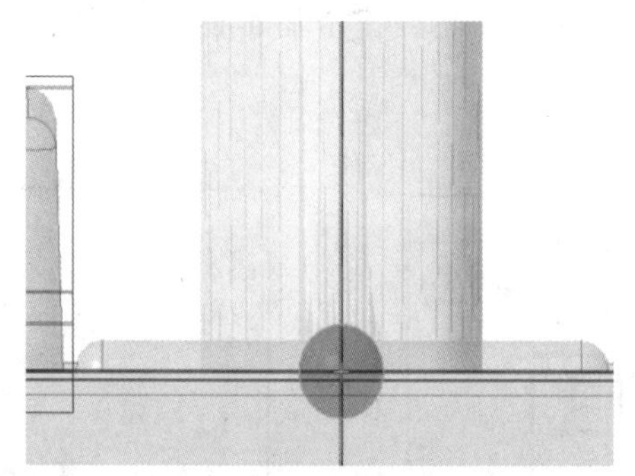

图 8-57　主流道衬套底部拉伸切口截面

步骤十四：修改定位环

①激活定位环元件，删除它的两个螺钉沉孔“旋转”特征；

②单击“草绘”工具，在定位环顶面绘制如图 8-58 所示的 4 个螺钉基准点；

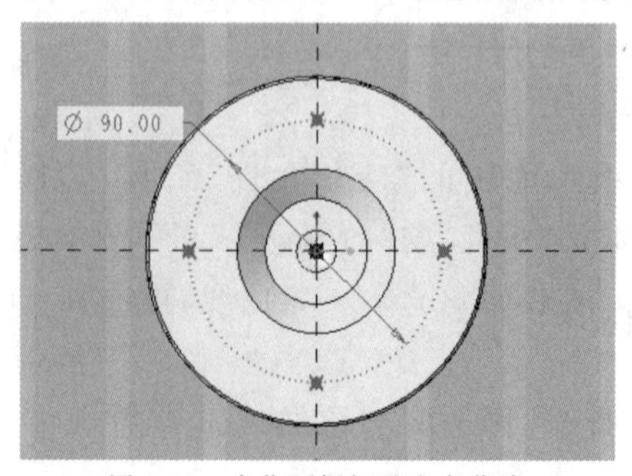

图 8-58　定位环螺钉基准点草绘

③单击“EMX元件”选项功能区的“螺钉”工具，弹出“螺钉”设置对话框，选择“lkm”的“SHCS|内六角带帽螺钉”，“DN-直径”选取“5”，“LG-长度”为“18”，勾选“沉孔”和“盲孔”，单击“(1)点|轴”，在图形区选取绘制的基准点，再选取定位环顶面为“螺钉头曲面”，选取定位环底面为“螺纹曲面”，如图8-59所示，完成后单击鼠标中键；

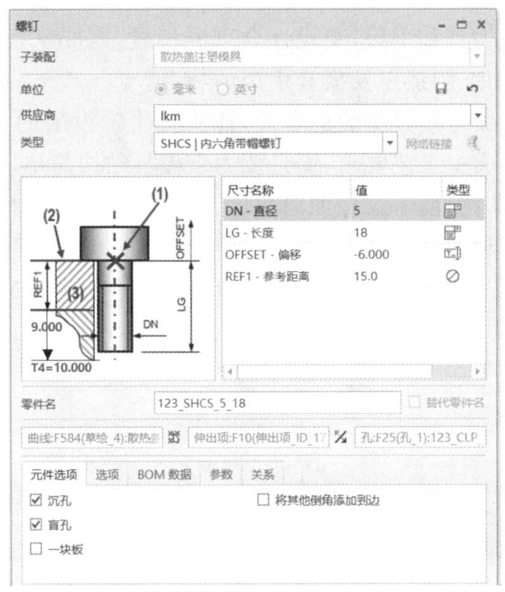

图8-59　定位环紧固螺钉选择

步骤十四：完善铸模仿真模型

①首先通过元件操作—布尔运算—切除工具，以铸模为“被修改模型”，以主流道衬套为“修改元件”，将铸模仿真模型与主流道衬套元件的重叠部分切除。

②激活铸模仿真模型，通过“展开偏移”将主流道顶面延长“55”(至主流道衬套顶部弧形口)

③打开铸模仿真模型，利用拉伸分别将4个铸模零件下方的顶杆凝料进行切除(深度选择“到参考”，并选择制件内弧面为参考曲面)，如图8-60所示；

④参考拉料杆将铸模仿真零件主流道下方切出“Z”形凝料，完善后的铸模仿真模型如图8-61所示。

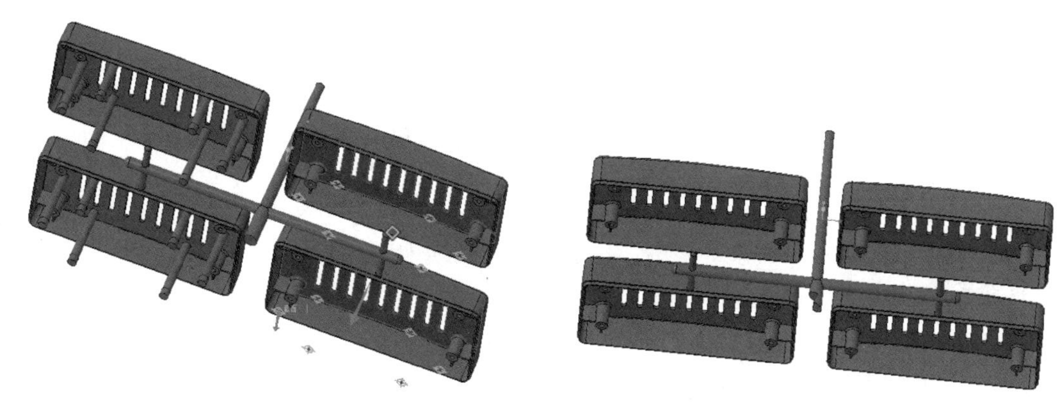
图8-60　铸模仿真模型的顶杆凝料切除　　图8-61　完善后的铸模仿真模型

8.6 本章小结

本章主要介绍了 EMX 15.0 注塑模具的整体设计方法与基本流程。Creo 及其外挂 EMX 只是作为模具设计的重要工具和手段,要设计合理的模具,需要掌握扎实的理论基础,熟练掌握各类模具的基本结构、加工制造以及模具生产的特点。

浇注系统的设计不仅决定模具型腔的布局,还直接决定模架的类型和复杂程度。最优的浇注系统不仅要满足塑件成型工艺要求,而且要力求模具结构简单,成本低。在产品造型设计时,要根据注塑成型的要求,提前考虑好如何分模,采用何种模具结构,这样可避免一些不必要的返工。在整个产品造型和模具设计过程中,一定要注意设置好工作目录,确认将塑件产品、分模文件、模架组件文件及各零部件设置在同一目录里。在打开 EMX 各类标准件对话框时,要注意了解各参数的含义并合理设置。调用的所有标准零件都可以通过"重定义"或直接打开进行修改。

8.7 课后练习

一、填空题

1. A 板和 B 板的厚度取决于模仁镶件的厚度及其安装方式。模仁镶件的安装方式通常包括(　　)和(　　)。

2.(　　)的作用是使推杆板及动模底板之间有一定的空隙,防止因模板变形或者杆板与动模底板之间落入垃圾而使推杆板不能准确复位。

3. 脱模系统中最简单、最常用的一种形式是采用(　　)。

4."EXM 元件"选项的"元件"命令组,(　　)工具用于斜导柱滑块侧抽机构。

5. 定义或修改标准模架的类型和尺寸并载入模架是通过(　　)工具。

二、选择题

1. EMX 中包括的下列模架及模具元件制造商,属于中国的是:(　　)

A."hasco"　　B."futaba"

C."lkm"　　D."meusburger"

2."lkm_side_gate"系列中,有垫板有推板的工字模架是:(　　)

A."AI_Type"　　B."BI_Type"

C."CI_Type"　　D."DI_Type"

3. EMX 创建冷水孔和喷嘴等元件通过"流体元件"的是:(　　)

A. 水线设计器　　B. 冷却元件

C. 液压元件　　D. 气动元件

4. 关于 EXM 顶杆的安装,下列说法正确的是:(　　)

A. 不同长度和形状的顶杆不能通过一次安装

B. 一次安装后的多根顶杆不能分别进行修改

C. 顶杆安装基准点必须绘制在分型面上

D. 顶面为平面的圆柱顶杆可以不需要设置防转

5. 创建斜抽机构的定位基准坐标时，应该保证：(　　)

A. “Z”轴朝向开模方向，“X”轴朝向侧抽方向

B. “Z”轴朝向开模方向，“Y”轴朝向侧抽方向

C. “X”轴朝向开模方向，“Y”轴朝向侧抽方向

D. “X”轴朝向开模方向，“Z”轴朝向侧抽方向

三、操作训练

1. 在第七章“端盖分模”操作练习基础上，利用 EMX 完成如图 8-62 所示端盖注塑模具的整体设计。

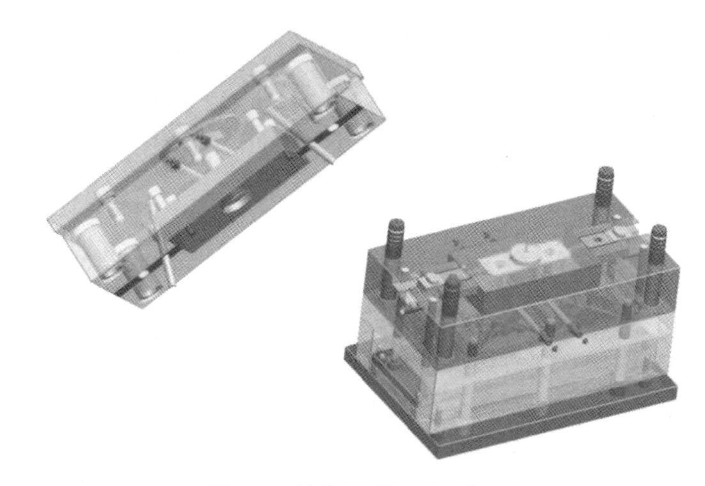

图 8-62　端盖注塑模具的整体设计

2. 在第七章练习的“内扣盒分模”基础上，利用 EMX 完成如图 8-63 所示的内扣盒斜顶侧抽三板模的整体设计。

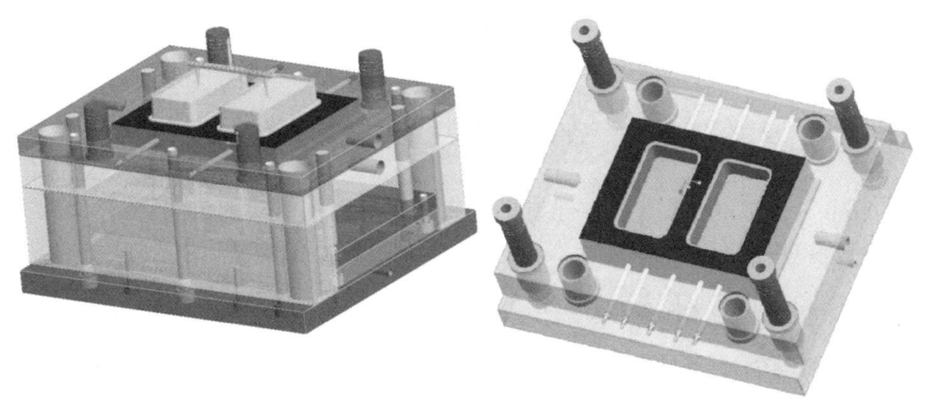

图 8-63　内扣盒斜顶侧抽三板模的整体设计

第 9 章 Creo 9.0 工程图设计

在三维造型的基础上，Creo 还具有强大的二维工程图绘制功能。工程图设计是整体产品设计的最后环节，在生产加工和技术交流中工程图不但是用于指导加工的重要资料，同时还表达了设计工程师的设计理念，是表达设计思想、指导生产、进行技术交流的“工程语言”。与 AutoCAD 等二维机械绘图软件不同，Creo 的零件工程图是直接由三维实体转换而成，不仅简单快捷，而且实体模型的任何修改都可以立刻反映到工程图中。

本章主要介绍零件工程图设计的基本方法与流程。

9.1 工程图设计界面

Creo Parametric 9.0 中提供了一个专门用来创建工程图的功能模块，零件工程图及装配工程图都通过该模块进行创建和设计。

9.1.1 工程图文件新建

在创建工程图文件之前，同样需要设置好工作目录，使工程图与三维模型文件在同一个文件夹中。

工程图文件新建基本操作步骤：①单击“文件”→选择“新建”，在弹出的“新建”对话框中，“类型”选择“绘图”；可以输入文件名称或勾选“使用绘图模型文件名”，并单击“确定”按钮，如图 9-1 所示；②在弹出的“新建绘图”对话框中，如果零件或组件模型已经打开并且窗口处于激活状态，则系统自动选择该模型为默认模型，用户也可以单击“浏览”选择创建工程图的零件或组件模型，在“指定模板”栏下，可以选择“使用模板”、“格式为空”或“空”，完成后单击“确定”按钮，如图 9-2 所示。

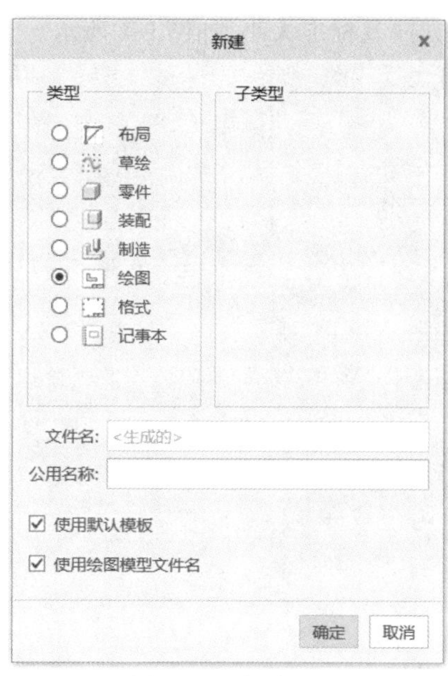

图 9-1　新建“绘图”

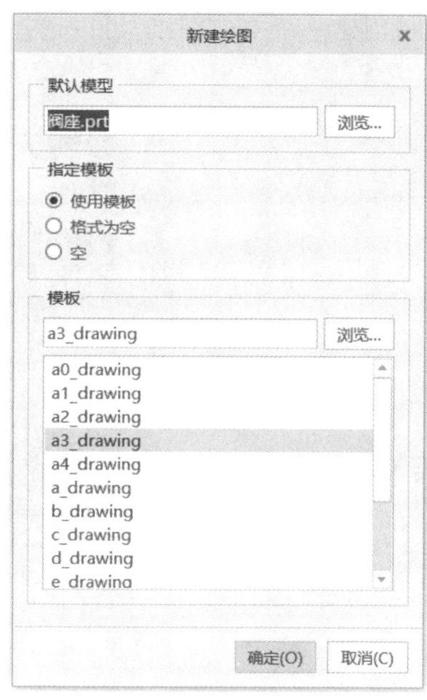

图 9-2　绘图模型及模板的选择

1. 工程图文件名

新建的工程图文件名可以由用户输入，也可直接采用零件或组件模型的文件名，因为工程图文件是不同的文件类型(后缀名为“. drw”)，所以不会出现同名文件的冲突，但同一文件夹不能出现同名的工程图文件。Creo Parametric 9.0 的工程图文件名可以采用英文字母、数字或者汉字。

2. 工程图模板

“使用模板”是指直接使用 Creo 系统自带的工程图模板，采用该模板后，将按照选择“模板”如“a3_drawing”创建 A3 的图纸，并自动创建三个基本视图。

“格式为空”可以另外调用系统格式的模板或用户自己创建的工程图模板格式文件(后缀名为“. frm”)，单击“浏览”，找到所要调用的工程图模板路径，选取相应的格式文件，如图 9-3 所示。

图 9-3　选择“格式为空”调用模板模式文件

“空”则是创建一个空白图纸，可以选择图纸方向及标准大小，如图 9-4 所示。

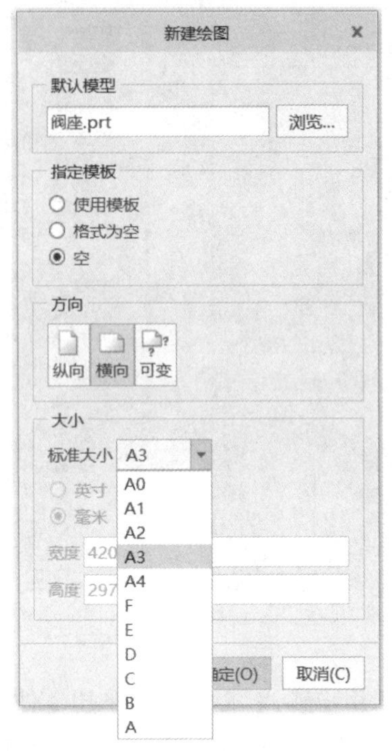

图 9-4　工程图指定模板选择“空”

9.1.2　工程图基本界面

完成“绘图”文件创建后，进行工程图基本界面，如图 9-5 所示。用于工程图设计的主要功能选项卡包括“布局”、“表”、“注释”、“草绘”等。图形窗口则是二维工程图的设计及显示窗口。

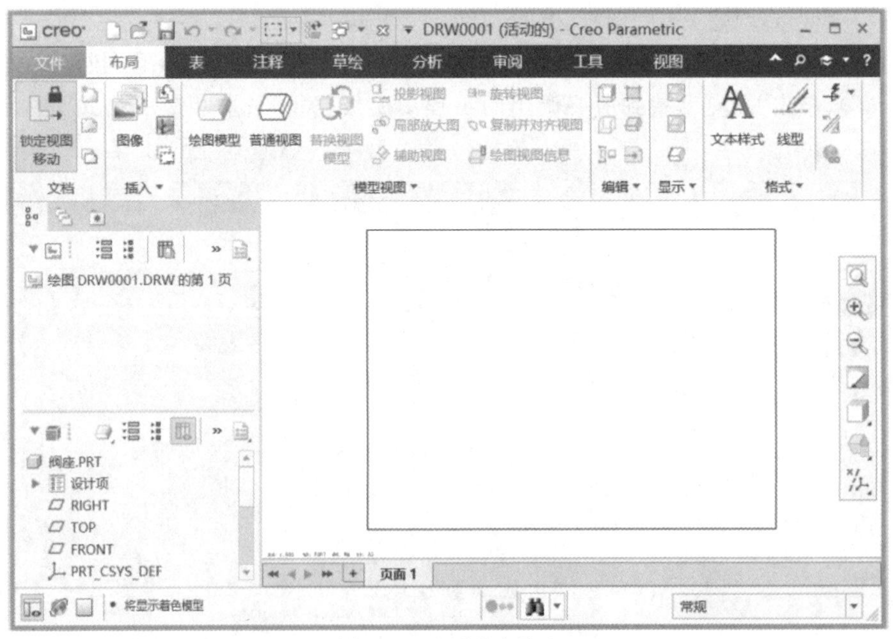

图 9-5　工程图基本界面

9.1.3 工程图环境设置

通常，在工程图设计之前需要对 Creo 工程图的视图、尺寸、几何公差、注释文本等选项配置进行修改后才符合我们国家的工程图标准。首先通过 Creo Parametric 的配置选项，将“drawing_setup_file”的路径文件修改为“cns_cn. dtl”，具体操作在第 1 章的“1. 6 配置选项的设置”中进行了介绍。

在此基础上还可以通过工程图的“绘图属性”了解 Creo 工程图的各选项配置并进行修改。

单击“文件”→“准备”→“绘图属性”，弹出如图 9-6 所示的“绘图属性”设置框，单击“细节选项”后的“更改”，将弹出如图 9-7 所示的“选项”对话框。通过该选项对话框，可以了解工程图各设置的默认设置选项，并可以根据用户要求进行修改设置。

图 9-6 “绘图属性”设置框

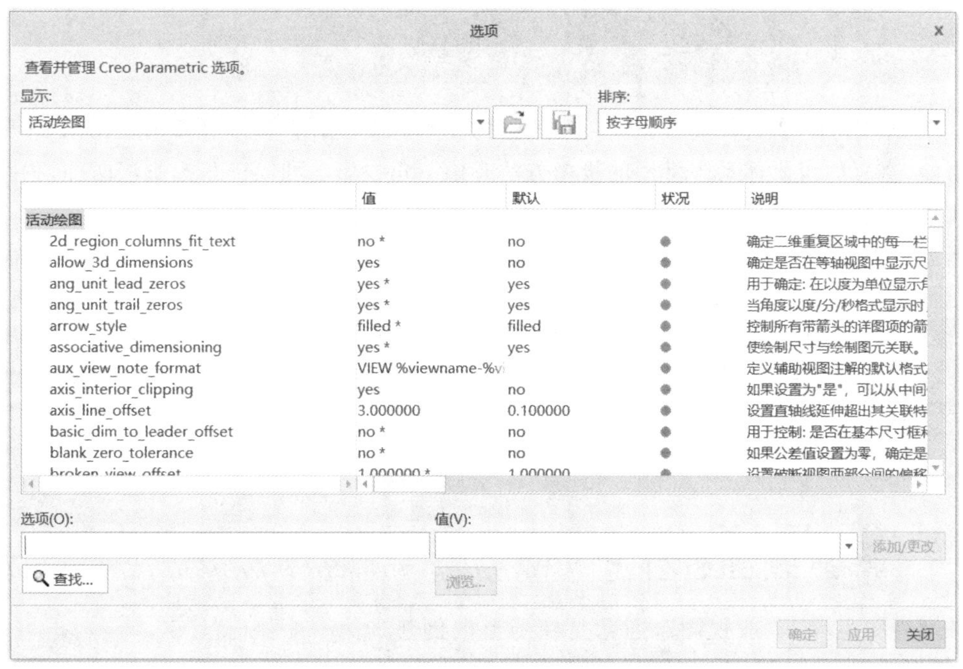

图 9-7 “选项”对话框

例如，默认的工程图选项不显示公差，如果要设置尺寸公差则需要修改相关配置。单击“tol_display(公差显示)”，其默认设置为“no(不显示)”，单击下方“值”的下拉符号，并选择“yes(显示)”，单击“添加/更改”，然后单击对话框的“应用”按钮，则在工程图中可以进行尺寸公差设置，如图 9-8 所示。

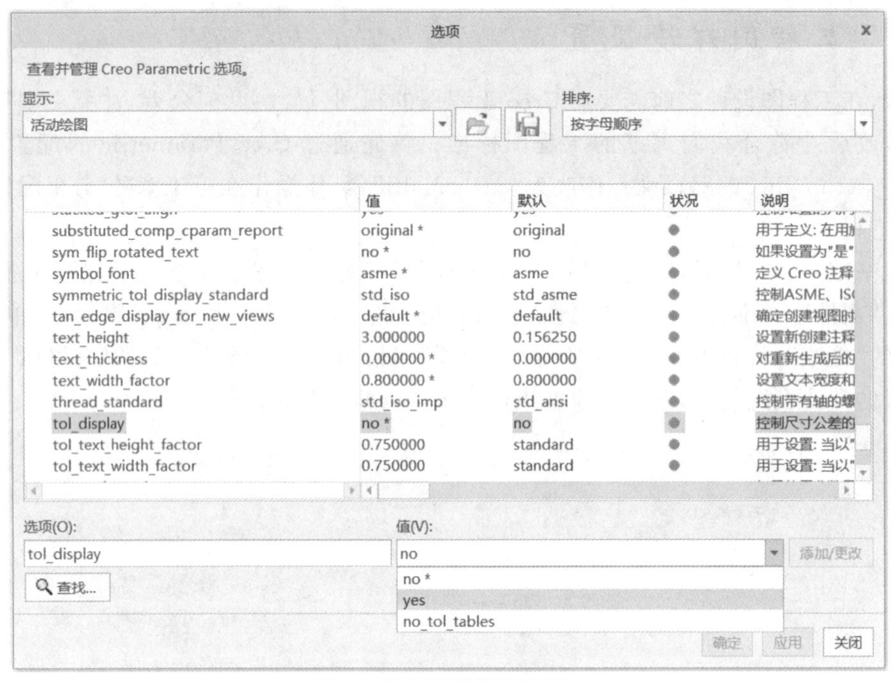

图 9-8 “选项”默认值的更改

9.2 视图的创建与编辑

在机械制图中，将机件向投影面投影所得的图形称为视图。工程上常用三视图来表示机件。目前，在三面投影体系中常用的投影方法有第一角投影法和第三角投影法两种，我国采用第一角投影法，而欧美国家采用第三角投影法。

当创建工程图选择“使用模板”时，系统会自动创建三个基本视图。但大多数时候需要用户自行创建并编辑所需的各种视图。视图利用如图 9-9 所示的“布局”功能选项卡下的“模型视图”命令组的各类工具进行创建。

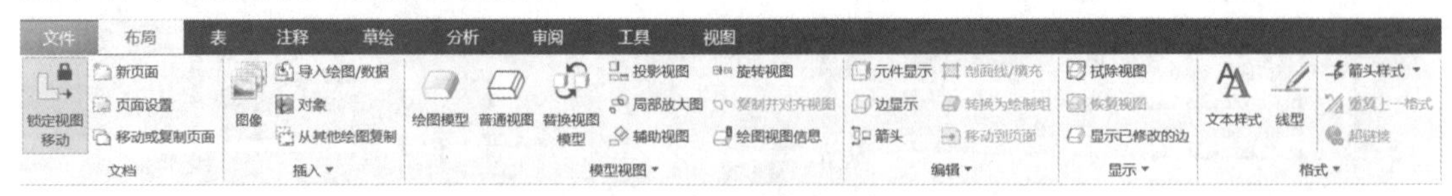

图 9-9 “布局”功能选项卡

9.2.1 普通视图的创建

普通视图也称“一般视图”，通常是在图形区创建的第一个视图，其他视图则可通过创建它的投影视图和辅助视图来创建。

普通视图创建的基本操作步骤：

①单击“普通视图”工具，弹出“选择组合状态”提示框，一般采用“无组合状态”并单击“确定”按钮，如果以后不需要该提示框，则勾选“对于组合状态不提示”，单击“确定”按钮，如图 9-10 所示；

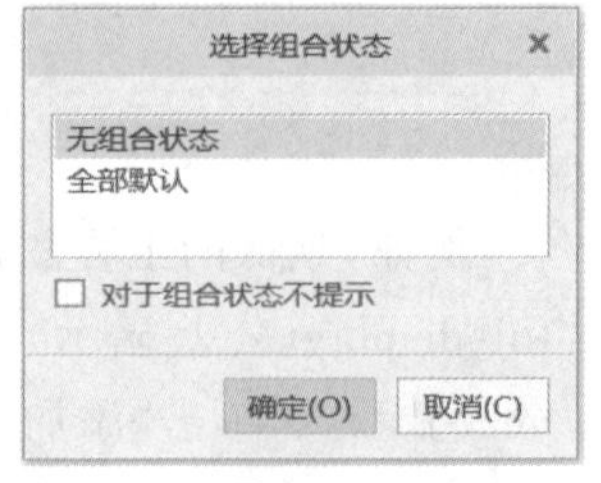

图 9-10 “选择组合状态”提示框

②根据信息栏的提示“选择绘图视图的中心点”，在图形区要放置该视图的位置单击；

③在图形区中创建了一个视图，同时弹出如图 9-11“绘图视图”对话框，需要用户通过该对话框对所创建视图的各类属性进行定义，完成后单击“确定”按钮。

图 9-11 “绘图视图”对话框

1. 视图类型

“视图类型”类别是用于定义视图名称和视图方向。对于“视图名称”，可以选用默认名称或者自行输入视图名称如“主视图”等。视图方向则是设置视图显示模型的方向(投影方向)。视图的定向方法根据“模型中视图的名称”一般可选择“FRONT”或“TOP”等。也可用“几何参考”对模型显示方向进行重新设置；还可以选择“角度”，在原视图方向的基础上沿某个方向(法向、竖直、水平、边/轴)旋转一定角度(逆时针方向)，如图 9-12 所示。

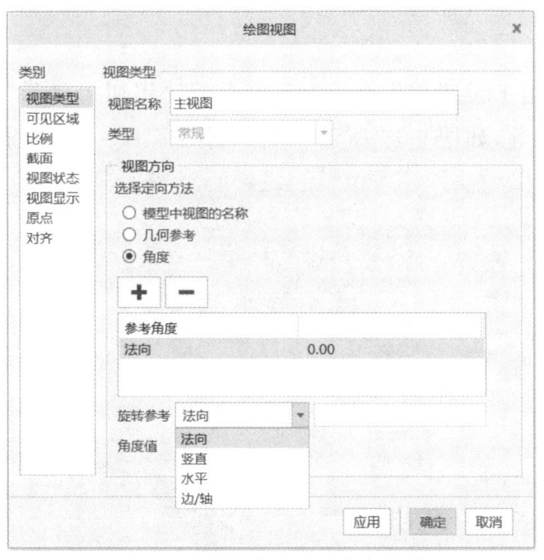

图 9-12 选择“角度”调整视图方向

重要提示 为了使工程图视图创建时方便快捷，一般在绘制零件的三维模型的时候就要考虑好模型的位置和方向，尽量在创建视图时可直接利用三维模型的视图方向进行创建。

2. 可见区域

通过“可见区域”类别可以对视图的“可见性”进行设置，即通过该选项设置“半视图”、“局部视图”或“破断视图”，并且可以选择“Z 方向修剪”，通过选择“修剪参考”创建所需局部视图。如图 9-13 所示。

3. 比例

创建视图后，系统会自动设置一个默认的比例，用户可以通过“比例”类别选项，选择“自定义比例”后输入比例数值，如图 9-14 所示。

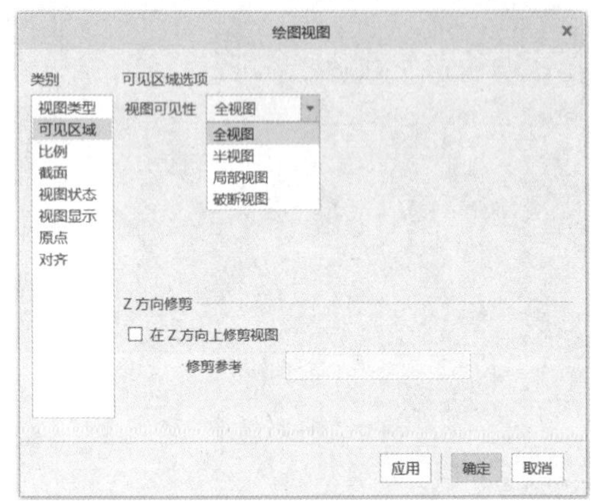

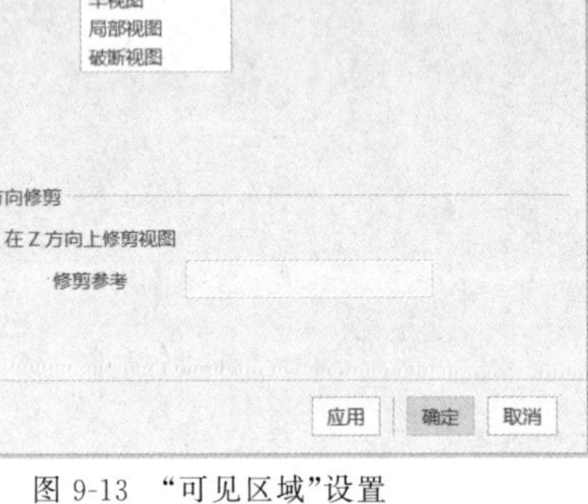

图 9-13 “可见区域”设置

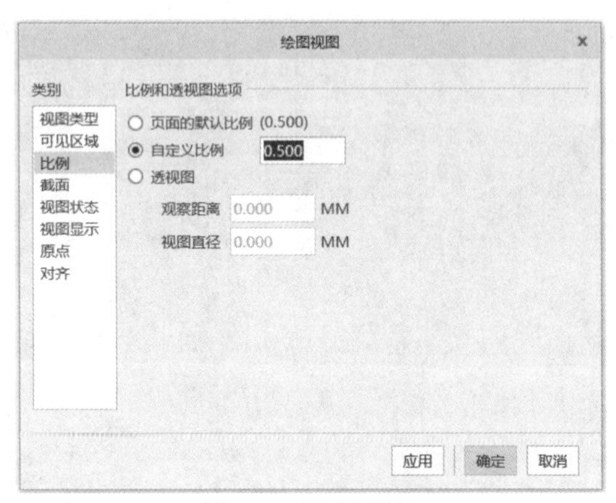

图 9-14 “比例”设置

4. 截面

“截面”选项是用于创建剖面视图或局部剖视图，将在后面的“截面视图创建”中进行讲解，默认状态是“无截面”。

5. 视图状态

“视图状态”选项是用于设置装配工程图的“组合状态”(分解状态)，在零件工程图中一般不需要设置，选用默认的“无组合状态”即可。

6. 视图显示

“视图显示”选项是用于设置视图的“显示样式”及“相切边显示”等。显示样式可以选择“线框”、“消隐”或“着色”等，如图 9-15 所示。根据制图标准，一般情况下都选用“消隐”。

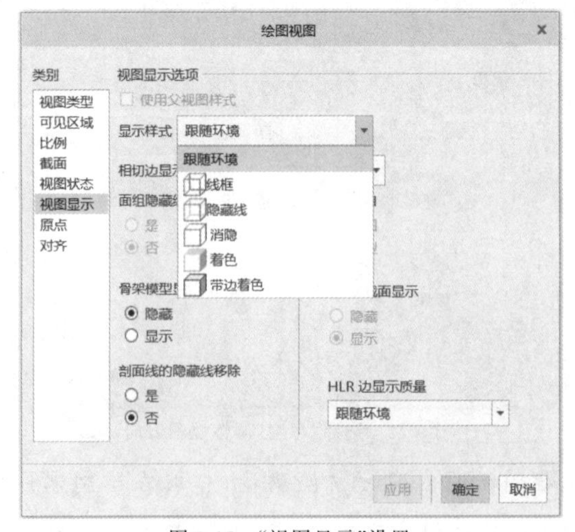

图 9-15 “视图显示”设置

7. 原点

“原点”选项可以设置视图在图纸中的精确位置。

8. 对齐

“对齐”选项可以设置或取消当前视图与其他视图在投影方向的对齐关系。

9. 视图移动

完成视图创建后，可以在图形区拖动视图以调整视图的位置。因为系统默认选择了“锁定视图移动”，所以首先单击取消“锁定视图移动”，然后可选取视图并进行拖动。

9.2.2 投影视图的创建

投影视图是利用已有的视图（称为父视图），通过沿水平或垂直方向的正交投影创建的视图。根据投影关系，投影视图可以位于父视图上方、下方、左侧或右侧。

投影视图创建的基本操作步骤：①单击“投影视图”工具，选取要进行投影的父视图（如果图纸上只有一个视图则不需要选取）；②鼠标将变成框形，根据投影关系往投影方向拖到合适位置单击左键，如图9-16所示；

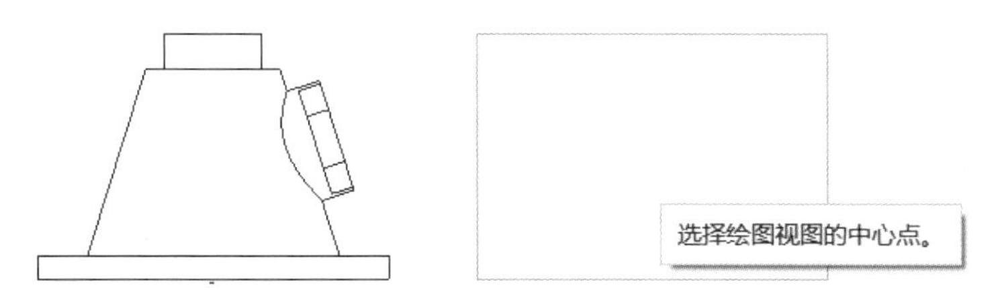

图9-16 投影视图的创建

③双击该视图，在弹出的“绘图视图”中修改其相关选项。因为投影视图的方向、比例和位置都与父视图存在对应关系，所以一般只需要设置“视图显示”即可。

重要提示 因为系统默认的是第三角投影方式，如果没有在工程图配置选项中修改为第一角投影，则创建投影视图时要往相反的方向拖动创建，创建好之后再移动至另一侧。

9.2.3 局部放大图的创建

局部放大图又称“详细视图”，是指创建一个新视图以放大已有视图（父视图）的某一局部。其中，在父视图中包括一个参照注释和边界作为局部放大图设置的一部分。

局部放大图创建的基本操作步骤：①单击“局部放大图”工具，选取要进行放大的视图位置的某边线上一点；②围绕该点绘制一个封闭的边界样条轮廓线，完成后单击中键，如图9-17所示；③在图纸空白区单击选取局部放大图的旋转位置，即完成了局部放大图的创建，如图9-18所示。

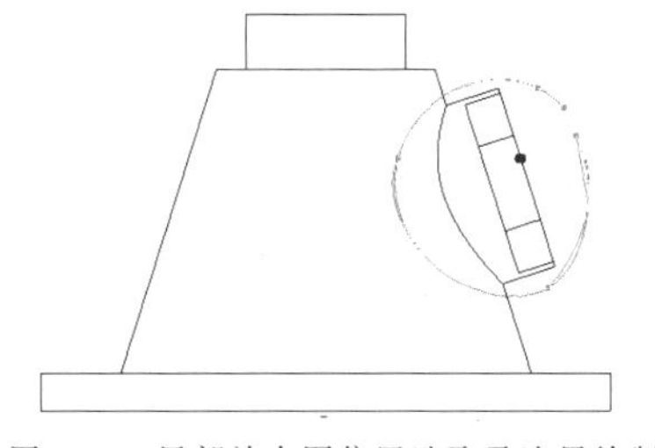

图9-17 局部放大图位置选取及边界绘制

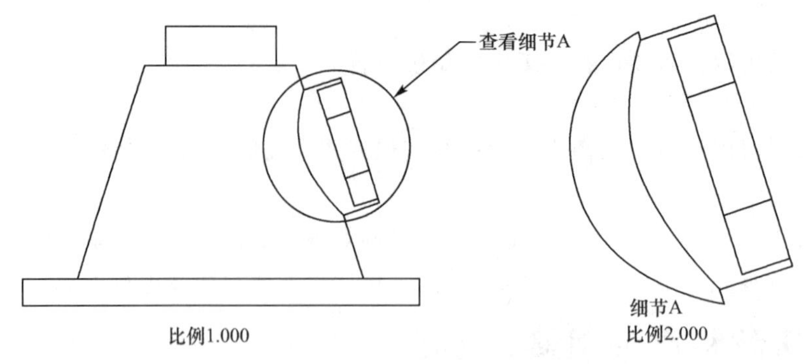

图 9-18　创建后的局部放大图

9.2.4 辅助视图的创建

辅助视图是一种特定类型的投影视图，又称向视图或斜视图，它和投影视图不同之处在于它是沿着零件上某个斜面投影生成的，而一般投影视图是正投影。在工程图中，当正投影视图表达不清楚零件的结构时，可以采用辅助视图。在父视图中选取的参考边线的垂直方向为投影方向。在国标中，辅助视图采用的投影方式为第三角投影。

辅助视图创建的基本操作步骤：①单击“辅助视图”工具，选取父视图上要进行辅助投影的边线；②鼠标将变成框形，根据投影关系往投影方向拖到合适位置单击左键，如图 9-19 所示；③双击创建的辅助视图，对其“可见区域”及“视图显示”等选项进行设置。

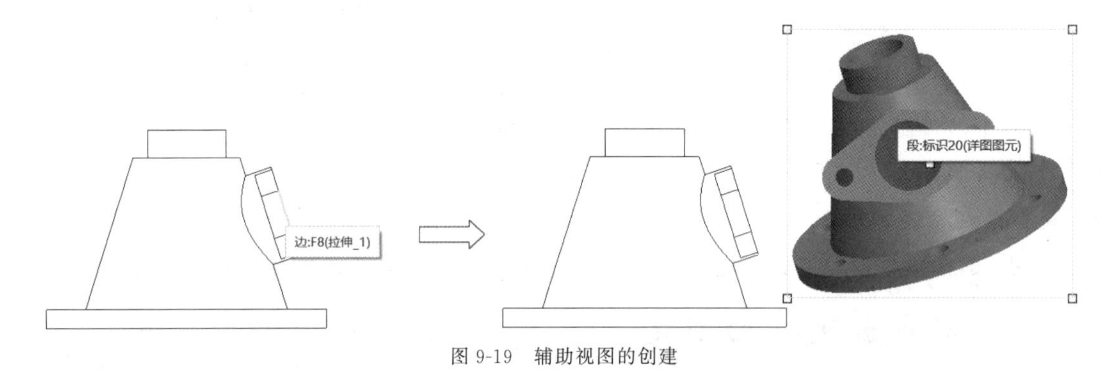

图 9-19　辅助视图的创建

9.2.5 截面视图的创建

工程图的截面视图也称剖视图，是在已有视图基础上创建整体截面（整体剖）或局部截面（局部剖）。要在视图上创建剖面，必须在三维模型上创建相应的截面。该截面可以在创建工程图之前直接在三维模型中创建，也可以在创建视图截面时通过“新建 2D 截面”来创建，其创建方式都是在三维模型上完成，再通过“绘图视图”设置框中的“截面”类别选项进行设置。

1. 全剖视图的设置

全剖视图的剖面为完整截面。截面设置的基本操作步骤：①选择“截面”类别，在“截面选项”中选择“2D 横截面”；②在“名称”下拉选项中选择模型中已有的截面，其中，有绿色“√”的横截面平行于视图方向，为可设置的 2D 横截面；③单击“应用”或“确定”按钮，完成完整截面的创建，如图 9-20 所示。

图 9-20　全剖视图的设置

2. 局部剖视图的设置

局部剖视图可以通过设置“局部截面”创建。基本操作步骤：①将“剖切区域”下拉选项选择“局部”；②围绕局部剖的中心选取一个点，并围绕该点绘制一个封闭的边界样条轮廓线，完成后单击中键或“确定”按钮，如图 9-21 所示。

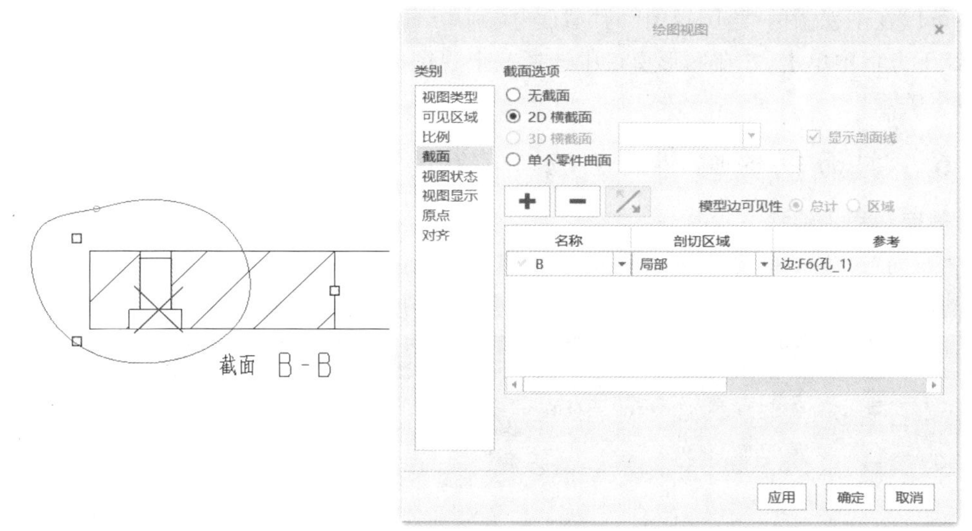

图 9-21　局部剖视图的设置

3. 断面视图的设置

轴类零件的断面视图可以在“模型边可见性”选项中点选“区域”，则截面只显示截面处的轮廓边线，从而形成断面视图。

4. 旋转剖视图的设置

当用一个剖切平面不能通过机件的各内部结构，而机件在整体上又具有回转轴时，可用两个相交的剖切平面剖开机件，然后将剖面的倾斜部分旋转到与基本投影面平行，然后进行投影，这样得到的视图称为旋转剖视图。

基本操作步骤:①将“剖切区域”下拉选项选择“全部(对齐)”;②根据提示在该视图中选取旋转中心轴;③完成后单击“确定”按钮,如图 9-22 所示。

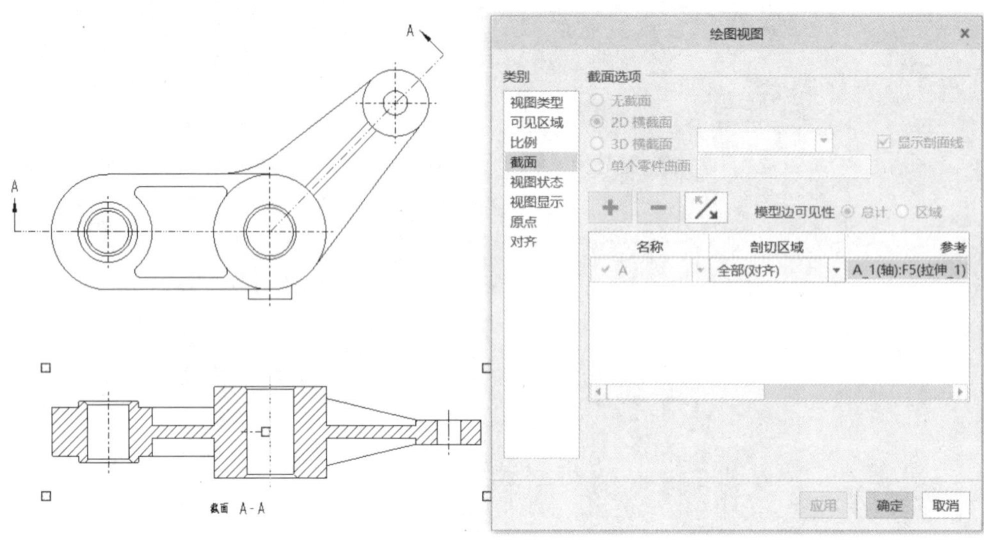

图 9-22　旋转剖视图的设置

5. 剖面箭头的设置

对于剖视图,可以通过在父视图上设置箭头表示其截面剖切位置。基本操作步骤:①单击“布局”选项功能区“编辑”命令组的“箭头”工具;②选取创建的剖视图,再选取要设置箭头的父视图,则完成箭头创建;③完成后单击中键退出命令。

还可以在剖视图的“绘图视图”的“截面”类别中,拉动所选截面下方滚动条至右侧,在“箭头显示”下方框中单击,并在图形窗口中选择一个视图以显示剖面箭头,该视图必须与剖视图存在投影关系。

9.2.6　剖面线的编辑

1. 剖面线样式编辑

在“布局”选项卡中,单击视图的剖面线,将弹出如图 9-23 所示的“编辑剖面线”操控板,可以在“剖面线库”中选择剖面线图案,并编辑其角度、密度、偏移及颜色等。

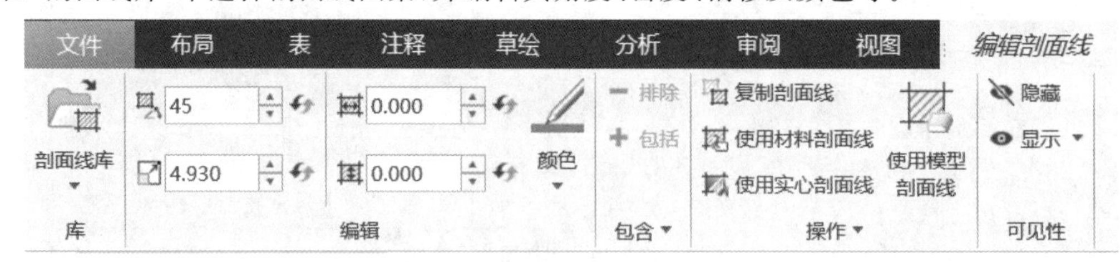

图 9-23　“编辑剖面线”操控板

2. 非剖元件的设置

对于装配剖视图中的非剖元件(如实心轴、销、螺栓、螺钉、螺柱、键、阀芯、顶杆、球等零件),可以在选中该元件的剖面线后,单击“－排除”按钮,则该元件变为非剖状态,如图 9-24 所示。如果要再改为剖切状态,则单击“＋包括”按钮即可。

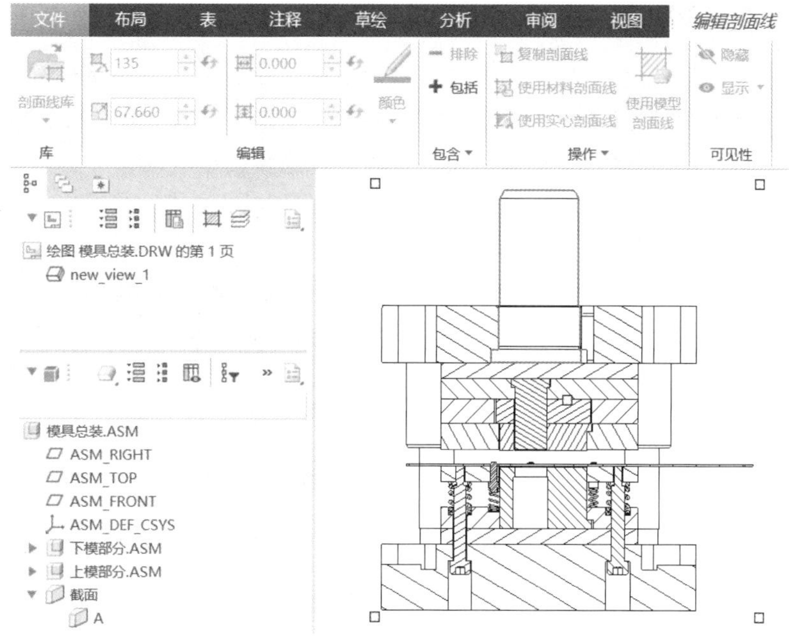

图 9-24 装配剖视图中非剖元件的设置

重要提示 对于机械装配剖视图，非剖元件不能简单地将元件的剖面线隐藏或删除。因为隐藏剖面线的元件还是被剖切了，没有凸缘轮廓边线；而排除剖面的元件没有被剖切，视图中有元件的凸缘轮廓边线。两者区别如图 9-25 所示。

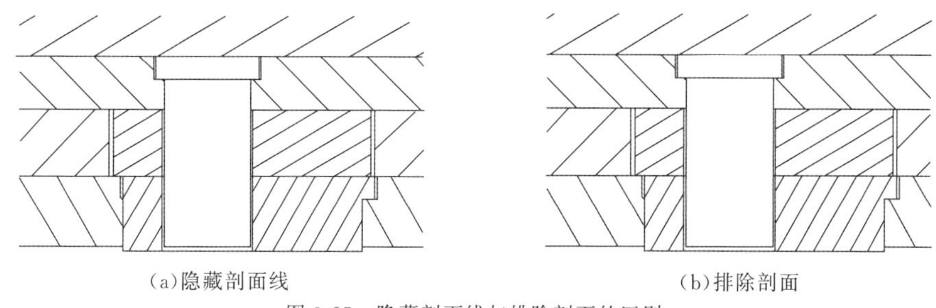

(a)隐藏剖面线　　(b)排除剖面

图 9-25 隐藏剖面线与排除剖面的区别

3. 零件非剖部分的设置

对于单个零件模型中的非剖部分（如加强筋、轮辐等），则需要在三维模型中将非剖部分从主体上进行分割，形成单独的主体。

在单击剖面线打开“编辑剖面线”操控板后，将筛选器设置为“带剖面线的主体”，然后在视图中选择非剖部分，将其剖面线设置为“隐藏”即可，完成后效果如图 9-26 所示。

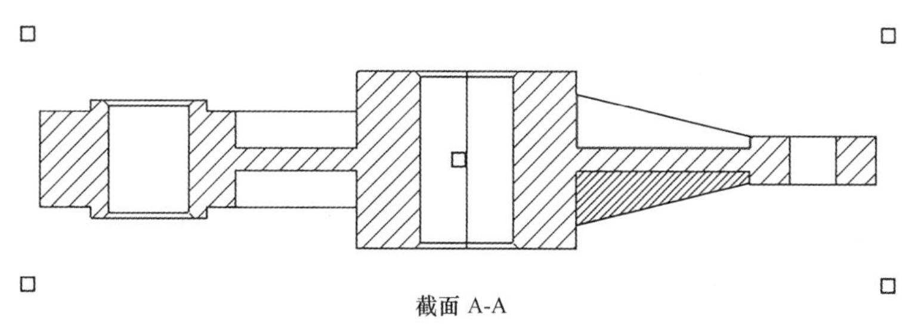

图 9-26 筋板部分的非剖设置

9.2.7 工程图图层设置

对于各类曲面和曲线较多的复杂工程图，可以用图层有效地控制各类图元（线条）的显示或隐藏。创建工程图文件后，系统自动创建了一些默认的图层，隐藏图层可以隐藏图层包含的元素。打开“层”，可以查看系统的默认图层并可以设置隐藏或显示。

以设置工程图中曲面和曲线图层为例：在图层空白处单击右键，在弹出的菜单栏中选择“新建层”，弹出“层属性”对话框，可以对新建层进行命名，然后单击“包括”按钮，通过“筛选器”框选工程图中各视图中的“面组”和“曲线”，然后单击“确定”按钮，如图 9-27 所示。创建图层后，将该图层隐藏，则工程图中不再显示所有面组和曲线形成的线条。

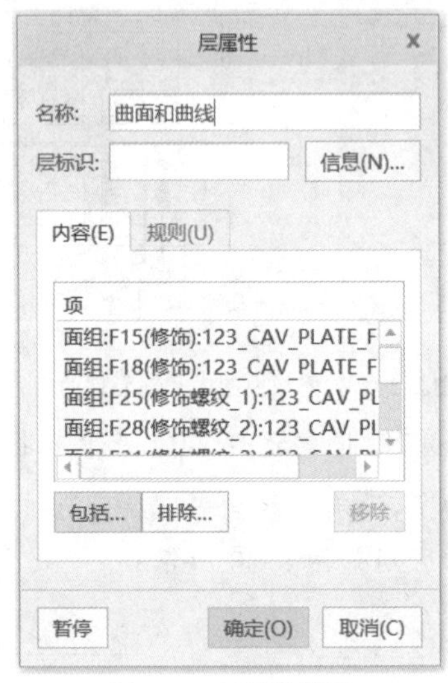

图 9-27　层属性设置

9.3 尺寸标注与注释

工程图的尺寸标注和注释在如图 9-28 所示的“注释”命令组中工具进行创建。

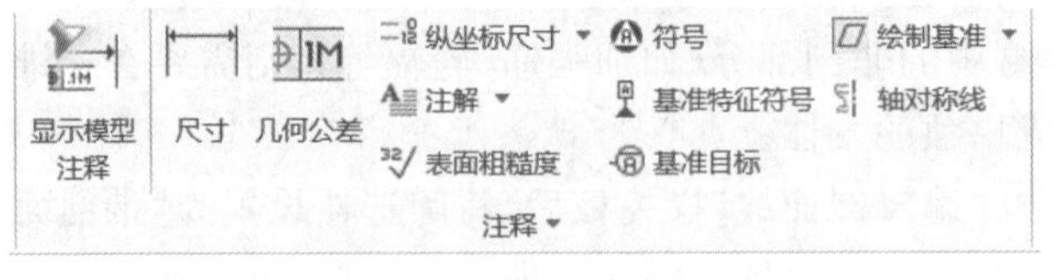

图 9-28　“注释”命令组

9.3.1 尺寸标注

工程图尺寸的标注可以通过两种方式：通过“显示模型注释”自动创建、利用“尺寸”工具自行标注。

1. 通过“显示模型注释”添加尺寸

单击“显示模型注释”，选择要显示注释的视图，在弹出的“显示模型注释”对话框的“显示模型尺寸”选项栏中显示所有的尺寸，勾选或全选要显示的尺寸注释，如图 9-29 所示。单击“确定”按钮后在视图上完成所选尺寸的添加。

2. 手动标注尺寸

单击“尺寸”工具，弹出如图 9-30 所示“选择参考”对话框。默认的“选择参考”是最常用的“选择图元”。此外，还可以单击“选择圆弧或圆的切线”、“选择边或图元的中点”、“选择由两个对象定义的相交”及尺寸标注方向选择。

图 9-29 “显示模型注释”添加尺寸

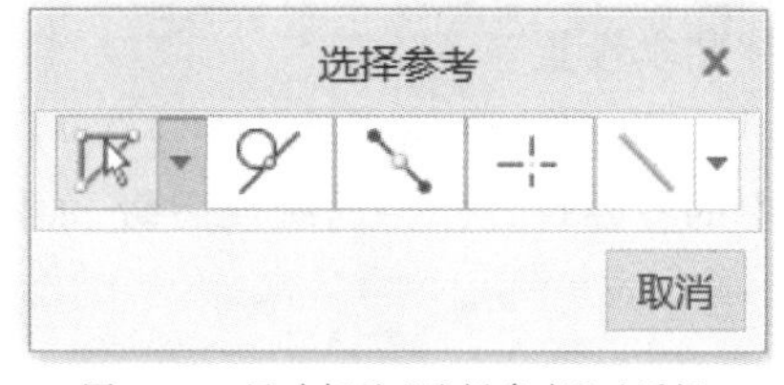

图 9-30 尺寸标注“选择参考”对话框

在“选择图元”设置下，几种基本尺寸的标注方法如下：

(1)标注圆弧或圆的半径时直接单击视图的圆弧或圆的边线；

(2)标注直边或直线的长度时直接单击边线图元；

(3)标注两个图元的距离或夹角时按住“Ctrl”键同时选取两个图元，出现创建的尺寸后拉至合适位置，松开“Ctrl”键并单击鼠标中键。

9.3.2 尺寸设置

双击创建的尺寸，则弹出如图 9-31 所示的“尺寸”操控板和如图 9-32 所示的“格式”操控板。“尺寸”操控板可以对尺寸公差、方向、文本、显示等进行设置；“格式”操控板可以对尺寸文本的字体及高度等进行设置。

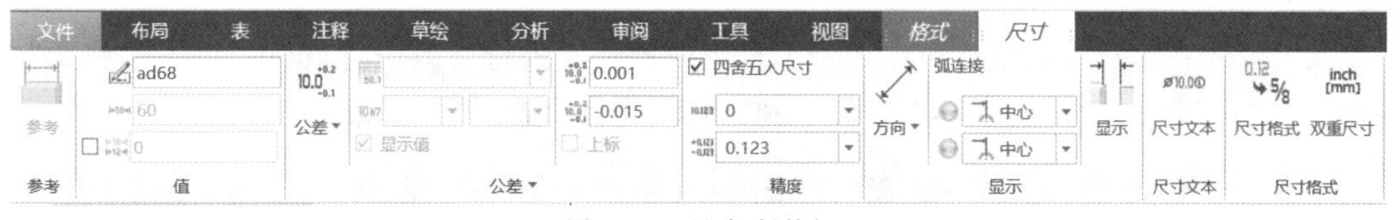

图 9-31 “尺寸”操控板

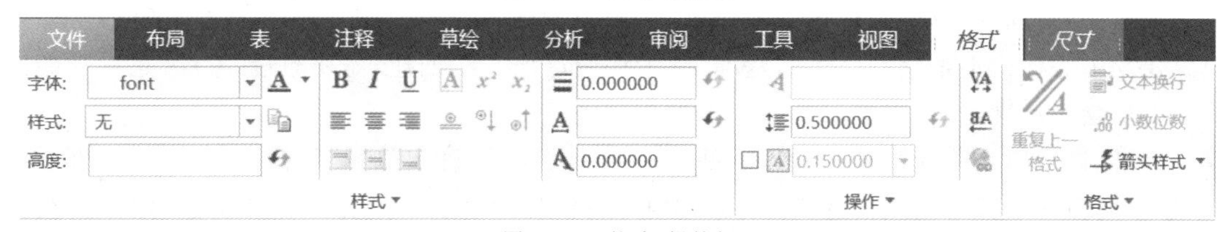

图 9-32 “格式”操控板

1. 尺寸公差设置

要设置尺寸公差首先需要将工程图设置的“tol_display”选项更改成“yes”。基本操作步骤：①双击要设置尺寸公差的尺寸；②单击“尺寸”操控板中的“公差”，在下拉选项中选择要设置的公差类型(默认为“公称”,即不显示公差);③在公差数值栏中输入公差值,并设置公差精度,则完成尺寸公差设置,如图 9-33 所示。

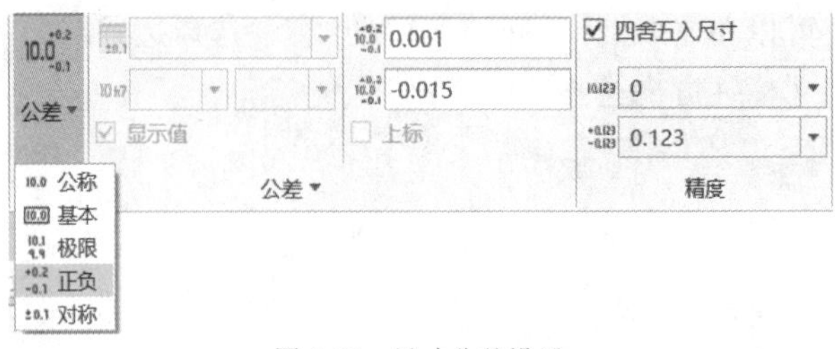

图 9-33 尺寸公差设置

2. 尺寸显示设置

单击“尺寸”操控板中的“显示”,可以设置尺寸的文本方向、配置及箭头样式等,如图 9-34 所示。

3. 尺寸文本设置

单击“尺寸”操控板中的“尺寸文本”,可以为尺寸添加“前缀”和“后缀”,还可以直接插入“符号”栏中的各种符号作为前缀或后缀,如图 9-35 所示。

图 9-34 尺寸显示设置

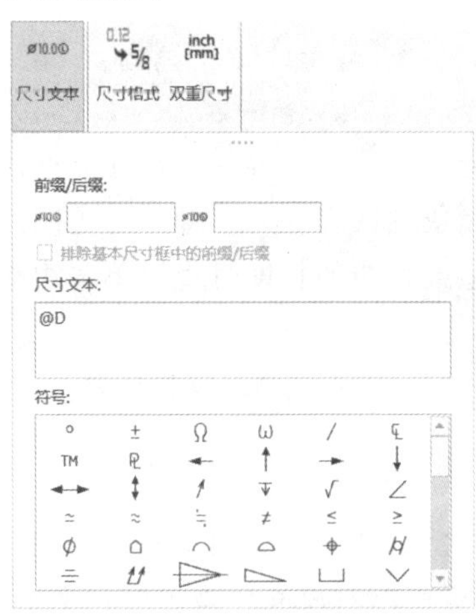

图 9-35 尺寸文本设置

4. 尺寸格式设置

尺寸文本的字体及高度等可以通过工程图设置选项进行修改设置,也可以单击“格式”操控板下“样式”命令组中的“字体”、“样式”和“高度”进行设置。

9.3.3 中心线与中心标记创建

视图中的中心线及中心标记主要通过“显示模型注释”中的“显示模型基准”来创建,如果中心线及中心标记不是模型已有的基准,则无法通过该方法创建,需要通过“草绘”选项功能区的各类草绘工具进行绘制。

单击“显示模型注释”,选择要显示基准注释的视图,在弹出的“显示模型注释”对话框中单击“显示模型基准”,勾选或全选要显示的中心注释,如图 9-36 所示。单击“确定”按钮后在视图上完成中心线和中心标记的添加。

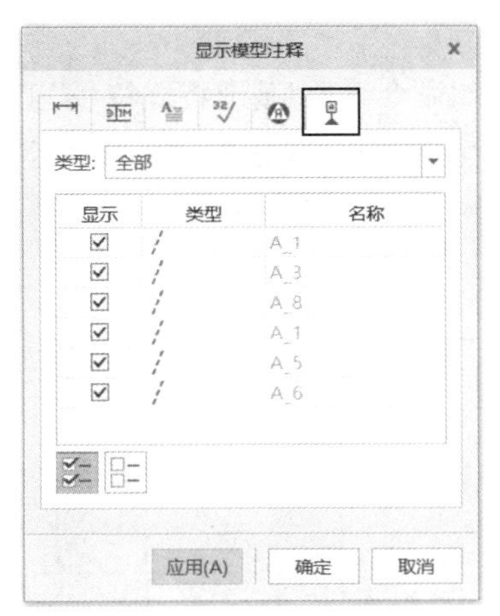

图 9-36 “显示模型注释”添加中心线

9.3.4 几何公差与基准符号创建

1. 几何公差创建

几何公差又称为形位公差，可以通过“几何公差”工具进行创建。基本操作步骤：①单击“几何公差”工具；②选取要放置几何公差的几何边、尺寸和轴基准等，单击中键完成几何公差创建，如图 9-37 所示；③可通过拖动箭头处的圆形控制符号移动几何公差至合适位置；④单击该几何公差，弹出“几何公差”操控板，单击“几何特性”下拉选项，选择几何公差类型，并在公差数值栏中输入公差值，并在基准栏中输入基准符号，如图 9-38 所示。

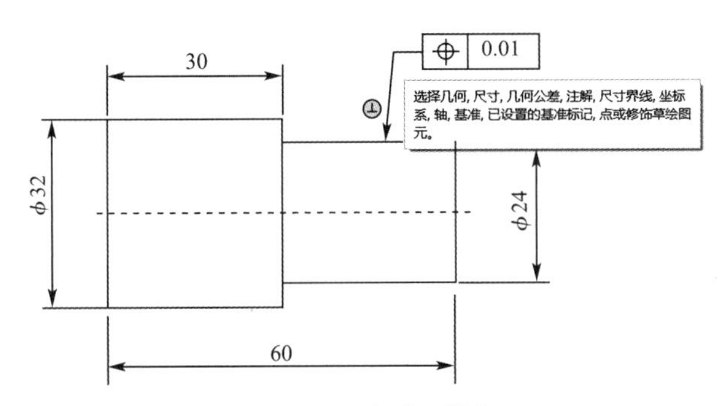

图 9-37 几何公差创建

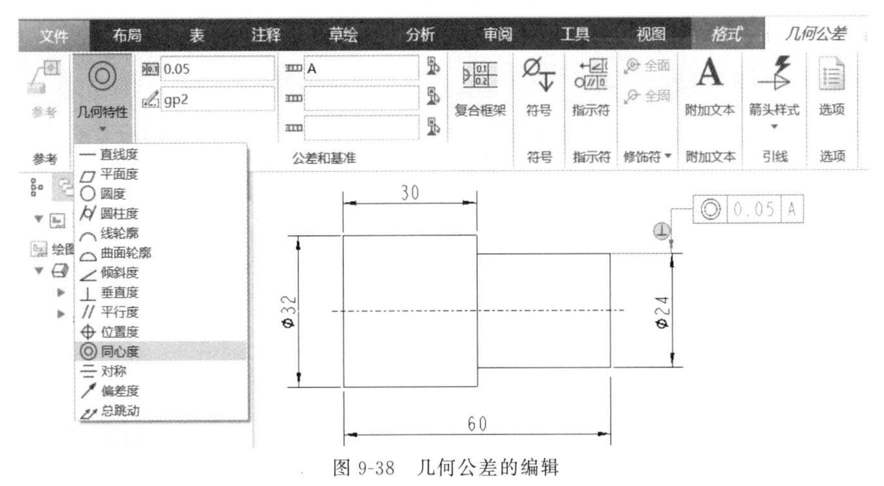

图 9-38 几何公差的编辑

2. 基准特征符号创建

基本操作步骤:①单击“注释”命令组的“基准特征符号”工具;②在视图上选取要放置基准特征符号的几何边、尺寸、轴、尺寸引线等,单击中键完成创建,如图 9-39 所示;③可通过拖动黑三角形控制符号移动基准特征符号至合适位置;④单击该基准特征符号,弹出“基准要素”操控板,可以设置其标签及显示方式,如图 9-40 所示。

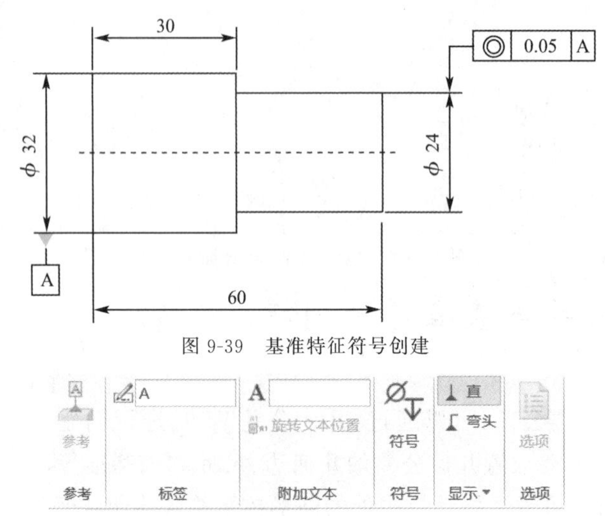

图 9-39 基准特征符号创建

图 9-40 基准特征符号编辑

9.3.5 表面粗糙度创建

基本操作步骤:①单击“注释”命令组的“表面粗糙度”工具;②在弹出的“表面粗糙度”操控板中单击“符号库”下拉选项,选取要创建的表面粗糙度符号类别,如图 9-41 所示;③在视图上选取要创建表面粗糙度的位置并单击;④完成表面粗糙度符号创建,单击中键退出命令。

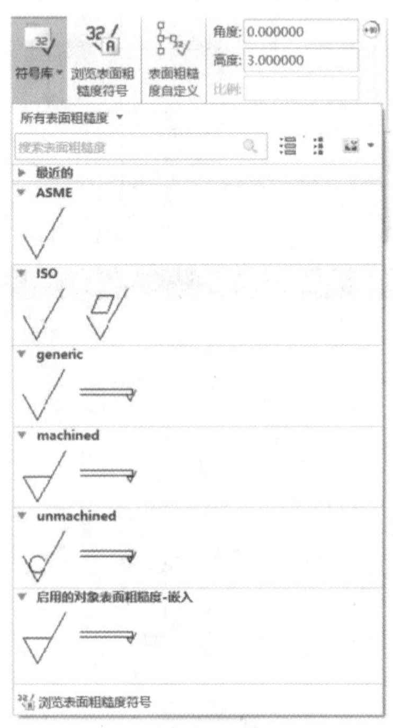

图 9-41 表面粗糙度符号库

9.3.6 注解文本创建

工程图中的文本利用“注解”工具进行创建，“注解”工具包括“独立注解”、“偏移注解”、“项上注解”和“引线注解”。基本操作步骤：①单击“注解”工具，在视图上选取要创建注解的位置并单击；②在注解文本框中输入文本，并可在“样式”操控板中设置文本字体、高度等样式，如图 9-42 所示，完成后单击右键。

图 9-42 注解文本创建

大多数情况采用“独立注解”，完成后可以选中注解文本并单击右键，在弹出的菜单栏中可以“更改注解类型”或“添加引线”，如图 9-43 所示。

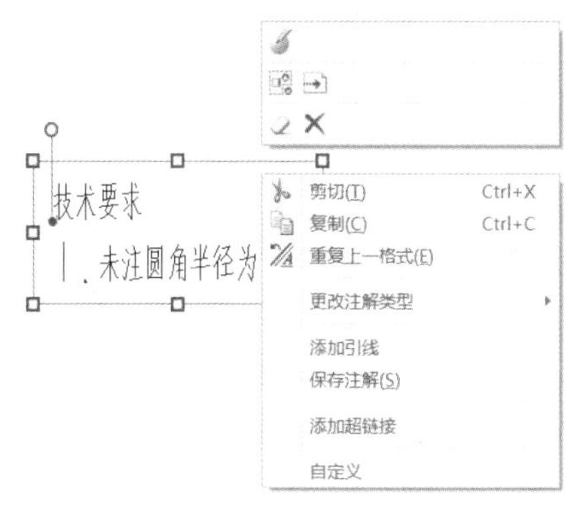

图 9-43 注解的右键快捷菜单

9.4 表格的创建与编辑

在创建工程图的标题栏和零件明细栏时需要应用表格的创建与编辑。表格的创建与编辑是通过如图 9-44 所示的“表”选项卡的各工具完成。

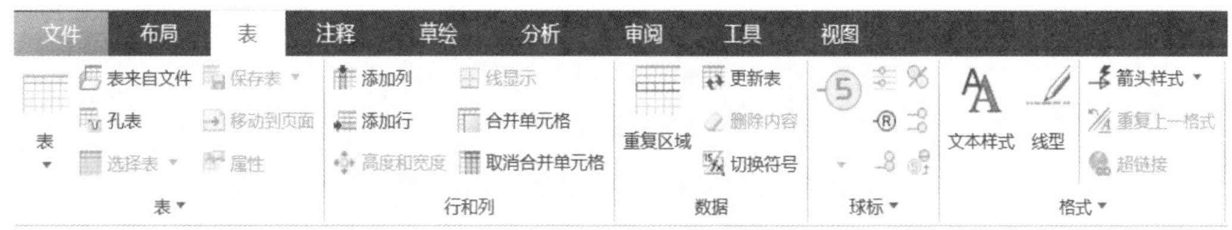

图 9-44 “表”选项卡

9.4.1 表格创建

表格创建主要通过"表"工具来插入表，也可以用"表来自文件"导入外部的表文件。"表"工具主要采用选取行列或"插入表"来创建表格。

1. 选取行列创建表

基本操作步骤：①单击"表"工具下拉选项，在如图 9-45 所示的表格行列区通过移动鼠标至合适位置单击选取行列数；②在工程图中合适位置单击鼠标放置表格；③选取表格后，可拖动四个角上的方形控制点来移动整个表格，如图 9-46 所示。

图 9-45 表格行列选取

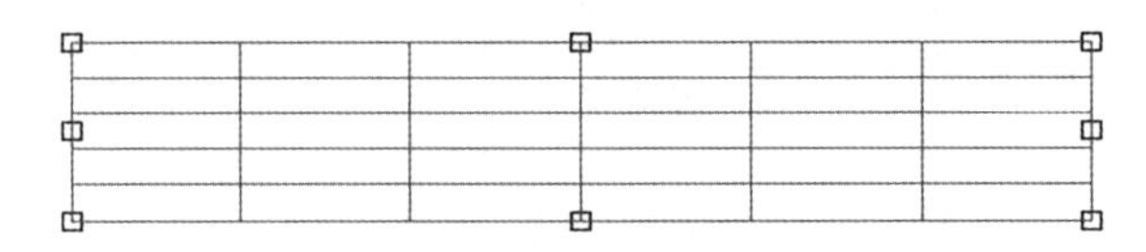

图 9-46 表格拖动控制点

2. 插入表

基本操作步骤：①单击"表"工具下拉选项的"插入表"；②在弹出的"插入表"对话框中选取表的创建方向、行列数、行高度和列宽度，单击"确定"按钮，如图 9-47 所示；③在工程图纸上单击选取表格放置位置。

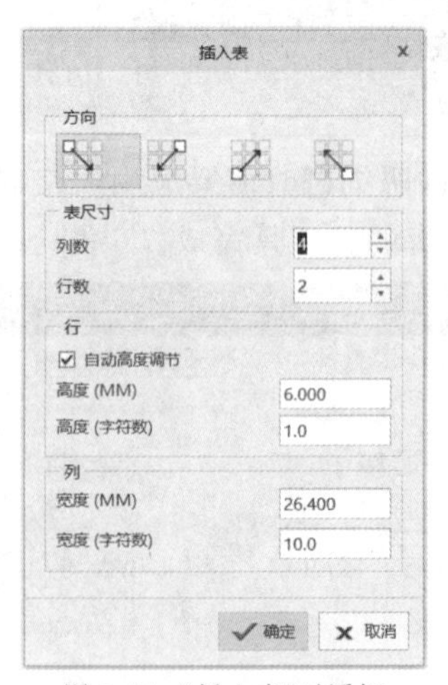

图 9-47 "插入表"对话框

3. 导入表

行列数和内容多的表格,如零件明细栏可以通过 Excel 完成表格编辑,然后将 Excel 表另存为“. CSV”格式的表格文件。然后单击“表来自文件”,选择导入表的类型为“CSV 表绘图”,找到由 Excel 表另存的“. CSV”格式文件,选择打开。导入的表格同样可以对其单元格的行高和列宽进行编辑,并可以进行合并单元格等处理。

9.4.2 合并单元格与行列操作

1. 合并单元格

将筛选器设置为“表单元格”,按住“Ctrl”键选取多个要合并的单元格,再单击“合并单元格”工具,则完成单元格的合并。要取消单元格的合并,则选取合并后的单元格,单击“取消合并单元格”即可。

2. 添加行列

使用命令组中的“添加行”或“添加列”工具,单击已有表格的空白区,则在该位置则插入一行或一列。

3. 删除行列

设置“筛选器”为“表中的行”或“表中的列”,选中要删除的行或列,在弹出的浮动工具栏中选择删除工具“×”,或单击“Delete”键。

9.4.3 单元格尺寸设置

单击选取要设置尺寸的单元格,再单击“高度和宽度”工具,则弹出“高度和宽度”对话框,取消“自动高度调节”的勾选,可修改行的高度和列的宽度,如图 9-48 所示。

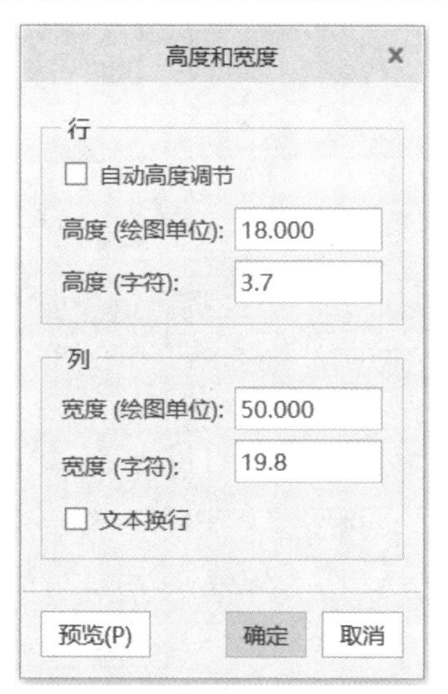

图 9-48 单元格的尺寸设置

9.4.4 单元格文本编辑

双击要编辑文本的单元格,则可以在单元格中输入文本内容,同时可以通过弹出的“格式”操控板设置文本字体、样式及高度等,如图 9-49 所示。也可以直接选取整个表格或表的某一行/列进行文本格式设置。

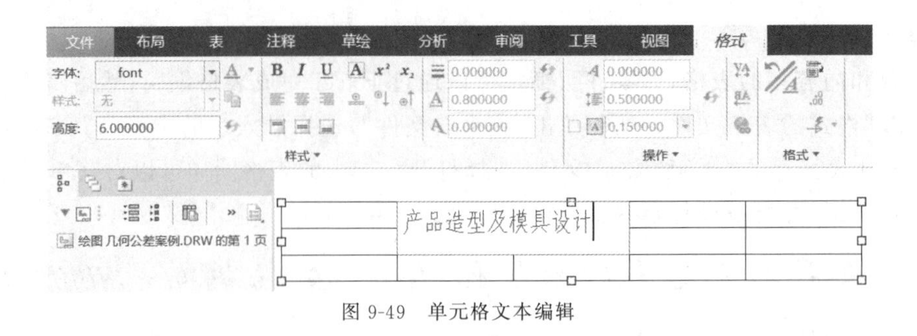

图 9-49　单元格文本编辑

9.5　创建工程图模板

用户可以通过创建"格式"文件(后缀名为".frm")来创建各种规格的工程图标准模板并保存至合适位置,之后在创建工程图时可以直接选用该模板,从而不需要重新设置图框和标题栏,提高工程图设计效率。

9.5.1　新建格式文件

基本操作步骤:①新建"格式"文件,命名为"＊＊＊图框模板",单击"确定"按钮;②在弹出的"新格式"对话框中选取图框方向和大小,单击"确定"按钮,如图 9-50 所示。

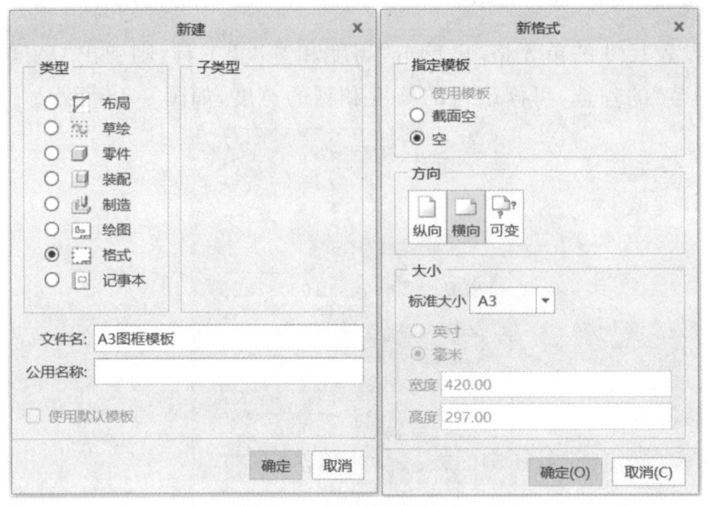

图 9-50　新建"格式"文件

9.5.2　图框绘制

1. 图纸边框绘制

图纸边框利用如图 9-51 所示的工程图"草绘"选项卡的草绘工具进行绘制。

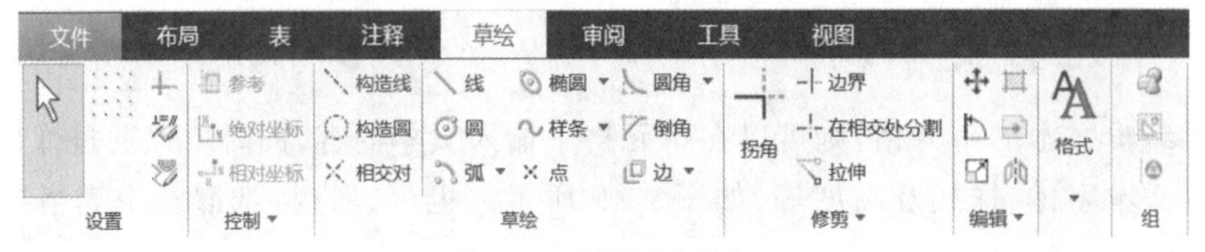

图 9-51　"草绘"选项卡

基本操作步骤:①单击“边”的“偏移边”工具,选择“链图元”,如图 9-52 所示;②按住“Ctrl”键选取图纸的四条边界线,输入偏移距离“−10”(往中间偏移);③完成后单击中键。创建后的图纸边框如图 9-53 所示。

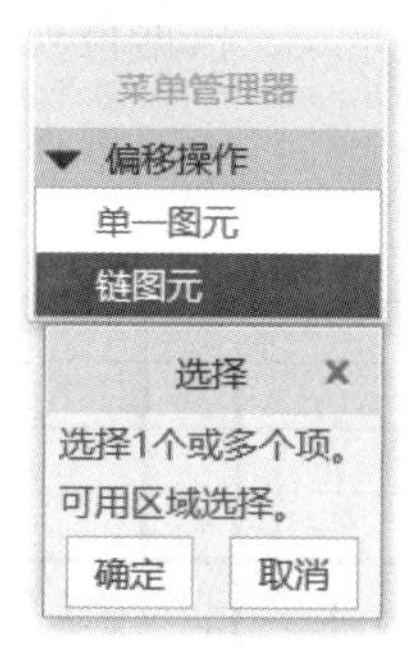

图 9-52 偏移操作

图 9-53 边框矩形的长与高设置

如果左侧有装订线,则通过“单一图元”偏移,将左侧边界线往中间偏移“25”,其他边界线往中间偏移“5”,再用“拐角”工具进行修剪。

2. 对中标志绘制

单击“线”工具,捕捉各边框线和边界线为参考,完成参考捕捉后单击中键,在每个方向的边框中点绘制一条至图纸边界线中点的短线,如图 9-54 所示。

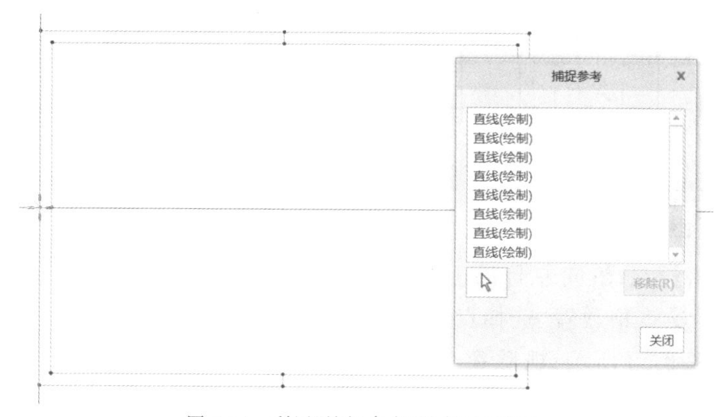

图 9-54 利用“捕捉参考”绘制对中标志

3. 对角标志绘制

基本操作步骤:①单击“边”的“偏移边”工具,选择“链图元”,按住“Ctrl”键选取图纸的四条边界线,输入偏移距离“−5”(往中间偏移);②单击“在相交处分割”工具,利用其中四条中点线对偏移形成的四条边线进行分割;③单击“修剪”下拉选项中的“长度”工具,并输入长度值“20”,然后分别选取截断后的 8 条边线,将其设置为指定的长度;完成后如图 9-55 所示;

图 9-55 图框对角标志绘制

9.5.3 标题栏创建

“GB－T 10609.1－2008”中规定的标题栏和明细栏形状和尺寸如图 9-56 所示，放置于图框的右下角，其中装配图的零件明细栏可以通过 Excel 完成并导入。根据行列性质，可以通过从右至左创建四个表来绘制标题栏。

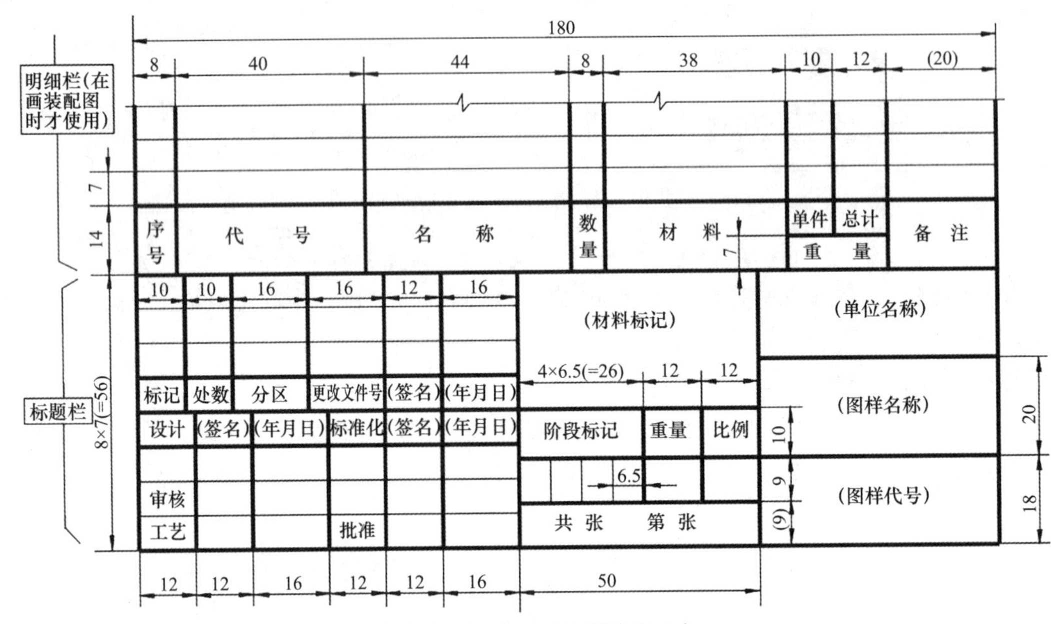

图 9-56 标题栏和明细栏表格尺寸

1. 右侧第一个表的创建

右侧表创建步骤：①单击“表”工具下拉选项的“插入表”，在“插入表”对话框中，“方向”选择最后一个“表的增长方式：向左且向上”，1 列 3 行，行高为 18，列宽为 50，并单击“确定”按钮，如图 9-57 所示；②表格放置“选择点”方式选择最后一个“选择顶点”，并选取图框的右下角顶点为放置点，如图 9-58 所示；删除每个小矩形靠近图纸中心的两条边线；③选取中间单元格，单击“高度和宽度”，将高度修改为“20”。

图 9-57 “插入表”设置

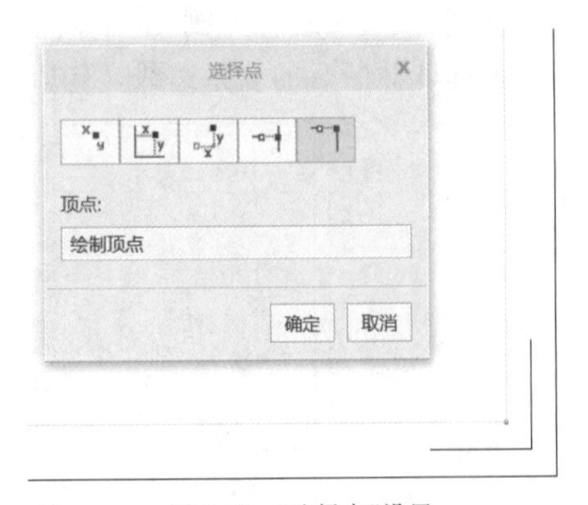

图 9-58 “选择点”设置

2. 中间表的创建

中间表创建步骤：①插入一个6列4行，行高为10，列宽为6.5的表格；②表格放置“选择点”方式选择“自由点”；③利用“合并”工具将相关单元格进行合并处理；④利用“高度和宽度”工具将各单元格的尺寸进行修改，完成后将其移动至与右侧表齐平位置，如图9-59所示。

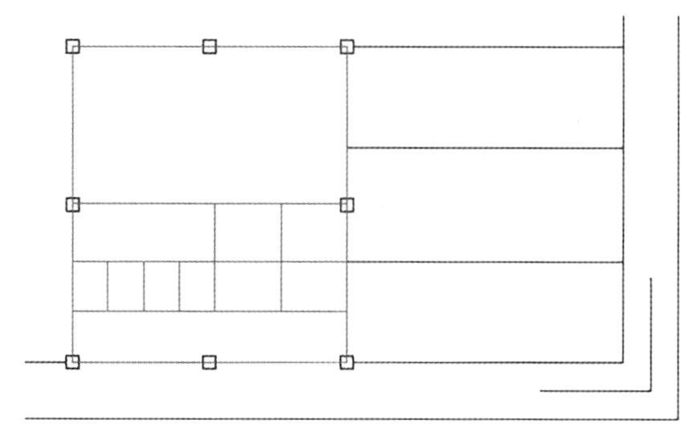

图9-59　中间表的创建

3. 左侧两个表的创建

下左侧表创建步骤：①插入一个6列4行，行高为7，列宽为12的表格；②表格放置“选择点”方式选择“自由点”；③利用“高度和宽度”工具将各单元格的尺寸进行修改，完成后将其移动至与中间表齐平位置，如图9-60所示。

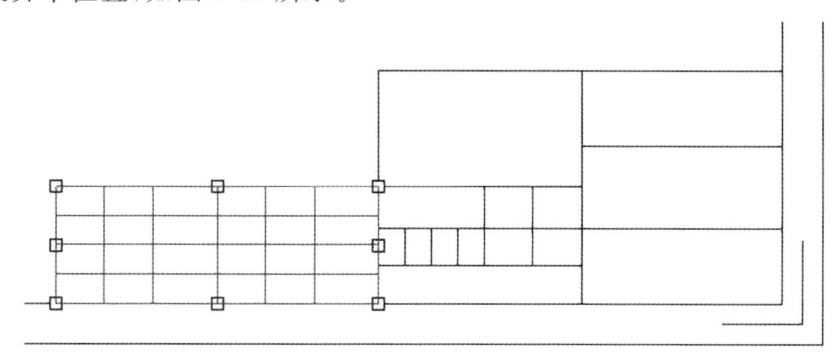

图9-60　下左侧表的创建

同样方法创建上左侧表，如图9-61所示。

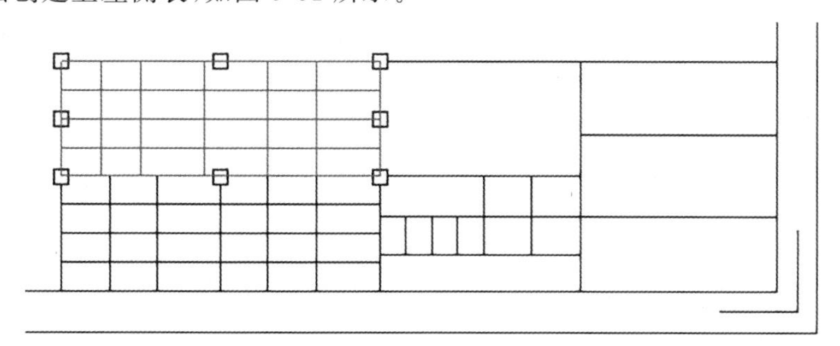

图9-61　上左侧表的创建

4. 标题栏中文本创建

双击标题栏的各个单元格，输入并编辑文本内容，大的字体高度采用“6”，小的字体高度采用“4.5”，并设置水平和竖直居中，完成编辑后的标题栏如图9-62所示。

						（材料标记）			（单位名称）
标记	处数	分　区	更改文件号	签名	（年月日）				（图样名称）
设计	（签名）	（年月日）	标准化	（签名）	（年月日）	阶段标记	重量	比例	
审核									（图样代号）
工艺			批准			共　张		第　张	

图 9-62　完成编辑后的标题栏

9.5.4　绘图属性设置

可以通过“绘图属性”对工程图的相关选项设置进行修改，完成后保存至模板文件，对于使用该模板的工程图文件不需要对这些选项重新进行设置。

9.6　训练案例 1：传动轴零件工程图设计

完成如图 9-63 所示的传动轴零件工程图设计。

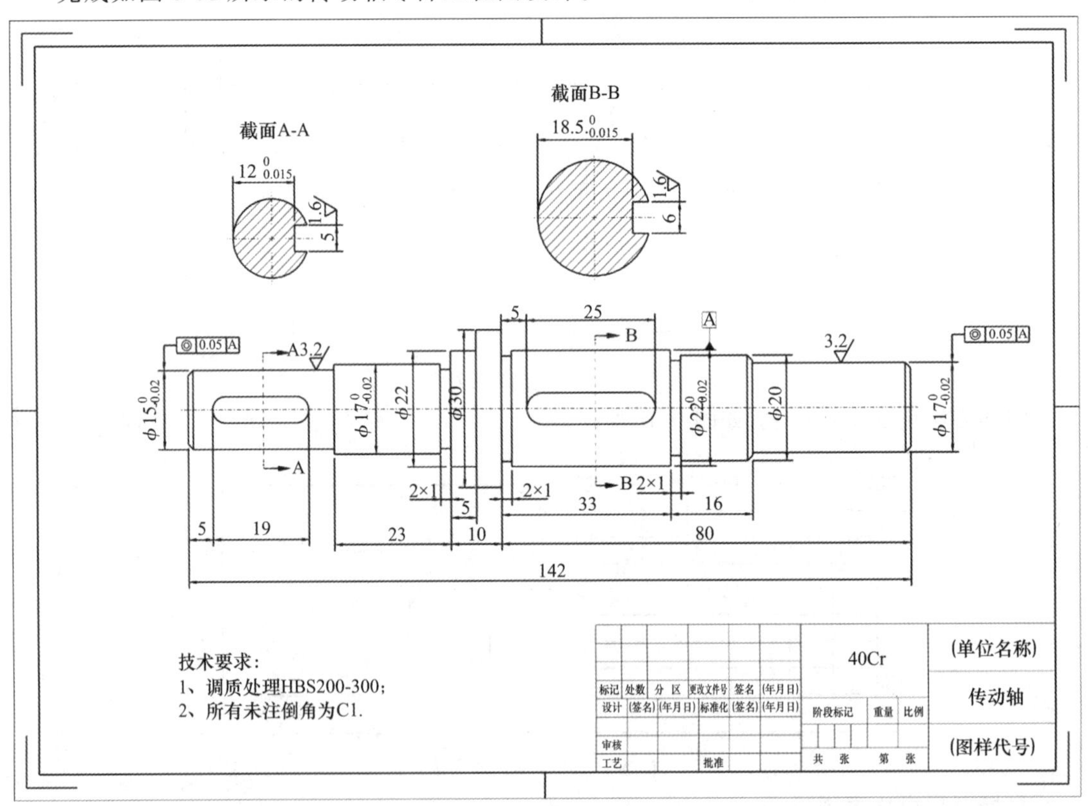

图 9-63　传动轴零件工程图

9.6.1　工程图分析

1. 图纸类型

工程图图纸为 A3 标准图框，包括标准边框和标题栏表格，可以调用标准图框，也可自行设计图框和标题栏。

2. 视图类型

该零件为典型轴类零件，工程图视图包括1个主视图，2个截面断视图。

3. 尺寸与注释

尺寸类型包括直径尺寸、距离尺寸、长度尺寸等，有2处同轴度几何公差，有多处粗糙度标识，有“技术要求”文本注解。

9.6.2 具体操作步骤

步骤一：完成零件三维建模，并创建A、B两处截面。

①新建“传动轴”零件文件，以“FRONT”面为旋转草绘基准面，通过旋转特征创建轴的主体；

②通过“TOP”往上分别距离“4.5”和“4.7”创建A、B两个键槽的底面基准面，然后通过拉伸去除材料创建两个键槽；

③进行边倒角；

④利用“偏移截面”分别创建A截面和B截面。

完成后的传动轴三维零件及其模型树特征如图9-64所示，将其保存至指定文件夹。

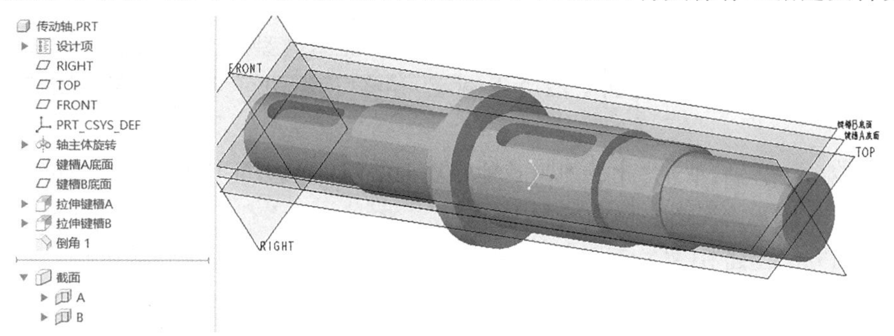

图9-64 传动轴零件及其模型树特征

步骤二：创建工程图文件。

新建“绘图”文件，勾选“使用绘图模型文件名”，采用“A3”空模板或选择“格式为空”，通过单击“浏览”打开已有的A3工程图模板，如图9-65所示。

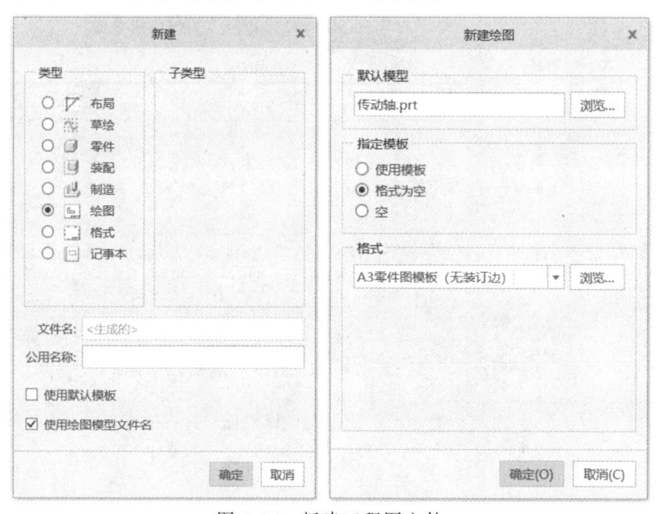

图9-65 新建工程图文件

步骤三:创建主视图。

①单击“布局”选项功能区的“普通视图”工具,在空白处选取视图放置位置;

②在弹出的“绘图视图”对话框中,“视图名称”修改为“主视图”,视图方向选择“TOP”方向,并单击对话框“应用”;

③单击“比例”类别,选择“自定义比例”,输入比例“2”,单击“应用”;

④单击“视图显示”类别,将“显示样式”设置为“消隐”,单击“确定”按钮,完成的主视图如图 9-66 所示。

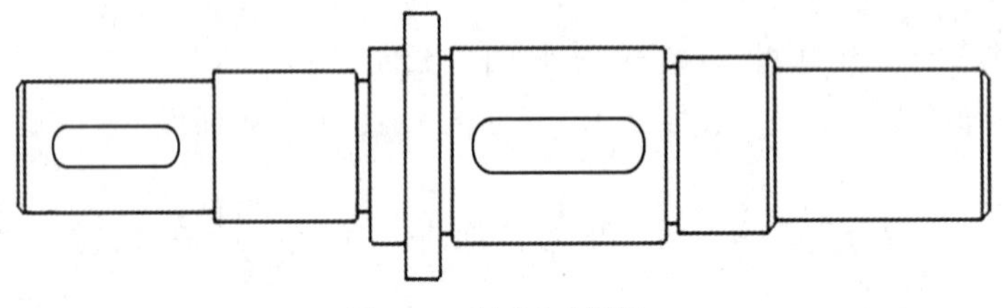

图 9-66　创建的主视图

步骤四:创建两个截面剖视图。

①单击“布局”选项功能区的“投影视图”工具,选择主视图往右侧投影,在空白处选取视图放置位置;

②双击该投影视图,在“绘图视图”对话框中的“视图类型”中将视图名称命名为“A 截面”,再单击“截面”,点选“2D 截面”,添加 A 截面,并将“模型边可见性”点选“区域”,如图 9-67 所示;

③单击“对齐”类别,取消“此视图与其他视图对齐”的勾选,完成后单击“确定”按钮;

④将该视图拖到主视图左侧键槽的上方;

⑤同样的方法创建“B 截面”视图,完成后的两个截面剖视图如图 9-68 所示。

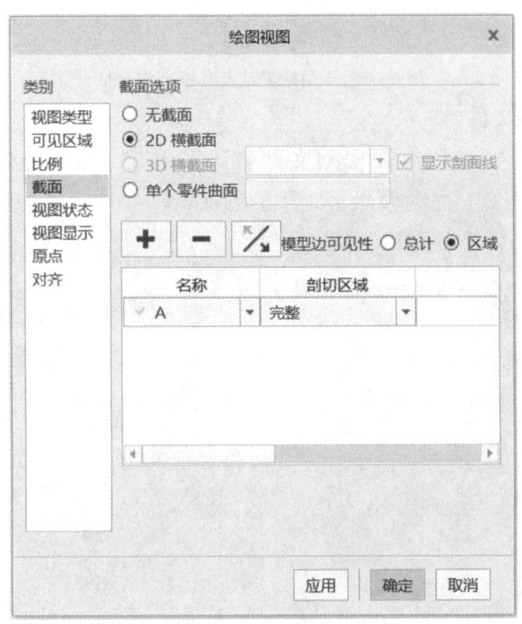

图 9-67　添加“2D 横截面”

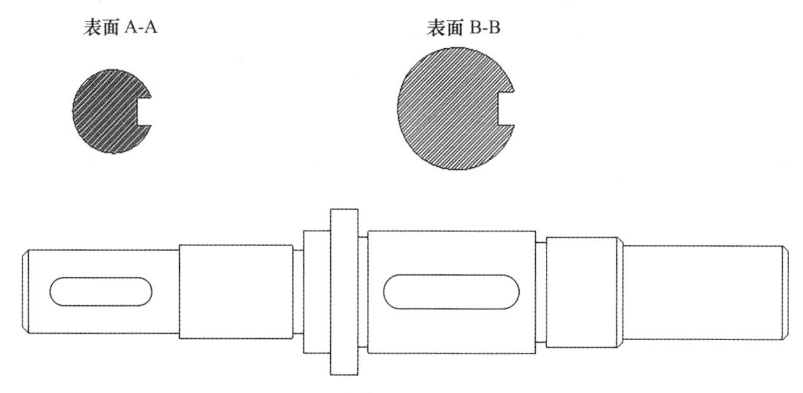

图 9-68 创建的两个截面剖视图

步骤五:基本尺寸的标注。

①单击“显示模型注释”,选择主视图,在弹出的“显示模型注释”对话框的“显示模型尺寸”选项栏中选择所有的尺寸,并单击“确定”按钮;

②删除多余的自动标注尺寸,并调整各尺寸的引线和标注位置;

③单击“尺寸”工具,手动标注缺少的基本尺寸;

④将 3 处退刀槽的尺寸标注为“2×1”(宽度为 2,深度为 1);

⑤通过筛选器选取所有尺寸,适当调整尺寸文本高度为“4”。

步骤六:设置尺寸公差。

①将工程图设置的“tol_display”选项更改成“yes”;

②将主视图中的“ϕ15”、“ϕ17”和“ϕ22”,截面剖视图中的“12”和“18.5”分别设置“正负”公差,并输入相应公差值。

步骤七:添加几何公差和基准符号。

①单击“注释”选项功能区的“几何公差”,分别在主视图“ϕ15”和“ϕ17”尺寸边界处创建两个同轴度几何公差;

②单击“基准特征符号”,在主视图的“ϕ22”尺寸边界处创建基准特征符号“A”。

步骤八:添加中心线及中心标记。

单击“显示模型注释”工具,选择“显示模型基准”,选择主视图的中心轴线和两个截面剖视图的中心标记进行显示。

步骤九:添加剖面箭头。

①单击“布局”选项功能区的“箭头”工具,分别选取两个截面视图和主视图,在主视图上创建剖面箭头;

②选择箭头并拖动至合适大小和位置。

步骤十:添加文本注解。

①单击“独立注解”工具,输入注解文本,“技术要求”字体高度为“10”,其他字体高度为“7”,可全部选择加粗。

②将标题栏中“图样名称”修改为“传动轴”,“材料标记”修改为“40Cr”。

步骤十一:工程图的导出。

完成工程图设计后,单击“文件”→“另存为”→“保存副本”,保存“PDF”或“DWG”格式的工程图文件。

9.7 训练案例 2:单耳止动垫圈冲裁模装配图设计

完成第 6 章的训练案例:单耳止动垫圈冲裁模的装配图设计,可参考图 9-69。

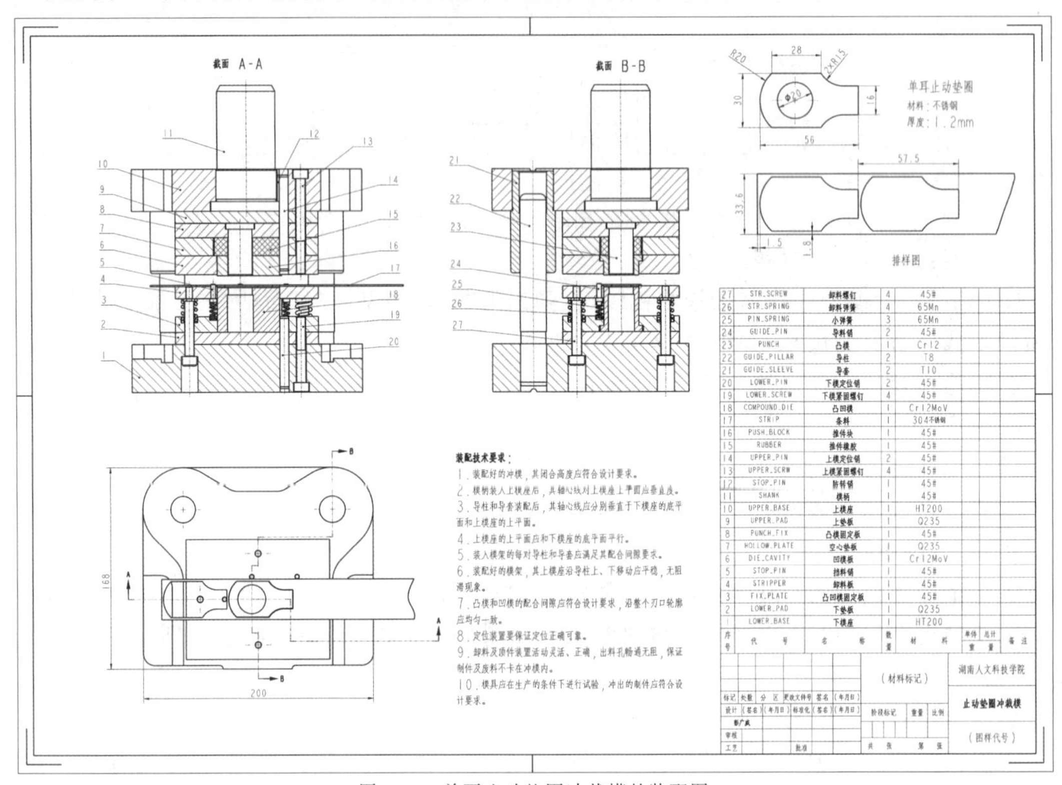

图 9-69 单耳止动垫圈冲裁模的装配图

9.7.1 工程图分析

1. 图纸类型

工程图图纸为 A2 标准图框,包括标准边框和标题栏表格,可以调用标准图框,也可自行设计图框和标题栏。零件明细栏相对较为复杂,为了编辑方便,可以用 Excel 创建"CSV"格式的表格再导入工程图中。

2. 视图类型

模具装配有 3 个视图,包括主剖视图(A 截面)、侧剖视图(B 剖)和俯视图。主剖视图和侧剖视图都采用阶梯剖,尽量能清晰表达出所有元件及其装配位置与装配关系,模柄、凸模、导柱、螺钉、销等元件要设置成非剖。俯视图通常是显示下模部分,这样能清晰地表达条料的定位方式,所以需要将俯视图中上模部分所有元件进行遮蔽处理。

此外还有冲裁件的零件图和排样图,所以需要添加多个"绘图模型"以创建相应的视图。

3. 尺寸与注释

模具装配图只标注模架长和宽等基本尺寸。零件图和排样图的尺寸标注要完整。

装配图中各零件的序号可采用带引线的注解创建,一般先标主剖视图,再标侧剖视图及俯视图,序号通常按顺时针进行,要保证排列紧凑而美观。

此外，所有文本的字体大小要合适，以保证清晰。

9.7.2 具体操作步骤

步骤一：打开模具总装配组件，分别创建“A”、“B”截面。

①通过“偏移截面”工具创建“A”截面，截面草绘如图9-70所示（先参考中间基准面，然后参考一侧的定位销和紧固螺钉的中心，绘制阶梯剖线）；

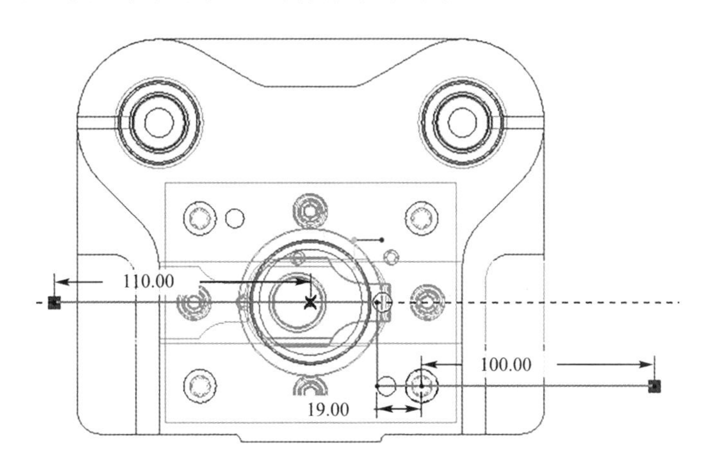

图9-70 “A”截面草绘

②同样通过“偏移截面”工具创建“B”截面，截面草绘如图9-71所示（先参考导柱导套的中心，再转折至中间基准面，再参考凸模中心位置，再转折至中间基准面）；

③完成后保存组件文件。

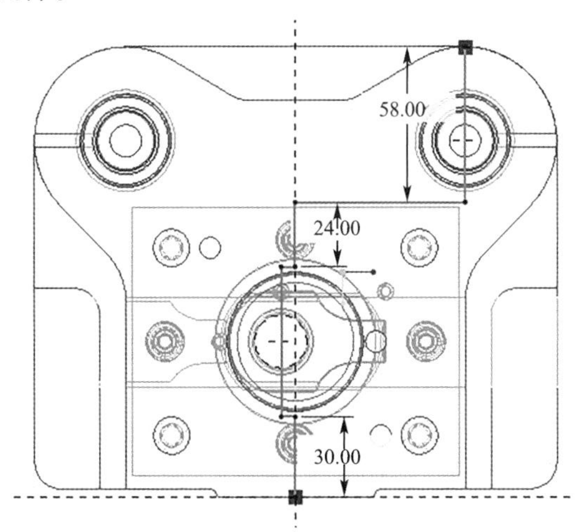

图9-71 “B”截面草绘

步骤二：创建工程图文件。

新建“绘图”文件，勾选“使用绘图模型文件名”，采用“A2”空模板或选择“格式为空”，通过单击“浏览”打开已有的A2工程图模板。

步骤三：创建主剖视图。

①单击“布局”选项功能区的“普通视图”工具→在空白处选取视图放置位置；

②在弹出的“绘图视图”对话框中，“视图名称”修改为“主剖视图”，视图方向选择“FRONT”方向，“比例”采用默认的“2:3”；

③单击“截面”,点选“2D 截面”,添加 A 截面;

④单击“视图显示”类别,将“显示样式”设置为“消隐”,单击“确定”按钮;

⑤双击视图的剖面线→分别单击各个元件,将非剖元件进行排除→将其他剖切元件的剖面线角度设置为“45”或“135”,比例设置为“50”或“30”。其中,推件橡胶通过“剖面线库”选择“ANSI37(斜网格线)”,完成后如图 9-72 所示。

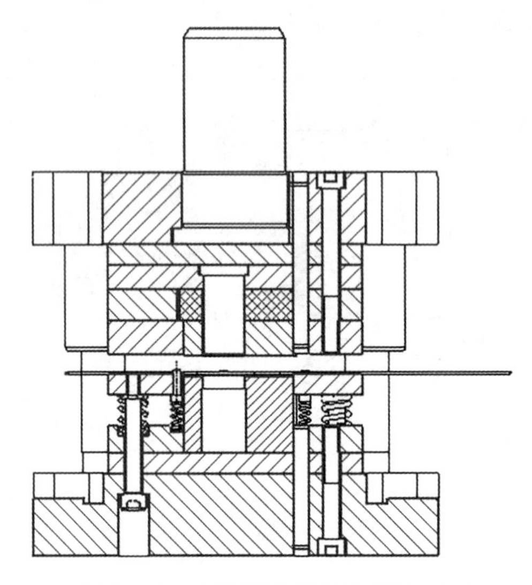

图 9-72 主剖视图剖面线的设置

步骤四:创建侧剖视图。

①单击“投影视图”工具→选择主剖视图往右侧投影(第一角投影)→在空白处选取视图放置位置;

②双击该投影视图→在弹出的“绘图视图”对话框中,“视图名称”修改为“侧剖视图”,并添加 B 截面,将“显示样式”设置为“消隐”→单击“确定”按钮;

③双击视图的剖面线→分别单击各个元件,同样将非剖元件进行排除→对照主剖视图中各元件的剖面线角度和比例,按同样设置修改侧剖视图中各元件的剖面线,使两个视图中各元件的剖面线一致,完成后如图 9-73 所示。

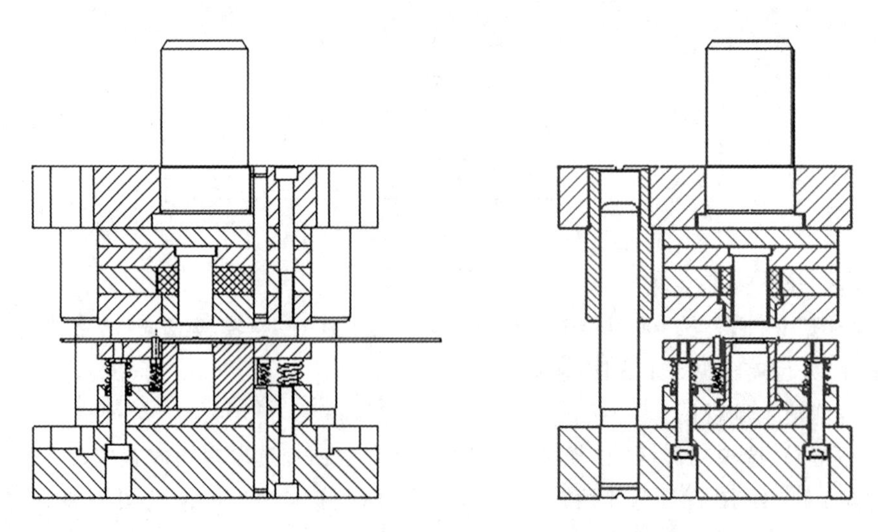

图 9-73 侧剖视图剖面线的设置

步骤五：创建俯视图。

①单击“投影视图”工具，选择主视剖图往下投影，在空白处选取视图放置位置；

②双击该视图，在弹出的“绘图视图”对话框中，“视图名称”修改为“俯视图”，将“显示样式”选择“消隐”，“相切边显示样式”选择“无”→完成后单击“确定”按钮；

③单击“编辑”命令组的“元件显示”工具，在弹出的“菜单管理器”中选择“遮蔽”、“所选视图”→在俯视图中选择上模部分的元件如模柄，如图9-74所示，单击“确定”按钮→继续选择上模其他元件，直到完成上模部分所有元件的遮蔽。

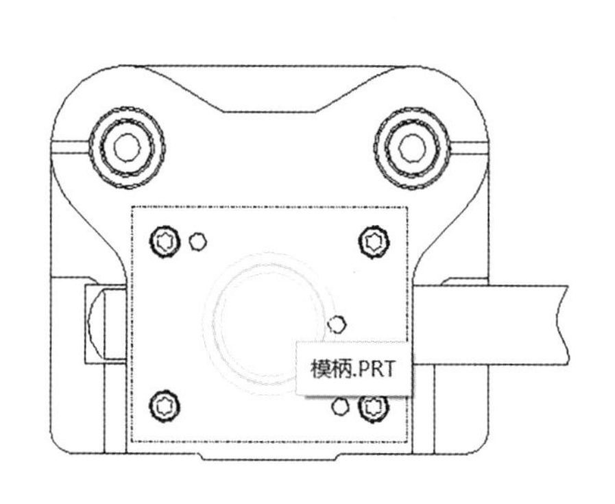

图9-74　元件的遮蔽

④双击主剖视图→在“绘图视图”的截面类别中，拉动截面“A”下方滚动条至右侧→单击“箭头显示”下方的收集器→在图形窗口中选择俯视图以显示A截面箭头，完成后单击“确定”按钮，如图9-75所示；

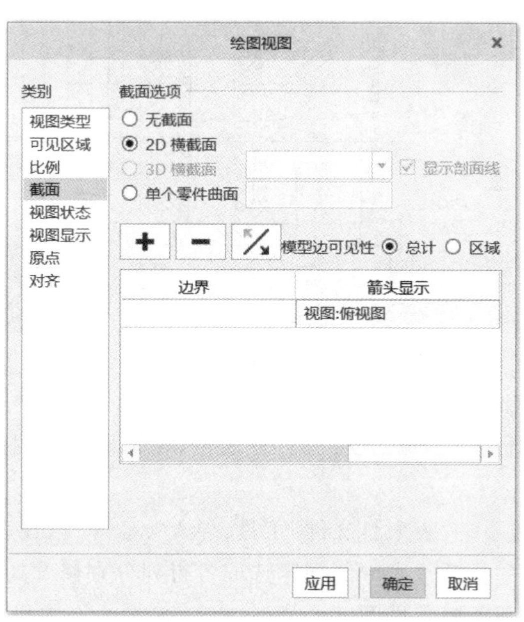

图9-75　设置剖面箭头显示

⑤同样方法在俯视图中创建B截面箭头；

⑥拖动两个剖面箭头至合适位置，完成后的俯视图如图9-76所示。

步骤六：添加零件序号。

①单击“注释”选项功能区的“引线注解”工具，单击选取视图的各元件点位置（当起点变为

一个实心点)→单击中键→输入零件序号,如图 9-77 所示;

②按顺序分别完成所有元件序号的添加;

③筛选器选择"注解"→框选所有序号并双击→在"格式"操控板中将字体的高度设置为"4"。

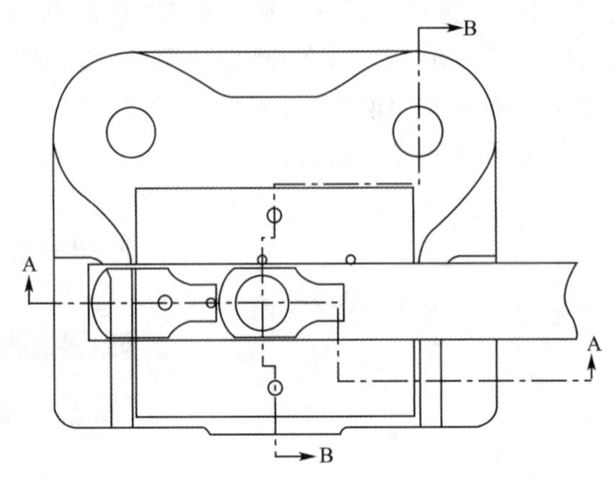

图 9-76　完成编辑并创建剖面箭头后的俯视图

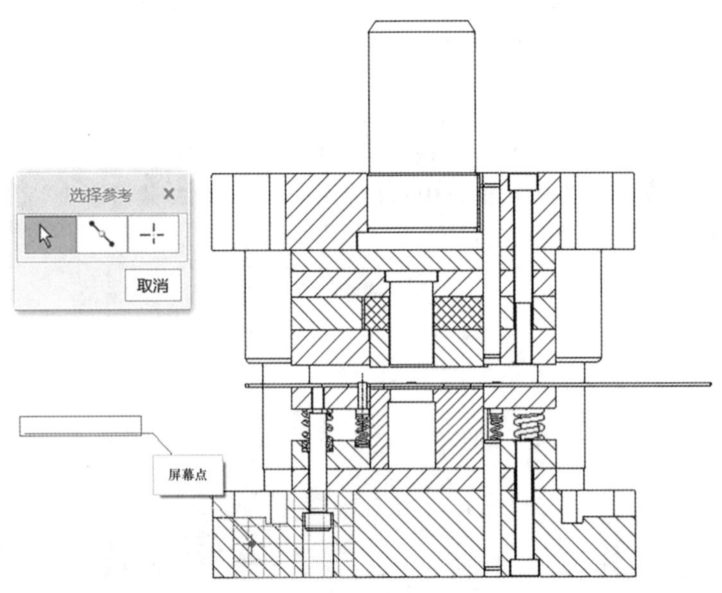

图 9-77　添加零件序号注解

步骤七:创建零件明细栏。

①在计算机桌面上新建"Excel"表格→打开表格,编辑好零件明细栏→另存为".CSV"格式的表格文件;

②单击"表"功能选项下的"表来自文件"工具,导入".CSV"格式表格文件;

③通过筛选器"表中的行"或"表中的列",选取各行列分别修改高度和宽度。

步骤八:创建冲裁件和条料零件图。

①在"布局"选项下,在图形窗口空白区单击鼠标右键,在弹出的快捷菜单中选择"绘图模型"→在弹出的"菜单管理器"中选择"添加模型"→找到"单耳止动垫圈"零件并打开,如图 9-78 所示;

②单击"布局"选项功能区的"普通视图"工具,选择"TOP"基准方向创建视图;

③同样再添加"排样料带"零件为绘图模型,并创建"TOP"基准方向视图。

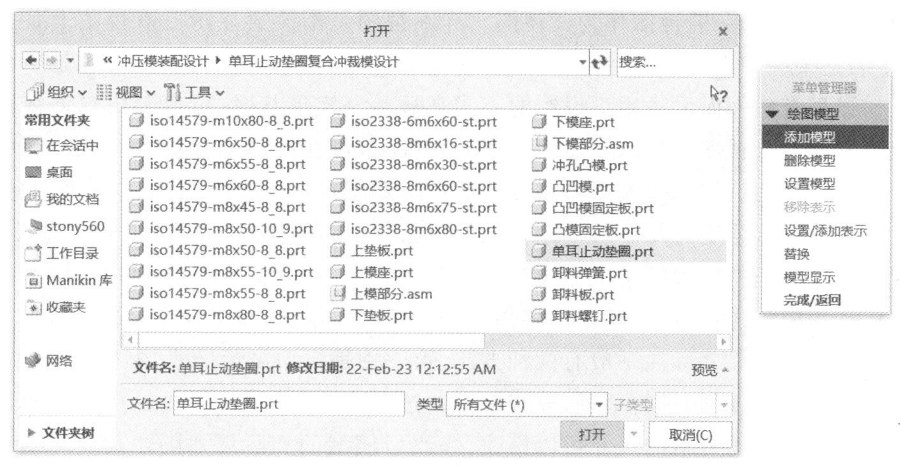

图 9-78 添加绘图模型

重要提示 通过“绘图模型”菜单管理器，还可以删除模型和设置模型。即在创建视图时，如果有多个模型，要设置创建视图的模型为当前活动模型。

步骤九：标注尺寸和显示基准轴线。

①在“注释”选项下，单击“尺寸”工具手动标注装配俯视图的长和宽尺寸和冲裁件及条料的相关尺寸；

②利用筛选器框选所有尺寸，在“格式”操控板中将字体高度设置为“4”；

③单击“显示模型注释”工具，在各视图中选取要显示的基准轴线和中心标记的几何参照，显示所有中心线和中心标记；

步骤十：创建文本注释。

①单击“独立注解”工具，编辑“技术要求”文本，完成后将“技术要求”4 个字的字体高度设置为“8”，其他文字设置为“7”，并全部加粗；

②同样创建右上角的“冲裁件”及“排样图”相关文本，字体高度设置为“6”；

③双击标题栏的“图样名称”单元格，修改为“止动垫圈冲裁模”，并设置字体加粗。

步骤十一：工程图的导出。

完成工程图设计后，单击“文件”→“另存为”→“保存副本”，保存“PDF”或“DWG”格式的工程图文件。

9.8 本章小结

本章介绍了 Creo 9.0 的零件工程图和装配工程图的设计方法与基本流程。主要内容包括：

1. 工程图的创建及模板的选用。“缺省模型”显示的是当前工作区内的三维模型的名称，如果当前工作区内没有模型，可以单击“浏览”按钮搜索其他模型。“指定模板”：用来创建绘图样板，分别为“使用模板”、“模式为空”和“空”3 种模式。

2. 各类视图的创建。第一个创建的是一般视图。一般视图是所有视图的基础。投影视图是另一个视图的几何图形在水平或垂直方向上的正交投影。创建投影视图时需要指定一个视图作为父视图，通常选一般视图作为父视图。详细视图是指放大显示已有视图上某一部分的视图，用于表达某些细微而无法标注的部分，它也被称为局部视图；辅助视图也是一种投影视图。在几何模型有斜面而无法用正投影的方式来显示真实形状时，可以利用辅助视图表达其真实几何形状。部分视图是显示模型部分区域的视图，可在视图属性的“可见区域”中进行设置和编辑，先根据信息栏“选取视图参照点”，选择所要创建视图中的一点，再根据信息栏“草绘样条定义外部边界”，绘制封闭曲线。剖视图是在已有视图的属性“剖面”中来通过设置 2D 剖面来创建。剖视图是将模型的某个截面显示在工程图中，因此必须首先创建模型的截面。截面可以在工程图中创建；也可在模型的零件或组件模式下创建，而且操作起来较方便。

3. 尺寸的标注。尺寸标注一般有两种方法，第一种是自动显示尺寸，由视图自动显示的尺寸多而混乱，需花大量时间进行整理，故建议可通过各个特征“按视图显示尺寸”，便于尺寸标注的选择和控制。自动显示的尺寸可以修改，修改后模型的实际尺寸随之改变。第二种是自行标注尺寸，标注方法与草绘环境下尺寸的标注相类似，自行标注的尺寸不能修改。在实际操作中，一般可以将自动显示尺寸和自行标注尺寸两种方法综合应用，即线性的简单尺寸用自行标注方便快捷，而像倒角、圆直径等复杂尺寸标注用特征的“按视图显示尺寸”更方便。

工程图设计和工作环境设置主要通过 Creo Parametric 的配置选项文件及工程图“绘图属性”选项设置来完成。

9.9 课后练习

一、填空题

1. 投影视图的方向、比例和位置都与其(　　)存在对应关系。

2. 局部放大图又称(　　)，是指创建一个新视图以放大已有视图(父视图)的某一局部。

3. (　　)是一种特定类型的投影视图，又称向视图或斜视图，它和投影视图不同之处在于它是沿着零件上某个斜面投影生成的。

4. 工程图尺寸通过(　　)选定尺寸进行显示以自动标注。

5. 创建工程图模板文件时选择新建文件的类型是(　　)。

二、选择题

1. 要选中元件剖线面进行修改，必须在(　　)功能选项卡下进行。

A. “布局”　　B. “注释”　　C. “表格”　　D. “绘图”

2. 工程图的尺寸标注和几何公差创建在(　　)功能选项卡下进行。

A. “布局”　　B. “注释”　　C. “表格”　　D. “绘图”

3. Creo 工程图文件的后缀是：(　　)

A. “. prt”　　B. “. asm”　　C. “. frm”　　D. “. drw”

4. 装配剖视图中非剖元件剖面线的正确设置方法是：(　　)

A. 删除元件的剖面线　　B. 隐藏元件的剖面线

C. 在“编辑剖面线”中选择“排除”　　D. 遮蔽元件的剖线

5. 在尺寸文本中添加前缀，应该单击“尺寸”操控板中的(　　)命令。

A. “显示”　　B. “尺寸文本”　　C. “尺寸格式”　　D. “修改公称值”

三、操作训练

1. 在第 3 章"散热盖"零件三维建模的基础上，完成如图 9-79 所示的零件工程图设计(A3 空白图纸)。

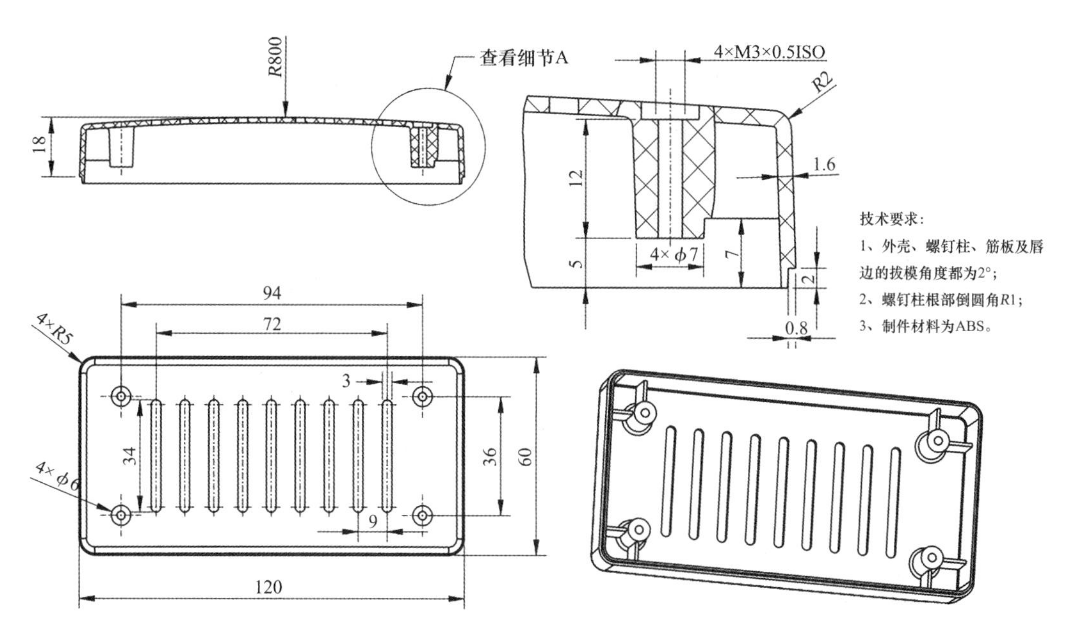

图 9-79 散热盖零件工程图设计

2. 在第 3 章课后练习"钻模支架三维建模"的基础上，完成如图 9-80 所示的零件工程图设计(A3 图纸，带标准图框和标题栏)。

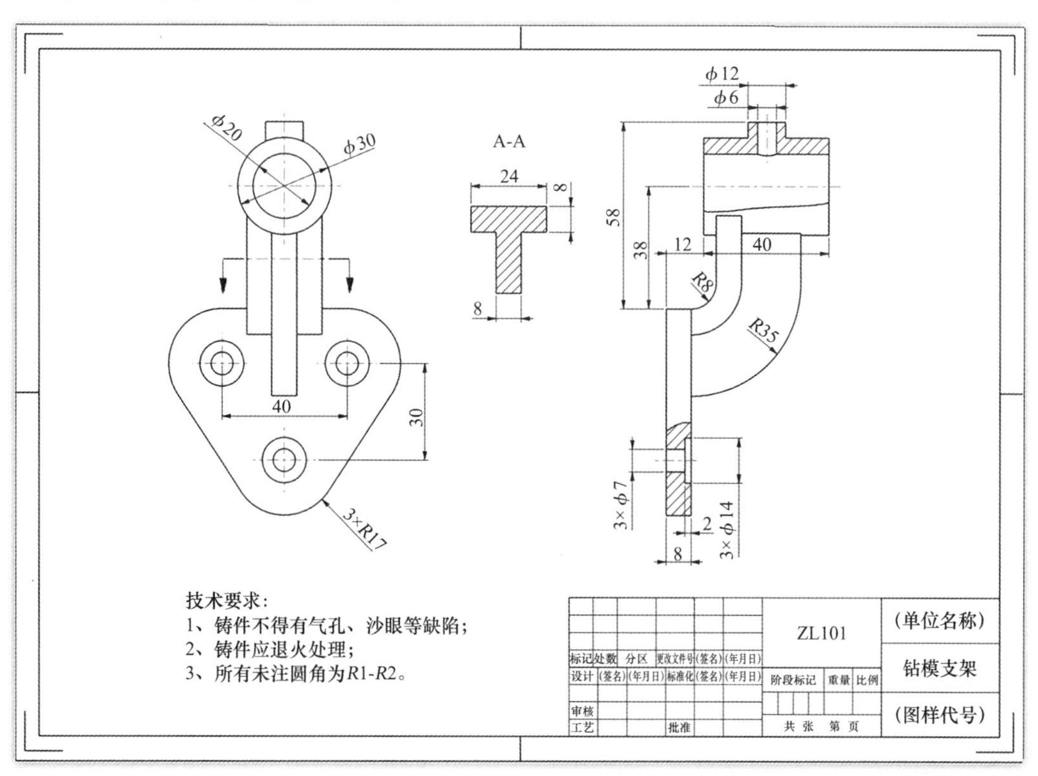

图 9-80 散热盖零件工程图设计

3.在第 8 章课后练习“端盖注塑模具的整体设计”的基础上，完成如图 9-81 所示的模具装配工程图设计（A2 图纸，带标准图框和标题栏，利用图层设置隐藏相关曲面和曲线）。

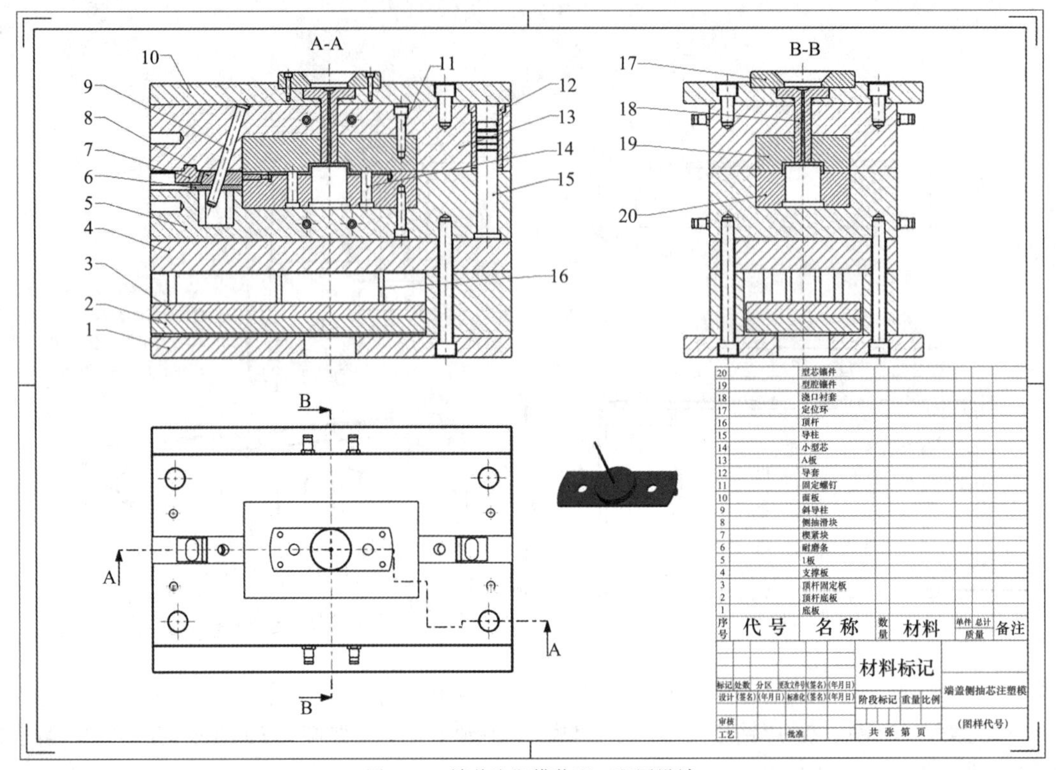

图 9-81 端盖注塑模装配工程图设计

参考文献

[1] 欧阳波仪，彭广威. Pro/ENGINEER Wildfire 4.0 项目实例教程[M]. 北京：清华大学出版社，2010.

[2] 乔建军，王菁. Creo 3.0 中文版应用教程[M]. 北京：清华大学出版社，2015.

[3] 詹友刚. Creo 3.0 曲面设计实例精解. 第 3 版[M]. 北京：机械工业出版社，2014.

[4] 詹友刚. Creo 3.0 钣金设计教程[M]. 北京：机械工业出版社，2014.

[5] 柯旭贵，张荣清. 冲压工艺与模具设计. 2 版[M]. 北京：机械工业出版社，2016.

[6] 张维合. 注塑模具设计实用教程. 第 2 版[M]. 北京：化学工业出版社，2011.

[7] 彭广威. 模具设计技能训练项目教程[M]. 北京：机械工业出版社，2015.

[8] 彭广威. UG NX 10.0 机械三维设计项目教程[M]. 北京：航空工业出版社，2015.

[9] 彭广威. 充电器面底盖注塑工艺分析及模具设计[J]. 模具技术，2016(04)：11-14.